EDA 精品智汇馆

HFSS 射频仿真设计实例大全

徐兴福 主编

电子工业出版社

Publishing House of Electronics Industry

北京 · BEIJING

内 容 简 介

本书讲解了 HFSS 操作方法，并提供了大量的工程设计实例，分为基础篇（1～6 章）和实例篇（7～21 章）。基础篇包括 HFSS 功能概述、HFSS 建模操作、网格划分设置、变量设置与调谐优化、仿真结果输出，以及 HFSS 与其他软件的联合、数据输入/输出等；实例篇包括 PCB 微带线、微带滤波器、腔体滤波器、介质滤波器、功分器、耦合器、微带天线、GPS/北斗天线、键合线匹配、SMA 头、LTCC、DRO、频率选择表面的设计与仿真。

本书实例与工程运用结合非常紧密，全面讲解了使用 HFSS 设计各种射频电路及元器件，可供无线通信产品设计的射频工程师使用，也可作为高等院校电子通信类专业教学参考书。

图书在版编目（CIP）数据

HFSS 射频仿真设计实例大全 / 徐兴福主编. —北京：电子工业出版社，2015.5
（EDA 精品智汇馆）
ISBN 978-7-121-25923-4

Ⅰ. ①H⋯　　Ⅱ. ①徐⋯　　Ⅲ. ①射频电路－电路设计－计算机辅助设计－应用软件　　Ⅳ. ①TN710.02

中国版本图书馆 CIP 数据核字（2015）第 081677 号

责任编辑：王敬栋（wangjd@phei.com.cn）　　　　文字编辑：张　迪
印　　　刷：北京天宇星印刷厂
装　　　订：北京天宇星印刷厂
出版发行：电子工业出版社
　　　　　北京市海淀区万寿路 173 信箱　邮编　100036
开　　本：787×1092　1/16　印张：37.5　字数：960 千字
版　　次：2015 年 5 月第 1 版
印　　次：2024 年 5 月第 25 次印刷
定　　价：99.00 元

本书创作团队成员

（按姓氏笔画排序）

王小军　任　建　刘　宁　刘晓龙
李　帅　李成龙　杨晓强　陈　亮
陈瑞瑞　罗显虎　徐中挺　徐兴福
徐晓宁　高宽栋　高　雅　常登辉
谢志东

本书主要作者简介

徐兴福

网名飞雪连天，eda365.com 射频天线板块版主，"兴森科技-安捷伦联合实验室"射频负责人，从事射频电路设计 10 余年。对射频电路、微带电路、PCB 板级信号完整性、仿真与实际结果闭环等方面有着丰富的经验和深入的研究，经典仿真与设计教程《ADS2008 射频电路设计与仿真实例》与《ADS2011 射频电路设计与仿真与实例》（电子工业出版社）主编。

高宽栋

电子科技大学博士，擅长射频前端的无源器件设计、滤波器设计、射频前端系统设计与实现、通信基带算法、雷达基带算法等应用。

任建

香港城市大学毫米波国家重点实验室博士，主要研究领域包括微带天线设计、超宽带相控阵天线设计、DRA、Metamaerial 及太赫兹技术，参与多个科研项目，精通电磁场仿真软件，先后发表学术论文 13 篇。

谢志东

资深射频工程师，金领电子研发部副经理，无源器件 10 年的研发经验，擅长介质滤波器和微带天线的仿真与设计，拥有 CN101908666A、CN203039110U 等多项滤波器和天线相关技术专利。

杨晓强

西安电子科技大学电磁场与微波技术专业研究生，主要研究方向为相控阵天线、卫星通信天线及微带天线，负责完成多个天线项目的研制工作，工程经验丰富，发表 7 篇学术论文（均为 EI 检索），国家专利 3 项。

刘晓龙

射频工程师，大连海事大学信息与通信工程专业硕士，在校期间所属实验室为大连海事大学和安捷伦联合实验室，现就职京信通信，参与天线和功分器、移相器的研发工作，有多年的天线与无源器件仿真与设计经验。

高雅

电子科技大学微波毫米波技术暨超导应用技术研究中心研究生，主要研究方向为微波毫米波电路与系统，拥有多种微波元器件研发经验，并已发表多篇微波方向学术论文。

罗显虎

电子科技大学微波毫米波技术暨超导应用技术研究中心硕士，主要研究方向为射频微波接收机前端电路与系统，使用 HFSS 成功完成多款天线、滤波器、耦合器等产品研发，并已发表多篇学术论文。

刘宁

射频工程师，毕业于西安电子科技大学雷达技术专业，现就职于华为技术有限公司。

陈亮

国防科学技术大学电磁场与微波技术专业研究生，长期从事人工电磁材料的研究，有多年使用 HFSS 进行频率选择表面及天线阵列的设计和仿真经验。

徐中挺

射频工程师，毕业于电子科技大学通信与信息工程专业，无线电爱好者，爱好射频 DIY，擅长 HFSS 仿真和建模，尤其对 HFSS 建模技巧有非常独到的研究。

前　言

现在的产品设计，不管是结构制图，还是电路板的设计，以及电子电路仿真都离不开新兴的 EDA 软件。作为射频工程师，必须掌握两种以上电路仿真设计软件：对电路仿真，具有代表性的是 Keysight 的 ADS；对于场仿真、结构类微波器件的仿真，具有代表性的是 Ansys 的 HFSS。目前这两款软件在企业、高校及研究所有着非常广泛的应用。

Ansys HFSS 软件是三维全波电磁场仿真的行业标准。HFSS 无与伦比的精度、先进的求解器和计算技术使得它成为高频和高速电子元件设计工程师的必备工具。HFSS 提供了众多基于有限元、积分方程和高级混合方法的最先进求解器技术，可满足各种微波、RF 和高速电路求解及应用。

本书采用较新的 HFSS15 版本作为平台，按照软件仿真设计的顺序流程，由浅入深、从功能介绍到工程应用，系统讲解了 HFSS 用于射频微波电路设计的方法。目前市面上有不少 HFSS 的书籍，但是学完只掌握了软件的基本操作，为了能让读者快速掌握这款实用软件并运用工程设计，编者组织了一批有设计经验的射频工程师编写此书，做到理论、仿真、实际相结合，并将书中部分案例做出实物且进行了测试对比，工程性非常强。

该书有 21 章，分为基础篇和实例篇：

基础篇（1～6 章）：内容包括 HFSS 基本功能、建模、网格、变量设置、调谐优化、仿真结果和数据输出，以及 HFSS 和第三方软件的结合。

实例篇（7～21 章）：内容包括微带线、微带滤波器、腔体滤波器、介质滤波器、功分器、耦合器、微带天线、GPS/北斗天线、键合线匹配、SMA 头、LTCC、DRO、频率选择表面的设计与仿真。

编者根据在校学生及工程师应用需要编写此书，提供大量的仿真设计实例，希望能起到抛砖引玉的作用。最后非常感谢电子工业出版社方面给予的建议及各个方面的支持，同时对本书参考 Ansys 公司和网上较多文献资料，在此一并表示感谢！

由于编者水平有限，书中错误在所难免，希望各位同行批评指正（电子邮件 bruce_xuxf@126.com）。

编　者
2015.3.5

目　　录

基　础　篇

实　例　篇

基 础 篇

第1章 HFSS 功能概述

1.1 概述

HFSS（High Frequency Structure Simulator）是由 Ansys 公司推出的三维电磁仿真软件，是世界上第一个商业化的三维结构电磁场仿真软件、业界公认的三维电磁场设计和分析的工业标准。

HFSS 经过 20 多年的发展，已经是电子设计人员，尤其是电磁仿真人员，必不可少的工具。在射频、微波、天线、高速电路等领域得到了广泛应用，已成为三维全波电磁场仿真的行业标准和黄金工具，是工程师们的得力助手。为了应对快速发展的设计需求，除了仿真功能的不断扩展外，HFSS 对高性能计算的支持也更加深入和广泛，不断提高仿真速度、扩展仿真规模，发展至今的 V15 版本。

HFSS15 相对于以前版本更新的内容包括：更快的矩阵求解器与 HPC、全新升级的有限大阵列求解器、更加灵活和强大的混合算法、改进的宽带扫频、更完善的多物理场求解流程等，此外，与 ECAD 的接口、瞬态求解器、易用性等方面也有显著增强。

HFSS 适用领域如下所示。

- 高频组件：LTCC、介质振荡器、耦合器、滤波器、隔离器、功分器、芯片部件、磁珠等。
- 天线：贴片天线、角锥天线、阵列天线、Vivaldi 天线、八木天线等。
- 电缆：同轴电缆、双绞线电缆、带状电缆等。
- IC 封装：引脚型（QFP、PLCC、DIP、SOP 等）、PGA、BGA、TAB、功率器件（IGBT、功率 MoSFET、DBC 基板等）、MCM 等。
- 连接器：同轴连接器、多脚连接器（端子型、卡槽型等）、插针插座等。
- PCB 板：裸板、平面、传输线、网格平面、硬板、混合板、柔性板。
- 其他：RFID、无线充电、EMC/EMI、核磁共振、微波加热、光电接口。

图 1.1 为 HFSS 工作界面。

HFSS 提供了简洁直观的用户设计界面、精确自适应的场解器、拥有空前电性能分析能力的功能强大后处理器，能计算任意形状三维无源结构的 S 参数和全波电磁场。HFSS 软件拥有强大的天线设计功能，它可以计算天线参量，如增益、方向性、远场方向图剖面、远场 3D 图和3dB 带宽；绘制极化特性，包括球形场分量、圆极化场分量、Ludwig 第三定义场分量和轴比。

使用 HFSS，可以计算的参数与输出结果如下所示。

- S 参数、Y 参数、Z 参数。

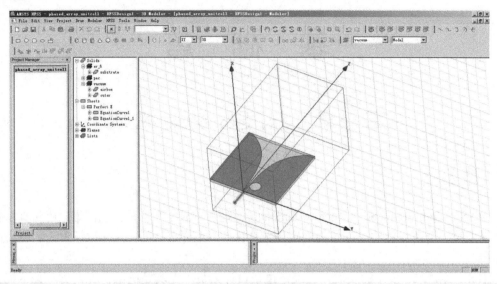

图 1.1　HFSS 工作界面

- TDR。
- 端口面的传播模式和端口阻抗。
- Touchstone 文件、Spice 网表。
- 差模/共模传输线特性。
- 辐射特性（方向图、增益、3/5/10m 远场）。
- 单站、双站 RCS。
- 电磁场显示（散射场、矢量场）。
- 电场、磁场、电流密度、功率损耗等，场计算器可以得到的各种物理量。

1.2　HFSS 功能特点

1. 电磁求解技术

HFSS 提供了诸多最先进的求解器技术，用于高频电磁场仿真。强大的求解器基于成熟的有限元法、完善的积分方程法，以及结合了两者优势的混合算法，在易用的设计环境中为使用者提供了最先进的计算电磁学方法。

包括：频域求解器、瞬态求解器、积分方程（IE）求解器、物理光学求解器、混合有限元——积分方程法（FE-BI）求解器、平面 EM。

2. HFSS 3-D 建模器

3D 界面使用户能够建模复杂的 3D 几何结构或导入 CAD 几何结构。通常情况下，3D 模式可用于建模和仿真天线、RF/微波组件和生物医疗设备等高频组件。工程师能够抽取散射矩阵参数（S、Y、Z 参数），对 3D 电磁场（远近场）进行可视化，并生成可链接到电路仿真的 ANSYS 全波 SPICE 模型。该建模器包含了参数功能，能方便地帮助工程师定义变量，根据设计趋势、优化敏感度和统计分析变更设计。如图 1.2 所示为创建的手机模型。

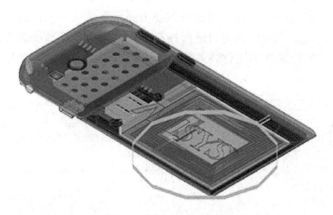

图 1.2　创建的手机模型

3．先进的有限大阵列天线仿真

HFSS 软件能够计算有限大尺寸的相控阵天线的所有电磁效应，包括单元间互耦及阵列边缘效应等。

传统仿真大型相控阵天线的方法是假定其为无限大阵列以估算天线性能。在这种方法中，一个或多个天线单元的周围设置为周期性边界，形成一个基本单元，周期性边界分别在两个方向将场径向形成无限多单元的阵列。在过去的很多年中，工程师利用 HFSS 中周期性边界条件功能仿真无限大相控阵天线，并提取每个单元的阻抗和单元辐射方向图，其中包含了所有的互耦效应。该方法对某些扫描条件下的阵列盲区预测非常有效，但是无法获得有限大尺寸阵列的特性，也即阵列边缘效应。如图 1.3 所示为天线阵仿真。

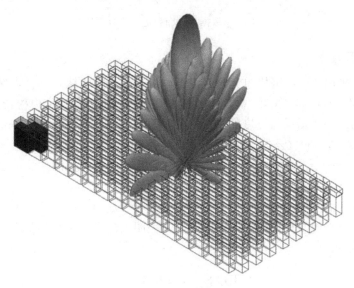

图 1.3　天线阵仿真

4．自动自适应网格剖分

自动自适应网格剖分技术是 HFSS 的主要优势之一，有了它，使用者仅需要专注于几何结构、材料属性和输出结果的设置。剖分过程使用高可靠性的体网格剖分技术，利用多线程减少内存消耗并提高仿真速度。自动自适应网格剖分可以有效地减少有限元网格生成和细化的复杂度，从而对任何问题都可进行高效的数值分析。如图 1.4 所示为依据场分布自适应剖分网格。

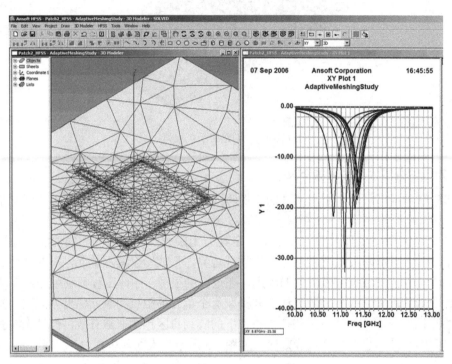

图 1.4　依据场分布自适应剖分网格

5．网格单元技术

HFSS 软件采用四面体网格单元对给出的电磁问题进行求解。这种类型的网格单元结合自适应剖分步骤，对任何 HFSS 仿真都可实现几何体共形，并适应电磁特性的剖分。HFSS 据此可对任何仿真提供最高保真度的结果。除了可生成标准的一阶（first-order）四面体网格外，HFSS 还可生成零阶（zero-order）和二阶（second-order）单元，以及不同阶数混合的单元。利用混合阶（mixed-order）单元技术，HFSS 基于网格单元的尺寸指定单元阶数，可实现更加有效的网格剖分和求解过程。

HFSS 还具备曲线型网格单元技术，可与任何相关曲面实现完美共形。这样就可提供最高的精确度，且完全没有任何假设或曲面细分。如图 1.5 所示为共性曲面自适应网格剖分。

6．高性能计算

ANSYS HPC 计算技术为 HFSS 仿真提供最强大的计算能力。有了 ANSYS Electronics HPC，您可以求解更大、更复杂的电磁场仿真问题，还可以利用网络化计算资源实现更快的求解。

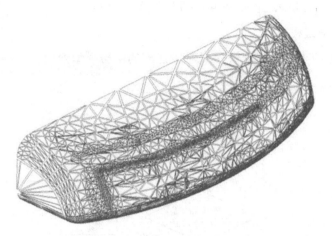

图 1.5　共性曲面自适应网格剖分

7．优化和统计分析

ANSYS Optimetrics 是通用软件选项，可为 HFSS 3D 界面增添参数扫描、优化分析、敏感度分析和统计分析功能。Optimetrics 通过在设计参数中快速确定满足使用者设定约束的优化值，从而使高性能电子器件的设计优化过程自动化。如图 1.6 所示为不同的设计参数函数的手机天线 SYZ 参数灵敏度频率。

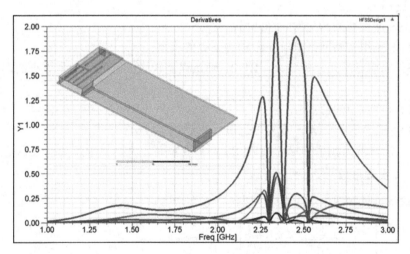

图 1.6　不同的设计参数函数的手机天线 SYZ 参数灵敏度频率

1.3　HFSS 基础知识

1．HFSS 数值求解方式

HFSS 利用有限元法（FEM）的数值求解方式，即把物体分解为许多微小的四面体有限元来求解。模型内所有的四面体单元构成一个网格，且网格内的每个有限元的解都是相关的，HFSS 最终通过有限元之间的关联得到整个模型的解。

2．自适应求解过程

HFSS 的自适应求解过程能够保证对所建立的电磁模型给出正确的解，其求解过程如图 1.7 所示。

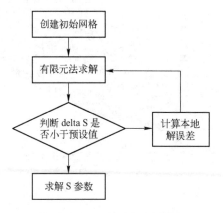

图 1.7　HFSS 自适应求解过程

自适应分析是模型网格重复并精炼提升的过程，网格一般在电场求解误差大的地方精炼提升，大部分的 HFSS 问题都可以通过网格自适应提炼过程从而精确地求解。以下为自适应分析的一般过程：

（1）HFSS 产生初始的几何共形网格；

（2）HFSS 利用初始网格求解在激励频率处的模型；

（3）基于当前有限元分析结果，HFSS 确认误差较大的区域，于是更小的四面体在这些区域加强；

（4）HFSS 产生新的解；

（5）HFSS 重新计算误差，重复以上过程直到结果收敛；

（6）如果所求解为频率扫描，则 HFSS 不需要重新定义网格求解其他频率处。

3．HFSS 求解步骤

HFSS 求解过程如图 1.8 所示，主要包括 6 个步骤。

图 1.8　HFSS 求解过程

（1）创建三维模型。在 HFSS 中画出所需分析的几何模型。三维模型可以在 HFSS 中直接画出，三维模型可以是全参数化的。全参数化的模型可以让创建者随心所欲地更改结构的几何参数。同时可以通过其他软件（如 Solidworks、Pro/E、AutoCAD 等）导入创建模型，但导入的模型是非参数化的，后续需要通过人工操作修改为参数化模型。

（2）设定边界条件。边界条件指定在二维物体或者特定三维物体表面。边界条件对 HFSS 的求解结果有直接影响。

（3）设定激励源。和边界条件一样，激励源对 HFSS 的求解结果也有直接影响，正确设置端口对精确的求解结果至关重要。

（4）设定求解值。本步骤使用者需要输入求解频率、收敛标准、最大自适应求解次数、求解频率范围、频率扫描方法等。

（5）仿真求解。设置完以上步骤即可进行分析求解。求解时间取决于模型的几何结构、求解频率和可用的计算机资源。

（6）结果的后处理。求解完成后，可以在图形中显现得到的 S、Y、Z 参数和场分布。如果是参数化模型，则可以得到一组图形。

4. HFSS 三种求解方式

HFSS 有驱动模式、终端驱动模式和本征模式三种求解方式。驱动模式能应对一般所有 HFSS 的求解，尤其对包含微带、波导等传输线的模型适用。而对模型通常包含多种传输线，如在求解处理信号完整性问题上，终端驱动模式应用得较多。驱动模式和终端驱动模式很相似，两者的区别在于给出的结果类型。用驱动模型求解的 S 参数是用入射波和反射波的功率计算得到的，而用终端驱动模式求解的 S 参数是根据终端的电压和电流得到的。例如，在仿真共面波导或者平行微带传输线时，用驱动模型求解得到的是沿着结构传输的奇偶模，而终端驱动模式求解得到的是共模和差模。本征模式求解得到的是给定结构模型的谐振频率。

1.4　HFSS 的边界条件

指定 HFSS 的边界条件处于两种目的：① 建立的模型指定为开放或者封闭的电磁模型，如天线需要建立开放的模型，而波导为封闭模型；② 简化电磁仿真模型，提高仿真速度。HFSS 提供以下多种边界条件：

（1）理想电（PEC）边界条件。HFSS 的默认背景边界条件为理想电边界条件，也就是说建立求解的模型自动地被理想电边界包围。PEC 边界条件同时可以应用在模型内部，在该平面上，电场方向和该平面垂直。PEC 边界条件可以指定给 2D 的平面物体，代表该传输线是理想的无耗物体。

（2）辐射边界条件。辐射边界条件在 HFSS 里通常用来设置开放的模型，即允许电磁波传输到无穷远处，HFSS 在边界条件处吸收电磁波。应注意的是，如果仿真天线，辐射边界条件必须放在辐射表面的四分之一波长之外。

（3）理想匹配层（PML）边界条件。理想匹配层边界条件在 HFSS 同样用来创建一个开放模型，仿真天线时同样可以选用它。

（4）有限电导率边界条件。当创建的 2D 平面模型需要模拟导体时可以使用有限导电率边界条件，在模拟薄带线时很有用。但有限电导率边界条件仅仅在模拟薄导带的厚度比趋肤深度厚的情况下才有效。

（5）分层阻抗边界条件。分层阻抗边界条件用来指定具有不同层材料的导体为一层等效阻抗，它同时可以考虑导体表面的平整度。

（6）阻抗边界条件。阻抗边界条件用于仿真具有方阻特性表面薄材料，如薄膜电阻等。

（7）集成 RLC 边界条件。集成 RLC 边界条件主要模拟理想电阻、电感或者电容等集总元器件，可以模拟单个元件或者 RLC 的并联电路。集成 RLC 边界条件可以看成更近的电阻边界条件，可以直接指定电阻、电感、电容的值。无源的并联元器件可以直接指定边界条件的值，而串联的元器件则需在两个串联的 2D 平面上指定两个独立 RLC 边界条件。

（8）对称边界条件。使用对称边界条件可以减小整个电路的仿真尺寸和仿真时间。HFSS 里有两种对称边界条件：电对称和磁对称。值得注意的是，使用终端驱动模式时不能使用该边界条件。在 HFSS 里，对称边界条件代表理想电平面或者理想磁平面对称。使用对称边界条件可以只建立部分仿真电路，降低了设计的复杂度，从而缩短了仿真时间。当使用对称边界条件时，电场被迫平行于或者垂直于对称平面。当电对称平面时，电场垂直于该平面；当磁对称平面时，电场平行于该平面。

（9）主从边界条件。当仿真模型包含有大量重复或者周期性的阵列结构时，主从边界条件在这种情况下将十分有用。通常主从边界条件用在无限天线阵列或者频率选择表面上。

（10）理想磁边界条件。理想磁边界条件可以用来创建一个自然边界或者模拟一个理想磁导体，该边界条件可以应用在物体内部或者模型外边界。如果应用在内部，HFSS 将迫使在该平面两边的磁场切向分量相等；如果应用在模型边界，磁边界条件等效于一个理想磁导体，磁场的切向分量为零。

（11）从边界条件。通常在大的重复阵列结构中和主边界条件配合使用。

图 1.9 显示了 HFSS15 可以指定的所有边界条件类型，读者根据自己的需要随意选择。

图 1.9　HFSS15 可以指定的所有边界条件类型

HFSS 中的常用边界条件举例如图 1.10 所示。

 8

（a）谐振腔外壁理想电导体边界

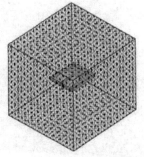
（b）应用辐射边界条件求解天线

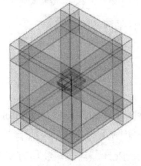
（c）应用 PML 边界条件求解天线

（d）导带表面应用有限电导率边界

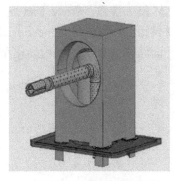
（e）分层阻抗边界条件在连接器中的应用

（f）阻抗边界条件在手机中的应用

（g）磁边界条件在同轴导体中的应用

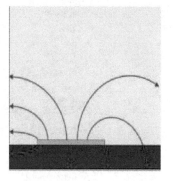
（h）电边界条件在平行微带线中的应用

图 1.10　HFSS 中常用边界条件举例

（i）集成RLC边界条件在电路中的应用　　　　（j）主从边界在光隙模型中的应用

图 1.10　HFSS 中常用边界条件举例（续）

1.5　HFSS 中的激励源

HFSS 中有 7 种激励源：Wave Port、Lumped Port、Floquet Port、Incident Wave、Current Sources、Voltage Sources 和 Magnetic Bias Source，如图 1.11 所示。所有的激励类型都提供场信息，但是只有 Wave Port、Lumped Port、Floquet Port 这 3 种激励方式提供 S 参数。在 HFSS 里，可以指定激励源的类型为场、电压、电流或者电荷。最常用的激励类型为 Wave Port 和 Lumped Port，这两种端口还提供完整的 S、Y 和 Z 参数。Wave Port 还可以提供波阻抗、γ 常数、传播常数等。当仿真环形器等铁氧体材料元器件时，Magnetic Bias Source 将与 Wave Port 或者 Lumped Port 联合使用。仿真大的平面结构或者周期结构的模型，如无限大

图 1.11　激励源选择

天线阵列、频率选择表面或者光子隙结构，Floquet Ports 有很大的用处。Current Sources 和 Voltage Sources 能够提供理想的电流源和电压源，但是这两种激励模式只提供场信息，所以在一些 RF 设计场合使用有限制。

以下对常用的 Wave Port 和 Lumped Port 进行说明：Wave Port 在 HFSS 里是最常用的激励方式，广泛应用在微带、带状线、同轴或波导传输线中，它必须位于求解模型的外边界面上。Wave Port 代表能量进入的区域。HFSS 在求解过程中计算 γ 常数，所以结果可以去嵌入进或者去嵌入出端口，S 参数根据去嵌入化的长度自动计算得到。HFSS 假想 Wave Port 连接一个半无限长的波导，该半无限长的波导与端口具有同样性质。HFSS 首先计算 Wave Port 的二维解，然后把该解作为三维模型的源。同时，由于 Wave Port 是能量进入模型的区域，所以 Wave Port 尺寸的设置至关重要。图 1.12 是 Wave Port 在常用的同轴和微带线上的应用示意图。

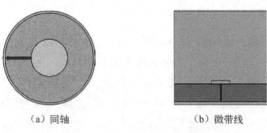

（a）同轴　　　　　　　　　（b）微带线

图 1.12　Wave Port 应用示意图

Lumped Port 是 HFSS 中另外一个常用的端口类型。类似于面电流源，可以激励常见的各种传输线。Lumped Port 应用在激励电压隙和其他 Wave Port 不方便的场合，它仅仅能应用在模型内部。Lumped Port 仿真结果的信息没有 Wave Port 多，仿真结果包含 S、Y 和 Z 参数，没有 γ 参数或者波阻抗的信息，所以 Lumped Port 不能去嵌入化，但可以归一化。不像 Wave Port，Lumped Port 能够支持单一模式的仿真。Lumped Port 只能定义在二维的平面上，且该二维平面要和两个导体的边缘相连。如图 1.13 所示，Lumped Port 施加在连接微带线和地平面的矩形的上下中点上。

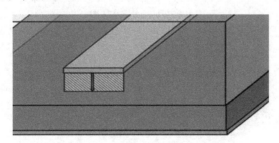

图 1.13　Lumped Port 使用示意图

当创建 Lumped Port 时，需要在端口上画一根积分线，且积分线必须在连接两个导体边缘线的中点上。同时需要指定该端口的阻抗，作为生成的 S 参数的参考阻抗。端口阻抗的值也决定了源的电压或者电流的大小。值得注意的是，当阻抗是个复数时，无源器件的 S 参数值不一定小于等于 1。

Wave Port 和 Lumped Port 的比较总结如表 1.1 所示。

表 1.1　Wave Port 和 Lumped Port 的比较总结

Port	applied	Gamma	Yields S, Y, Z	Renormalize	De-embed
Wave	externally	yes	yes	possible	possible
Lumped	internally	no	yes	possible	Not possible

从表 1.1 中可以看出，Wave Port 和 Lumped Port 的几个重要区别为：① 位置不同，一个在外部，而一个在内部；② Wave Port 特别适合规格传输线端口，而 Lumped Port 对于 BGA、bond-wire 等不规则的结构很适合。

1.6　HFSS 仿真常用设置

1．HFSS 求解频率和 delta S 的设置

HFSS 设置的求解频率（Project Manager→Analysis→Add Solution Setup）决定了最大的初始有限元四面体的尺寸，是 HFSS 对模型精确求解的频率，也是自使用求解的频率。求解频率设置的值必须是元器件的工作频率。如果仿真的是一个扫描频率，则求解频率的值为工作频率、扫描频率的中心值或者最高工作频率的 60%～80%之间。选用何种值取决于扫描频率的类型。通常情况下，天线的仿真中设置该值为工作频率，滤波器设置为通带的中心频率。

delta S 的值是 HFSS 判断仿真是否收敛的标准，是仿真结果收敛性呈现给使用者的直接体现。delta S 是通过连续两次仿真的 S 参数的值计算得到的。一旦 S 参数的幅度值和相位值的改变小于使用者预设的 delta S，则仿真即终止。如果一直没有达到预设的 delta S，则仿真的次数达到设置的最大的仿真次数时也终止。

如图 1.14 所示是 HFSS 中求解频率和 delta S 的设置界面。

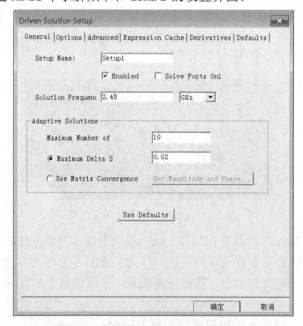

图 1.14　求解频率和 delta S 的设置界面

2．最大精炼和最大仿真次数设置

最大精炼的设置是指每次自适应仿真四面体元素增加的最大比例；最大仿真次数是指为了达到收敛的目的，HFSS 仿真最多的重复次数。如图 1.15 所示是最大精炼和最大仿真次数的设置界面。

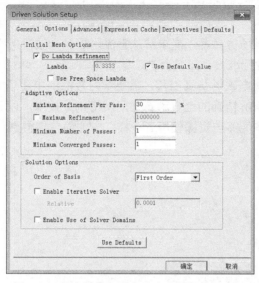

图 1.15　最大精炼和最大仿真次数的设置界面

自适应仿真应用 delta S、最大精炼和最大仿真次数控制仿真的程度。delta S 和最大仿真次数决定了仿真什么时候停止。如果在达到最大仿真次数之前满足了 delta S 的要求，则仿真也将停止；同时，如果仿真达到最大仿真次数，而仿真结果还没有收敛，则仿真同样也停止。

3．频率扫描类型设置

频率扫描类型在图 1.16 中设置。HFSS 提供了 3 种不同的频率扫描类型：离散扫描、快

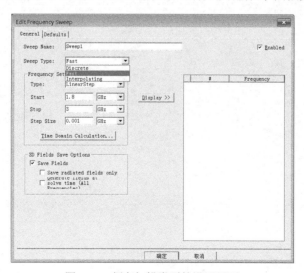

图 1.16　频率扫描类型的设置界面

速扫描和插值扫描。选用何种扫描类型取决于使用者的需求。当需要知道一些特殊频率点场信息时，离散扫描比其他两种类型的速度要快；快速扫描通常使用在需要得到一段频率所有解的情况下；插值扫描通常用来解决从 DC 到高频的情况。

1.7　本章小结

HFSS 全波三维电磁场仿真器，能求解从直流附近到光波段所有频段。特别在微波设备设计中，HFSS 作为行业标准设计工具而被广泛使用。

一般，为了熟练掌握电磁场仿真工具，需要学习较深的电磁场知识。HFSS 具备了直观友好的用户界面、确保求解精确的全自动自适应网格剖分技术，以及对复杂形状实现稳定分析的求解器，使得初学者能够与资深使用者一样，方便简单地得到精确的分析结果。

第2章　HFSS 建模操作

Ansoft HFSS 提供强大的建模支持，用户能够在 HFSS 中方便快捷地构建模型，但是在构建模型之前先认识一下 HFSS 用户自定义设置。

2.1　建模相关自定义选项的设置

执行菜单命令【Tools】>【Options】>【Modeler Options】，弹出"3D Modeler Options"对话框，如图 2.1 所示，通过此对话框可以对建模相关的默认项进行设置（克隆选项、物体的默认颜色等）。

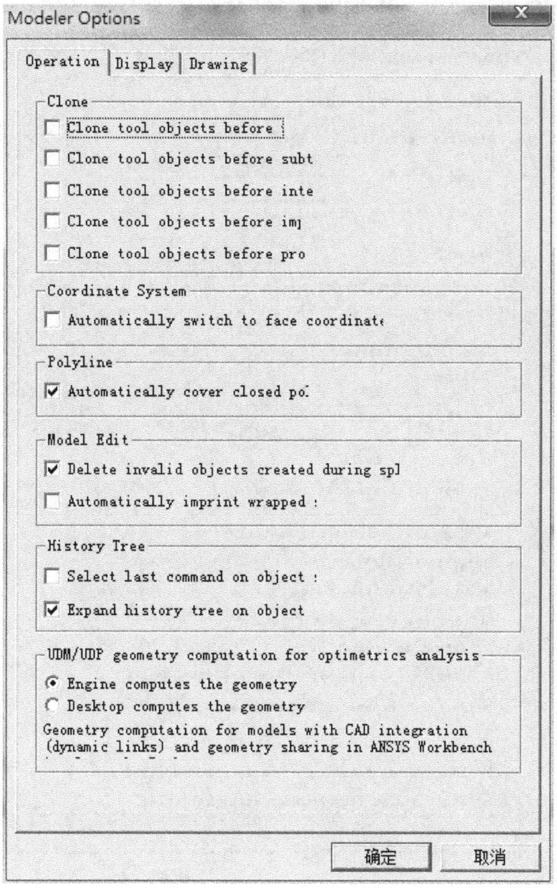

图 2.1　"3D Modeler Options"对话框

- "Clone"选项栏：设置物体在执行布尔运算（Unite、Subtract、Intersect）操作时是否保留原物体；勾选复选框为保留，不勾选复选框为不保留原物体。
- "Coordinate System"选项栏：建立新坐标系时是否自动切换到新坐标系；勾选复选框为自动切换到新坐标系，反之不会切换。
- "Polyline"选项栏：设置创建闭合曲线是否自动生成面模型；勾选复选框表示创建闭合曲线自动转化成面模型，反之创建的闭合曲线依然是线模型。
- "Model Edit"选项栏：设置模型编辑窗口；勾选"Delete invalid object"复选框表示删除无效的创建对象。
- "History Tree"选项栏：设置操作历史树时是否自动展开；勾选"Select last command on object select"复选框，在3D模型窗口选中物体时，操作历史树中对应的物体名称和操作记录会自动展开；勾选"Expand history tree on object"复选框，在模型创建完成时，操作历史树对应的物体名称和操作记录会自动展开。
- UDM/UDP选项栏：设置用户定义初始化模型；在计算几何模型时是选择内置计算引擎还是采用桌面。

将"Operation"标签页切换到"Display"标签页，如图2.2所示。

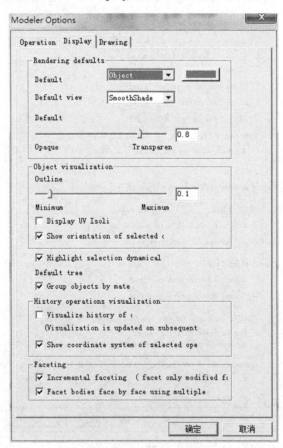

图 2.2 "Display"标签页设置

- ╋ "Rendering defaults" 选项栏：Default Color 设置物体的默认颜色；"Default view render" 设置物体的默认显示方式，实体形式显示（SmoothShade）、边框形式显示（WireFrame）；"Default Transparent" 设置物体的默认透明度，0～1 之间，0 表示不透明、1 表示全透明。
- ╋ "Object visualization" 选项栏：设置对象可视化；勾选 "Show orientation of selected object" 复选框表示显示所使用的坐标系，反之不显示；"Outline" 选项为对象的轮廓。
- ╋ "Highlight selection dynamical" 复选框：设置选中的物体是否高亮显示。
- ╋ "Default tree"：设置操作历史树中物体的分组排列方式；勾选 "Group objects by mate" 复选框表示操作历史树中相同材料的物体排列在一起。
- ╋ "History operations visualization" 选项栏：设置历史操作透明化。
- ╋ "Faceting" 选项栏：设置增量分类。

"Drawing" 标签页设置如图 2.3 所示。

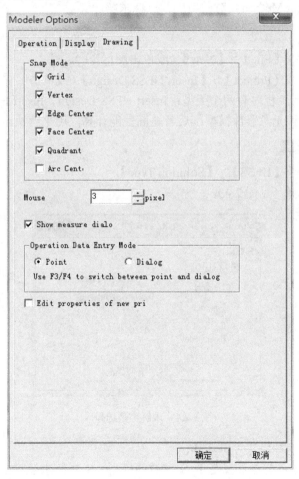

图 2.3　"Drawing" 标签页设置

- "Snap Mode"选项栏：设置鼠标光标的捕捉模式；可以勾选栅格、点、边的中心、面的中心等。
- "Mouse"选项：设置鼠标光标在 3D 模型窗口的最小移动间隔，以像素为单位。
- "Operation Data Entry Mode"选项栏：设置创建物体模型的方式，勾选"Point"表示直接使用鼠标操作创建物体模型；勾选"Dialog"，则在建模过程中的每一步都会弹出属性对话框，通过属性对话框输入模型的参数创建模型。
- "Edit properties of new primitive"复选框：勾选复选框，每次建模完成后都会弹出模型的属性对话框。通常勾选该对话框，以便建模操作。

2.2 基础参数化建模

Ansoft HFSS 软件对于微波工程问题采用参数化方法建立 3D 模型，并给定模型材料特征、边界条件和激励条件，然后软件对模型进行离散化，建立 3D 模型的数据文件，利用有限元法（Finite Element Method）对模型进行近似求解。

1. 新建工程

（1）执行菜单命令【File】>【New】（或单击图标 ▯ ）。

（2）执行菜单命令【Project】>【Insert HFSS Design】（或单击图标 ）。

HFSS 在插入设计工程时有两个类型：Insert HFSS Design、Insert HFSS-IE Design。前者是常用的用来计算各种无源器件模型；后者是高性能计算，用来解决电大问题。

2. 求解类型的设置

（1）执行菜单命令【HFSS】>【Solution Type】。

（2）求解类型选择（见图 2.4）。

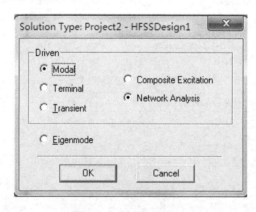

图 2.4　求解类型选择

求解器类型共有 5 种模式可供选择：

- 模式驱动（Modal）：计算基于 S 参数的模型。S 矩阵求解将根据波导模式的入射和反射功率描述。
- 终端驱动（Terminal）：计算基于多导线传输的 S 参数的终端。S 矩阵求解将以终端电压和电流的形式描述。

- 瞬态驱动（Transient）：在时域计算问题。它采用时域（瞬态）解算器。
- 激励源的选择：复合激励（Composite Excitation）和网络分析（Network Analysis）。
- 本征模（Eigenmode）：计算某一结构的本征模式或谐振，本征模式解算器可以求出该结构的谐振频率及这些谐振频率下的场模式。

3．标准单位的设置

执行菜单命令【Modeler】>【Units】。

如图 2.5 所示，如果使用者勾选调节到新单位（Rescale to new units）且改变单位，则仅仅改变单位而不会转换数值，即物体尺寸的数值是相同的。例如，在选择 mm 尺寸下创建 20mm×20mm×20mm 的 Box，勾选，更改单位为 in，则 Box 尺寸为 20in×20in×20in。

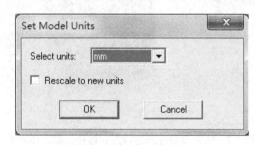

图 2.5　单位设置

4．测量 3D 模型大小尺寸

在构建模型时，可以选择测量工具测量 3D 模型之间的距离。

执行菜单命令【Modeler】>【Measure】，如图 2.6 所示（也可以通过右键菜单打开）。

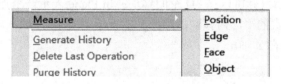

图 2.6　测量选项

- Position：测量一个点的坐标或者用鼠标左键选择该点移动鼠标显示出该点的距离和 X、Y、Z 增量，如图 2.7（a）所示。
- Edge：测量一条线的长度，如图 2.7（b）所示。
- Face：测量一个面的面积和 X、Y、Z 增量，如图 2.7（c）所示。
- Object：测量一个对象的体积，如图 2.7（d）所示。

5．栅格、创建模型平面、鼠标移动空间设置

创建一个新的工程模型时，HFSS 默认是 XY 平面、3D 模式、栅格标尺。但是在建模中为了方便建模，要更改模型平面和鼠标光标的移动空间。例如，要在 XZ 平面里创建端口平面模型，可以通过以下几种方式更改。

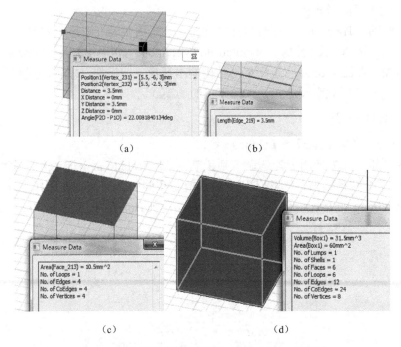

（a）　　　　　　　　　　　　（b）

（c）　　　　　　　　　　　　（d）

图 2.7　选定模型分别进行点、棱边、面、体测量

- 执行菜单命令【Modeler】>【Movement Mode】。
- 单击工具栏快捷方式 进行更改。
- 创建模型时在键盘上按【X】、【Y】、【Z】键可以限定鼠标光标在 X、Y、Z 轴线方向移动。

图 2.8 中，3D 表示鼠标可以在 3D 空间移动；In Plane 表示一个点所在的平面内；Out of Plane 表示一个点在垂直的平面内移动；Along X Axis 限定在 X 轴；Along Y Axis 限定在 Y 轴；Along Z Axis 限定在 Z 轴。

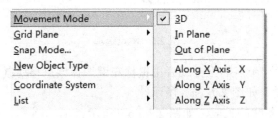

图 2.8　栅格平面设定

6. 选择模式（Snap Mode）

对模型进行操作时，要对操作对象进行筛选。HFSS 中有 5 种选择模式，可供选择不同的对象类型。

执行菜单命令【Edit】>【Select】>【Multi Select Mode Settings】，弹出如图 2.9（a）所示的对话框。

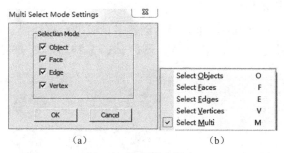

图 2.9　选择模式设定

- Object 模式：表示选择整个物体模型。
- Face 模式：表示选择 3D 物体的表面。
- Edge 模式：表示选择物体的棱边。
- Vertex 模式：表示选择物体的顶端。

通常，系统在刚开始构建模型时，默认是 Object 模式，通过 Edit>Select 可以更改或切换不同的选择模式，也可以通过在 3D 模型窗口中单击鼠标右键，在弹出的菜单中更改不同的选择模式，如图 2.9（b）所示。另外，这里提供更为快捷的方式：在键盘上按下【O】键，表示选择 Object 模式；按下【F】键，表示选择 Face 模式；按下【E】键，表示选择 Edge 模式；按下【V】键，表示选择 Vertex 模式、当然，按下【M】键即为选择多种对象模式。

7．3D 模型中选择操作

如果需要选中一个物体模型，则可以通过以下操作对不同角度的物体进行选择。

- 直接用鼠标选择物体：如果需要选择物体模型，先切换到选择物体模式，在 3D 模型窗口移动鼠标光标到待选择的目标物体上，然后单击鼠标左键即可选中此物体，物体选中后会高亮显示。
- 通过操作历史树选择物体：展开操作历史树，可以看到设计中所创建的所有物体模型名称，在操作历史树中找到并单击，即选中所选的物体。
- 通过名称选择物体：执行菜单命令【Edit】>【Select】>【Byname】，弹出如图 2.10 所示的对话框，在对话框中单击名称即可选择，单击【OK】按钮。

图 2.10　通过名称选择模型

8．模型的基本结构选择

在 HFSS 中选择菜单 Draw，可以选择创建多种模型：直线段、曲线段、圆弧线段、矩形平面、圆平面、正多边形面、长方体、圆柱体、多棱锥体、球体等，基本结构的创建如图 2.11 所示。

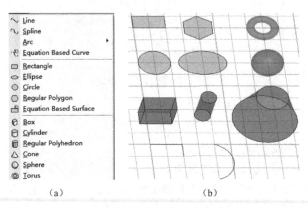

（a）　　　　　　　　　　　　（b）

图 2.11　基本结构的创建

1）创建不规则多面体

（1）执行菜单命令【Draw】>【Line】，创建如图 2.12（a）所示的多边形面。

（2）选中上步所创的多边形面，执行菜单命令【Draw】>【Sweep】>【Along Vector】，创建如图 2.12（b）所示的延矢量线，弹出如图 2.12（c）所示的对话框。

（3）设置"Sweep along vector"对话框，单击【OK】按钮，完成不规则多面体创建，如图 2.12（d）所示。

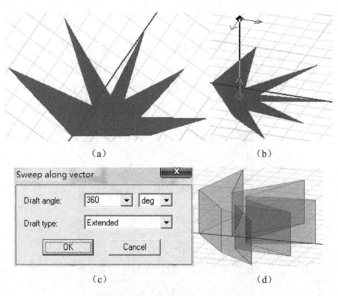

（a）　　　　　　　　　　　　（b）

（c）　　　　　　　　　　　　（d）

图 2.12　不规则多面体的创建

对于不规则多面体的创建，在 HFSS 中常用的方法是通过对 3D 模型进行多次布尔运算，把多个规则模型，相减、相加等操作合成一个不规则多面体，这种方法在后面会逐一讲解到。

2）创建螺旋结构模型

（1）在选中一维线模型或者二维面模型为横截面后，沿着指定方向螺旋盘升生成螺旋结构模型，模型地圈的半径是设定的方向矢量到选中的线模型或者面模型中心的距离，选中一维线模型生成的是中空的螺旋体，选中二维平面模型生成的是实心的螺旋体。

（2）执行菜单命令【Draw】>【Rectangle】（或单击图标 ▭），创建如图 2.13（a）所示的二维横截面。

（3）执行菜单命令【Draw】>【Helix】（或单击图标 ▱），先创建一个矢量方向轴，如图 2.13（b）所示，这个矢量方向轴为创建螺旋体的中心轴。

（4）弹出"Helix"设置对话框，如图 2.13（c）所示。其中，"Pitch"为每旋转一次的长度；"Turns"为旋转的个数；"Radius Change Per Turn"为每旋转一次半径的变量（正数代表螺纹半径增加，负数代表螺纹半径减少）。设定时会有一个预览轮廓，如图 2.13（d）所示。单击【OK】按钮，完成螺旋结构模型创建，如图 2.13（e）所示。

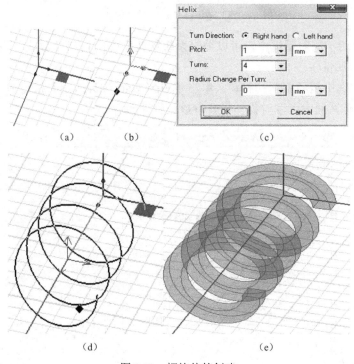

图 2.13　螺旋体的创建

9．模型材料的选择

HFSS 自带一个材料库，默认定义多种常用的物体材料。通常情况下，设计使用系统库中的材料，但是在系统库中没有需要的物体材料时，可以自定义新的物体材料属性。

执行菜单命令【Tools】>【Edit configured Libraries】>【Materials】（或单击图标 ），弹出如图 2.14 所示的材料属性对话框。

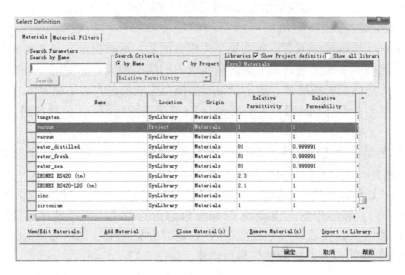

图 2.14　材料属性对话框

在如图 2.14 所示的对话框中，可以编辑系统默认库中的材料参数或者添加新的材料。

1）编辑材料属性

在图 2.14 中选中需要编辑的材料，单击【View/Edit Materials】按钮弹出如图 2.15 所示的对话框，在此对话框中可以对物体材料参数进行编辑。

图 2.15　编辑材料属性对话框

2）添加新材料

单击图 2.14 中的【Add Material】按钮，弹出如图 2.15 所示的对话框，此对话框中的参数说明如下：

（1）Material Name：添加新材料名称。

（2）Properties of the Material：编辑新材料的属性；Name 列对应材料属性名称，Type 列对应材料的类型（同性材料选 Simple，异性材料选 Anisotropic），Value 列对应材料的值。

如果需要添加频变材料，单击图 2.15 中的【Set Frequency Dependency】按钮，弹出如图 2.16 所示的对话框。频变材料设置有些复杂，如图 2.16 所示，有 5 种方式，具体设置参阅 Help 文档。

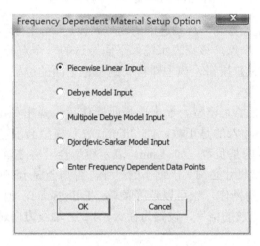

图 2.16　添加频变材料对话框

2.3　建模操作几何变换

1．移动模型

选中需要操作的模型，选择菜单：Edit>Arrange，可以看到有 4 种选择，如图 2.17 所示，下面对每一种操作类型进行解释。

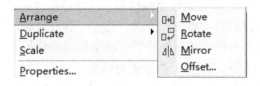

图 2.17　模型移动操作方式

⬥ Move（ ⬚ ）：进行平移，沿着指定的矢量线对选中的模型进行移动操作。例如，选择一个长方体，画矢量线为 Y 正半轴方向 3mm，则长方体模型将会水平平移 3mm。

⬥ Rotate ⬚ ：旋转平移操作，将选中的模型围绕指定的坐标轴旋转设定的角度。选择此操作，弹出如图 2.18（a）所示的对话框。其中，Axis 表示选择模型围绕哪个坐标轴旋转，Angle 表示旋转的角度。

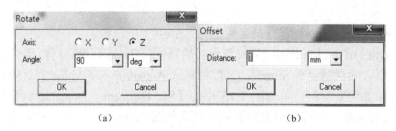

(a)　　　　　　　　　　　　(b)

图 2.18　旋转移动、缩放对话框

- Mirror（〰）：镜像移动，移动选中的物体到设定平面的镜像位置。选择此操作，在模型窗口单击一个点（该点表示镜像平面经过的一个点），然后移动鼠标到另外一个点，单击【OK】按钮，模型即移动到镜像平面的位置，两个点确定的矢量线为镜像平面的法向量。
- Offset：缩小或者扩大模型。单击选择此操作后，弹出如图 2.18（b）所示的对话框。在对话框中输入的是正数，如 3mm，表示模型会沿着 X、Y、Z 方向各增大 2mm；如果输入的是负数，如 1mm，表示模型会沿着 X、Y、Z 方向各缩小 1mm（前提是你的模型尺寸必须大于缩小的尺寸，否则会提示有错误）。

对于 Offset 缩扩模型操作，也可以选择菜单：Edit>Scale，但表示的方法与 Offset 不同，Scale 采用的是通过缩放的倍率，设置为在 X、Y、Z 轴线方向进行缩放。

2. 复制模型

选中模型后，执行菜单命令【Edit】>【Duplicate】，可以看到 3 种操作模式，如图 2.19 所示。

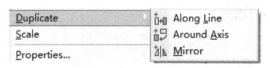

图 2.19　模型复制操作方式

- Along Line（＂）：沿着矢量线复制模型。选择该操作后，在 3D 模型窗口用鼠标左键单击一个点，然后再次单击一个点，确定一条矢量线，矢量线的方向就是复制物体相对于原物体的方向，矢量线的长度就是复制物体相对于原物体的距离。在确定矢量线后，弹出如图 2.20（a）所示的对话框。

其中，Total number 表示要复制物体模型的个数，这个数字包含原模型；对话框中的“Attach To Original Object”复选框，如果勾选此复选框，则表示只是复制模型，而不会复制原来模型中包含的端口设置和边界条件。

- Around Axis（＂）：围绕坐标轴复制模型。选择该操作，弹出如图 2.20（b）所示的对话框，以坐标原点为中心，以图 2.20 所示的 Axis：X、Y、Z 围绕的轴，Angle 表示旋转的角度，Total number 表示复制的个数。

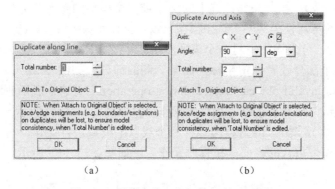

图 2.20　围绕直线、坐标轴复制对话框

⬥ Mirror（⚏）：镜像复制。此操作与镜像移动一致，这里不再赘述。

3. 模型对象的布尔运算

在 HFSS 中，一些复杂的模型有时候很难通过绘制画出来，这时就要用到布尔运算对 2 个或者多个模型对象进行组合和相减操作完成模型的构建。

选中需要操作的模型（多个模型可以通过在键盘上按住【Ctrl】键，鼠标左键单击。也可以通过执行菜单命令【Select】>【By Name】），执行菜单命令【Modeler】>【Boolean】，可以看到如图 2.21 所示子菜单下的类型。

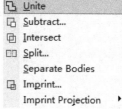

⬥ Unite（🔒）：合并操作，选中 2 个或者多个模型合并成一个模型，合并后的模型名称、材料、颜色等属性继承于第一个被选中的物体。执行此操作后，如图 2.23（b）所示。

图 2.21　模型布尔运算

⬥ Subtract（🔲）：相减操作，选中 2 个或者多个模型，用一个模型去减一个或者多个模型，单击 Subtract 菜单，弹出如图 2.22（a）所示的对话框。其中，"Blank Parts"栏为原来模型，"Tool Parts"栏为减去的模型，新生成模型的名称，颜色等属性与"Blank Parts"栏中的原来模型一致；"Clone tool objects before operation"复选框表示是否保留被减去的物体，一般不勾选。执行此操作后，如图 2.23（c）所示。

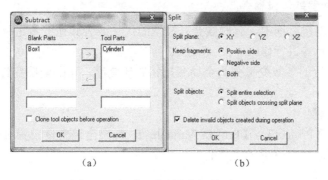

图 2.22　相减、分裂布尔运算对话框

- Intersect（▣）：相交操作，选中的 2 个或多个模型的重叠部分生成一个新模型，新模型的名称等属性与第一个选中模型一致。执行此操作后，如图 2.23（d）所示。

- Split（▣）：分裂操作，对一个模型沿 XY、YZ、XZ 坐标平面分成两部分，选择可以选择两个部分或者保留坐标平面某一侧的部分。如图 2.22（b）所示，对话框中的 "Delete invalid objects created during operation" 复选框表示删除操作产生的无效模型，默认勾选此复选框。执行此操作后，如图 2.23（e）所示。

- Imprint（▣）：镶嵌印迹操作，对 2 个或以上模型进行操作，与相减操作的区别在于会保留模型重合的表面。执行此操作后，如图 2.23（f）所示。

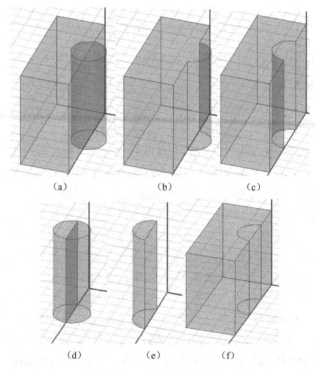

图 2.23　布尔运算后模型

4. 模型的几何参数化设置

HFSS 模型的创建过程中，有时候会对模型的尺寸或者其他变量进行参数化设置，以便于统一对模型的尺寸等进行修改。

在 HFSS 中设置的参数变量分为全局变量和局部变量，其中全局变量要在变量名称前面加 "$" 符号。

1）全局变量设置

执行菜单命令【Project】>【Project Variables】，弹出全局变量设置对话框，如图 2.24 所示，通过此变量可以添加模型尺寸变量。

2）局部变量设置

执行菜单命令【HFSS】>【Design Properties Variables】，弹出局部变量设置对话框，如

图 2.25 所示，设置方法参照全局变量设置。

以长方体为例，长为 L=10mm、宽为 W=20mm、高为 H=30mm 的全局变量。

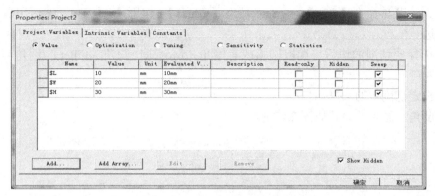

图 2.24　全局变量设置对话框

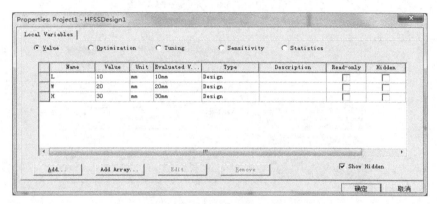

图 2.25　局部变量设置对话框

在新建的长方体模型属性对话框中输入长、宽、高。如图 2.26 所示，可以看到在"Evaluated Variables"列中已经显示为 10mm、20mm、30mm。如果需要修改长方体的尺寸，只需要修改变量，就可大大减少出错的概率。

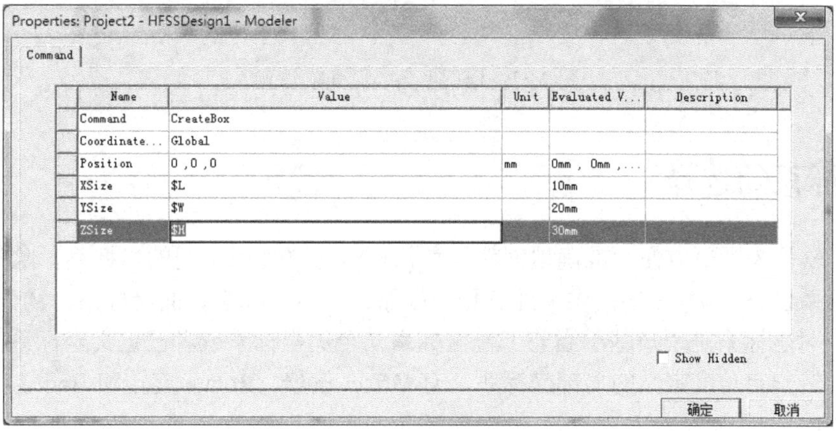

图 2.26　全局变量的使用

5．模型边缘切削处理

通过使用模型边缘切削工具（圆角、倒角），可以轻松雕刻边缘形状。

（1）执行菜单命令【Edit】>【Select】>【Edges】（按下【E】键），然后用鼠标选取模型的一条边。

（2）选择要切削的边后，选取圆弧或者倒角：Modeler>圆角（Fillet）/倒角（Chamfer）（快捷键 ▯▯▯ ）。

（3）设定切削边的长度。

模型倒角、圆角的设置如图 2.27 所示。

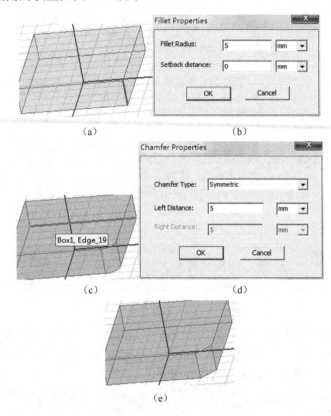

图 2.27　模型倒角、圆角的设置

2.4　坐标系的选择

HFSS 软件为了更方便、准确地创建模型，可以选择使用不同的坐标系，除了系统默认的全局坐标系以外，HFSS 还提供另外三种坐标系：相对坐标系、面坐标系、物体坐标系。

（1）相对坐标系是用户基于当前工作坐标系（全局坐标系或者已定义坐标系）平移一定距离或者旋转一定角度定义的局部坐标系，有 Offset 偏移、Rotate 旋转和 Both 旋转加偏移 3 种定义方式。

（2）面坐标系是用户定义在物体表面上的局部坐标系，当基准物体表面位置改变时，基于该面坐标系创建的所有物体都将随之更新。

（3）物体对象坐标系是用户定义在所选物体对象的立体结构、面、线条上的局部坐标系，如同面坐标系一样，物体对象坐标系也是随着所选的基准位置改变而改变的。

1．相对坐标系的创建

（1）执行菜单命令【Modeler】>【Coordinate System】>【Relative CS】>【Create】，在子菜单中有 3 种不同的方式定义创建新的相对坐标系。

- Offset（ ）：偏移方式，在相对于当前坐标系所在的 3D 空间中平移了一定的距离后构建的局部坐标系。
- Rotate（ ）：旋转方式，在相对于当前坐标系旋转了一定的角度（所构建的坐标系与原坐标系原点在同一个位置）后构建的局部坐标。
- Both（ ）：偏移加旋转方式，集成偏移方式和旋转方式构建的局部坐标系。

本文以旋转方式构建一个相对局部坐标系。

（2）确定以系统默认的全局坐标系为当前工作坐标系。

（3）执行菜单命令【Modeler】>【Coordinate System】>【Relative CS】>【Create】>【Rotate】（单击快捷图标 ）。

（4）进入 3D 模型窗口，选择 X 轴所在的以原点为起点的矢量线，如图 2.28（a）所示，单击鼠标左键确定。

（5）选择新坐标系 YZ 平面，其中 YZ 平面的法线是上面确定的 X 轴，如图 2.28（b）所示，单击鼠标左键确定，新的坐标系如图 2.28（c）所示。

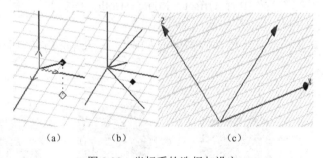

图 2.28　坐标系的选择与设定

通过上面的步骤，采用旋转方式重新定义一个相对坐标系。完成新的相对坐标系后，在操作历史树中可以看到默认的名称为"RelativeCS1"，系统会自动将新的相对坐标系变更为当前工作坐标系。

2．面坐标设置

在构建模型时，大多数时候利用理论计算的参数是相对的参数，即相对变量。例如，在构建一个喇叭天线模型时，计算出的是每个喇叭形状每个阶段的参数，不是相对坐标系原点的参数。为了方便建模，可以在 HFSS 中构建面坐标系。

（1）选中物体的表面，如图2.29（a）所示。

（2）执行菜单命令【Modeler】>【Coordinate System】>【Relative CS】>【Create】>【Face CS】（单击图标 ），在3D模型窗口选择圆柱上以底面中心为坐标的原点，如图2.29（b）所示，单击鼠标左键确定。

（3）在圆柱的表面移动鼠标光标确定新坐标系的 X 轴方向，单击鼠标左键确定，如图2.29（c）所示。

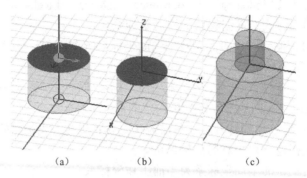

（a）　　　　　　　（b）　　　　　　　（c）

图2.29　不同坐标系下模型创建

基于新的坐标系上创建一个小的圆柱，通过改变大圆柱的参数可以看出，小圆柱的位置会随之变化。

3．物体对象坐标系设置

执行菜单命令【Modeler】>【Coordinate System】>【Relative CS】>【Create】>【Object CS】，在其下拉子菜单中有 Offset、Route、Both（图标 、 、 ）3 种不同的创建方式。3 种方式和相对坐标系一致，这里不再赘述。

在创建物体对象坐标系时可以选择新的坐标系原点是所选物体对象的顶点、线、面、体，如图2.30所示。

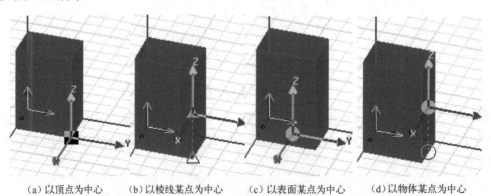

（a）以顶点为中心　　（b）以棱线某点为中心　　（c）以表面某点为中心　　（d）以物体某点为中心

图2.30　物体对象坐标系的设置

坐标和网格的隐藏步骤如下所示。

（1）执行菜单命令【View】>【Coordinate System】，其下拉子菜单中包含 Large、

Small、Hide 和 Triad，如图 2.31 所示。

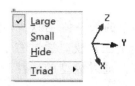

图 2.31　坐标系的显示

- Large：以大图标的形式显示坐标轴。
- Small：以小图标的形式显示坐标轴。
- Hide：隐藏坐标轴。
- Triad：选择是否显示坐标系的 3 基元（X、Y、Z），Auto 默认是不显示。选择显示后，在 3D 模型窗口的右下角可以看到，如图 2.31 所示。

（2）执行菜单命令【View】>【Grid Settings】，弹出栅格设置对话框，如图 2.32 所示。通过该对话框可以设置栅格的类型、风格（点状或者现状）、自动设置大小，以及是否显示栅格，如图 2.33 所示。

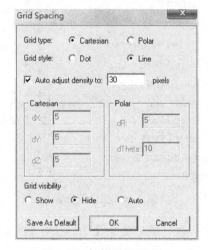

图 2.32　栅格设置对话框

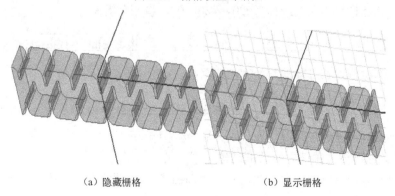

（a）隐藏栅格　　　　　　　　　　（b）显示栅格

图 2.33　3D 模型窗口栅格显示、隐藏

2.5　创建 3D 几何模型实例

本节以在 HFSS 中创建一个简单的长方体 Box 模型为例。在此过程中会用到两种方法确定物体模型的位置和大小：一是在建模时通过右下角状态栏输入模型的准确位置坐标和大小尺寸；二是大致确定模型，通过模型的属性对话框修改模型的准确位置坐标和大小尺寸。

创建长方体模型的操作步骤和设置。

创建一个定点坐标（-20，-20，0）、长×宽×高为 40×40×10 的 Box，长度单位选择当前工程默认单位：mm。HFSS 中创建长方体需要确定 3 点坐标。

（1）栅格的设置：执行菜单命令【Modeler】>【Grid Plane】>【XY】（单击图标 XY ▾），选择当前栅格平面为 XY 面，如图 2.34 所示。

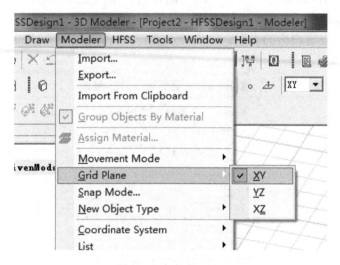

图 2.34　栅格的设置

（2）创建长方体模型状态：执行菜单命令【Draw】>【Box】（单击图标 ◎ ）。

🔸 第一种精确创建

在右下角状态栏输入起始坐标（-20，-20，0），按回车键确定：

X:	-20	Y:	-20	Z:	0	Absolut ▾	Cartesiar ▾	mm

然后在状态栏输入长方体的长、宽、高（40，40，10），按回车键确定：

dX:	40	dY:	40	dZ:	10	Relative ▾	Cartesiar ▾	mm

在输入坐标时可以用 Tab 键切换到 X、Y、Z 坐标。

🔸 第二种在物体"属性"对话框创建

首选大致创建长方体的轮廓，然后双击"CreateBox"图标 ◎ CreateBox，弹出属性对话框修改参数，如图 2.35～图 2.37 所示。

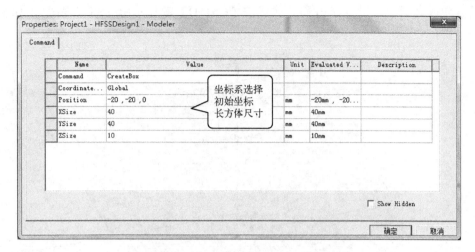

图 2.35　长方体模型尺寸大小属性设置

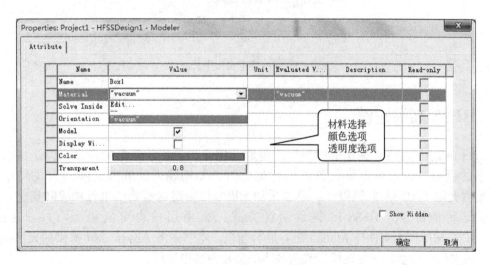

图 2.36　长方体模型属性设置

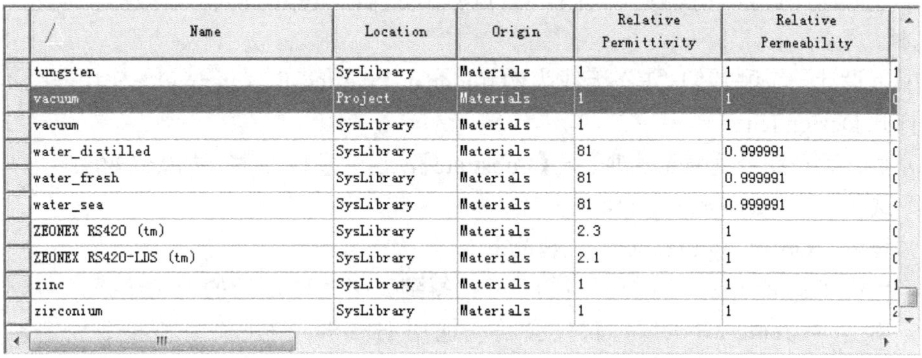

/	Name	Location	Origin	Relative Permittivity	Relative Permeability	
tungsten		SysLibrary	Materials	1	1	1
vacuum		Project	Materials	1	1	0
vacuum		SysLibrary	Materials	1	1	0
water_distilled		SysLibrary	Materials	81	0.999991	0
water_fresh		SysLibrary	Materials	81	0.999991	0
water_sea		SysLibrary	Materials	81	0.999991	4
ZEONEX RS420 (tm)		SysLibrary	Materials	2.3	1	0
ZEONEX RS420-LDS (tm)		SysLibrary	Materials	2.1	1	0
zinc		SysLibrary	Materials	1	1	1
zirconium		SysLibrary	Materials	1	1	2

图 2.37　材料选择对话框

设置完成之后便可以创建出长方体（按【Ctrl+D】键显示所有模型视图），如图 2.38 所示。

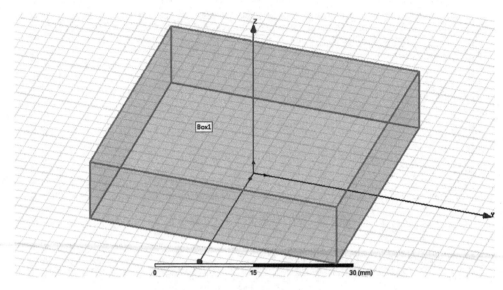

图 2.38　3D 模型窗口中长方体

2.6　HFSS 高级建模

虽然 Ansoft HFSS 提供的建模方式能够让用户构建比较复杂的模型，但是在遇到更为复杂的模型和采用外部优化算法进行优化时，如构建天线阵列、阵列天线尺寸的优化，显然受限于 HFSS 的局限性。单独采用 HFSS 很难对这些模型进行构建和优化。

在这种情况下，HFSS 15 提供两种方式：采用用户自定义模型（User Defined Primitive）、利用脚本文件与 Matlab 进行联合建模。本书采用 Ansoft 公司提供的天线设计套件生成脚本构建模型，其他建模方式会在本书后续内容中运用。

安装完成 Ansoft HFSS Antenna Design Kit，双击打开天线设计套件（如图 2.39 所示），借助此套件可以轻松设计天线，通过打开安装文件路径可以清楚看到设计套件默认的脚本。

本书以设计一个贴片倒 "F" 天线为例（Planar Inverted-F Antenna），作用于 2.4GHz 的 WiFi，打开 Design Kit。

（1）执行菜单命令【Materials】>【Substrate】，设置基板参数，如图 2.40 所示。

（2）选择 "Solver Type：HFSS"。

（3）设置 "Operating Frequency：Frequency" 为 2.4GHz。

（4）单击 "Synthesize" 计算天线的尺寸，得到如图 2.41 所示的天线数据。

（5）单击 "Create Model"，软件会自动调用 HFSS，构建模型和参数设定，得到如图 2.42 所示的天线模型。

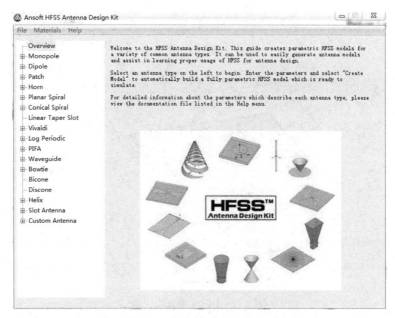

图 2.39　Ansoft HFSS Antenna Design Kit

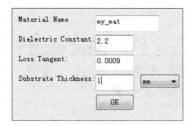

图 2.40　Substrate 设置

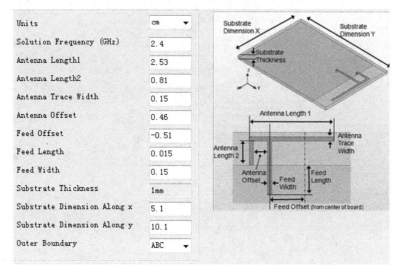

图 2.41　天线数据

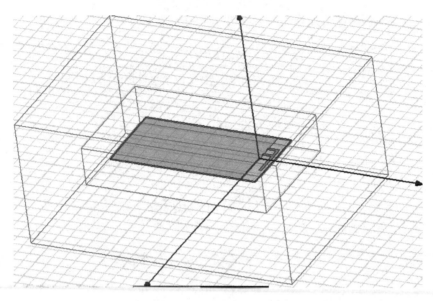

图 2.42　HFSS 中天线模型

2.7　本章小结

通过本章的学习，能够在 HFSS 上建立我们需要的模型，在建模过程中可以通过不同的方式，如采用布尔运算，能够更加快速、有效地建立模型。HFSS 建模中运用参量化建模方式，能够便于模型建立后对模型器件的仿真。

第3章 网格划分设置

3.1 有限元简介

电磁场的求解问题，归根结底是要求解麦克斯韦方程组及其边界条件的解。从数学的角度来看，通过解偏微分方程和其初始条件，可以准确得到电磁场的数值解。但是当人们需要求解更加复杂高频结构的电磁场问题时，传统数学方法的计算量就变得非常可观。计算机及商用电磁软件的高速发展为研究高频电磁结构的工程师提供了便捷的途径，让计算机代替人脑计算那些复杂的公式，让人们专注于设计而不是大量重复的计算。

HFSS采用的理论基础是有限元方法（Finite Element Method，简称FEM），它的解是频域的，对于求解各种谐振结构和本征模问题比较有优势。

有限元方法的一般步骤是：

（1）用有限单元离散求解区域；

（2）用合适的基函数插值；

（3）集合所有单元及边界条件形成线性方程组；

（4）求解线性方程组得出原问题的近似解。

HFSS的剖分单元是四面体（图3.1），待求解的几何结构会被剖分成许多大小不同的四面体，而所有这些四面体的集合被称为有限元网面。虽然HFSS有很强大的自适应网格剖分技术，但是想要快速得到准确的结果，使用者需要具备一定的电磁理论功底。

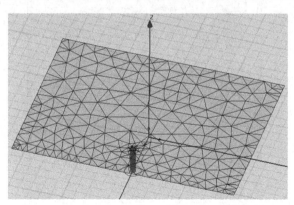

图3.1 四面体单元示意图

3.2 设置求解频率

在HFSS建好模型后，首先要设置求解频率（Solution Setup）。

双击工程树下 Analysis 中的 Setup1，或者选择菜单命令【HFSS】>【Analysis Setup】>【Add Solution Setup】（如图 3.2）。

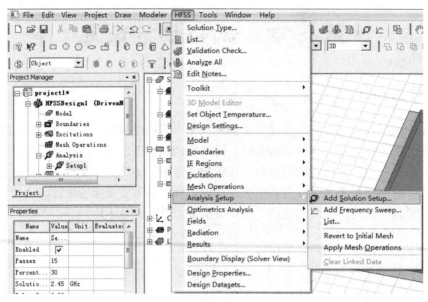

图 3.2 设置求解频率（一）

在弹出的"Driven Solution Setup"对话框中选择"General"标签页（图 3.3），可以设置求解频率（Solution Frequency）、迭代次数和精度（Adaptive Solutions）。

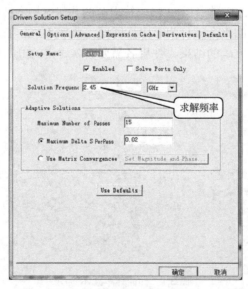

图 3.3 "General"标签页设置

"Setup Name"选项：求解设置的名称，可以自己定，默认按顺序是 Setup1、Setup2、……。

"Enable"复选框：勾选，则求解设置有效，反之无效，一般采用默认勾选。

"Solve Ports Only"复选框：一般用于计算各端口上的 2D 方向图、阻抗及传播常数。默认不勾选，如果勾选，下面的迭代次数和精度则会变成灰色不可用。

"Solution Frequency"选项：求解频率。这是一个点频，如果要扫频设置，在后面"Add Frequency Sweep"中会提到如何添加频率扫描。通常将要求解问题的中心频率设置成求解频率，在快速扫频（Fast）求解时，如果"Solution Frequency"在扫频范围内，HFSS 将这里设置的"Solution Frequency"作为中心频率，否则频率范围的中心频率会作为默认的扫频中心频率。

"Adaptive Solutions"选项栏：它是一个很重要的调整参数，关系到仿真求解的精度和速度。

"Maximum Number of Passes"选项：HFSS 的最大迭代次数。当 HFSS 达到迭代精度时，自适应剖分结束，否则程序会一直迭代下去直到满足迭代精度。如果模型或者场过于复杂，计算机可能会一直迭代下去，因此最大迭代次数就是用户设置让程序迭代到一定次数终止的值。通常对于求解辐射问题，建议最大迭代 6～8 次；求解密闭区域，建议设置 8～12 次。根据实际的求解需要及计算机性能（内存大小），可以适当增加迭代次数以提高求解精度。

"Maximum Delta S Per Pass"：相邻两次迭代的 S 参数误差。当迭代精度小于 ΔS 时，HFSS 停止迭代。通常设置为 0.02 就足够了，设置得太小不但没有必要，反而会增加计算机的负担。

"Use Matrix Convergence"：可以分别设置 S 参数幅度和相位的收敛精度，是 ΔS 的高级设置，对有此需要的用户可以提高仿真效率。

在"Options"标签页（图 3.4）中，可以详细设置自适应网格剖分的参数。

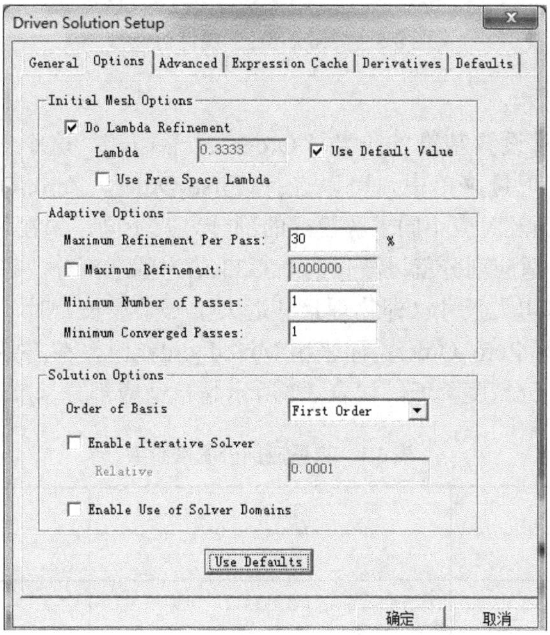

图 3.4　"Options"标签页设置

① "Initial Mesh Options" 选项栏：

建议采用默认设置，务必勾选 "Do Lambda Refinement" 复选框，因为材料的介电常数会影响电磁波的波长。网格剖分单元长度通常就采用默认的 1/3 个 Lambda，不需要调整。如果想要网格剖分基于自由空间中的波长而忽略材料的影响，可以勾选 "Use Free Space Lambda" 复选框，通常用于材料高导电性的情况，这样可以提高仿真速度。

② "Adaptive Options" 选项栏：

"Maximum Refinement Per Pass" 意味着每一次进一步剖分的过程增加四面体占前一次剖分的百分比，默认值是 30%。而勾选 "Maximum Refinement" 复选框则可以设置一次自适应剖分所能增加四面体的最大值，如设置最大值为 1000000。在 HFSS 界面左边的 "Properties" 属性对话框（图 3.5）中可以查看和直接修改该值，设置一个合理的最大值有利于提高建模效率。如果不勾选，则每一次剖分网格的最大值是不受限制的。

图 3.5 "Properties" 属性对话框

③ "Options" 选项栏：

在该选项栏中可以设置基准的阶数 "Order of Basis"，这个选项与前面的 "Lambda Refinement" 有关。在下拉菜单中，可以选择 First Order、Zero Order、Second Order 和 Mixed Order。不同选项及对应不同求解模式的剖分方式不同，如在 Driven 求解模式下，选择 First Order，那么自适应剖分就以波长的 0.3333 倍为基准剖分。越高阶剖分，精度越高。需要说明的是，当仿真电大尺寸（即物理尺寸远大于一个波长）时，特别是剖分四面体数大于 100000 时，建议选择 Zero Order；而采用 Mixed order 时，在需要高精度时采用高阶的基数，而场较弱的地方剖分精度降低。如表 3.1 所示是自适应剖分基准阶数。

表 3.1 自适应剖分基准阶数

	Driven	Eigenmode
Zero order	0.1	0.1
First order	0.3333	0.2
Second order	0.6667	0.4
Mixed order	0.6667	0.6667

在"Advanced"选项栏中，可以从其他工程（Project）或者设计（Design）中导入已经设置好的网格，勾选"Import Mesh"复选框后弹出"Setup Link"对话框（图 3.6），根据已经设置好的工程文件的位置设置选项。导入网格这个功能可以减少重复剖分的次数，特别是模型较为复杂而新文件的模型基本没有改动的情况。

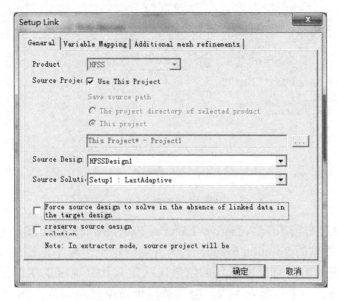

图 3.6 "Setup Link"对话框

介绍完常用的求解频率设置，接下来添加扫频范围。右键单击"Setup1"执行菜单命令【Add Frequency Sweep】（图 3.7），弹出"Edit Frequency Sweep"对话框，如图 3.8 所示，可以设置扫频范围和扫频类型。

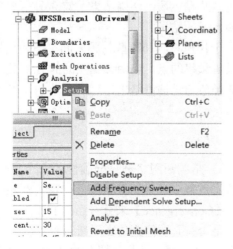

图 3.7 增加扫频范围

首先介绍三种扫频类型：快速扫频（Fast）、离散扫频（Discrete）和插值扫频（Interpolating）。

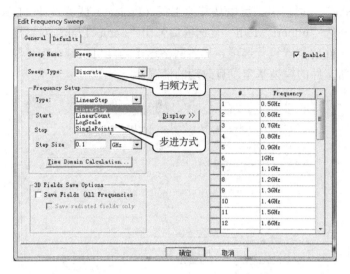

图 3.8 "Edit Frequency Sweep"对话框

快速扫频：快速扫频基于 Adaptive Lanczos-Padé Sweep（ALPS）方法，从中心频率（默认采用频率设置里的 Solution Frequency）开始外推整个频率范围的场进行扫描，得到的是整个频率范围内的所有频率点场的结果，决定其计算速度的主要是模型和场的复杂程度，扫频范围频点的个数影响不大。特别适用于谐振结构和其他 S 参数在小范围急剧变化的结构，对这些结构快速扫频能够快速获得准确的结果，尤其是谐振点附近的结果。

离散扫频：离散扫频只计算扫频范围给定单独离散的点的场，如扫频范围是 0.5GHz～4GHz，步长 0.1GHz，那么离散扫频只会扫 0.5，0.6，0.7，…，3.8，3.9，4.0 这些频点的场，该类型适用只需要知道某些频点场的精确结果。勾选图 3.8 下方的"Save Fields"复选框就可以保存每个离散频率点场的结果。

插值扫频：插值扫频介于快速扫频和离散扫频之间。当使用插值扫频时，HFSS 会依据迭代的收敛精度自动选择求解频率的点，当两频率点间的 S 参数误差小于收敛精度时，则扫频结束，而其他的频率点的场值通过插值给出。

3.3 收敛误差

收敛误差（Convergence）是判断网格剖分准确性的一个重要指标，在一定程度上能反映仿真的误差。无论是在仿真过程中还是仿真结束后，我们都能通过右键单击工程管理树下的"Setup"，执行菜单命令【Convergence】来查看当前的收敛误差，这有利于判断当前仿真进度下网格剖分是否合理、是否有必要停止仿真重新设置剖分。

在"Simulation"下拉框中选择要观察收敛情况的 Setup，如图 3.9 中观察的 Setup1 的收敛情况。下拉菜单默认选中的是最近一次仿真的设置。

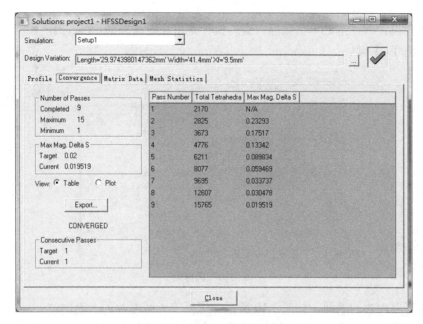

图 3.9　查看收敛误差

在"Convergence"标签页中，根据设置的情况，可以看到下列的信息：

（1）仿真是否收敛：右上方绿色的对号表示该仿真已经收敛。

（2）自适应网格剖分的次数和剩余次数：如本例中总共剖分了 9 次，这是仿真完成后查看的数据，因此没有显示剩余次数。

（3）每次剖分增加的四面体单元的个数：四面体单元的个数越多，HFSS 需要消耗计算机的内存就越大，在仿真过程中根据当前剖分情况的四面体总数来判断计算机能否继续仿真下去，普通的个人计算机在仿真较为复杂的模型时可能"力不从心"，这时需要借助性能强劲的服务器来完成仿真。本例中，第 9 次剖分增加的四面体数为 15765，这个数字对于目前主流的计算机来说并不算大。

（4）相邻两次剖分 S 参数的最大差值（幅度）：在之前的 Setup 设置中，Delta S 的目标值为 0.02，当小于该值时，HFSS 就不会继续剖分下去了。从图 3.9 中可以看出，随着四面体个数的增加，每一次剖分的精度都在不断提高，直到第 9 次达到 0.019519<0.02 时，网格数才不再增加。

收敛误差的结果是可以导出的，单击【Export】按钮，可以将当前信息保存成"*.conv"的文件，不必担心，这个文件可以用记事本等文档编辑器打开。

3.4　查看网格剖分情况

在仿真过程中可以观察当前剖分的网格，而在仿真结束后可以查看最终的网格剖分情况。查看网格剖分设置，首先要确定观察被剖分的体或者表面，如果这个体或者面在模型中不存在，可以建一个辅助体或者面来观察。下面以观察表面网格剖分为例，介绍如何查看网格剖分。

（1）在建模窗口任意处单击鼠标右键，执行菜单命令【Select Faces】，如图 3.10 所示，或者按快捷键【F】键。

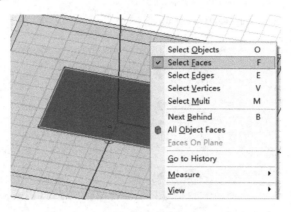

图 3.10　选择面

（2）选择要观察的表面。如图 3.10 所示，选择了天线贴片的上表面。

（3）执行菜单命令【HFSS】>【Fields】>【Plot Mesh】，弹出"Create Mesh Plot"对话框。单击【Done】即可看到所选表面上的网格剖分情况。从网格剖分情况来看，HFSS 的自适应网格剖分功能非常智能且可靠，在馈电点附近网格剖分得最密，而在贴片边缘网格剖分也进行了加密。

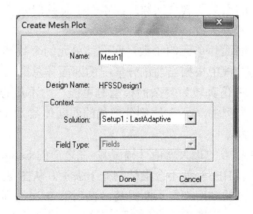

图 3.11　"Creat Mesh Plot"对话框

模型上显示出网格以后，在工程树状图的" Field Overlays "列表下出现一个"MeshPlots"。在仿真过程中，可以右键单击"MeshPlot"，执行菜单命令【Update Plots】，随时查看最新的网格剖分情况。每一次自适应剖分结束后，显示的网格都会自动刷新一次。右键单击"MeshPlot"，执行菜单命令【Modify Atrtibutes】，还可以设置网格的显示属性，如网格的透明度、颜色等，如图 3.12 所示。

当不需要显示网格时，右键单击"MeshPlot"，执行菜单命令【Delete】即可删除网格显示状态。

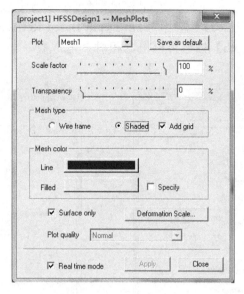

图 3.12　网格查看属性

3.5　高级网格设置

前面介绍过 HFSS 根据工作波长划分网格，在一些特定情况下，用户需要根据实际长度划分网格。HFSS 提供了另外两种设置方法：基于长度的网格剖分和基于趋肤深度的网格剖分。

首先介绍模型表面基于长度的网格剖分。先选择一个要设置网格的面或体，然后执行菜单命令【HFSS】>【Mesh Operations】>【Assign】>【On Selection】>【Length Based】（图 3.13），弹出 "Element Length Based Refinement" 对话框（图 3.14）。在对此话框中，既可以限制单元的长度，也可以限制单元的个数。

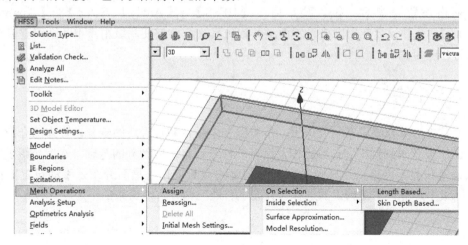

图 3.13　网格设置

下面介绍另一种剖分方式——基于趋肤深度剖分。与基于长度剖分类似，只是在最后执行菜单命令【Skin Depth Based】，弹出"Skin Depth Based Refinement"对话框（图3.15），单击【Calculate Skin Depth】按钮可以根据相对介电常数、电导率及工作频率来计算趋肤深度。

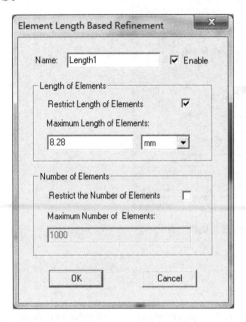
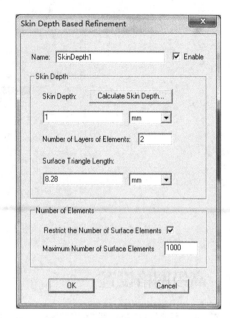

图3.14 "Element Length Based Refinement"对话框　　图3.15 "Skin Depth Based Refinement"对话框

模型内部也可以进行剖分设置，按照基于长度的剖分设置的步骤可以类似地进行设置，这里不再详细介绍。

3.6　应用网格设置

在网格设置完毕后，执行菜单命令【HFSS】>【Analysis Setup】>【Apply Mesh Operations】，软件只会应用网格设置而不开始仿真，这样方便高级用户不断地调整网格设置直到认为合理为止。

3.7　本章小结

本章首先简单介绍了有限元原理，接着以一个微带贴片天线的剖分设置为例介绍了如何在HFSS中设置求解频率和扫频范围，这是软件进行自适应剖分的基础。然后介绍了如何查看收敛误差和显示网格，这是自适应剖分精度的判断依据。最后介绍了手动设置网格的方法，为高级用户提供了更精确的选择，补充了自适应剖分可能带来的不足。

第4章　变量设置与调谐优化

作为一款能够方便进行图形设计的软件，HFSS 在建模方面具有非常多的方便特性，参数化建模是其中的一种。与传统的结构设计不同，电磁学仿真设计软件不仅仅需要对结构进行设计绘制，更需要通过合理的理论去指导优化结构的尺寸以达到最优的设计效果。因此，参数化建模为设计者方便地进行后续的优化工作提供了便利。读者作为 HFSS 的入门者，更应该将参数化建模作为一个好习惯来培养。

在 HFSS 中，要使用优化模块的分析和设计功能，首先需要做的是定义和添加相关变量。本章首先对 HFSS 中的变量进行简单介绍，然后介绍 HFSS 自带的优化扫参调谐等工具的功能及其使用方法。在前文设计的基础上，通过一个仿真例程，对优化模块的分析和设计功能进行应用，使读者能够直观地了解该模块的使用。

4.1 变量

在 HFSS 中，物体模型的尺寸、物体的材料属性等设计参数都可以用变量表示。同时，在 HFSS 设计中，如果要使用参数扫描、优化设计和调协分析等功能，都必须用到变量这个概念。下面我们就来详细讲解 HFSS 中的变量类型、变量定义，以及在设计中如何添加、删除和使用变量。

4.1.1 变量类型

HFSS 定义了两种类型的变量：工程变量（Project Variables）和设计变量（Local Variables）。工程变量和设计变量的定义和使用方法相同，在实际使用中并无太大的区别，用户可以通过定义工程变量或者设计变量对结构进行参数化设计。但是，两者也存在少许的差别。在 HFSS 中，一个工程（Project）可以包含多个设计文件（Design），工程变量的作用区间为当前工程下的所有设计，而设计变量的作用区间仅为该变量所在的设计中。

举例来说，假如当前工程 Prj_1 下有两个设计文件 Design1 和 Design2，工程 Prj_1 下定义了一个工程变量 Var_1，设计 Design1 下定义了一个设计变量 Var_2，设计 Design2 下定义了一个设计变量 Var_3，则工程变量 Var_1 在 MyDesign1 和 MyDesign2 两个设计中都可以使用，而设计变量 Var_2 只能在 MyDesign1 设计中使用，设计变量 Var_3 只能在 MyDesign2 设计中使用。

为了对两种变量进行区分，HFSS 规定在工程变量名称前都冠有前缀 "$"。用户在定义工程变量时可以手动地在变量名称添加前缀 "$"；如果用户在定义时没有添加，HFSS 也会自动在工程变量前添加前缀 "$"。

4.1.2　变量定义

HFSS 中完整的变量一般包含 3 部分：变量名、变量数值及变量的单位。部分变量由于其特殊意义可能不包含单位，如代表比值的变量。变量以字母开头，可以由字母、数字和下划线"_"组成。与其他的编程软件类似，HFSS 自身保留了一些特殊变量名称，用户无法对这些变量进行修改，而自己在进行变量设置时，名称也不能与之相同。例如，pi 默认定义为圆周率；sin 默认定义为正弦三角函数。

具体而言，HFSS 中默认的常数定义及其描述如表 4.1 所示。读者在对变量进行定义时需要注意。

表 4.1　HFSS 中默认的常数定义及其描述

保 留 名	默 认 数 值	单　　位	含　　义
pi	3.141592653589		圆周率
Boltz	$1.3806503 \times 10^{-23}$	J/K	波尔兹曼常数
c0	299792458	m/s	光速
elecq	$8.854187817 \times 10^{-12}$	C	电子电荷
eta	376.730313416	Ω	真空特征阻抗
E0	3.85×10^{-12}	F/m	真空介电常数
U0	$1.256637061 \times 10^{-66}$	H/m	真空磁导率
g0	9.80665	m/s^2	重力加速度
sabs0	−273.15	℃	绝对零度
mathE	2.718281828		自然对数的基底
planck	$6.6260775 \times 10^{-34}$		普朗克常数

此外，HFSS 还对基本的数学运算进行了定义，用户可以根据需要方便地调用这些数学函数。HFSS 中常用的数学函数如表 4.2 所示。

表 4.2　HFSS 中常用的数学函数

函 数 名	函 数 描 述	用　　法
abs	取绝对值	abs(x)
even	偶数返回 1，奇数返回 0	even(x)
odd	偶数返回 0，奇数返回 1	odd(x)
sgn	正负数字符号位	sgn(x)
int	取数字的整数部分	int(x)
nint	四舍五入取整	nint(x)
rem	取数字的小数部分	rem(x)
max、min	取两个数中的最大、最小值	max(x,y)，min(x,y)
mod	取模	mod(x)

函 数 名	函 数 描 述	用 法
sqrt	平方根	sqrt(x)
exp	求幂(e^x)	exp(x)
pow	求幂(x y)	pow(x, y)
ln	自然对数	ln(x)
log10	以 10 为基底求对数	log10(x)
sin、cos、tan	三角函数正弦、余弦、正切	sin(x)、cos(x)、tan(x)
asin、acos	反正弦、反余弦	asin(x)、acos(x)
atan	反正切(-90°~90°)	atan(x)
atan2	反正切(-180°~180°)	atan2(x)
sinh、cosh、tanh	正弦、余弦、正切双曲函数	sinh(x)、cosh(x)、tanh(x)
asinh、atanh	反正弦、反正切双曲函数	asinh(x)、atanh(x)

4.1.3 添加、删除和使用变量

1. 定义和删除工程变量

执行菜单命令【Project】>【Project Variables】，或者选中工程树下的工程名称，然后单击鼠标右键，从弹出菜单中执行菜单命令【Project Variables】，打开"工程变量编辑"对话框，如图 4.1 所示。对话框中的"Project Variables"标签页用来添加和编辑工程变量窗口，对话框中的"Intrinsic Variables"标签页列出了 HFSS 系统预定义的常用变量，对话框中的"Constants"标签页列出了 HFSS 系统预定义的常数，如图 4.2 所示。

单击"Project Variables"标签页中的【Add】按钮，在弹出的对话框中完成对变量的添加，在此需要注意的是，变量的单位有两种添加方式：第一种是选择变量的类型之后再选择变量的单位，第二种是直接在输入变量值的时候同时完成变量单位的输入，如图 4.3 所示。

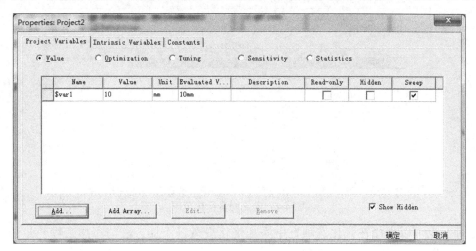

图 4.1 "工程变量编辑"对话框

51

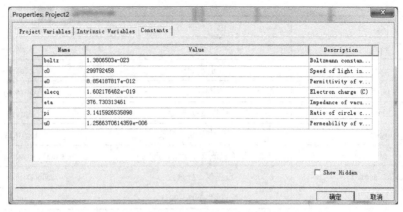

图 4.2　HFSS 系统预定义的常数

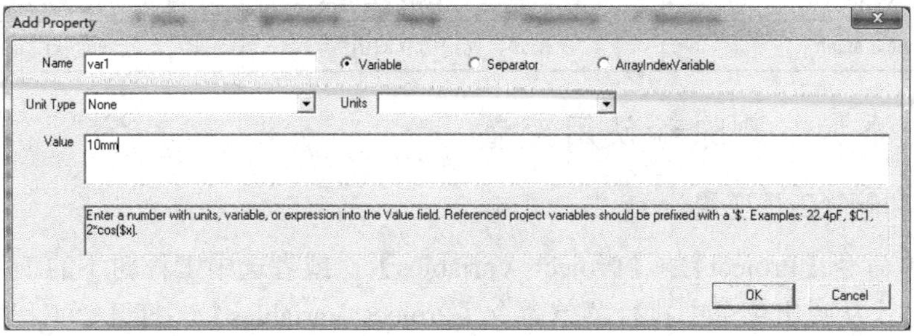

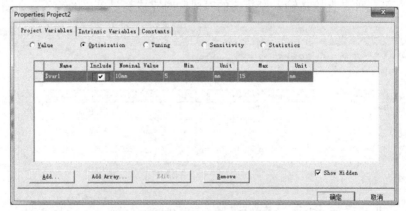

图 4.3　添加变量

单击【OK】按钮，完成变量的添加。

在如图 4.4 所示的对话框中的其他选项，用户可以根据实际需要进行选择，如单击【Optimization】按钮，在对应的对话框中可以看到已经添加的变量，如果后续需要对该变量进行优化，则可以将 "Include" 下面的选择框勾选上。此外，还可以对变量的优化范围进行定义。

图 4.4　定义变量优化范围

同时，也可以直接在优化选项框中添加优化变量，添加方法与添加工程变量的方法一致，在此不作赘述。

2．添加设计变量

执行菜单命令【HFSS】>【Design Properties】，或者选中工程树下的设计名称，然后单击鼠标右键，从弹出菜单中执行菜单命令【Design Properties】，弹出如图 4.4 所示的"设计变量编辑"对话框。

设计变量的添加和删除过程及操作步骤与工程变量基本相同，这里不再赘述。

3．变量的使用

在 HFSS 中，几乎所有的设计参数都可以使用变量来表示。例如，物体模型的尺寸、物体的材料属性、边界条件相关参数等。在此，我们通过完成一个矩形框绘制的例子对变量的使用进行介绍，该矩形框长度设定为 20mm×10mm。

首先，添加设计变量，执行菜单命令【HFSS】>【Design Properties】，在弹出的对话框中单击【Add】按钮添加变量，最终的变量如图 4.5 所示。

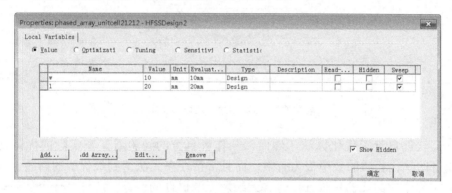

图 4.5　添加变量 w、1

单击【确定】按钮。

在 HFSS 绘制图形界面中，单击【矩形绘制】按钮，任意选择两点完成矩形的绘制。双击历史树中矩形的属性，在弹出的对话框中对矩形的参数进行设置，如图 4.6 所示。

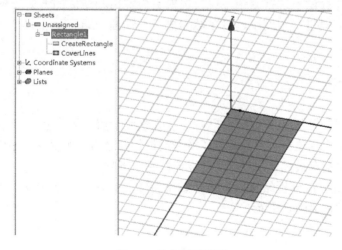

图 4.6　绘制任意矩形

如图 4.7 所示，单击【确定】按钮即可完成矩形框的参数化绘制，在后续的设计中，用户可以通过改变 w 和 l 的值来方便地对矩形进行修改。

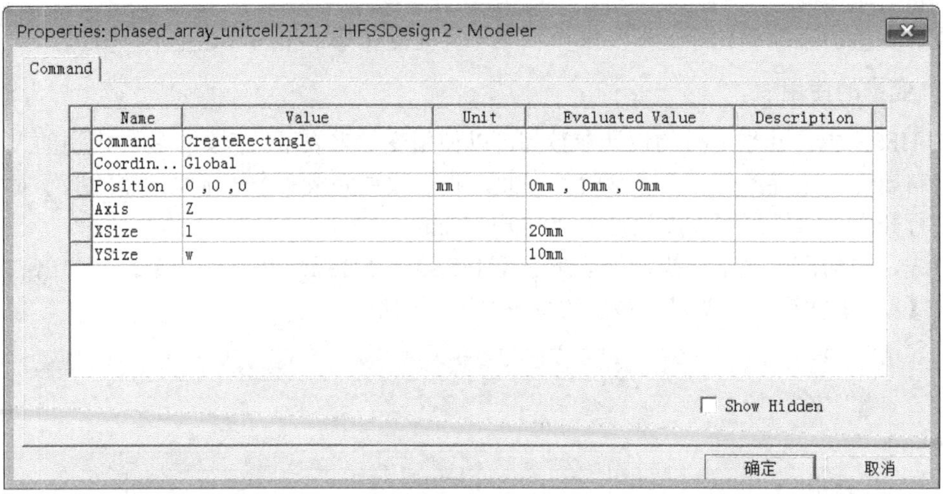

图 4.7   将矩形尺寸定位为变量

HFSS 软件自带了优化算法，然而，从作者自身的经验看，在实际的优化设计中，HFSS 自身的优化算法的效率极为有限，而且常常存在无法得到最优解的问题。同时，应该明白，电磁学中的元器件设计，包含天线及无源器件的设计，应该是一个从理论向实践的正向过程，即知道一定的理论基础下，对元器件特定部位的尺寸进行一定的优化，从而得到最终的设计。而优化算法，作为一种使用简单的设计工具，很多时候缺少必要的理论指导，不仅仅会浪费时间，而且得不到最终的设计。因此，在 HFSS 的实际使用中，使用更多的是参数的调谐和扫描。通过人为的干预优化，达到最终的设计效果。因此，本节对于过于冗余的优化算法不进行介绍，仅仅选取更为实用和便捷的调谐分析、统计分析进行简单的介绍，进而通过一个例子，对参数扫描进行详细介绍。读者会在以后的设计中更多地使用这种方法。

4.2   调谐分析

HFSS 中的调谐分析功能是指用户在手动改变变量值的同时能实时显示求解结果。例如，在执行完成一个优化分析并且得到了变量的最优值之后，可以在该最优值附近手动改变变量的值，观察变量在最优值附近扰动对设计性能的影响。

针对某一变量调谐分析结束后，设计结果将随之更新；如果选择了"Save Fields"选项，则设计的场解也会随之更新。

4.3　统计分析

实际使用的元件或者制造工艺一般都有一定的误差。例如，标称值为 1nH、容差为 ±10%的二极管引线电感，其实际值将是 0.9nH～1.1nH 之间的随机值。因此，由这些元件所构成的电路模型或者这些制造工艺生产出的器件模型也具有随机特性，根据这种模型所求出的电路/电磁特性当然也是一些随机量。统计分析就是利用统计学的观点来研究设计参数容差对求解结果的影响，常用的方法是蒙特·卡罗（Monte Carlo）法。这种方法是利用计算机产生各种不同分布的伪随机数，来模拟产生各设计参数的随机值，并对由此形成的电路/器件模型进行分析，计算出表征电路/器件各种特性参数的随机量，然后对这些随机量进行统计分类或计算，画出统计图。

蒙特卡罗法的具体分析步骤如下。

（1）用计算机产生伪随机数，并用它们模拟产生电路/器件各设计参数的随机值序列，然后将这些序列进行随机组合，形成电路/器件的统计分析模型。在给出设计参数标称值和容差的情况下，用伪随机数模拟产生设计参数的随机值可按下式计算：

$$P = \Delta P \times \mathrm{RN} + P_{\min}$$

式中，ΔP 是元件参数最大值与最小值之差，$P_{\min}$ 是设计参数的最小值，RN 是一个值在 0～1 之间的伪随机数。

按上述方法可以产生各个参数的随机值序列，将这些序列进行随机组合便可形成电路/器件的统计分析模型。

（2）调用分析程序对电路进行分析，计算出电路/器件的各种特性参数，如输入驻波比、S 参数等。为了获得足够的统计分析精度，这种分析要进行很多次，即对电路的每一个统计分析模型都要进行一次分析。若电路有 n 个元件参数，一般可取分析次数 $M = （100～200）n$。

（3）对分析结果进行统计分类，画出直方图。

第5章 仿真结果输出

使用 HFSS 软件进行仿真的目的是使观察得到的结果符合工程实际的要求。由于实际的需要会把仿真得到的结果进行输出，本章将会介绍在 HFSS 软件中怎样得到所需要的数据和图形，以及将这些数据和图形输出。本章以同轴线馈电的矩形微带天线为例输出天线的各项性能参数。

5.1 回波损耗 S_{11}

从回波损耗 S_{11} 中可以看出天线的中心频率、带宽等参数，回波损耗是分析天线性能的重要指标之一。

有两种方法可以绘制回波损耗结果图形。

方法一：执行菜单命令【HFSS】>【Results】>【Create Modal Solution Data Report】>【Rectangular Plot】，弹出设置对话框，如图 5.1 所示。在该对话框中，"Solution" 选项选择 "Setup1：Sweep"；"Domain" 选项选择 "Sweep"；在 "Update Report" 处，勾选 "Real time"；Trace 标签页中，"Primary Sweep" 选项选择 "Freq"；X 勾选 "Default"，Y 填写 "dB（S（1,1））"，"Category" 选项选择 "S Parameter"，"Quantity" 选项选择 S（1,1），"Function" 选项选择 "dB"。然后单击【New Report】按钮，关闭该对话框，软件窗口中会生成回波损耗S_{11}的图形，如图 5.2 所示。

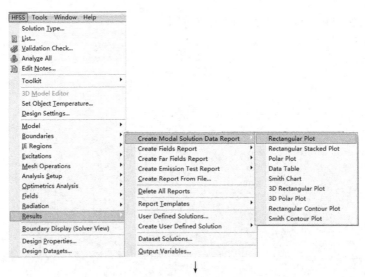

图 5.1　回波损耗 S_{11} 对话框设置

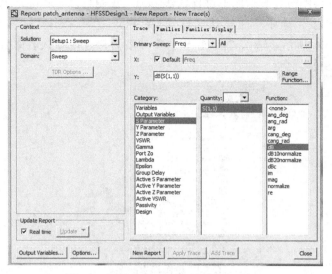

图 5.1　回波损耗 S_{11} 对话框设置（续）

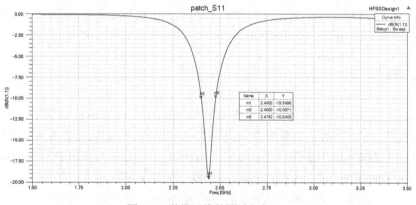

图 5.2　微带天线的回波损耗S_{11}

　　方法二：在"Project Manager"小窗口中，选中"Results"，单击鼠标右键执行菜单命令
【Create Modal Solution Data Report】>【Rectangular Plot】，如图 5.3 所示，剩下的操作同方
法一。由于方法二较快捷，推荐使用该方法。

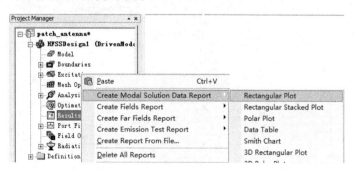

图 5.3　回波损耗S_{11}创建步骤

用 HFSS 软件绘图时，会对图形进行默认名称，我们可以对其进行更改，以便区分不同的天线性能参数结果。选中产生默认名称"XY Plot 1"，单击鼠标右键，执行菜单命令【Rename】，如图 5.4 所示，输入"patch_S11。"或者直接选中默认名称后，单击鼠标左键，即可输入"patch_S11"。

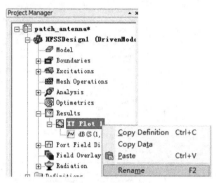

图 5.4　给图形更改名称

在绘图完成后，需要对图形中特殊的点进行标注。单击菜单栏中 ，即可对图形中的点进行标注，如图 5.2 所示。从图 5.2 中可以看出，该矩形微带天线的谐振中心频率为 2.44GHz，带宽约为 0.07GHz。

5.2　输入阻抗 Z_{in}

天线的输入阻抗一般是复数，实部称为输入电阻，以 r_e 表示，虚部称为输入电抗，以 i_m 表示，在 HFSS 软件中可以直接查看天线输入阻抗的大小，以便于查看天线的匹配状态。

在"Project Manager"小窗口中，选中"Results"，单击鼠标右键执行菜单命令【Create Modal Solution Data Report】>【Rectangular Plot】，弹出设置对话框，如图 5.5 所示。在该对

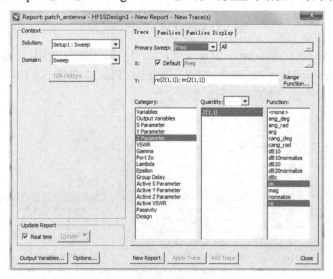

图 5.5　输入阻抗设置对话框

话框中，"Solution"选项选择"Setup1：Sweep"，"Domain"选项选择"Sweep"，"Update Report"处；勾选"Real time"；"Trace"标签页中，"Primary Sweep"选项选择"Freq"，"X"勾选"Default"，"Y"填写"re（Z（1,1））"和"im（Z（1,1））"，"Category"选项选择"Z Parameter"，"Quantity"选项选择"Z（1,1）"，"Function"选项选择"im"和"re"。然后单击【New Report】按钮，关闭该对话框，软件窗口中会生成输入阻抗的图形，如图 5.6 所示。

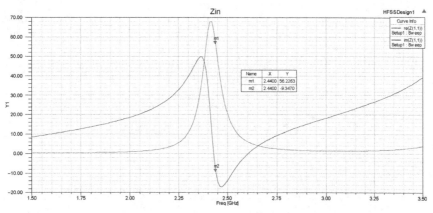

图 5.6　微带天线输入阻抗的图形

5.3　导纳 *Y*

导纳是阻抗的倒数，即 *Y*=1/*Z*。HFSS 软件中可以直接查看天线的导纳。

在"Project Manager"小窗口中，选中"Results"，单击鼠标右键执行菜单命令【Create Modal Solution Data Report】>【Rectangular Plot】，弹出导纳设置对话框，如图 5.7 所示。在

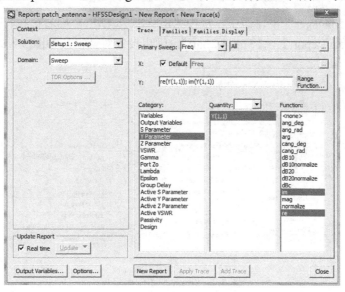

图 5.7　导纳设置对话框

该对话框中，"Solution"选项选择"Setup1：Sweep"，"Domain"选项选择"Sweep"，"Update Report"处勾选"Real time"；"Trace"标签页中，"Primary Sweep"选项选择"Freq"，"X"勾选"Default"，"Y"填写"re（Y（1,1））"和"im（Y（1,1））"，"Category"选项选择"Y Parameter"，"Quantity"选项选择"Y（1,1）"，"Function"选项选择"im"和"re"。然后单击【New Report】按钮，关闭该对话框，软件窗口中会生成导纳的图形，如图5.8所示。

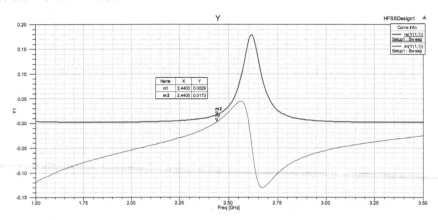

图 5.8　微带天线导纳的图形

5.4　Smith 圆图

Smith 圆图是应用最广泛的匹配电路设计工具之一，其将特征参数和工作参数形成一体，图解法解决微波问题，简单、方便且直观。在 HFSS 软件中，查看 S 参数的 Smith 圆图的步骤如下。

在"Project Manager"小窗口中，选中"Results"，单击鼠标右键执行菜单命令【Create Modal Solution Data Report】>【Smith Chart】，弹出设置对话框，如图 5.9 所示。在该对话框

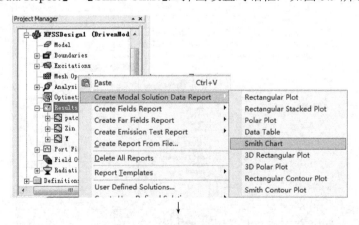

图 5.9　Smith 圆图创建步骤

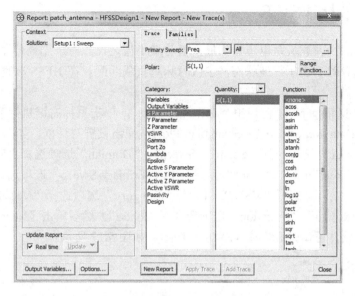

图 5.9 Smith 圆图创建步骤（续）

中，"Solution"选项选择"Setup1：Sweep"，"Update Report"处勾选"Real time"；
"Trace"标签页中，"Primary Sweep"选项选择"Freq"，"polar"处填写"S（1,1）"，
"Category"选项选择"S Parameter"，"Quantity"选项选择"S（1,1）"，"Function"选项选
择"<none>"。然后单击【New Report】按钮，关闭该对话框，软件窗口中会生成 Smith 圆
图，如图 5.10 所示。

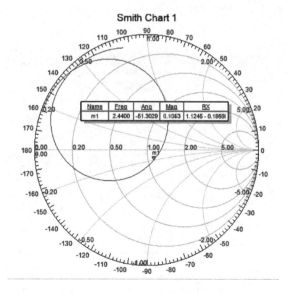

图 5.10 Smith 圆图

从图 5.10 可以看出，微带天线在 2.44GHz 时的归一化阻抗为 1.1245-0.1869i，可见该天
线没有达到良好的匹配状态，需要进行匹配设计。

5.5　电压驻波比 VSWR

电压驻波比的物理意义是电压振幅最大值与最小值之比。对于无耗传输线，电压驻波比大于等于 1。VSWR=1 表示行波状态，也就意味着负载匹配。在 HFSS 软件中可以很方便直观地查看 VSWR。

在"Project Manager"小窗口中，选中"Results"，单击鼠标右键执行菜单命令【Create Modal Solution Data Report】>【Rectangular Plot】，弹出设置对话框，如图 5.11 所示。在该对话框中，"Solution"选项选择"Setup1：Sweep"，"Domian"选项选择"Sweep"，"Update Report"处勾选"Real time"，"Trace"标签页中，"Primary Sweep"选项选择"Freq"，"X"勾选"Default"，"Y"处填写"VSWR（1）"，"Category"选项选择"VSWR"，"Quantity"选项选择"VSWR（1）"，"Function"选项选择"<none>"。然后单击【New Report】按钮，关闭该对话框，软件窗口中会生成 VSWR 的图形，如图 5.12 所示。

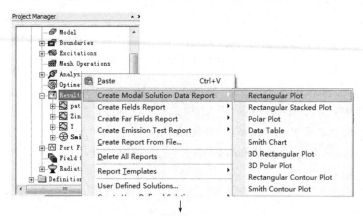

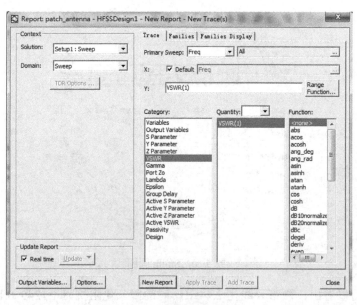

图 5.11　VSWR 创建步骤

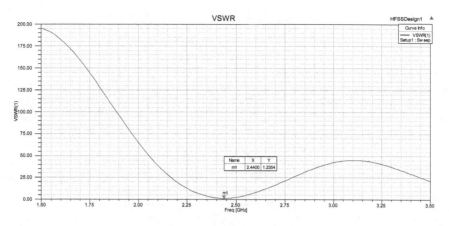

图 5.12　微带天线 VSWR 的图形

5.6　方向图

天线方向图是衡量天线性能的重要图形，可以从天线方向图中观察天线的很多参数。天线方向图分为 E 面方向图、H 面方向图和立体方向图。下面分别介绍在 HFSS 中绘制这三种方向图的步骤。

5.6.1　二维增益方向图

1．E 面方向图

在 "Project Manager" 小窗口中，选中 "Radiation"，单击鼠标右键执行菜单命令【Insert Far Field Setup】>【Infinite Sphere…】，弹出设置对话框，如图 5.13 所示。在该对话框

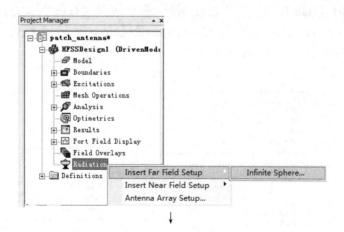

图 5.13　定义辐射表面

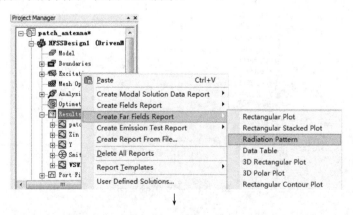

图 5.13　定义辐射表面（续）

中，"Name"文本框中输入名称"E_Plane"，在"Phi"选项的"Star"、"Stop"和"Step Size"中均填写"0deg"，在"Theta"选项的"Star"、"Stop"和"Step Size"中分别填写"0deg"、"360deg"、"1deg"。然后单击【确定】按钮，完成设置。此时，Radiation 节点下就会出现 E_Plane 辐射表面。

　　然后，选中"Results"，单击鼠标右键执行菜单命令【Create Far Fields Report】>【Radiation Pattern】，弹出设置对话框，如图 5.14 所示。在该对话框中，"Solution"选项选择"Setup1：LastAdaptive"，"Geometry"选项选择"E_Plane"，"Update Report"处勾选"Real time"；"Trace"标签页中，"Primary Sweep"选项选择"Theta"，"Ang"勾选"Default"，"Mag"填写"dB（GainTotal）"，"Category"选项选择"Gain"，"Quantity"选项选择"GainTotal"，"Function"选项选择"dB"。然后单击【New Report】按钮，关闭该对话框，软件窗口中会生成 E 面方向图，如图 5.15 所示。

图 5.14　E 面方向图创建步骤

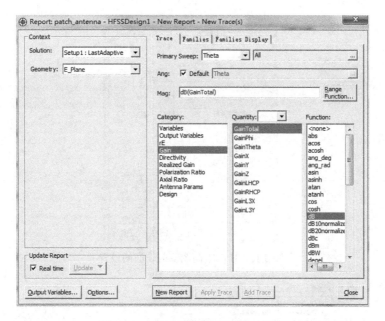

图 5.14　E 面方向图创建步骤（续）

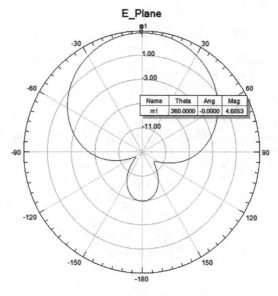

图 5.15　微带天线的 E 面方向图

2．H 面方向图

H 面方向图的画法和 E 面方向图的画法类似，不同的只是在"Phi"选项的"Star"、"Stop"和"Step Size"中分别填写"90deg"、"90deg"、"0deg"，在"Theta"选项的"Star"、"Stop"和"Step Size"中分别填写"0deg"、"360deg"、"1deg"，如图 5.16 所示。图 5.17 为 H 面方向图创建步骤。最后软件窗口中会生成 H 面方向图，如图 5.18 所示。

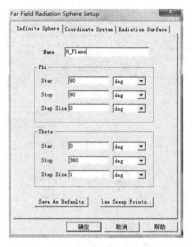

图 5.16　H 面方向图辐射表面的设置

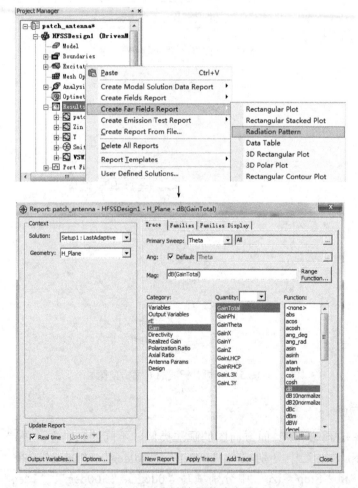

图 5.17　H 面方向图创建步骤

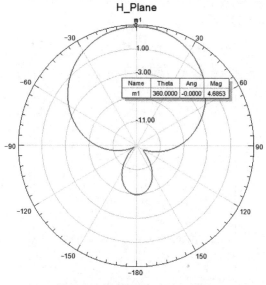

图 5.18　微带天线 H 面方向图

也可以将 E 面和 H 面方向图绘制在一个坐标图中，在定义辐射表面时，在"Phi"选项的"Star"、"Stop"和"Step Size"中分别填写为"0deg"、"90deg"、"90deg"，其他设置不变。此时软件窗口中生成的图形如图 5.19 所示。

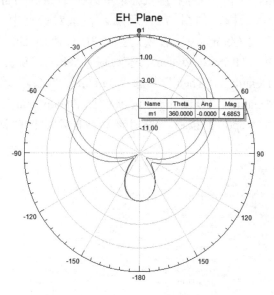

图 5.19　微带天线的 E 面和 H 面方向图

5.6.2　三维方向图

对于三维方向图，辐射表面的设置方法和 E 面、H 面方向图的设置方法也类似，不同的是在"Phi"选项的"Star"、"Stop"和"Step Size"中分别填写"0deg"、"360deg"、

"1deg"，在"Theta"选项的"Star"、"Stop"和"Step Size"中分别填写"0deg"、"360deg"、"1deg"，如图 5.20 所示。

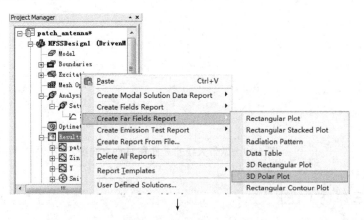

图 5.20　3D 方向图辐射表面设置

然后，选中"Results"，单击鼠标右键执行菜单命令【Create Far Fields Report】>【3D Polar Plot】，弹出设置对话框，如图 5.21 所示。在该对话框中，"Solution"选项选择"Setup1：LastAdaptive"，"Geometry"选项选择"3D"，"Update Report"处勾选"Real time"；"Trace"标签页中，"Primary Sweep"选项选择"Phi"，"Secondary Sweep"选项选择"Theta"，"Phi"勾选"Default"，"Theta"勾选"Default"，"Mag"填写"dB（GainTotal）"，"Category"选项选择"Gain"，"Quantity"选项选择"GainTotal"，"Function"选项选择"dB"。然后单击【New Report】按钮，关闭该对话框，软件对话框中会生成三维方向图，如图 5.22 所示。

图 5.21　三维方向图创建步骤

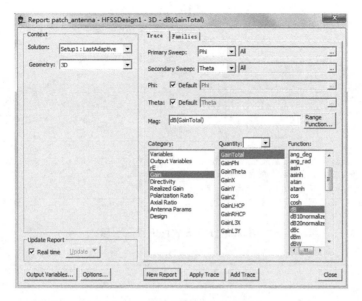

图 5.21　三维方向图创建步骤（续）

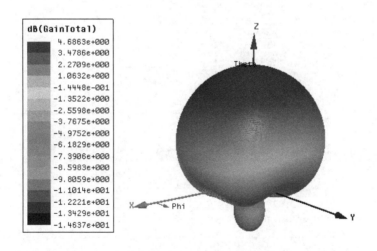

图 5.22　微带天线的 3D 方向图

5.7　数据及图形的输出

在很多情况下，用户希望将得到的结果输出，不使用 HFSS 软件也可以观察数据。HFSS 软件提供了这一功能，具体操作如下。

在软件的图形窗口中单击鼠标右键，弹出快捷菜单，执行菜单命令【Copy Image】，如图 5.23 所示，此时该图形已被复制，粘贴在需要的文档中即可。

HFSS 软件还提供了将数据保存成文件的功能。在软件的图形窗口中单击鼠标右键，弹出快捷菜单，执行菜单命令【Export】，弹出"Export Report"对话框，如图 5.24 所示。

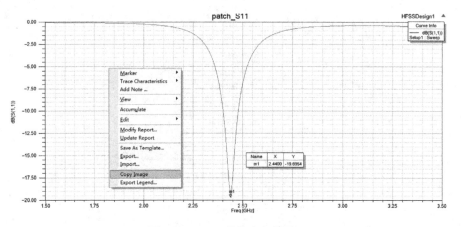

图 5.23 HFSS 软件中复制图形

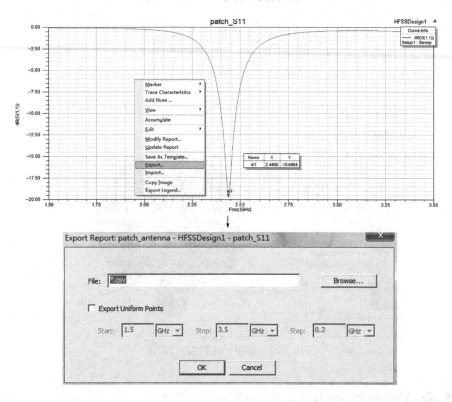

图 5.24 "Export Report" 对话框

单击 Browse，弹出保存文件路径的对话框，如图 5.25 所示。在"文件名"栏中填写"patch_S11"，保存类型有多种选择，这里选择"*.txt"格式，单击【保存】按钮即可。

打开保存的文件，如图 5.26 所示。在图中可以看到，文件中很容易找到每个频率所对应的回波损耗 S_{11} 的值。

图 5.25   保存文件路径的对话框

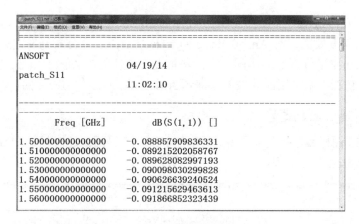

图 5.26   保存的文件

5.8   本章小结

本章以矩形微带天线为例，讲解了 HFSS 软件中怎样实现数据及图形的输出，观察仿真结果，得出一些结论。主要详细讲述了回波损耗 S_{11}、输入阻抗、电压驻波比 VSWR、Smith 圆图，以及 E 面、H 面和三维增益方向图的绘制，最后讲解了如何将得到的图形数据输出到其他文件中。

第6章 HFSS 与其他软件的联合

HFSS 软件有时候并不能满足我们的需要，如在 ADS 系统的联合仿真当中，需要 HFSS 的 S 参数文件参与到系统的仿真当中，对特别复杂器件的设计，如多节滤波器，时间成本是我们必须考虑的因素，因此三维的电磁仿真与电路仿真软件的结合是不可避免的。在众多的电路仿真软件当中，HFSS 可以使用 sNP 文件与其他软件（如 ADS、AWR）进行联合仿真，但是由于 sNP 文件只能针对的某一参数的某一个数值的 sNP 文件在仿真过程的优化中，每一次仿真优化都要加载一次 sNP 文件，这意味着需要导出很多的 sNP 文件，给优化带来很大的麻烦和时间浪费。但是 HFSS 可以与 Ansoft designer 进行协同仿真，不需要导出 S 参数，直接进行仿真，这给优化带来了很大的方便。而且在 HFSS 仿真进行完以后，我们需要对器件进行加工，这时需要将 HFSS 的模型导出，AutoCAD 或者三维模型软件对尺寸等进行标注和编辑。对器件进行测试完以后，还可以对通过 HFSS 对其仿真结果和测试结果进行比较，因此学会 HFSS 软件与其他软件的接口联合具有很重要的工程使用价值。

6.1 HFSS 与 Ansoft designer 的协同仿真

HFSS15 已经被 Ansys 公司购买，现在使用的 HFSS 被称为 Ansys HFSS。但是 HFSS 最初是由 Ansoft 公司开发的，与 Ansoft designer 一样是由同一个公司开发出来的，所以 HFSS 能与 Ansoft designer 进行良好的协同仿真。本章设计中使用的 Ansoft designer 6 与 HFSS 进行的联合仿真，仿真一个常用的滤波器来演示 Ansoft designer 与 HFSS 的协同。

6.1.1 新建工程设置

双击 HFSS15 图标，打开如图 6.1 所示的 HFSS15 界面。这时候，HFSS 自动建立一个工程名字为 "Project1" 的工程。

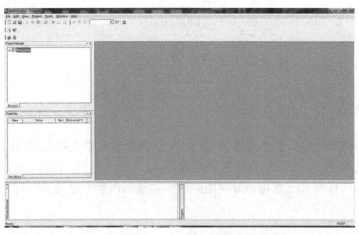

图 6.1　HFSS15 界面

单击图标 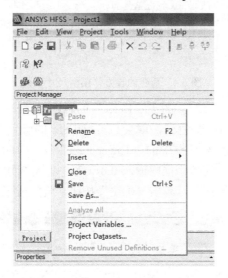，HFSS 自动建立一个设计文件，为"HFSSDesign1"。我们可以对工程名字和设计文件名字这两个名字重命名。单击"Project1"，再右键单击鼠标，可以显示如图 6.2 所示的对话框，执行菜单命令"Rename"，输入"HF_DS"，可以将"Project1"命名为"filter1"。同样的操作可以适用于设计文件命名为"mopian1"。

图 6.2　对工程重命名

6.1.2　模型建立

1. 建立波导腔

单击主面板上的【Draw box】按钮，其图标为 ，然后将鼠标移到模型界面，任意画出一个长方体模型，如图 6.3 所示。

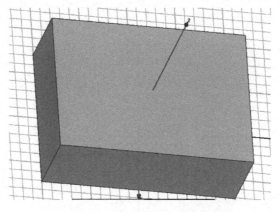

图 6.3　任意画出的长方体模型

双击历史操作树中的 CreateBox ，打开模型参数对话框，设置其坐标位置，尺寸大小如图 6.4 所示。

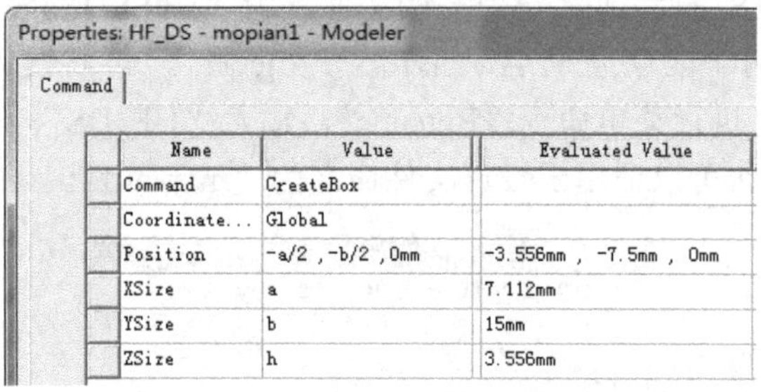

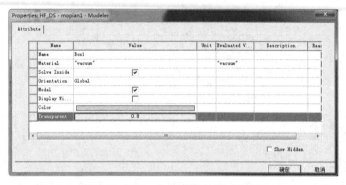

图 6.4　新建的长方体模型尺寸参数

双击历史操作树下的"Box1"，打开"Box1"的属性对话框。单击"Attribute"对话框中的"Color"行、"Value"列的颜色框，就会打开 HFSS 的颜色库，选择天蓝色，单击"确定"按钮。单击"Attribute"对话框中的"Transparent"行、"Value"列的长条框，就会打开HFSS 的透明度设置对话框，在数字框中输入 0.8，就可以将透明度设置为 0.8，单击【确定】按钮。定义好的属性如图 6.5 所示，单击"确定"按钮，就完成了对"Box1"的属性设置。

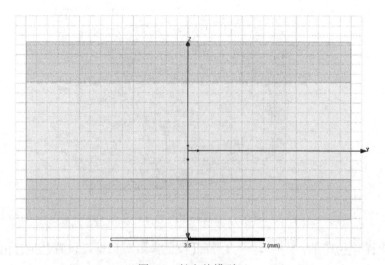

图 6.5　"Box1"的属性设置对话框

最后建立的模型如图 6.6 所示。

图 6.6　长方体模型

2. 建立波导耦合膜片

单击主面板上的【Draw box】按钮，其图标为 🗊，然后将鼠标移到模型界面，任意画出一个长方体模型为 "Box2"。双击历史操作树中的 🗊 CreateBox ，打开模型参数对话框，设置其坐标位置，尺寸大小如图 6.7 所示，单击【确定】按钮。

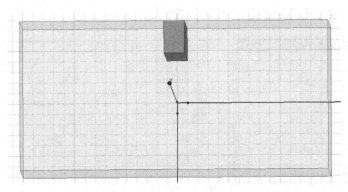

Properties: HF_DS - mopian1 - Modeler

Command

Name	Value	Evaluated Value
Command	CreateBox	
Coordinate...	Global	
Position	-a/2 ,-w_mo/2 ,0mm	-3.556mm , -0.5mm , 0mm
XSize	a/2-w_o/2	1.556mm
YSize	w_mo	1mm
ZSize	h	3.556mm

图 6.7　第一个膜片的尺寸参数

设置完的模型如图 6.8 所示。

![第一个膜片的模型图]

图 6.8　第一个膜片的模型图

选中历史操作树中的 "Box2"，单击鼠标右键，执行菜单命令【Edit】>【Copy】。再在用户主界面中右键单击鼠标，执行菜单命令【Edit】>【Paste】，这时就会出现 "Box3"。双击历史操作树中的 "Box3" 的 "CreateBox"，打开模型参数对话框，设置其坐标位置、尺寸大小，如图 6.9 所示。

Name	Value	Evaluated Value
Command	CreateBox	
Coordinate...	Global	
Position	a/2 ,-w_mo/2 ,0mm	3.556mm , -0.5mm , 0mm
XSize	-a/2+w_o/2	-1.556mm
YSize	w_mo	1mm
ZSize	h	3.556mm

图 6.9　第二个膜片的尺寸参数

该模型如图 6.10 所示。

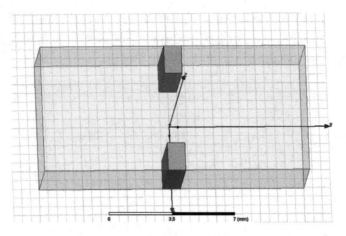

图 6.10　第二个膜片的模型

选中操作历史树的下面选择"Box1"，再按着【Ctrl】键，同时选择"Box2"和"Box3"，单击工具栏中的 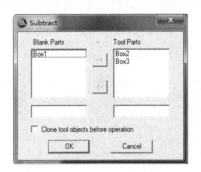，就会出现如图 6.11 所示的对话框，单击【OK】按钮。这样所有的耦合模型的建模操作都已完毕，模型如图 6.12 所示。

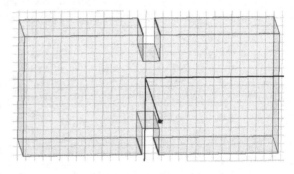

图 6.11　模型相减操作　　　　　图 6.12　波导腔减去膜片后的模型

在键盘上按一下【E】键，然后按住【Ctrl】键选中如图 6.12 所示的四条线。在工具栏中单击图标 ，就会出现如图 6.13 所示的对话框，单击【OK】按钮。

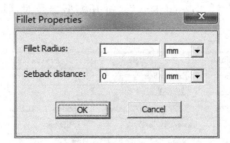

图 6.13　倒圆角对话框

倒完角后的模型如图 6.14 所示。

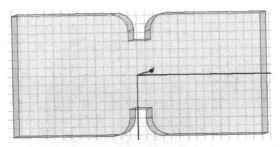

图 6.14　倒完角后的模型

6.1.3　端口和边界条件的设置

在键盘上按一下【F】键，选中如图 6.15 所示的面，单击鼠标右键，执行菜单命令【Assign Excitation】>【Wave Port】，就会打开如图 6.16 所示的对话框。

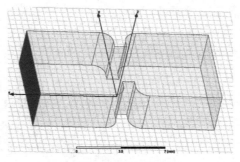

图 6.15　选中的面

单击【下一步】按钮，就会出现如图 6.17 所示的对话框，单击 "Integration Line" 下面的 "None"，选择 "New Line"，回到主界面，找到刚才所选中的面的下面边沿线的中间位置，这时鼠标所对应的点将会变为三角形，如图 6.18 所示，单击该点，向上拉线找到该面上边沿线的中间位置，这时鼠标所对应的点也将会变为三角形，单击该点。

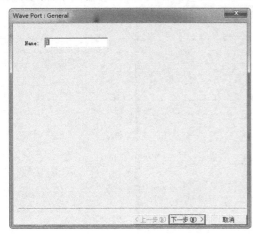

图 6.16　端口设置对话框（一）

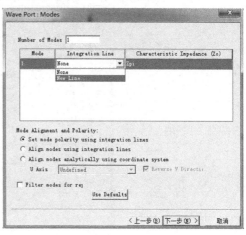

图 6.17　端口设置对话框（二）

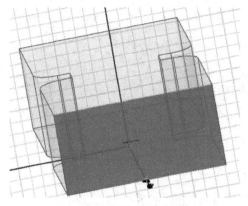

图 6.18　积分线的第一个点

做完上述操作后的界面如图 6.19 所示，然后在"Characteristic Impedance"的下面选择"Zpv"。

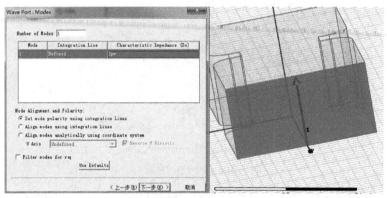

图 6.19　设置完积分线的界面

单击【下一步】按钮，将会出现如图 6.20 所示的对话框，勾选"Deembed"，在"Distance"中输入"6mm"，然后单击【完成】按钮。

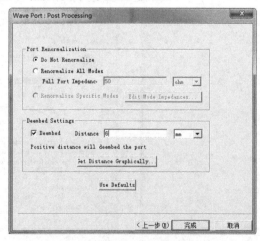

图 6.20　端口设置对话框第三步

使用相同的操作设置第二个端口，第二个端口为第一个端口对着的面。如图 6.21 所示，其中左面为第一个端口，右面第二个端口与其对着，在该面上完成第一个端口设置进行的操作，设置第二个端口。

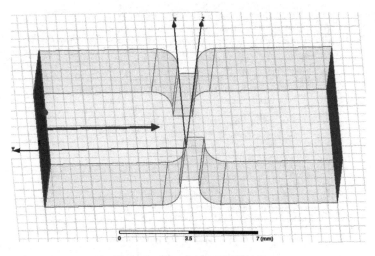

图 6.21　第一个端口对着的面

6.1.4　仿真和参数扫描设置

右键单击"Analysis"，执行菜单命令【Add Solution Setup…】，就会打开如图 6.22 所示的求解设置对话框。在该对话框中，求解频率"Solution Frequency"设为 32，默认单位是 GHz，其他保持不变，单击【确定】按钮。

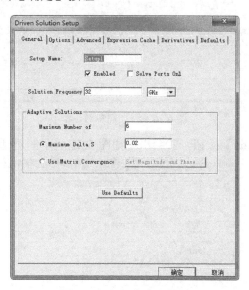

图 6.22　求解设置对话框

选择工程管理窗口里面的"Analysis" > "Setup1"，右键单击"Setup1"，执行菜单命令

【Add Frequency Sweep 】，打开编辑频率扫描对话框。按照如图 6.23 所示的数据对该对话框进行编辑，编辑完以后，单击【确定】按钮。有一点要记住，不要勾选"Save Fields"，但是如果硬盘空间足够则就无所谓了。

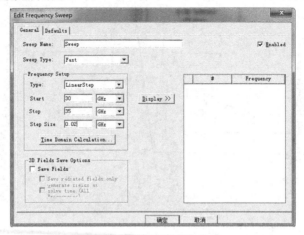

图 6.23　编辑频率扫描对话框

在工程管理窗口，找到"Optimetrics"，右键单击"Optimetrics"，执行菜单命令【Add】>【Parametric】，就会出现如图 6.24 所示的对话框。

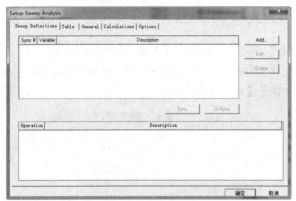

图 6.24　添加扫参对话框

单击图 6.24 中的【Add】按钮，就会出现如图 6.25 所示的对话框。

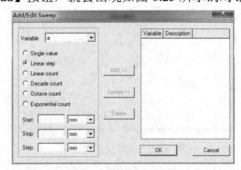

图 6.25　添加参数对话框

在"Variable"中选择"w_o",默认单位都是"mm",在"Start"中输入 2,在"Stop"中输入 4,在"Step"中输入 0.02,这说明添加了 101 个数据,第一个数据从 w_o =2mm 开始,最后一个数据在 w_o =4mm 处结束。然后单击【Add】按钮,这样就将一个需要扫描的一个参数"w_o"添加进去了,如图 6.26 所示。

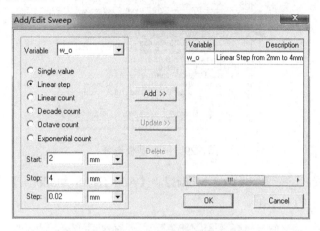

图 6.26 添加的扫描参数 dh

单击【OK】按钮,添加的参数就会显示在如图 6.24 所示的对话框中,如图 6.27 所示。

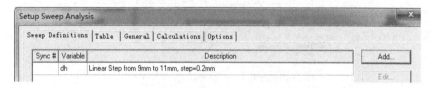

图 6.27 在扫描分析中添加的一个扫描参数

单击【确定】按钮,扫描参数就添加到了仿真设计当中。单击"Analyze All"图标,软件就会开始扫参分析,如图 6.28 所示。

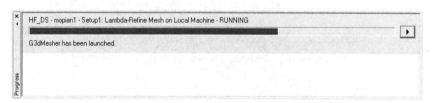

图 6.28 HFSS 进行仿真分析

6.1.5 Ansoft designer 模型导入

打开 Ansoft designer 这个软件,新建一个工程"Project1",对它重命名为"filter4",执行菜单命令【Project】>【Insert Circuit Design】,就会跳出一个对话框,如图 6.29 所示,做默认选择,单击【Open】按钮就新建了一个设计文件"Circuit1"。

图 6.29　PCB 基板选择

执行菜单命令【Project】>【Add Model】>【Add HFSS Model...】，如图 6.30 所示，就会打开如图 6.31 所示的对话框。

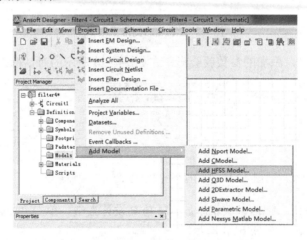

图 6.30　添加 HFSS Model

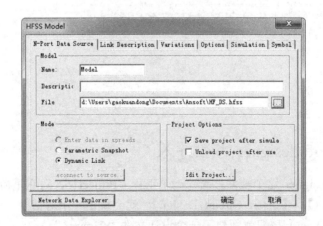

图 6.31　添加 HFSS 对话框路径

单击如图 6.31 所示的对话框的"Link Description"标签页，如图 6.32 所示。在"Solution"中勾选"Advanced（will generate new setup if）"单击【Advanced Options】按钮，打开如图 6.33 所示的对话框。

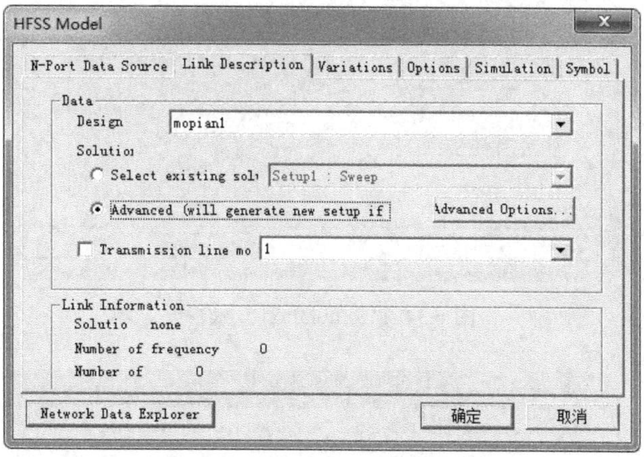

图 6.32　HFSS 模型的链接设置

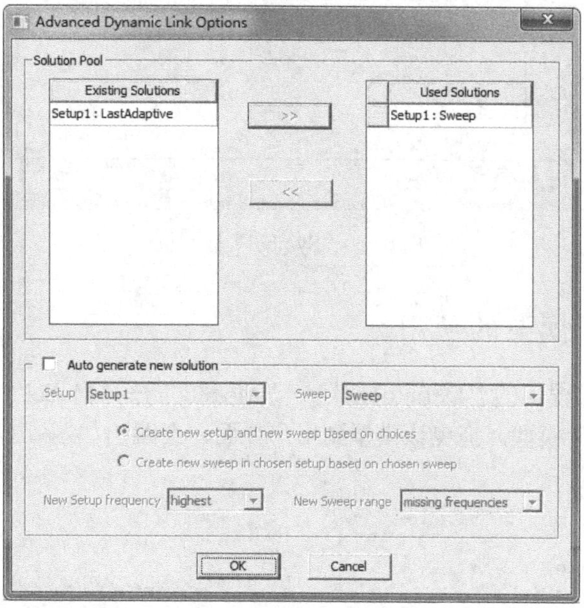

图 6.33　动态链接设置

选择图 6.33 中的"Setup1: Sweep"，然后单击按钮【>>】，就会将"Setup1: Sweep"放到右边的对话框中，单击【OK】按钮。在如图 6.32 所示的对话框中单击"Simulation"标签页，就显示如图 6.34 所示的对话框，勾选"Simulate missing solutions"。单击"Symbol"标签页，打开"Symbol"标签页，如图 6.35 所示，单击【确定】按钮。

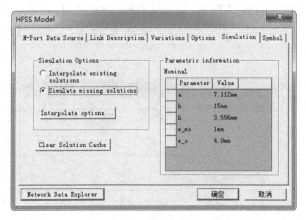

图 6.34　"Simulation"标签页

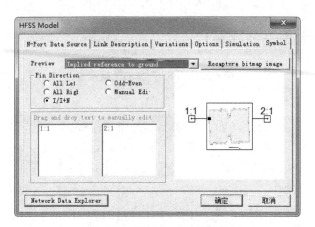

图 6.35　"Symbol"标签页

6.1.6　HFSS 模型的使用

展开"filter4"工程下的"Definitions"→"Models"→"Model",如图 6.36 所示。该模型就是添加的 HFSS 模型,拖曳该模型到用户界面,会跳出如图 6.37 所示的对话框默认选择,单击【OK】按钮。

图 6.36　HFSS 模型的位置

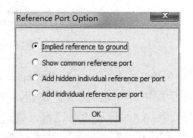

图 6.37　参考到地

这时，HFSS 模型就会出现到用户主界面当中，再在用户主界面当中复制粘贴 4 个模型，共 5 个模型，如图 6.38 所示。

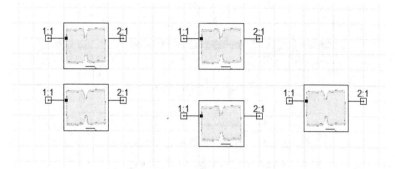

图 6.38　在主界面中复制的模型

在如图 6.36 所示的工程管理操作树下面的 3 个标签页中单击"Components"标签页，在该元件库中找到"Rectangular Waveguide"，选择"NXRWG"，如图 6.39 所示。拖曳到用户主界面中，如图 6.40 所示。

图 6.39　元件库

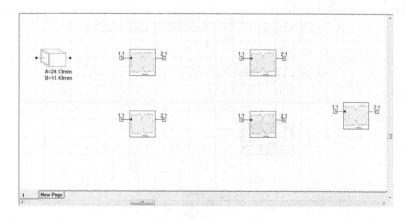

图 6.40　添加的波导链接电路元件

双击波导段元件，设置其属性参数如图 6.41 所示。

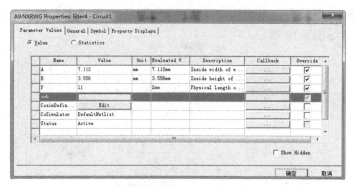

图 6.41　波导段元件属性参数对话框

单击图 6.41 中的"sub"，打开如图 6.42 所示的基片编辑对话框。

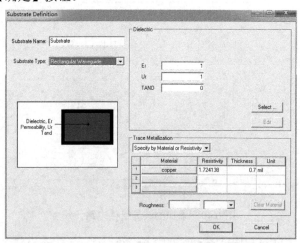

图 6.42　基片编辑对话框

单击图 6.42 中的【New】按钮，打开如图 6.43 所示的对话框，在"Substrate Type"中选择"Rectangular Waveguide"，单击【OK】按钮，然后单击图 6.42 中的【OK】按钮，最后单击图 6.41 中的【确定】按钮。

图 6.43　基片选择对话框

设置完以后复制波导段电路，并添加连接线和端口，成为整体的滤波器电路，如图 6.44 所示。

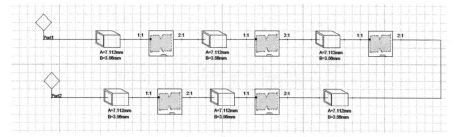

图 6.44　整体的滤波器电路

找到端口"Port1"，从左向右，我们将第一个波导段记为波导段 1，其长度为 "$P=l_1=2mm$"；第二个波导段记为波导段 2，长度为 "$P=l_2=3mm$"；第三个波导段记为波导段 3，长度为 "$P=l_3=3.57mm$"。同样从左向右，选择第一个"HFSS Model"，双击，则会打开如图 6.45 所示的对话框，将"w_o"所对应的"Value"值改为参数"w1"，值为 3.6mm。同样设置第二个"HFSS Model"为"w_o=w2=2.38mm"，第三个为"w_o=w3=2.2mm"。

图 6.45　"HFSS Model"属性编辑对话框

找到端口"Port1"下方的端口"Port2"，从左向右，我们将第一个波导段记为波导段 1，其长度为"$P=l_1=2mm$"；第二个波导段记为波导段 2，长度为"$P=l_2=3mm$"；第三个波导段记为波导段 3，长度为"$P=l_3=3.57mm$"。同样从左向右，选择第一个"HFSS Model"，"w_o"所对应的"Value"值改为参数"w1"，值为 3.6mm。同样设置第二个"HFSS Model"为"w_o=w2=2.38mm"。整个滤波器的模型参数如图 6.46 所示。

图 6.46　整个滤波器的模型参数

6.1.7　Ansoft designer 仿真设置

双击主界面中的端口"Port1"，打开如图 6.47 所示的对话框，在"Termination"选项栏中勾选"One port data"，单击【OK】按钮。

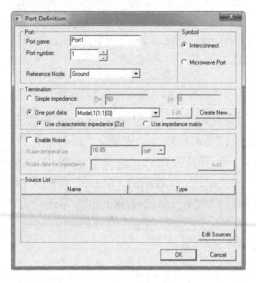

图 6.47　端口编辑对话框

在工程管理树上选择"Analysis"，右键单击"Analysis"，执行菜单命令【Add Nexxim Solution Setup】>【Linear Network Analysis】，打开如图 6.48 所示的对话框。

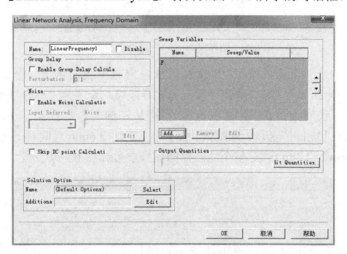

图 6.48　添加频率扫描对话框

单击【Add】按钮，就会打开如图 6.49 所示的对话框，勾选"Linear step"，在"Start"中输入 30，在"Stop"中输入 35，在"Step"中输入 0.02，单击【Add】按钮以后，单击【OK】按钮，最后单击图 6.48 中的【OK】按钮。

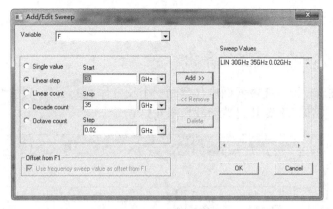

图 6.49　添加频率扫描

单击工具栏中的按钮"Analysis"，整个滤波器的电路就会进行仿真计算。计算完成以后，单击工程管理树下的"Results"，右键单击"Results"，执行菜单命令【Create Standard Report】>【Rectangular Plot】，打开如图 6.50 所示的对话框。

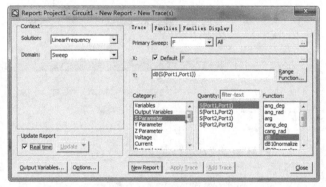

图 6.50　结果查看对话框

在图 6.50 所示的对话框中选择"S Parameter"→"S（Port1,Port1）"→"dB"，单击【New Report】按钮，选择"S Parameter"→"S（Port2,Port1）"→"dB"，单击按钮【Add Trace】。就会在主界面中出现如图 6.51 所示的结果。

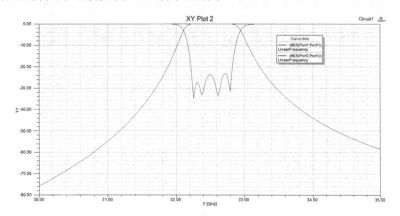

图 6.51　滤波器仿真结果图

6.2 HFSS 模型的导出与导入

6.2.1 HFSS 平面模型的导出

新建一个 HFSS 设计，在主界面中任意画一个长方体"Box1"，设置其参数如图 6.52 所示，单击【确定】按钮，设置其属性参数如图 6.53 所示。

Name	Value	Evaluated Value
Command	CreateBox	
Coordinate...	Global	
Position	-a/2 ,-b/2 ,0mm	-10mm, -5mm, 0mm
XSize	a	20mm
YSize	b	10mm
ZSize	h	0.5mm

图 6.52 基板尺寸参数

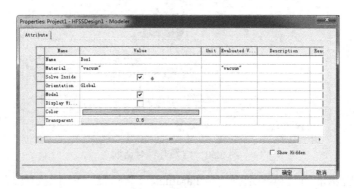

图 6.53 基板属性参数

在主界面中任意画一个圆柱"Cylinder1"，设置其尺寸参数如图 6.54 所示。

Name	Value	Evaluated Value
Command	CreateCylinder	
Coordinate...	Global	
Center Pos...	6.5 ,-3.5 ,0	6.5mm, -3.5mm, 0mm
Axis	Z	
Radius	r1	0.2mm
Height	h	0.5mm
Number of ...	0	0

图 6.54 圆柱的尺寸参数

选中"Cylinder1",单击工具栏中的"Duplicate along line"图标 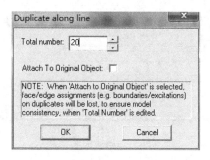,再单击坐标原点,沿 x 轴负方向拉鼠标一段距离之后单击鼠标松开,就会跳出如图 6.55 所示的对话框,输入 20。

图 6.55　"Duplicate along line"对话框

在历史操作树下打开"Cylinder1",双击"Duplicate Along Line",打开如图 6.56 所示的对话框,设置其尺寸如图 6.56 所示。

Name	Value	Evaluated Value
Command	DuplicateAlongLine	
Coordinate...	RelativeCS1	
Vector	-0.7 ,0 ,0	-0.7mm , 0mm , 0mm
Total Number	20	20
Attach To ...	☐	

图 6.56　"DuplicateAlongLine"尺寸设置对话框

在主界面中任意画一个长方体"Box2"为金属线,设置其尺寸参数如图 6.57 所示,单击【确定】按钮,设置其属性参数如图 6.58 所示。

Name	Value	Evaluated Value
Command	CreateBox	
Coordinate...	Global	
Position	10mm ,-2.5mm ,h	10mm , -2.5mm , 0.5mm
XSize	-20	-20mm
YSize	0.75	0.75mm
ZSize	0.035	0.035mm

图 6.57　金属线的尺寸参数

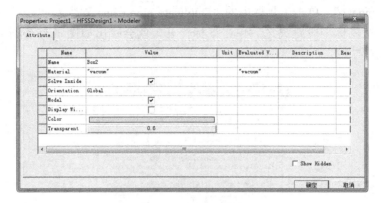

图 6.58　金属线的属性参数

所建立的模型如图 6.59 所示，在该图中我们要进行的操作是导出金属传输线与基板之间的面。

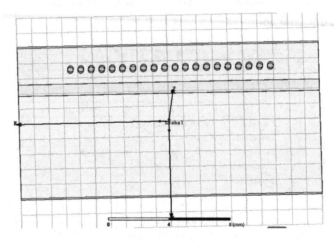

图 6.59　HFSS 模型

首先在 HFSS 工具栏中单击"Offset Origin"图标，任意单击主界面中的一个点，另设一个坐标轴为"RelativeCS1"。双击操作树上的"RelativeCS1"，如图 6.60 所示，打开如图 6.61 所示的对话框。

图 6.60　新建的坐标轴"RelativeCS1"

Name	Value	U.	Evaluated Value
Type	Relative		
Name	RelativeCS1		
Reference CS	Global		
Origin	0mm ,0mm ,h		0mm , 0mm , 0.5mm
X Axis	1 ,0 ,0	mm	1mm , 0mm , 0mm
Y Point	0 ,1 ,0	mm	0mm , 1mm , 0mm

图 6.61　新建的坐标轴"RelativeCS1"的位置参数

在主菜单中执行菜单命令【Modeler】>【Export】，如图 6.62 所示，弹出如图 6.63 所示的对话框，输入文件名"jinshuxian"，在保存类型的下拉菜单中选择"*.dxf"，一个 AutoCAD 模型就被导出了。

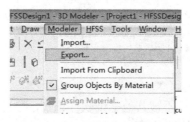

图 6.62　模型导出选择

图 6.63　平面模型导出对话框

使用 AutoCAD 打开文件"jinshuxian"，如图 6.64 所示。

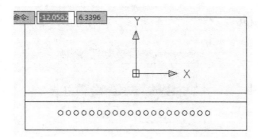

图 6.64　导出的 AutoCAD 平面图

通常 HFSS 导出的圆形图案在 AutoCAD 中不被认可为圆形，被认为是多段线，如图 6.65 所示。因此，我们在导出 HFSS 模型的时候，特别是涉及圆形的时候，经常不使用直接导出 AutoCAD 图形的方法，而是直接导出三维模型，从其他软件中导出 AutoCAD。

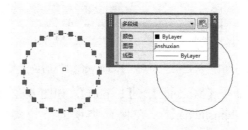

图 6.65 选中并放大的 AutoCAD 圆形

6.2.2 HFSS 三维模型的导出和导入

1. 三维模型的导出

通常 HFSS 格式的三维文件不被其他三维软件识别，因此 HFSS 导出的模型中，最经常使用的格式为 ".sat"，这个文件格式可以被 CST、Solidworks 等三维软件识别并导入。

三维模型导出的模型我们仍采用 6.2.1 节所用模型，在主菜单中执行菜单命令【Modeler】>【Export】，如图 6.66 所示，弹出如图 6.67 所示的对话框，输入文件名 "jinshuxian"，在保存类型的下拉菜单中选择 "*.sat"，打开如图 6.68 所示的对话框，选择 14.0 版本，单击【OK】按钮，三维模型就被导出了。

图 6.66 模型导出选择

图 6.67 平面模型导出对话框

图 6.68 SAT 版本对话框

2．其他软件三维模型的导入

新建一个设计文件"HFSSDesign2"，在主菜单中执行菜单命令【Modeler】>
【Import】，弹出如图 6.69 所示的对话框，找到文件名"jinshuxian.sat"并选中它，单击【打
开】按钮。

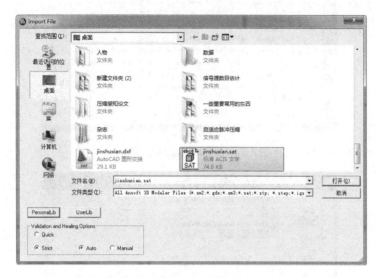

图 6.69　导入的三维模型对话框

打开后的文件如图 6.70 所示。在一些模型导入的时候，需要对模型进行修补，前面已
经介绍了。

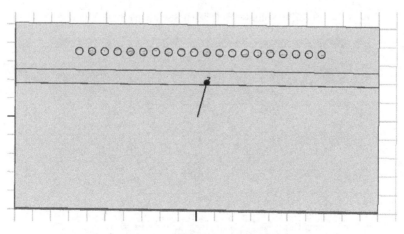

图 6.70　HFSS 导入的三维模型

打开 Solidworks 软件，在菜单栏的"文件"选项中执行菜单命令【打开】，如图 6.71
所示。

执行菜单命令【打开】之后，就会弹出如图 6.72 所示的对话框，在文件类型中选择
"ACIS（*.sat）"，文件名中选择"jinshuxian"，单击【打开】按钮，就会打开如图 6.73
所示的界面。

图 6.71　Solidworks 菜单栏选项

图 6.72　Solidworks 打开 HFSS 导出的 SAT 文件

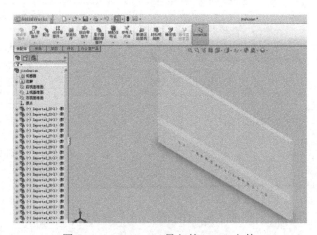

图 6.73　Solidworks 导入的 HFSS 文件

　　从图 6.73 中可以看出，Solidworks 文件通过第三方文件导入的 HFSS 三维模型在颜色和尺寸上并没有大的差别，但是 HFSS 中的透明度选项在模型中已经不存在了，全部为不透明的，而且该导出的模型尺寸是固定的，不再使用变量表示的尺寸参数，大家导出的时候注意。单击菜单栏中的【保存】按钮，就可以把文件保存成 Solidworks 文件，从而可以进行各种操作和 CAD 文件的导出。值得一说的是，从 Solidworks 导出的文件的圆在 AutoCAD 中是认可的，因此当 HFSS 文件中有圆形相关的模型时，建议三维模型向二维模型转化时使用 Solidworks 向 AutoCAD 转化的方法，而不是直接从 HFSS 向 AutoCAD 转化。HFSS 与 CST 之间的导入与导出和 Solidworks 大同小异，这里就不再一一叙述了。

6.3　HFSS 数据的导出与导入

6.3.1　常用图表数据文件的导出与导入

在写论文或者做文案工作的时候，常常需要将仿真结果与测试结果进行比较操作，这时需要将仿真结果数据文件导出 HFSS，或者将 HFSS 不同设计间的数据进行比较操作，这也需要将 HFSS 的数据进行导出与导入，这一节我们将介绍数据的导入与导出操作。

打开一个滤波器设计文件，其结果如图 6.74 所示（参考第 15 章）。

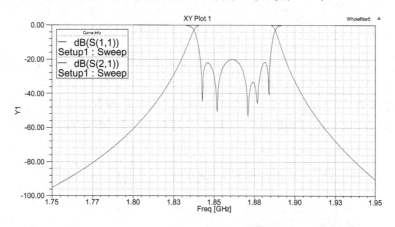

图 6.74　一个滤波器设计结果图

在该图中右键单击鼠标，执行菜单命令【Export】，打开如图 6.75 所示的对话框，单击【Browse】按钮，则会打开如图 6.76 所示的对话框，选择数据想要存入的文件夹，输入文件名，单击【保存】按钮，就回到如图 6.75 所示的对话框。单击【OK】按钮即可将滤波器数据保存成 ".csv" 文件。

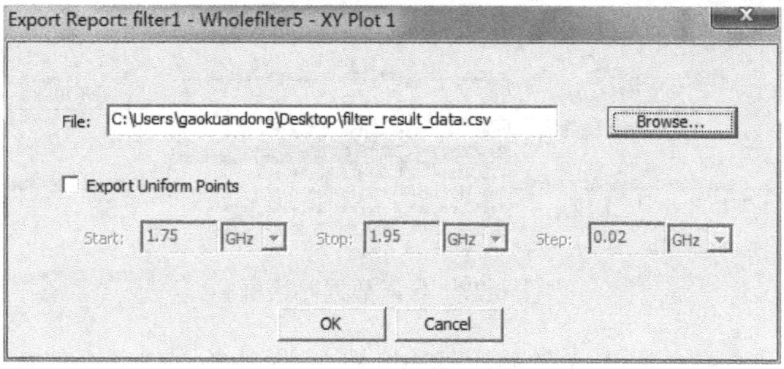

图 6.75　导出数据对话框

图 6.76　保存文件对话框

值得说明的是，".csv"文件可以被很多数据表格处理软件（如 Origin、Excel）打开和使用，因此它是数据处理的接口文件。

当然，HFSS 数据处理也可以导入文件，导入的文件类型有很多种。同样，在图 6.74 所示的数据界面中右键单击鼠标，执行菜单命令【Import】，就会打开如图 6.77 所示的对话框。

图 6.77　导入数据对话框

值得说明的是，HFSS 导入文件要比导出文件的类型多，可以看到有 5 种，比较常用的是 ".csv"文件和 ".txt"文件。下拉滚动条，选择刚才导出的文件即可。

6.3.2　sNP 数据文件的导出和导入

在测试和电路仿真当中，常常用到 sNP 文件，这一小节，我们将介绍 sNP 文件的操作。

1．sNP 文件的导出

我们还是使用 6.3.1 节使用的结果文件，在 HFSS 工程管理树上找到 "Results"，选中它并右键单击，执行菜单命令【Solution Data】，如图 6.78 所示，打开如图 6.79 所示的对话框。

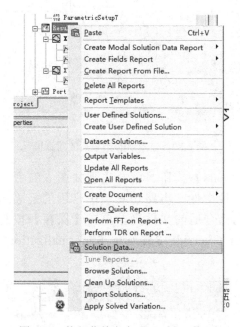

图 6.78　执行菜单命令【Solution Data】

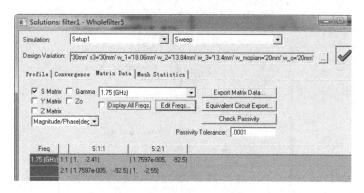

图 6.79　"Solutions" 对话框

值得一说的是，该对话框对了解 HFSS 和模型求解特别有帮助，第一个标签页 "Profile" 可以查看 HFSS 的仿真时间，第二个标签页 "Convergence" 可以查看 HFSS 的求解结果是否收敛，以及未收敛情况，对减少仿真时间特别有帮助，第三个"Matrix Data"是一个最有用处的标签页，可以查看各个频率点的 S 参数、Y 参数、Z 参数、传播常数、衰减常数，以及端口阻抗，这对我们设计模型特别有帮助。勾选"Display All Freqs"，所有的频率都会出现在下面的显示框中，如图 6.80 所示。

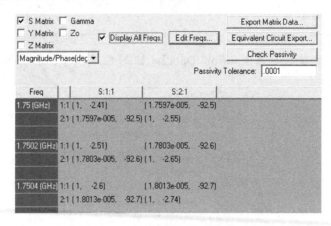

图 6.80　显示所有频率后的对话框

单击【Export Matrix Data】按钮，就会出现如图 6.81 所示的导出数据对话框。在该对话框中，可以导出 5 种文件，电路仿真当中常用的是".sNP"文件，MATLAB 中使用的是".m"文件。选择合适的文件夹，单击【保存】按钮，会出现如图 6.82 所示的对话框，勾选"Do Not Override Solution Renormalization"，单击【OK】按钮即可保存到需要的目录。

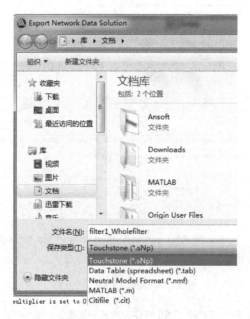

图 6.81　导出数据对话框

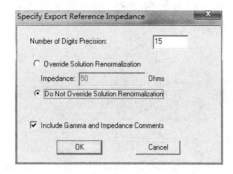

图 6.82　端口匹配对话框

2．sNP 文件的导入

在 HFSS 工程管理树上找到"Results"，选中它并右键单击鼠标，执行菜单命令【Import Solution Data】，弹出如图 6.83 所示的对话框。

图 6.83　导入数据对话框

单击【Import Solution】按钮，就会打开如图 6.84 所示的对话框。

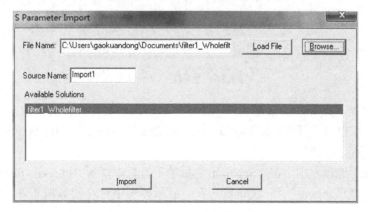

图 6.84　S 参数导入对话框

单击【Browse】按钮，即可打开如图 6.85 所示的文件选择对话框，从其下拉菜单中可知，HFSS 可以导入各种解的数据文件。

图 6.85　文件选择对话框

单击【打开】按钮，就会回到如图 6.84 所示的对话框，再单击【Import】按钮，就会回到如图 6.83 所示的对话框，这时图 6.83 所示的对话框就会变为图 6.86 所示的样子，单击【OK】按钮即可。

图 6.86　数据导入对话框

再使用的时候，该导入的数据文件也是作为求解后的文件存在的，在工程管理树上找到"Results"，执行菜单命令【Create Model Solution Data Report】>【Rectanglur Plot】，就会打开如图 6.87 所示的对话框。

在"Context"选项栏中，在"Solution："后的下拉栏中找到"Import：filter1_Wholefilter"选项，就可以在"Category"和"Quantity"中显示该解中存在的数据矩阵，即 S 参数。选择如图 6.87 所示的"S（1_1,1_1）"和"S（2_1,1_1）"，然后单击【New Report】按钮，就会出现如图 6.88 所示的曲线。

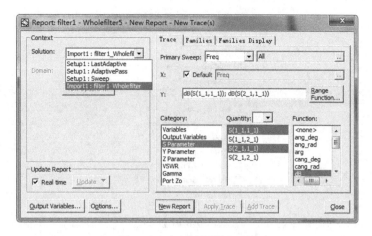

图 6.87　建立新曲线对话框

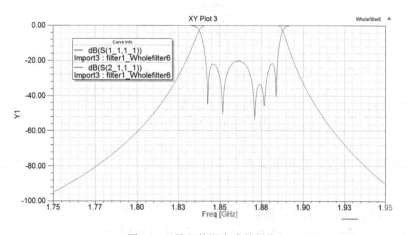

图 6.88　导入数据生成的报告

6.4　HFSS 与 Matlab 之间的联合仿真

通常在一些天线的建模仿真过程中，常常遇到一些比较复杂的天线模型，如大型的阵列天线，其阵元数目成千上百，而且阵元的尺寸大小是根据函数生成的，因此阵元大小不一，这时候需要我们使用代码来控制 HFSS 进行建模画图。这一节我们将通过网上流传的 HFSS-MATLAB-API 来介绍 HFSS 与 Matlab 的联合仿真。

HFSS-MATLAB-API 数据包主要由 Vijay Ramasami 编写，2003 年 5 月发布了第一个自由软件协会发布的版本，之后 James McDonald 等人对部分功能做出了填补，进一步完善了该脚本功能。HFSS-MATLAB-API 是一个工具库，该库是 Matlab 通过使用 hfss script 接口控制 HFSS 的执行的。这个工具库提供了一系列的 Matlab 函数，如图 6.89 所示。这些函数可以通过生成需要的 hfss script 来创建 hfss 3D 模型。一旦通过这种方式生成一个 script，就可以在 HFSS 中执行它并产生相应的 3D 模型，按设置计算相应问题和将结果数据输出。

hfssAssignMaterial.m
hfssBox.m
hfssCircle.m
hfssCoaxialCable.m
hfssConnect.m
hfssCylinder.m
hfssDipole.m
hfssDuplicateAlongLine.m
hfssHollowCylinder.m
hfssMove.m
hfssPLObject.m
hfssPolygon.m
hfssRectangle.m
hfssRename.m
hfssSetTransparency.m
hfssSphere.m
hfssSubtract.m
hfssSweepAroundAxis.m
hfssUnite.m
hfssWireConnection.m

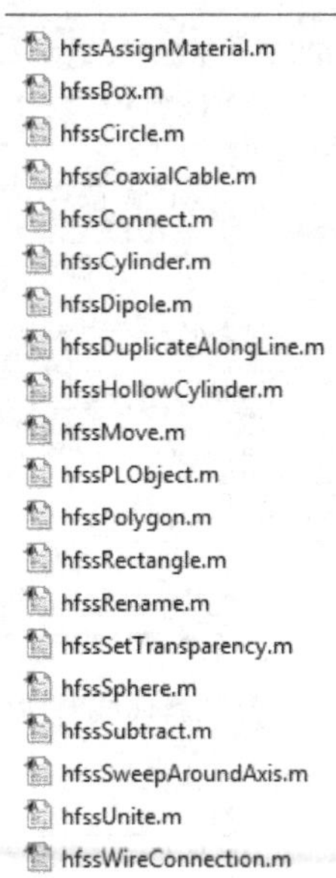

图 6.89　HFSS-MATLAB-API 提供的 HFSS 模型库函数 m 文件

　　为了更好地理解本工具库的功能及应用，我们介绍一下该工具库中的一个例子。本节中使用的 HFSS 版本为 64 位的 HFSS15 版本，使用的 Matlab 为 64 位的 R2010a、Windows 7 操作系统。

　　只是大概讲解一下程序的内容和意义。

　　程序一：

```
% add paths to the required m-files.
addpath（'D:\2005713184251411\hfssapi-0.11\hfssapi\3dmodeler'）;
addpath（'D:\2005713184251411\hfssapi-0.11\hfssapi\general'）;
addpath（'D:\2005713184251411\hfssapi-0.11\hfssapi\analysis'）;
addpath（'D:\2005713184251411\hfssapi-0.11\hfssapi\boundary'）;
```

　　程序一的意思是将 hfssapi 中的函数文件夹添加到 Matlab 运行路径当中。文件夹只有在 Matlab 的运行路径当中，其中的 ".m" 文件才能够被 Matlab 运行、调用。在默认情况下是相对路径 addpath（'.../boundary/'），但是笔者为了运行方便，把它改为绝对路径的情况，建议读者也做此修改。

　　程序二：

```
% Antenna Parameters.
fC = 150e6;        % Frequency of Interest.
Wv = 3e8/fC;       % Wavelength.
L = Wv/2;          % Antenna Length.
gapL = 5e-2;       % Antenna Gap.
aRad = 2e-2;       % Antenna Radius.
```

```
% Simulation Parameters.
fLow = 100e6;
fHigh = 200e6;
nPoints = 201;

% AirBox Parameters.
AirX = Wv/2 + L;        % Include the antenna length.
AirY = Wv/2;
AirZ = Wv/2;
```

程序二为初始化数据，在使用的时候要根据自己的模型进行初始化。

程序三：

```
tmpPrjFile = 'C:\temp\tmpDipole.hfss';
tmpDataFile = 'C:\temp\tmpData.m';
tmpScriptFile = 'C:\temp\dipole_example.vbs';
```

程序一、程序二和程序三的意思是建立 Matlab 运行的临时文件，最终我们得到的文件也是这三个文件，得到的模型文件为第一个 tmpDipole.hfss 三维模型文件、第二个为运行数据结果保存文件、第三个是".vbs"文件，该 API 程序包为 Matlab 调用".vbs"文件，再由".vbs"文件控制 HFSS 进行操作。

```
hfssExePath = '"C:\Program Files\AnsysEM\HFSS15.0\Win64\hfss.exe"';
```

这个是 HFSS 程序的路径，读者要根据自己的电脑进行更改。值得注意的是，Matlab 不认可空格，所以要加上双引号。

```
fid = fopen（tmpScriptFile, 'wt'）;
```

这段程序意思是使用 fid 进行标示文件 tmpScriptFile，对其进行写入操作，fopen 是文件打开的意思。

```
hfssNewProject（fid）;%建立新的工程。
hfssInsertDesign（fid, 'without_balun'）%建立新的设计文件。
```

下面的代码都是根据 HFSS 操作步骤写的代码，这些代码都是对其中函数的调用，这些函数包含模型的建立、边界条件的设置、端口的设置、求解的设置，以及数据文件的保存等。具体请参考文献：曲恒·使用 HFSS_MATLAB_API 设计天线的研究，杭州电子科技大学，2012。注意，每一次调用都要加上 fid，因为都是对 tmpScriptFile 文件的操作。

```
fclose（fid）;%关闭文件 tmpScriptFile
hfssExecuteScript（hfssExePath, tmpScriptFile）;
```

hfssExecuteScript()函数设计直接调用 HFSS 让其执行 script，其有"Iconic"模式和"RunAndExit"模式（用于批处理）。但是确保在使用"runAndExit= true"（默认）选项运行 script 之前，以 runAndExit 设置成"false"运行 script 一次。这是因为在 script 存在错误的情况下，HFSS 会直接退出，如果设置成"/RunScriptAndExit"，就没有办法知道 script 是否正常的运行了。

　　run（tmpDataFile）运行数据文件。用 run（tmpDataFile）得到结果数据时，结果数据一直是第一次运行时的结果，不能随计算进行而刷新。将该语句直接改为 tmpData（保存数据的文件名为 tmpData.m），需要注意的是，必须将该数据文件的路径包含进工作路径中，不然就会找不到命令了。调用下面的程序代码可以使用数据文件进行画图，得到各种曲线文件，如 S 曲线等。

```
% The data items are in the f, S, Z variables now.
% Plot the data.
disp（'Solution Completed. Plotting Results for this Iteration ...'）;
figure（1）;
hold on;
plot（f/1e6, 20*log10（abs（S））, pltCols（mod（iIters, nCols）+ 1））;
hold on;
xlabel（'Frequency （MHz）->'）;
ylabel（'S_{11} （dB）->'）;
axis（[fLow/1e6, fHigh/1e6, -20, 0]）;
```

　　下面介绍一个从参考文献中摘录的一个对 HFSS 函数命令的解释。

　　hfssBox（fid,Name,Start,Size,Units,[Center1],[Radius1],[Axis1],[Center2],[Radius2], xis2],...）函数构建立方体模型，或者长方体模型，这一函数同时提供可选择的孔洞。用中心标、半径尺寸和轴向描述。这一特性非常有用，允许一些线缆等器件穿过盒子，而不会出现交叠。

　　fid：脚本文件标识符。

　　Name：盒子在 HFSS 工程中的名字。

　　Start：盒子的起始点。

　　Size：盒子的长、宽和高。

　　Units：在建模过程中，盒子的单位，主要有英尺、毫米、米，或者其他的单位。

　　Center：要穿过空洞的中心，可以在盒子的表面、内部等任何位置。

　　Radius：要穿过盒子孔洞的半径。

　　Axis：要穿过盒子孔洞的轴。

　　这里只是简要介绍一下函数的意义，具体还需要大家多做一些练习。由于 HFSS15 与以前的版本有差别，导致一些函数运行有问题，如旋转操作的函数，读者要根据需要自己写函数。

实 例 篇

第 7 章 PCB 微带线仿真

射频微波电路的平面结构传输线有微带线、共面线、槽线和鳍状线等多种形式，各种微带线有其优缺点，而在射频和高速 PCB 的设计中，微带线结构和差分线结构得到的应用最为广泛，如图 7.1 所示。

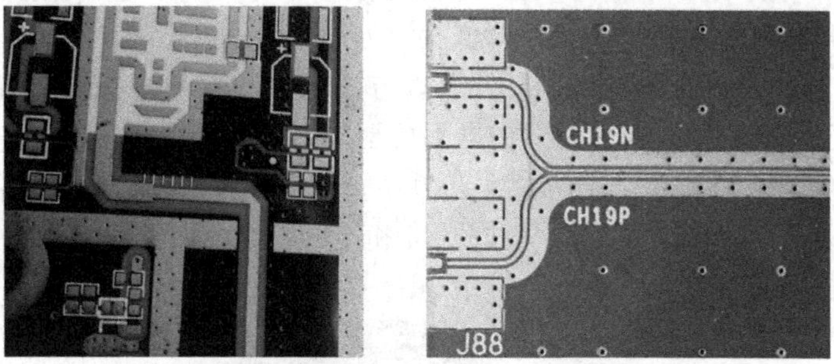

（a）微带线　　　　　　　　　（b）差分线

图 7.1　微带线和差分线

7.1　微带线特性阻抗的仿真分析

微带线是一种重要的微波传输线，具有结构简单、加工方便、便于器件的安装和电路调试、产品化程度高等优点，因此成为射频或微波电路中首选的电路结构，其结构如图 7.2 所示。它由介质基片上的导带和介质基片下面的接地板构成，其介质基片厚度为 h，中心导带的宽度为 W，基片相对介电常数和损耗角正切分别为 ε_r、$\tan\delta$。导带和接地板金属通常为铜、金、银、锡或铝；基片材质可以是陶瓷材料、聚四氟乙烯等，具体选用哪种材质，需要结合价格、用途、具体使用环境而定。

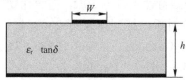

图 7.2　微带线的横截面结构示意图

7.2　不连续性对微带线影响的仿真分析

在微带线电路的设计中，将不可避免地涉及高低阻抗突变（表现为导带尺寸跳变）、导带转弯（为使结构紧凑以适应走线方向）等不连续性，也叫作不均匀性。由于微带电路尺寸可与工作波长相比拟,其不连续性必然对微带线中的电磁场分布产生影响。从等效电路上看，它相当于并联或串联一些电抗元件，从而引起相位和振幅误差、输入与输出失配、输入输出电压驻波比变差及窄带电路中频率偏移。在设计微带电路时，需要考虑不连续性所引起的影响，并设法将此影响降低。

很多时候，由于元器件尺寸限制、输入/输出端口有特定的位置，需要改变电路板上印制线的走线方向。微带线直角弯曲处，导带宽度的变化是最大的，微带线特性阻抗变化也最大。微带线直角弯曲处导带的面积比均匀直线导带的面积大，特性阻抗减小，从而使微带线导带直角弯曲处呈现特性阻抗不连续性。

当其他参数保持不变，导带宽度 W 变化时，微带线特性阻抗随之改变。从而证明微带线拐角处存在特性阻抗不连续性。因此，通过进行削角处理，可有效地减小拐弯处导带的宽度，从而增大直角拐弯处的特性阻抗，降低拐弯处的不连续性影响。

有关文献表明，导带直角弯曲 45°外斜切方法是控制微带线特性阻抗连续性的最佳方法。如图 7.3 所示，m 表示导带直角弯曲内拐角至外拐角的距离，d 表示 45°外斜切处至外拐角的距离，$q = d/m$ 表示斜切率。导带拐角特性阻抗与其外斜切 45°直角拐角斜切率 q 有依赖关系。斜切率并不是越大越好，对于不同尺寸和不同特性阻抗的微带线，都存在最佳斜切率，此时直角弯曲处的特性阻抗不连续性最小,信号传输特性最佳。

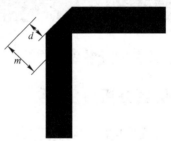

图 7.3　导带直角弯曲 45°外斜切

下面利用 HFSS 仿真软件对微带线直角拐弯处进行 45°削角处理的前后两种情况进行建模仿真和对比分析。

已知介质基片材料为 FR4（相对介电常数为 4.4，损耗角正切为 0.02），厚度为 2mm，中心工作频率为 4.5GHz，微带线特性阻抗为 50Ω，有直角拐弯。首先利用 TXline2003 软件对导带宽度进行仿真前的计算判断，打开 TXline2003 软件，在 Microstrip 界面进行如图 7.4 所示的设置："Dielectric Constant"为 4.4，"Loss Tangent"为 0.02，"Impedance"为 50Ohms，"Frequency"为 4.5 GHz，"Height"为 2mm。设置完成后单击图标，则右边的 Width 更新为 3.86755mm，这个数值就是本例模型建立时 50Ω 微带线对应的导带宽度的初始值。

1. 微带线直角拐弯时的仿真分析

1）新建 HFSS 设计工程并保存

新建工程命名为"microstrip impedance3"，并选择后续仿真数据文件的保存路径，单击

【确定】按钮即可保存本工程。

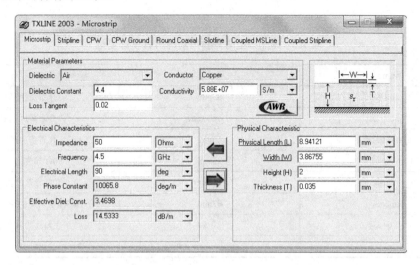

图 7.4　利用 TXline2003 软件预先计算 50Ω 微带线的初始宽度

2）建立参数化微带线仿真模型

（1）添加设计变量。

执行菜单命令【HFSS】>【Design Properties】，单击【Add】按钮，弹出定义设计变量属性的"Properties"对话框，在"Name"中输入设计变量名称"w_substrate"，"Type"和"Unit"选项可以不用进行选择，直接在"Value"中输入设计变量"w_substrate"的初始值为 50mm，单击【OK】按钮即可添加"w_substrate"变量，如图 7.5 所示。

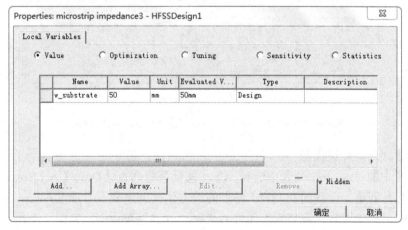

图 7.5　添加"w_substrate"变量后的"Properties"对话框

按照同样的步骤建立模型时需要用到的所有设计变量，如表 7.1 所示，添加完所有的设计变量如图 7.6 所示。

注：本例虽然仿真的是直角拐弯处未进行削角处理的情况，但后面进行 45°削角处理的模型可以在本例的基础上进行修改。因此参数化建模时也把削角处理时用到的变量"q"、 "p"考虑在内，注意到"q"的初始值设为 0mm，因此"q"、"p"的加入并未影响本例中模型的尺寸。

表 7.1 建立模型时需要用到的所有设计变量

Name	Value	注　释
w_substrate	50mm	介质基片宽度
l_substrate	w_substrate	介质基片长度
h_substrate	2mm	介质基片厚度
l_microstrip	25mm	50Ω 导带的长度
w_microstrip	3.87mm	50Ω 导带的宽度
lambda	67mm	4.5GHz 对应的空气波长
q	0.5	拐角处的斜切率
p	2×q×w_microstrip	被切掉的切角的直角边边长

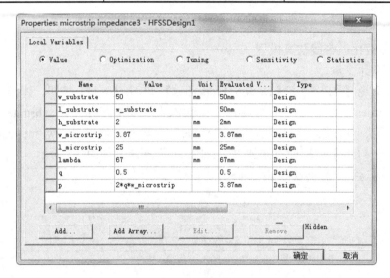

图 7.6 添加完所有的设计变量后的"Properties"对话框

（2）创建介质基片层模型

在工具栏中的 <u>XY ▾</u> 下拉列表中选择 XY，执行菜单命令【Draw】>【Box】或者单击工具栏上的图标 ⬭ 创建一个底面在 *XOY* 面上的长方体模型来表示介质基片层，创建一个长方体模型后会弹出一个设置长方体模型属性的"Properties"对话框，如图 7.7 所示，在弹出的"Properties"对话框中的"Command"标签页中，在"Position"选项中输入长方体模型的初始点坐标（-w_substrate/2，-l_substrate/2，0），XSize、YSize、ZSize 三个选项中分别输入长方体的宽度、长度、厚度为 w_substrate、l_substrate、h_substrate。

单击"Properties"对话框中的"Attribute"标签页，在"Name"选项中输入介质基片的模型名称为"substrate"，在"Color"选项中可以选择长方体模型的显示颜色，这里取默认颜色，单击"Transparent"选项右侧的方框 <u>0</u> 会弹出一个设置长方体模型透明度的"Set

Transparency"对话框，如图 7.8 所示，在对话框右侧的文字编辑框内输入 0.8 或者直接将显示条拉到 0.8 的位置，单击【OK】按钮，回到"Attribute"标签页，此时"Transparent"选项右侧的方框显示为 0.8 ，在"Attribute"标签页的"Material"选项中单击右侧的"vacuum"，在出现的下拉列表中（图 7.9）单击"Edit"，弹出设置模型材料的"Select Definition"对话框（图 7.10），在"Search by Name"中输入材料名称为"FR4"，下面的窗口中会显示出所搜寻的材料，双击"FR4_epoxy"，即可将长方体模型材料设置为"FR4_epoxy"，最终设置好的"Attribute"标签页如图 7.11 所示，单击右下角的【确定】按钮即可完成长方体模型的名称、尺寸、位置、显示颜色、透明度、材料等属性的设置，此时在历史操作树中会出现一个材料为"FR4_epoxy"、名称为"substrate"的模型。

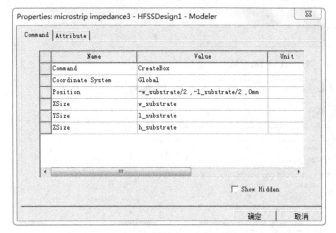

图 7.7 "Properties"对话框的"Command"标签页

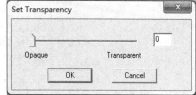

图 7.8 "Set Transparency"对话框

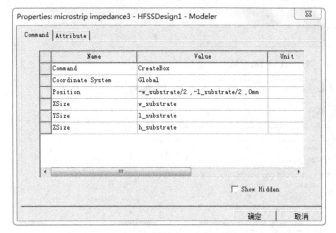

图 7.9 "Attribute"标签页中进行材料设置选项的下拉列表

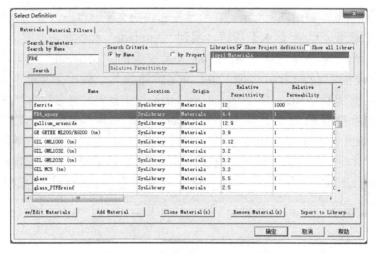

图 7.10 "Select Definition"对话框

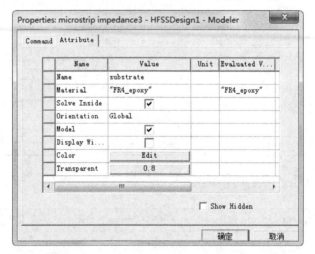

图 7.11 设置好的"Properties"对话框的"Attribute"标签页

在 3D 模型显示窗口中按快捷键【Ctrl+D】（最佳视图显示），即可看到如图 7.12 所示的长方体模型所表示的介质基片层。

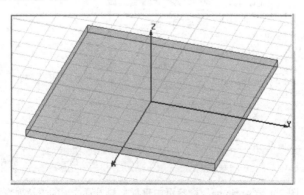

图 7.12 长方体模型所表示的介质基片层

注：第一，因为默认设置的不同，创建一个模型后可能并不会弹出一个如图 7.7 所示的"Properties"对话框；第二，后期修改模型时，也需要调用"Properties"对话框来对模型属性进行重新设置。这两种情况可以通过以下办法解决，在历史操作树下双击需要设置或修改的模型名称（以刚才创建的长方体模型为例，第一种情况对应名称为"Box1"，第二种情况对应名称为"substrate"），此时会弹出"Properties"对话框的"Attribute"标签页，可以进行长方体模型的名称、材料、显示颜色、显示透明度的设置或者修改；在历史操作树下双击需要设置或修改的模型名称（第一种情况对应名称为"Box1"，第二种情况对应名称为"substrate"）下面的"CreateBox"，此时会弹出"Properties"对话框的"Command"标签页，可以进行长方体模型尺寸、位置的设置或者修改（图 7.13）。对于其他类型模型的设置或者修改，与长方体模型类似，以下不再进行重复叙述。

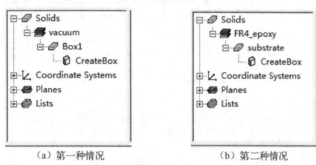

（a）第一种情况　　　　　　　　　（b）第二种情况

图 7.13　历史操作树中打开长方体模型的"Command"标签页和"Attribute"标签页

（3）创建接地板模型。

在工具栏中的 下拉列表中选择 XY，执行菜单命令【Draw】>【Rectangle】，或者单击工具栏中的图标 创建一个在 *XOY* 面上的矩形面模型来表示接地板，创建一个矩形面后会弹出一个设置矩形面模型属性的"Properties"对话框，在弹出的"Properties"对话框中的"Attribute"标签页中，"Name"选项中输入接地板的模型名称"GND"，"Color"选项保持默认颜色，"Transparent"选项设置为 0.6，最终设置好的"Attribute"标签页如图 7.14 所示，单击【确定】按钮即可完成矩形面模型的名称、显示颜色、透明度等属性的设置。双击历史操作树中 GND 下的"CreateRectangle"，会弹出设置矩形面模型属性的"Properties"对话框中的"Command"标签页，在"Position"选项中输入矩形面模型的初始点坐标（-w_substrate/2, -l_substrate/2, 0），XSize、YSize 两个选项中分别输入矩形的宽度、长度为 w_substrate、l_substrate，如图 7.15 所示，单击【确定】按钮。

在 3D 模型显示窗口中按快捷键【Ctrl+D】（最佳视图显示），即可看到如图 7.16 所示的介质基片层模型和接地板模型。

（4）创建导带模型。

在工具栏中的 下拉列表中选择 XY，执行主菜单命令【Draw】>【Rectangle】，或者单击工具栏中的图标 创建一个在 *XOY* 平面上的矩形面模型来表示特性阻抗为 50Ω的导带。创建一个矩形面后会弹出一个设置矩形面模型属性的"Properties"对话框，按照（3）中创建接地板模型的步骤，设置"Name"为"microstrip1"，"Transparent"选项设置为 0.6，初始点坐标为（0mm, -w_microstrip/2, h_substrate），XSize、YSize 两个选项中分别输入矩形面的宽度、长度为 l_microstrip、w_ microstrip，图 7.17 是加上特性阻抗为 50Ω的导带后的模型。

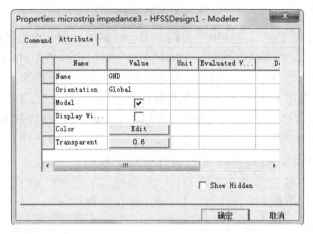

图 7.14　设置好的"Properties"对话框的"Attribute"标签页

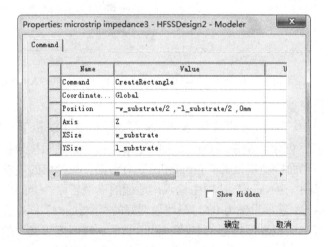

图 7.15　设置好的"Properties"对话框的"Command"标签页

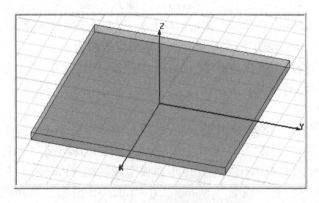

图 7.16　介质基片层模型和接地板模型

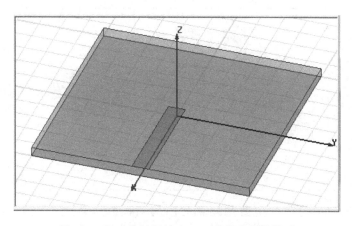

图 7.17　加上特性阻抗为 50Ω 的导带后的模型

用同样的步骤建立另一段特性阻抗为 50Ω的导带模型，设置"Name"为"microstrip2"，"Transparent"选项设置为 0.6，初始点坐标为（-w_microstrip/2，0，h_substrate），XSize、YSize 两个选项中分别输入矩形面的宽度、长度为 w_microstrip、l_ microstrip，图 7.18 是加上另一段特性阻抗为 50Ω 的导带后的模型。

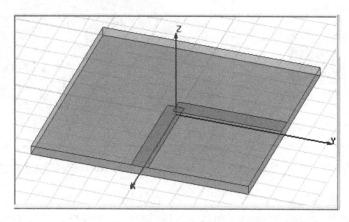

图 7.18　加上另一段特性阻抗为 50Ω 的导带后的模型

用同样的步骤再建立一个连接"microstrip1"和"microstrip2"的正方形模型，设置"Name"为"Rectangle1"，"Transparent"选项设置为 0.6，初始点坐标为（-w_microstrip/2，-w_microstrip/2，h_substrate），XSize、YSize 两个选项中分别输入矩形面的宽度、长度为 w_microstrip、w_ microstrip，图 7.19 是加上正方形后的模型。

如图 7.20 所示，选中操作树中的"microstrip1"，按住【Ctrl】键，然后依次选中"microstrip2"和"Rectangle1"，单击工具栏中的图标 ，则将"microstrip1"、"microstrip2"、"Rectangle1"三个模型合并为一个模型，新模型在操作树下的名称默认为"microstrip1"。

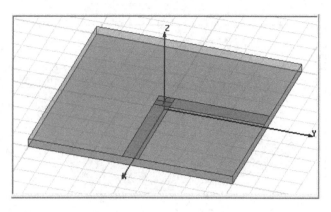

图 7.19　加上正方形后的模型

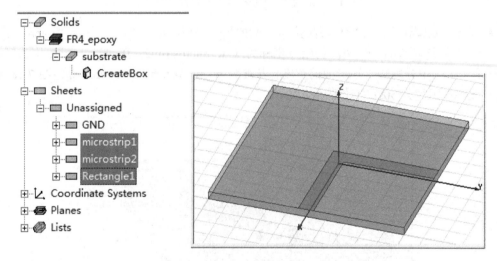

图 7.20　合并"microstrip1"、"microstrip2"和"Rectangle1"三个模型

（5）创建空气腔模型。

在工具栏中的 XY 下拉列表中选择 XY，执行菜单命令【Draw】>【Box】，或者单击工具栏中的图标创建一个底面在 *XOY* 面上的长方体模型来表示空气腔，创建一个长方体模型后会弹出一个设置长方体模型属性的"Properties"对话框，按照（2）中创建介质基片层模型的步骤，在"Properties"对话框中设置长方体模型的初始点坐标为（-w_substrate/2-lambda/4，-l_substrate/2-lambda/4，-1mm），XSize、YSize、ZSize 三个选项中分别输入长方体的宽度、长度、高度为 w_substrate+lambda/4、w_substrate+lambda/4、w_substrate+lambda/4，Name、Material、Transparent 分别设置为 airbox、air、0.8，全部设置完成后单击"Properties"对话框右下角的【确定】按钮完成长方体模型的名称、尺寸、位置、显示颜色、透明度、材料等的设置，此时在历史操作树下会出现一个材料为 air、名称为 airbox 的模型。在 3D 模型显示窗口中按快捷键【Ctrl+D】（最佳视图显示），即可看到图 7.21 所示的加上空气腔的模型。

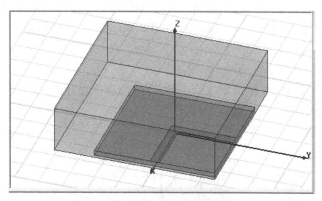

图 7.21　加上空气腔的模型

（6）创建激励端口模型。

在工具栏中的 ▣▾ 下拉列表中选择 YZ，执行菜单命令【Draw】>【Rectangle】，或者单击工具栏中的图标 ▭ 创建一个在 *YOZ* 面上的矩形面模型来表示激励端口，创建一个矩形面后会弹出一个设置矩形面模型属性的"Properties"对话框，按照（3）中创建接地板模型的步骤，设置"Name"为"port1"，"Transparent"选项设置为 0.6，初始点坐标为（l_microstrip，-w_microstrip*3.5，0mm），YSize、ZSize 两个选项中分别输入矩形面的宽度、长度为 w_microstrip*7、h_substrate*6。全部操作完成后会在历史操作树中出现名称为"port1"的模型。如图 7.22 所示，在历史操作树中选中"airbox"，然后单击工具栏中的图标 ▨，则空气腔在 3D 视图窗口隐藏起来。此时再选中历史操作树中的"port1"，然后单击工具栏中的图标 ◉，则对刚建立的激励端口进行最佳显示。

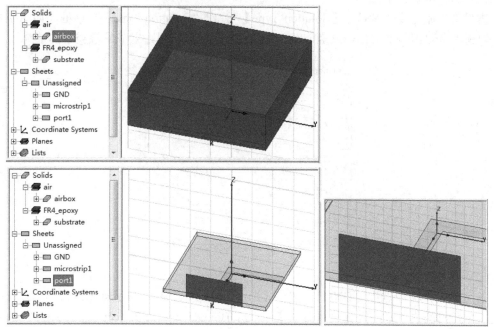

图 7.22　隐藏空气腔并将激励端口进行最佳显示

在工具栏中的 下拉列表中选择 ZX，按照建立端口"port1"的步骤建立另一个激励端口"port2"，设置"Name"为"port2"，"Transparent"选项设置为 0.6，初始点坐标为（-w_microstrip*3.5，l_microstrip，0mm），XSize、ZSize 两个选项中分别输入矩形面的宽度、长度为 w_microstrip*7、h_substrate*6。

在 3D 模型显示窗口中按快捷键【Ctrl+D】（最佳视图显示），即可看到如图 7.23 所示的加上两个激励端口的模型（空气腔已经隐藏）。

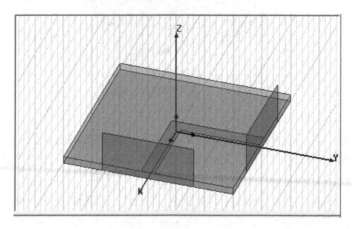

图 7.23　加上两个激励端口的模型（空气腔已经隐藏）

至此，仿真模型已经全部建立好，下面进行其他仿真设置。

3）选择求解类型、设置边界条件、设置激励端口、求解设置

（1）选择求解类型。

执行菜单命令【HFSS】>【Solution Type】，弹出"Solution Type"对话框，如图 7.24 所示，勾选"Modal"和"Network Analysis"，单击【OK】按钮，完成求解类型的选择。

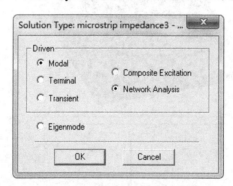

图 7.24　"Solution Type"对话框

（2）设置边界条件。

在历史操作树中选中"GND"，按住【Ctrl】键后再选中"microstrip1"，然后单击鼠标右键，在弹出的菜单栏中执行菜单命令【Assign Boundary】>【Perfect E】，弹出"Perfect E Boundary"对话框（图 7.25），所有选项采用默认设置，直接单击【OK】按钮，则将

"GND"和"microstrip"两个矩形面模型设置为了理想导体边界条件。此时在工程树中的"Boundaries"下会自动添加一个名称为"PerfE1"的理想导体边界条件，历史操作树下会把"GND"、"microstrip1"归类为"Perfect E"。

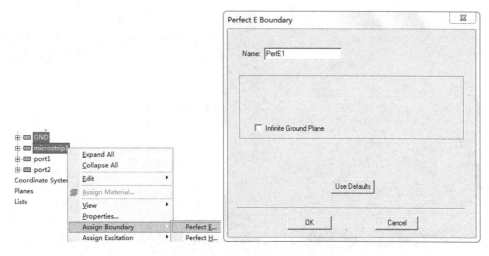

图 7.25 理想导体边界条件的设置

在历史操作树中选中"airbox"，然后单击鼠标右键，在弹出的菜单栏中执行菜单命令【Assign Boundary】>【Radiation】，弹出"Radiation Boundary"对话框（图 7.26），所有选项采用默认设置，直接单击【OK】按钮，则将"airbox"模型的表面设置为了辐射边界条件。此时在工程树中的"Boundaries"下会自动添加一个名称为"Rad1"的辐射边界条件。

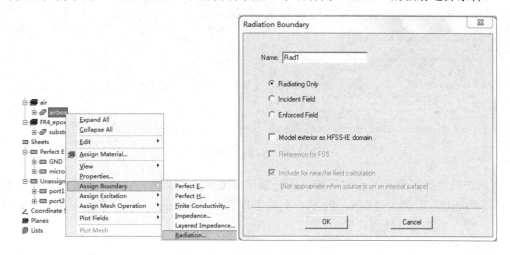

图 7.26 辐射边界条件的设置

（3）设置激励端口。

如图 7.27 所示，在历史操作树中选中"port1"，然后单击鼠标右键，在弹出的菜单栏中执行菜单命令【Assign Excitation】>【Wave Port】，弹出"Wave Port：General"对话框，此对话框中的所有选项采用默认设置，单击【下一步】按钮，弹出"Wave Port：Modes"对话框，所有选项采用默认设置，单击 【下一步】按钮，弹出"Wave Port：Post Processing"对话框，保持所有选项为默认设置，单击【完成】按钮，完成了"port1"端口的波端口激励设置。此时在工程树中的"Excitations"下会自动添加一个名称为"1"的波端口激励。

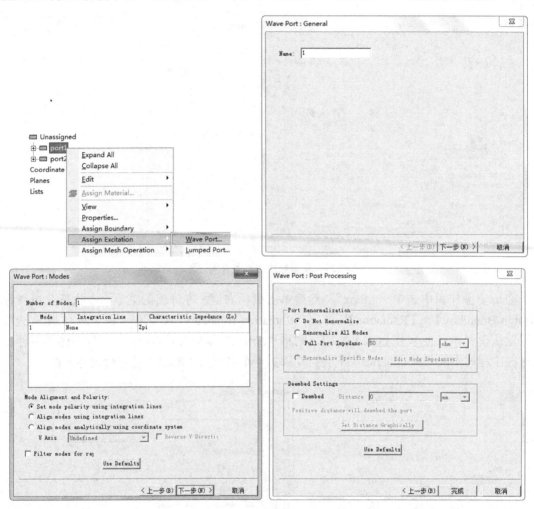

图 7.27　波端口的设置

用同样的步骤完成对"port2"端口的波端口激励设置。设置完成后，历史操作树下会把"port1"、"port2"归类为"Wave Port"，同时工程树中"Excitations"下会出项两个名称分别为"1"、"2"的波端口激励设置。

（4）求解设置。

执行菜单命令【HFSS】>【Analysis Setup】>【Add Solution Setup】，或者选中工程树中的"Analysis"，单击鼠标右键后在弹出的菜单栏中执行菜单命令【Add Solution Setup】，弹出"Driven Solution Setup"对话框，在"General"标签页中进行如下设置："Setup name"采用默认名称"Setup1"，"Solution Frequency"选项中输入 4.5GHz，"Maximum Number of"设置为 15，"Maximum Delta Energy"设置为 0.01。其他标签页为默认设置，单击【确

定】按钮，完成单频点求解设置（图 7.28）。此时在工程树中的"Analysis"下会自动添加一个名称为"Setup1"的求解设置。

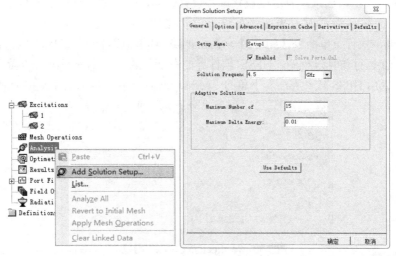

图 7.28　单频点求解设置

完成 Add Solution Setup 的设置后，需要进行扫频设置。执行主菜单命令【HFSS】>【Analysis Setup】>【Add Frequency Sweep】，或者选中工程树中"Analysis"下的"Setup1"，单击鼠标右键，执行菜单命令【Add Frequency Sweep】，弹出"Edit Frequency Sweep"对话框，在"General"标签页下进行如下设置："Sweep name"采用默认名称"Sweep"，"Sweep Type"选择"Fast"，"Type"设置为"LinearStep"，"Start"设置为 1GHz，"Stop"设置为 8GHz，"Step Size"设置为 0.1GHz，勾选"Save Fields"。"Defaults"标签页为默认设置，单击【确定】按钮，完成扫频设置（图 7.29）。此时会将一个名称为"Sweep"的扫频设置自动添加到工程树中"Analysis"下的"Setup1"。

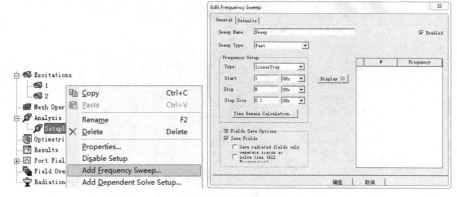

图 7.29　扫频设置

4）自检、运行仿真求解、收敛性检查

模型创建、边界条件设置、激励设置和求解设置这些操作在前面已经完成，通过完整性检查后，就可以运行仿真并查看仿真结果了。

执行菜单命令【HFSS】>【Validation Check】，或者单击工具栏中的图标 进行自检。此时会弹出"Validation Check"对话框（图 7.30），右侧的选项前显示为 时表示该选项设置的正确性，显示为 时表示该选项没有进行设置或者设置错误，对应的选项需要进行设置或者修改。当所有选项前面显示为 时，表明当前设计的正确性，单击【Close】按钮关闭"Validation Check"对话框，执行菜单命令【HFSS】>【Analyze All】，或者单击工具栏中的图标 即可运行仿真求解。在运行仿真过程中，HFSS 软件界面右下角的"Progress"窗口会显示运行求解的进度，运行结束后 HFSS 软件界面左下角的"Message Manager"窗口会出现提示信息。

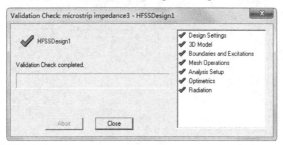

图 7.30 "Validation Check"对话框

在前面的求解设置中，将两次的最大迭代误差"Maximum Delta S"设置为 0.01，仿真结束后需要检查仿真时的最大迭代误差是否满足求解设置的要求。选中工程树中的"Results"，单击鼠标右键，在弹出的菜单栏中执行菜单命令【Solution Data】，或者直接单击工具栏中的图标 ，弹出"Solutions"对话框，选择"Convergence"标签页（图 7.31），在右侧窗口即可看到迭代次数、网格剖分数目、迭代误差，可以看到第 7 次迭代误差小于求解设置中的 0.01，满足收敛性要求，也可以通过判断"Convergence"标签页左下角"Target"的值与"Current"的值是否相等来判断仿真是否满足收敛性要求。本例中，"Target"的值与"Current"的值均为 1，满足收敛性要求。

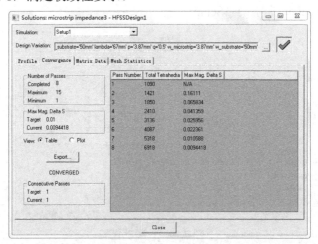

图 7.31 仿真结束后"Solutions"对话框的"Convergence"标签页

注：同一个模型在不同的计算机上进行仿真，迭代次数、每次网格剖分数目及迭代误差都会不一样（"Convergence"标签页右侧窗口内的数字），但整体收敛趋势一致。

5）查看仿真结果

仿真结束且检查满足收敛性要求后，即可查看仿真结果。本例中只需查看反射系数 S(1,1)即可。

如图 7.32 所示，选中工程树中的"Results"，单击鼠标右键，在弹出的菜单栏中执行菜单命令【Create Modal Solution Data Report】>【Rectangular Plot】，弹出"Report"对话框，"Solution"选项选择"Setup1：Sweep"，"Domain"选项选择"Sweep"，在"Report"对话框右上角选择"Trace"标签页，进行如下设置："Category"选项选择"S Parameter"，"Quantity"选项选择 S(1,1)，"Function"选项选择 dB。全部设置好后单击"Report"对话框下侧的【New Report】按钮，此时视图窗口会显示出一个矩形结果图（图 7.33），X 轴代表频率，Y 轴代表 S(1,1)（dB），同时一个默认名称为"XY Plot 1"的结果图会添加到工程树中的"Results"下。

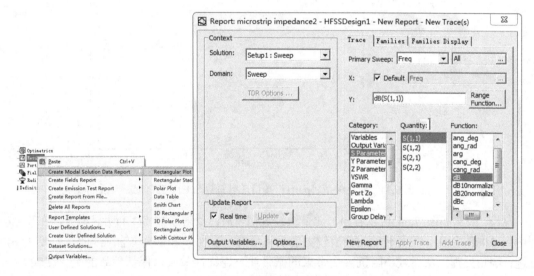

图 7.32　仿真结果的选择

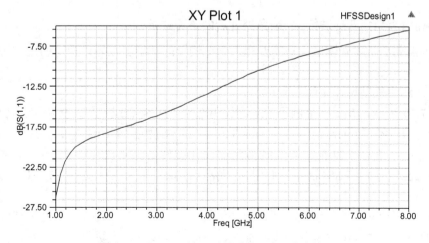

图 7.33　"port1"端口反射系数 S(1,1)仿真结果

从仿真结果可以看出，微带线经过直角拐弯后，端口反射系数 S(1,1)在低频段（1～5GHz）为–10dB 以下，高频段（5～8GHz）为–10dB 以上。

为了对比，对一段导带长度为 2l_microstrip、宽度为 w_microstrip 的不拐弯的微带线进行 1～8GHz 频段内的仿真分析。图 7.34 是新模型"port1"端口反射系数 S(1,1)的仿真结果。

注：新模型可以在上面一个例子（工程名 microstrip impedance3、设计文件名 HFSSDesign1）的基础上进行修改，即 l_microstrip1、l_microstrip3 初始值改为 25mm，w_microstrip1、w_microstrip3 初始值改为 3.87mm，lambda 初始值改为 67mm；求解设置中的"Solution Frequency"改为 4.5GHz；扫频设置中的"Stop"改为 8GHz，"Step Size"改为 0.1GHz。

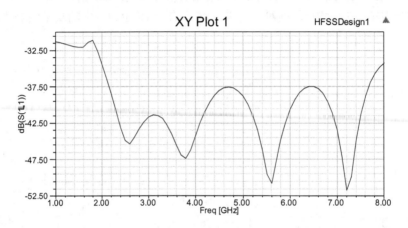

图 7.34　对比模型"port1"端口反射系数 S(1,1)仿真结果

从图 7.33 和图 7.34 可以看出，微带线经过拐弯后，反射系数 S(1,1)明显增大，在高频段则达到–10dB 以上，信号传输时会有较大的功率反射，不利于信号的传输。因此有必要在拐角处进行削角处理，从而减小阻抗突变带来的微带线不连续性效应，保证功率的最大传输。

注：同一个模型在不同的计算机上进行仿真，仿真结果并不会完全相同，但整体精度与变化趋势一致。

2. 微带线直角拐弯处进行 45°削角处理后的仿真分析

本例不需要重新建立模型，只需要在上一个例子的基础上在导带拐弯的地方进行削角处理即可。

1）在工程中复制设计文件

如图 7.35 所示，在上一个例子的工程树中选中"HFSSDesign1"，按快捷键【Ctrl+C】，然后选中工程名"microstrip impedance2"，按快捷键【Ctrl+V】，则将设计文件"HFSSDesign1"进行了复制，新复制得到的设计文件名称默认为"HFSSDesign2"。双击"HFSSDesign2"，则 HFSS 软件界面中所有窗口信息显示为设计文件"HFSSDesign2"的信息。

注：进行设计文件的复制操作后，新的设计文件"HFSSDesign2"中的所有信息（包括设计变量的设置、参数化的模型、边界条件、端口激励设置、求解设置、查看仿真结果的设

置等）均与原来的设计文件"HFSSDesign1"相同。

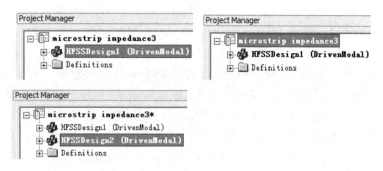

图 7.35　复制设计文件

2）模型拐弯处进行削角处理

双击"HFSSDesign2"，确保 HFSS 软件界面中所有窗口信息显示为设计文件"HFSSDesign2"的信息。如图 7.36 所示，在视图窗口中单击鼠标右键，在弹出的菜单栏中执行菜单命令【Select Vertices】，则进入选择顶点模式，在视图窗口中单击导带拐弯处的外顶点，则在该顶点处显示一个正方形标注。单击工具栏中的图标□，则弹出切角设置"Chamfer Properties"对话框，该对话框中的"Chamfer Type"选项选择"Symmetric"，"Left Distance"输入"p"，单击【OK】按钮，退出"Chamfer Properties"对话框，在视图窗口中可以看到导带拐弯处已经被切下来一个三角形。

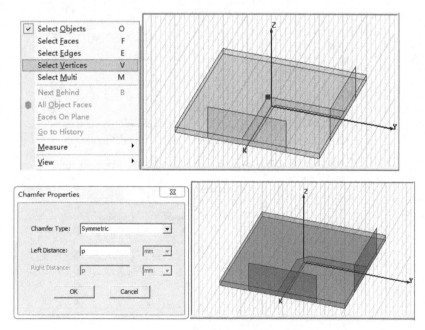

图 7.36　模型拐弯处进行削角处理

3）设置参数扫描分析

前面已经提过，对于不同尺寸和不同特性阻抗的微带线，都存在最佳斜切率。本例中，

斜切率 q 的初始值 0.5 并不一定是最佳斜切率，因此有必要对变量 q 进行参数扫描分析。

选中工程树中的"Optimetrics"，单击鼠标右键，在弹出的菜单栏中执行菜单命令【Add】>【Parametric】，弹出"Setup Sweep Analysis"对话框（图 7.37），单击默认界面"Sweep Definitions"右上角的【Add】按钮，弹出添加/设置扫描变量的"Add/Edit Sweep"对话框，进行如图 7.38 所示的设置："Variable"项选择"q"，扫描方式选择"Linear step"，"Start"、"Stop"、"Step"分别为 0.3、0.8、0.1，然后单击【Add】按钮，则右边窗口中添加了变量"q"的扫描设置信息，单击【OK】按钮，确认添加扫描变量"q"，这时"Sweep Definitions"标签页中会显示变量"q"的扫描设置信息（图 7.39），单击【确定】按钮，则成功添加了扫描变量"q"，此时在工程树中的"Optimetrics"下会自动添加一个名称为"ParametricSetup1"的参数扫描设置，选中"ParametricSetup1"后按【F2】键，将名称改为"q"。

图 7.37 "Setup Sweep Analysis"对话框（默认界面"Sweep Definitions"）

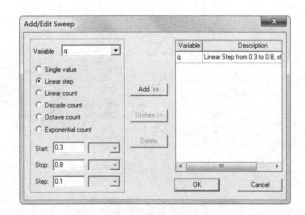

图 7.38 "Add/Edit Sweep"对话框

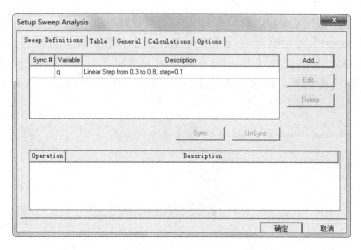

图 7.39　确认添加扫描变量 q 后的"Sweep Definitions"标签页

4）运行参数扫描分析并查看参数扫描仿真结果

单击工具栏中的图标✔进行自检，无误后单击工具栏中的图标🎤运行仿真计算。仿真结束后，HFSS 软件界面左下角的"Message Manager"窗口会出现提示信息。

仿真结束后即可查看仿真结果。例中只需查看端口"port1"的反射系数 S(1,1)即可。

选中工程树中的"Results"，单击鼠标右键，在弹出的菜单栏中执行菜单命令【Create Modal Solution Data Report】>【Rectangular Plot】，弹出"Report"对话框，在该对话框中，"Solution"项选择"Setup1：Sweep"，"Domain"项选择"Sweep"。在"Report"对话框右上角选择"Trace"标签页，进行如下设置（图 7.40）："Category"项选择"S Parameter"，"Quantity"项选择"S(1,1)"，"Function"项选择"dB"；全部设置好后，在"Report"对话

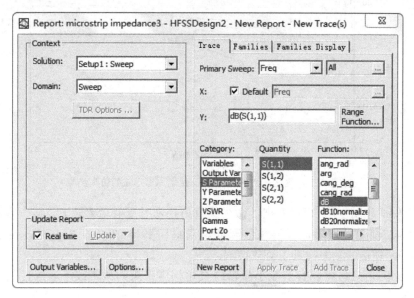

图 7.40　"Report"对话框中"Trace"标签页的设置

框右上角选择“Families”标签页（图 7.41），“Families”项选择“Sweeps”，单击变量“q”一行对应的 Edit 下面的按钮 ... ，在下拉列表中勾选“Use all values”。“Families”标签页设置完成后单击“Report”对话框下侧的【New Report】按钮，此时视图窗口会显示出一个矩形结果图（图 7.42），每条曲线代表 q 取不同值时微带线“port1”端口处的反射系数随频率的变化情况，X 轴代表频率，Y 轴代表 S(1,1)（dB），同时一个默认名称为“XY Plot 2”的结果图会添加到工程树中的“Results”下。

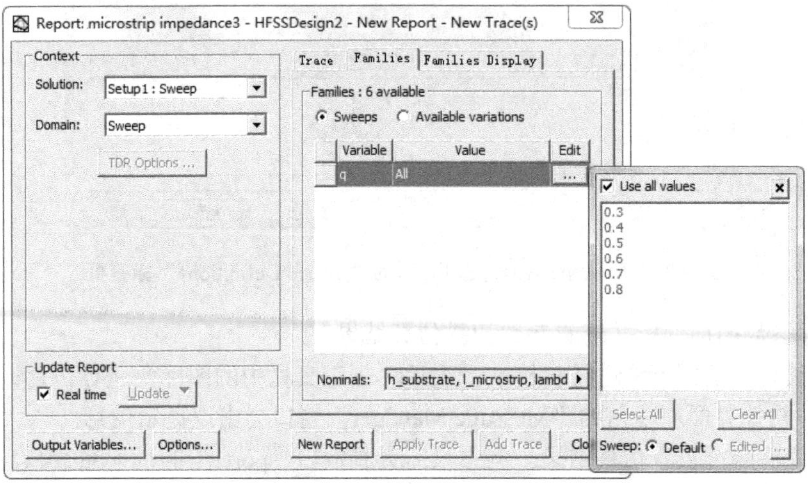

图 7.41 “Report”对话框中“Families”标签页的设置

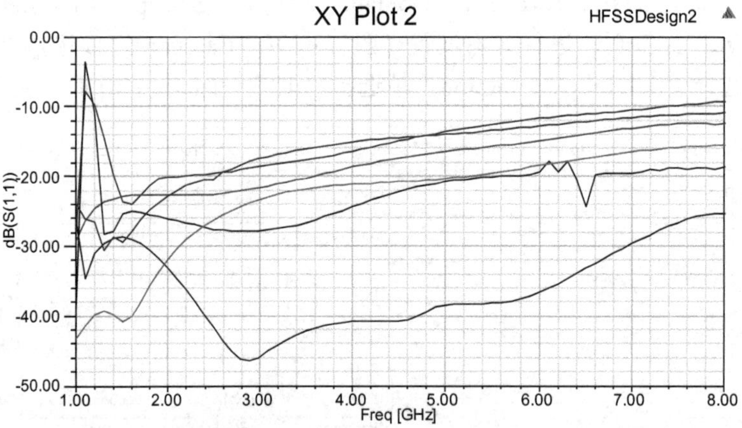

图 7.42 q 变化时“port1”端口反射系数 S(1,1)仿真结果

对比图 7.34 和图 7.42 可以看出，微带线直角拐弯时反射功率较大，以一定的斜切率在拐弯处进行 45°削角处理后，反射系数降低。当斜切率 q 在 0.6 左右时，反射系数最小（−25dB 以下），使信号功率得到了有效传输。

因此，45°削角处理可以有效减小微带线直角拐弯带来的微带线不连续性效应，保证了功率的最大传输。

7.3　差分特性阻抗仿真

1. 运行 HFSS 并新建工程

2. 设置求解类型

设置当前设计为终端驱动求解类型。

执行菜单命令【HFSS】>【Solution Type】，打开如图 7.43 所示的"Solution Type"对话框，选中"Terminal"单选按钮，然后单击【OK】按钮，退出对话框，完成设置。

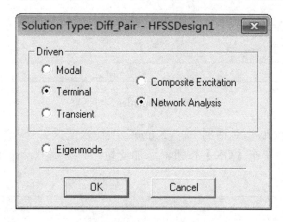

图 7.43　"Solution Type"对话框

3. 设置默认长度单位

设置当前设计在创建模型时使用的默认长度单位为 mil。

执行菜单命令【Modeler】>【Units】，打开如图 7.44 所示的"Set Model Units"对话框。在该对话框中，"Select units"项选择单位"mil"，然后单击【OK】按钮，退出对话框。

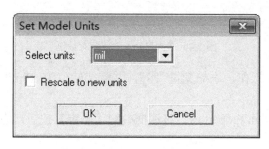

图 7.44　"Set Model Units"对话框

4. 添加设计变量

（1）执行菜单命令【HFSS】>【Design Properties】，打开"Properties"对话框（图 7.45），然后单击【Add】按钮，打开【Add Property】对话框。

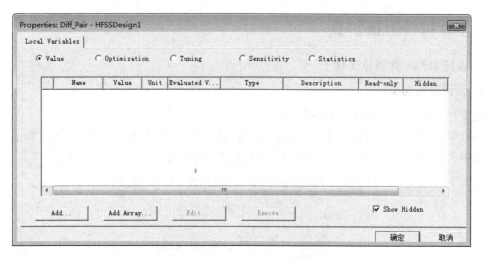

图 7.45 "Properties" 对话框

（2）在 "Add Property" 对话框中，"Name" 项输入变量名 "W"，"Value" 项输入变量的初始值为 6mil，然后单击【OK】按钮，添加变量 "W" 到 "设计属性" 对话框，变量的定义过程如图 7.46 所示。

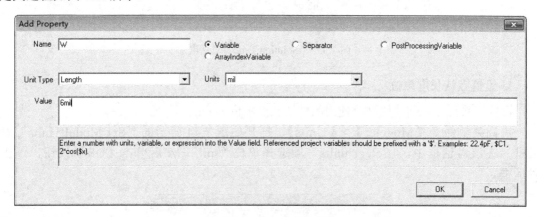

图 7.46 "Add Property" 对话框

（3）重复第（2）步操作，添加变量 "S"，并赋初始值为 10mil；添加变量 "H"，赋初始值为 4mil。

（4）最后单击 "Design Properties" 对话框中的【确定】按钮，完成变量的定义。

5. 创建 FR4 介质层

创建一个顶点位于坐标（0，−40，0）、长×宽×高为 200×80×4 的长方体模型作为介质层，介质材料为 FR4，模型命名为 "Substrate"。

（1）执行菜单命令【Draw】>【Box】，或者在工具栏中单击 按钮，进入创建长方体模型的状态。在三维模型窗口的任一位置单击鼠标左键确定模型的第一个点；然后在 XY 面移动鼠标光标，在绘制出一个矩形后，单击鼠标左键确定第二点，最后沿着 Z 轴方向移动鼠标指针，在绘制出一个长方体后单击鼠标左键确定第三点。此时，弹出长方体设计属性对话框。

（2）单击"Properties"对话框中的"Command"标签页，在"Position"项对应的"Value"值处输入长方体的顶点坐标（0，–40，0），在"X Size"、"Y Size"、"Z Size"项对应的"Value"值处分别输入 200、80 和 H，如图 7.47 所示。

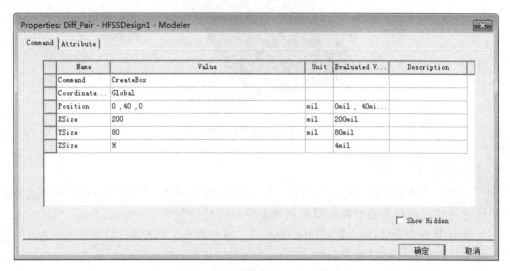

图 7.47　介质层尺寸的设置

（3）单击"Properties"对话框中的"Attribute"标签页，在"Name"项对应的"Value"值处输入长方体的名称"Substrate"，设置"Material"项对应的"Value"值为"FR4_epoxy"，设置"Transparent"项对应的透明度为 0.4。然后单击【确定】按钮，完成设置，退出对话框（图 7.48）。

图 7.48　介质层材料等属性的设置

（4）按快捷键【Ctrl+D】，适合窗口大小全屏显示已创建的模型，如图 7.49 所示。

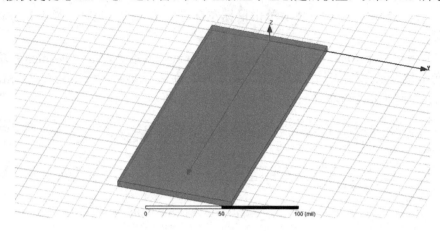

图 7.49 介质层模型

6. 创建差分信号线模型

创建一个顶点位于坐标（0, $S/2$, H）、长×宽为 $200×W$ 的 XOY 平面长方形作为差分对的一根信号传输线，然后通过复制操作创建差分对的另一个信号传输线。

（1）执行菜单命令【Draw】>【Rectangle】，或者单击工具栏中的 □ 按钮，进入创建矩形面的状态，然后在三维模型窗口的 XY 面上创建任意大小的矩形面，单击"Properties"对话框中的"Attribute"标签页，在"Name"项对应的"Value"值处输入长方体的名称"Trance1"。然后单击"Attribute"中的【确定】按钮，完成设置，退出对话框（图 7.50）。

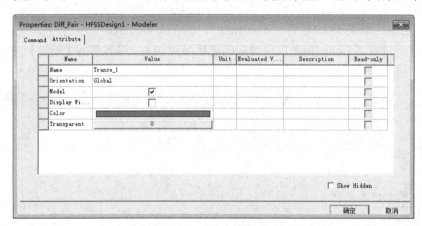

图 7.50 创建一个矩形面

（2）展开操作历史树中"Sheets"下的"Trance1"节点，双击该节点下的"CreateRectangle"节点，打开新建矩形面属性对话框中的"Command"标签页，在该标签页中设置矩形面的顶点坐标和尺寸。在"Position"项对应的"Value"值处设置顶点坐标为（0, $S/2$, H），在 XSize 和 YSize 中设置矩形面的长度和宽度分别为 200mil 和 W，如图 7.51 所示，然后单击【确定】按钮退出。

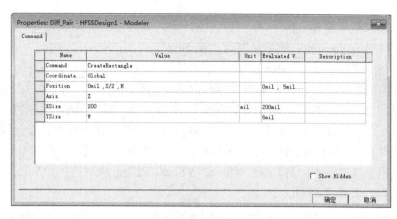

图 7.51　信号线尺寸的设置

（3）通过复制操作创建差分对的另一根信号线"Trance_2"。

选中"Trance1"，执行菜单命令【Edit】>【Duplicate】>【Mirror】，或者单击工具栏中的图标，进入镜像复制操作状态。以经过坐标原点的 *XOZ* 面作为镜像面复制信号线"Trance_1"。在状态栏的 X、Y、Z 对应的文本框中分别输入 0、0 和 0，单击回车键确认；在 dX、dY、dZ 对应的文本框中分别输入 0、–1 和 0，确定镜像面法线方向为沿着 Y 轴方向，再次单击回车键确认（图 7.52）。

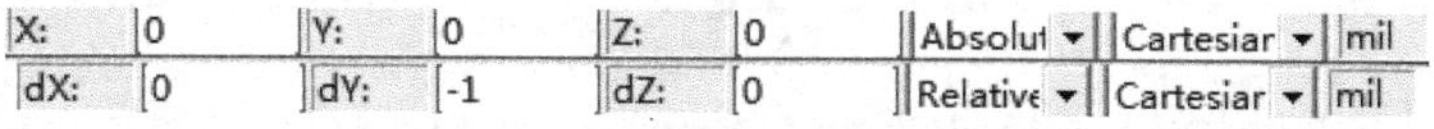

X:	0		Y:	0		Z:	0		Absolut ▼	Cartesiar ▼	mil
dX:	0		dY:	-1		dZ:	0		Relative ▼	Cartesiar ▼	mil

图 7.52　状态栏的坐标输入

此时会弹出复制物体的属性对话框，直接单击【确定】按钮，即通过复制操作创建了第二根信号线模型，该模型自动命名为"Trance1_1"。展开操作历史树"Sheets"节点下的"Unassigned"节点，选中"Trance1_1"，将其重命名为"Trance2"。

按快捷键【Ctrl+D】，适合窗口大小全屏显示已创建的模型，如图 7.53 所示

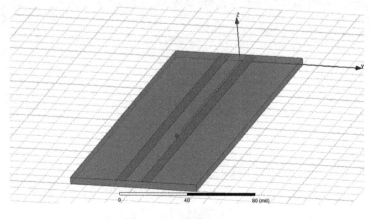

图 7.53　微带差分线模型

7. 创建空气模型

创建一个顶点位于坐标（0，–40，H）、长×宽×高为 200×80×46 的长方体模型作为介质层，介质材料为 Vacuum，模型命名为"AirBox"。

执行菜单命令【Draw】>【Box】，或者在工具栏中单击 按钮，进入创建长方体模型的状态。在三维模型窗口的任一位置单击鼠标左键确定模型的第一个点；然后在 XY 面移动鼠标光标，在绘制出一个矩形后，单击鼠标左键确定第二点，最后沿着 Z 轴方向移动鼠标指针，在绘制出一个长方体后单击鼠标左键确定第三点。此时，弹出长方体设计属性对话框。

单击属性对话框中的"Command"标签页，在"Position"项对应的"Value"值处输入长方体的顶点坐标（0，–40，H），在 XSize、YSize、ZSize 项对应的"Value"值处分别输入 200、80 和 46，如图 7.54 所示。

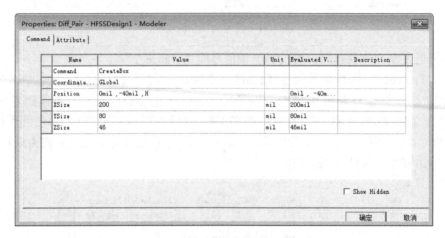

图 7.54 空气模型尺寸的设置

单击属性对话框中的"Attribute"标签页，在"Name"项对应的"Value"值处输入长方体的名称"Box1"，设置"Transparent"项对应的透明度为 0.8。然后单击【确定】按钮，完成设置，退出对话框（图 7.55）。

图 7.55 空气模型材料等属性的设置

8. 端口设置

1）建立"Port1"

单击工具栏中的下拉列表框 XY ▾，从其下拉列表中选择"YZ"选项，把当前工作平面设置为 YZ 平面。执行菜单命令【Draw】>【Rectangle】，或者单击工具栏中的 ▢ 按钮，进入创建矩形面的状态，然后在三维模型窗口创建任意大小的矩形面，单击"Properties"对话框中的"Attribute"标签页，在"Name"项对应的"Value"值处输入长方体的名称"Port1"，单击【确定】按钮，完成设置，退出对话框（图7.56）。

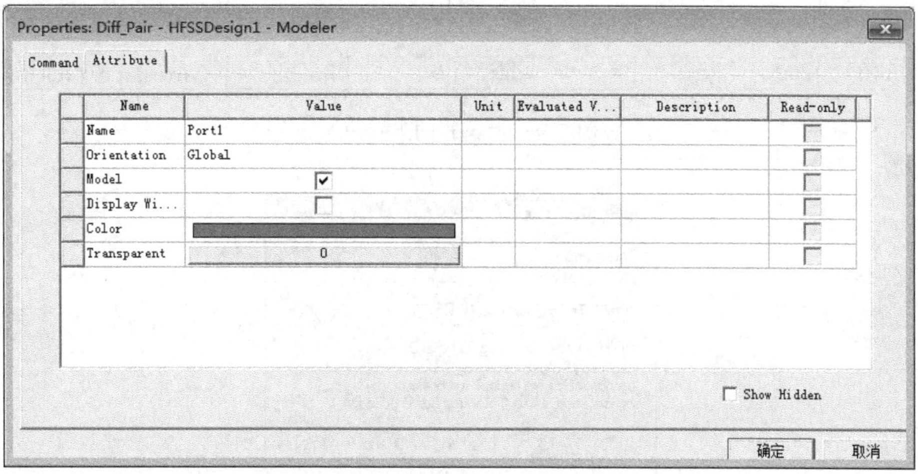

图 7.56　创建一个矩形面

展开操作历史树中"Sheets"下的"Port1"的"CreateRectangle"节点，打开新建矩形面属性对话框中的"Command"标签页，在该标签页中设置矩形面的顶点坐标和尺寸。"Position"项所对应的顶点坐标为（0，−40，0），在 YSize 和 ZSize 中设置矩形面的长度和宽度分别为80mil 和 50mil，如图7.57 所示，然后单击【确定】按钮退出。

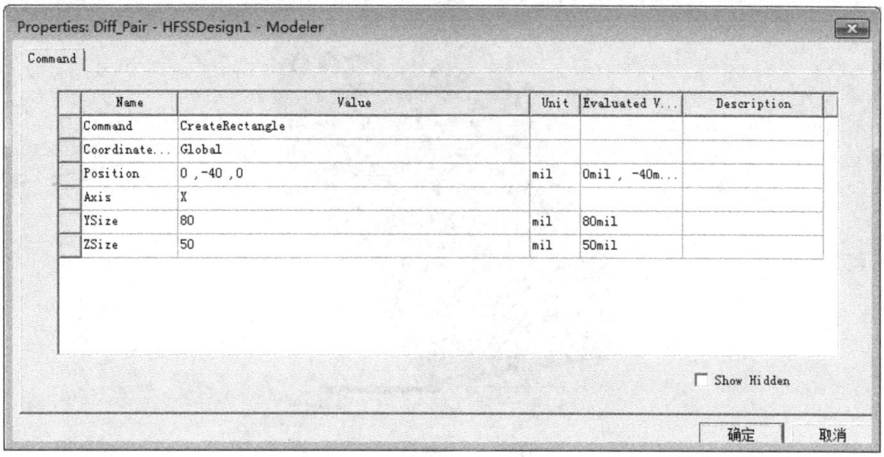

图 7.57　端口尺寸的设置

2）建立"Port2"

选中"Port1"端口，执行菜单命令【Edit】>【Duplicate】>【Along line】，或者单击工具栏中的按钮 ，进入平移复制操作状态。

在状态栏 X、Y 和 Z 对应的文本框中分别输入 0、0 和 0，单击回车键确认；在 dX、dY和 dZ 对应的文本框中分别输入 200、0 和 0，再次单击回车键确认（图 7.58）。弹出如图7.59 所示的"平移复制"对话框，在对话框的"Total Number"处输入 2，表示复制物体的个数为 1，然后单击【OK】按钮，关闭对话框。

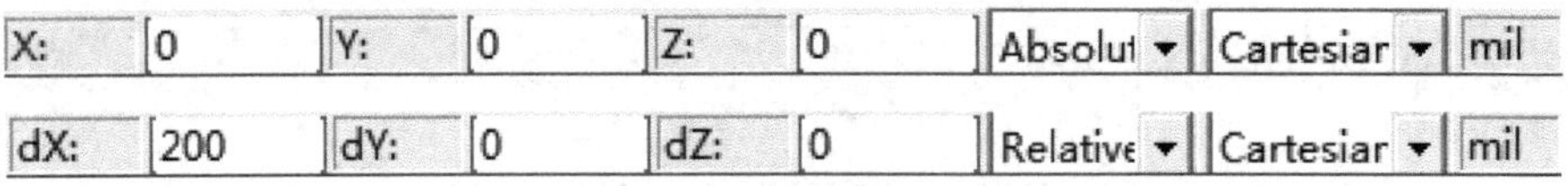

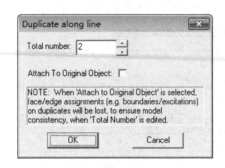

图 7.58　状态栏的坐标输入

图 7.59　"平移复制"对话框

单击"平移复制"对话框中的【OK】按钮，关闭该对话框之后，则会弹出通过复制操作所创建的物体的属性对话框，直接单击该属性对话框中的【确定】按钮，此时即在工程上创建了一个和 Port1 相同尺寸的矩形面（图 7.60），该矩形面自动命名为"Port1_1"。

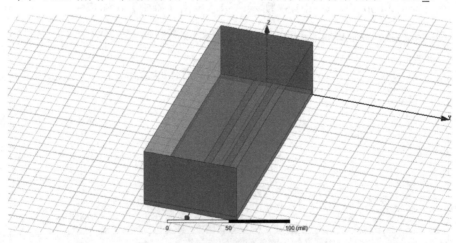

图 7.60　整体模型

展开操作历史树"Sheets"节点下的"Unassigned"节点，选中"Port1_1"，重命名为"Port2"。

9. 设置边界条件

设置"Trance1"和"Trance2"为理想导体边界条件。

展开操作历史树"Sheets"节点下的"Unassigned"节点，按住【Ctrl】键，先后依次选中"Trance1"和"Trance2"，然后在其上单击鼠标右键，在弹出的菜单栏中执行菜单命令【Assign Boundary】>【Perfect E】（图 7.61），打开理想导体边界条件设置对话框。保留对话框中的默认设置不变，直接单击【OK】按钮（图 7.62），即完成设置"Trance1"和"Trance2"为理想导体边界条件。理想导体边界条件名称为"PerfE1"，会添加到工程树的"Boundaries"节点下。

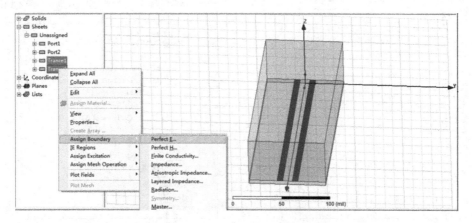

图 7.61　设置"Trance1"和"Trance2"为理想导体边界条件

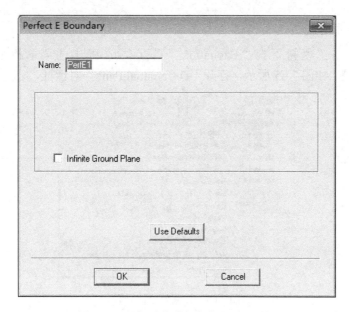

图 7.62　理想导体边界条件设置对话框

10. 分配波端口激励

（1）把矩形面"Port1"和"Port2"设置为波端口激励，并设置"Trance1"和"Trance2"为差分信号对。右键单击操作历史树中的"Port1"节点，从弹出的菜单栏中执行菜单命令【Assign Excitation】>【Wave Port】，打开如图7.63所示的对话框，修改"Port Name"为"P1"，然后单击【OK】按钮，设置"Port1"为波端口激励，并自动分配终端线。

（2）重复上述步骤，把"Port2"设置为波段口激励，并把波端口命名为"P2"。

全部设置完成后，在工程树"Excitations"节点下可以显示出添加的所有波端口激励"P1"、"P2"和终端线"Trace1_T1"、"Trace2_T1"、"Trace1_T2"、"Trace2_T2"，如图7.64所示。

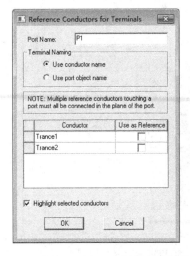

图7.63　设置矩形面Port1为波端口激励

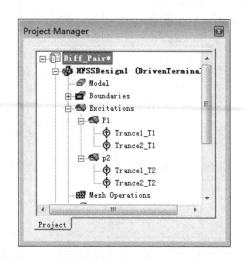

图7.64　设置矩形面"Port2"为波端口激励

11. 设置差分信号线

（1）右键单击工程树下的"Excitations"节点，在弹出的菜单栏中执行菜单命令【Differential Pairs】，如图7.65所示，打开"Differential Pairs"对话框。

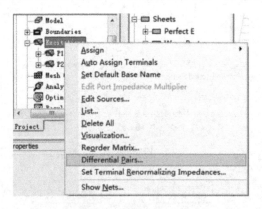

图7.65　设置差分信号对

（2）单击对话框中的【New Pair】按钮，把端口 "P1" 上的终端线 "Trace1_T1" 和
"Trace2_T1" 设置为差分对；再次单击【New Pair】按钮，把端口 "P2" 上的终端线
"Trace1_T2" 和 "Trace2_T2" 设置为差分对，如图 7.66 所示。最后，单击【OK】按钮，完
成差分对设置。

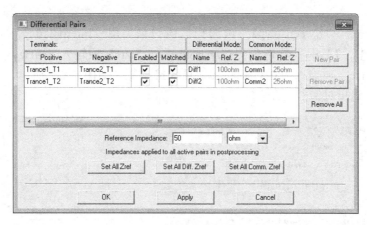

图 7.66　设置差分信号

12. 求解设置

1）求解频率设置

设置求解频率为 5GHz，最大迭代次数为 20 次，收敛误差为 0.02。

右键单击工程树下的 "Analysis" 节点，在弹出的菜单栏中执行菜单命令【Add Solution
Setup】，打开 "Driven Solution Setup" 对话框。

在该对话框中，"Solution Frequency" 项输入求解频率 5GHz，"Maximum Number of
Passes" 项输入最大迭代次数 20，"Maximum Delta S" 项输入收敛误差 0.02，其他项保留默
认设置，如图 7.67 所示；然后单击【确定】按钮，完成求解设置。

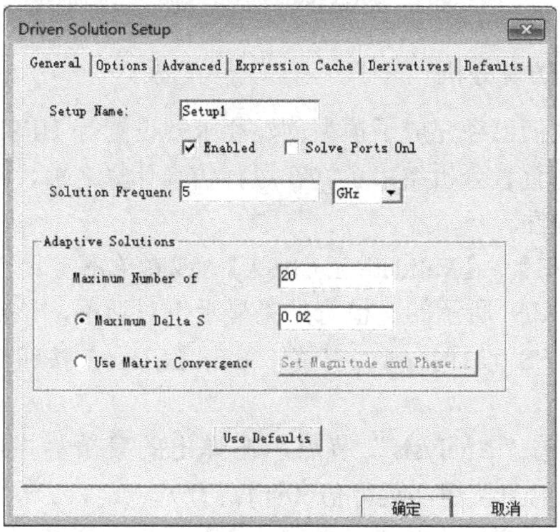

图 7.67　"Driven Solution Setup" 对话框

2）扫频设置

扫频类型选择插值扫频，扫频频率范围为 0～5GHz，频率步进为 0.01GHz。

展开工程树下的"Analysis"节点，选中求解设置项"Setup1"，单击鼠标右键，在弹出的菜单栏中执行菜单命令【Add Frequency Sweep】，打开"Edit Frequency Sweep"对话框，进行扫频设置。

在该对话框中，"Sweep Type"项选择插值扫频类型"Interpolating"；在"Frequency Setup"选项栏中，"Type"项选择"LinearStep"，"Start"项输入 0GHz，"Stop"项输入 5GHz，"Step Size"项输入 0.01GHz；其他项保持不变，如图 7.68 所示。单击【OK】按钮，完成设置，退出对话框。

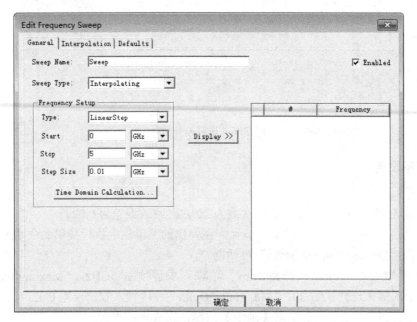

图 7.68 "Edit Frequency Sweep"对话框

13. 设计检查和运行仿真分析

通过前面的操作，我们已经完成了模型创建和求解设置等 HFSS 设计的前期工作，接下来就可以运行仿真计算并查看分析结果了。在运行仿真计算之前，通常需要进行设计检查，检查设计的完整性和正确性。

执行菜单命令【HFSS】>【Validation Check】，或者单击工具栏中的 按钮进行设计检查。此时，会弹出如图 7.69 所示的"检查结果显示"对话框，该对话框中的每一项都显示图标，表示当前的 HFSS 设计正确、完整。单击【Close】按钮关闭对话框，准备运行仿真计算。

右键单击工程树下的"Analysis"节点，在弹出的菜单栏中执行菜单命令【Analyze All】，或者单击工具栏中的 按钮，运行仿真计算。

仿真计算过程中，工作界面上的进度条窗口会显示出求解进度，信息管理窗口也会有相应的信息提示，并会在仿真计算完成后给出完成提示信息。

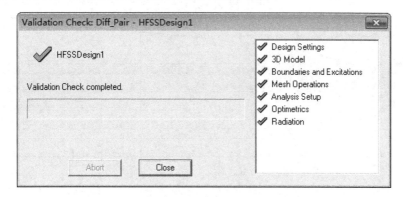

图 7.69　"检查结果显示"对话框

14. 结果分析

右键单击工程树下的"Results"节点，在弹出的菜单中执行菜单命令【Create Terminal Data Report】>【Rectangular Plot】，打开报告设置对话框。在该对话框中的"Category"列表框中选中"Terminal Port Zo"、"Quantity"列表框中选中"Zot（Diff1，Diff1）"、"Function"列表框中选中"mag"（图 7.70）。然后单击【New Report】按钮，再单击【Close】按钮关闭对话框。此时，即可给出差分线差模阻抗结果报告，如图 7.71 所示。

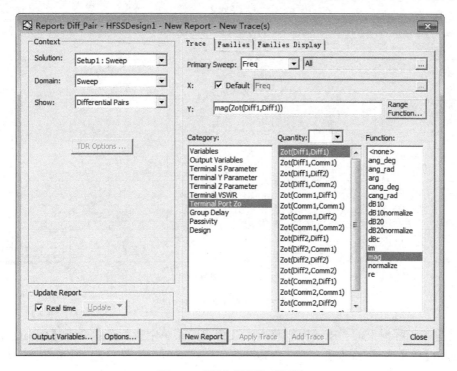

图 7.70　"报告设置"对话框

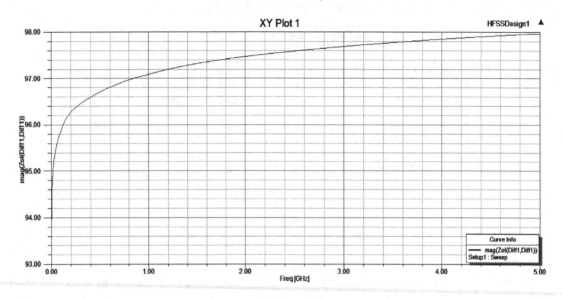

图 7.71　差模阻抗仿真结果

重复上述步骤，在"Quantity"列表框中选中"Zot（Comm1，Comm1）"，其他设置相同，即可给出差分线共模阻抗分析结果，如图 7.72 所示。

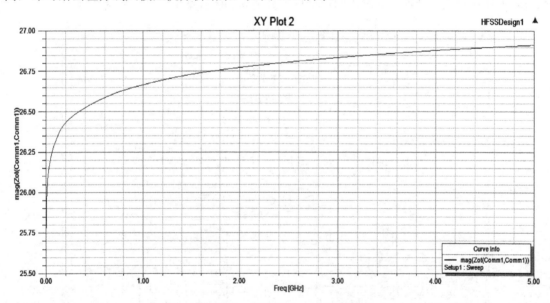

图 7.72　共模阻抗仿真结果

右键单击工程树下的"Results"节点，在弹出的菜单中执行菜单命令【Create Terminal Data Report】>【Data Table】，打开"报告设置"对话框，如图 7.73 所示。该对话框中的"Solution"项选择"Setup1：LastAdaptive"选项，"Category"列表框中选中"Terminal Port Zo"，"Quantity"列表框中，按住【Ctrl】键同时选中"Zot（Diff1，Diff1）"和"Zot

（Comm1，Comm1）"，"Function"列表框中选中"<none>"。然后单击【New Report】按钮，再单击【Close】按钮关闭对话框。此时，生成如图 7.74 所示的差分线在 5GHz 时的差模阻抗和共模阻抗结果报告。

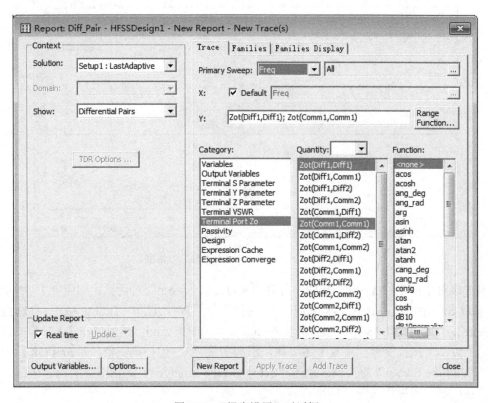

图 7.73　"报告设置"对话框

	Freq [GHz]	Zot(Diff1,Diff1) Setup1 : LastAdaptive	Zot(Comm1,Comm1) Setup1 : LastAdaptive
1	5.000000	97.959283 + 0.862032i	26.909517 + 0.245797i

图 7.74　差分线在 5GHz 时的差模阻抗和共模阻抗结果报告

15. 参数扫描分析

对于微带差分线，其差模阻抗和共模阻抗会随着差分信号线的线宽 W 和差分信号线之间的间距 S 变化而发生变化。下面我们使用 HFSS 的参数扫描功能来分析差分信号线的线宽 W 和间距 S 对差模阻抗和共模阻抗的影响。

1）添加设计变量

添加设计变量 W 和 S 为扫描参数变量，变量 W 的扫描范围设置为 4～8mil，变量 S 的扫描范围设置为 8～12mil。

右键单击工程树下的"Optimetrics"节点，从弹出的菜单中执行菜单命令【Add】>【Parametric】，打开"Setup Sweep Analysis"对话框（图 7.75）。

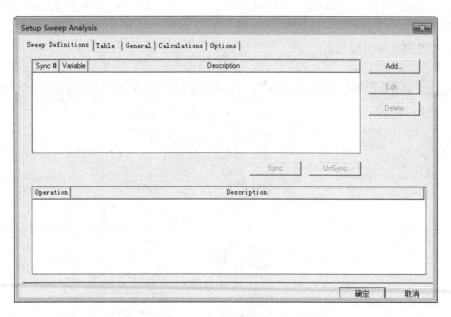

图 7.75 "Setup Sweep Analysis" 对话框

单击该对话框中的【Add】按钮，打开 "Add/Edit Sweep" 对话框。如图 7.76 所示，在 "Add/Edit Sweep" 对话框中，"Variable" 项选择变量 "W"，选中 "Linear step" 单选按钮，在 "Start"、"Stop" 和 "Step" 项分别输入 2mil、10mil 和 2mil，然后单击【Add】按钮，添加变量 "W" 为扫描变量；重复上述步骤，添加变量 "S" 为扫描变量。单击【OK】按钮，关闭 "Add/Edit Sweep" 对话框。单击 "Setup Sweep Analysis" 对话框中的确定按钮，完成添加参数扫描设置操作（图 7.76）。

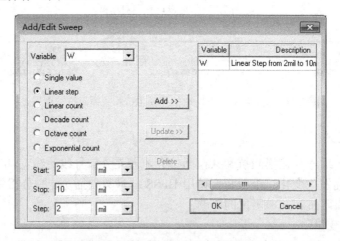

图 7.76 "Add/Edit Sweep" 对话框

展开工程树下的 "Optimetrics" 节点，选中 "Optimetrics" 节点下的参数扫描分析项 "ParametricSetup1"，然后单击鼠标右键，从弹出的菜单中执行菜单命令【Analyze】，运行参数扫描分析。

2）结果分析

仿真计算完成后，右键单击工程树下的"Results"节点，从弹出的菜单中执行菜单命令【Create Terminal Solution Data】>【Rectangular Plot】，打开如图 7.77 所示的"报告设置"对话框。该对话框中的"Solution"项选择"Setup1：LastAdaptive"选项，"Primary Sweep"项选择"S"，"Category"列表框中选中"Terminal Port Zo"，"Quantity"列表框中选择中"Zot（Diff1，Diff1）"，"Function"列表框中选中"mag"。然后单击【New Report】按钮，生成端口差模阻抗随线宽 W 和线间距 S 的变化关系曲线（图 7.78）。

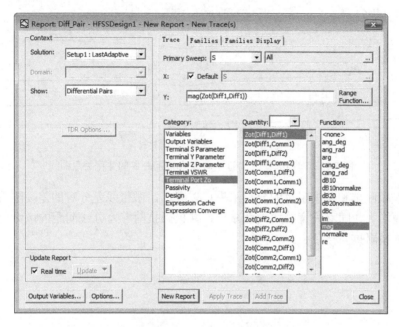

图 7.77　"报告设置"对话框

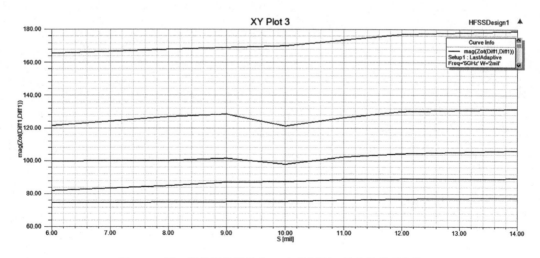

图 7.78　端口差模阻抗随线宽 W 和线间距 S 的变化关系曲线

重复上述步骤，"Quantity"栏中选中"Zot（Comm1，Comm1）"，其他项设置和上述一致，再次单击【New Report】按钮，生成端口共模阻抗随线宽 W 和线间距 S 的变化关系曲线（图7.79）。

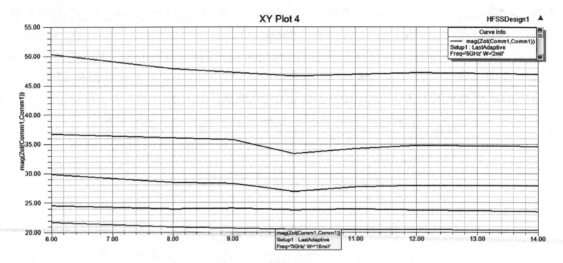

图7.79 端口共模阻抗随线宽 W 和线间距 S 的变化关系曲线

从上述差模阻抗和共模阻抗的分析结果可以看出，微带线差分对的差模阻抗随着差分线间距的增大而增大，随着线宽的增大而减小；共模阻抗随着差分线间距的增大而减小，随着线宽的增大共模阻抗同样减小。

第8章 Ku波段微带发夹线滤波器仿真

发夹型谐振器是通过适当的耦合拓扑结构实现的滤波器，它是半波长耦合微带线滤波器的一种改良结构，结构比较紧凑，易于集成、尺寸较小；另一方面，其耦合线终端开路，不需要过孔接地，这消除了过地孔引入的误差，具有更好的电性能，在微波平面电路的设计中运用广泛。

如图8.1所示为微带发夹线滤波器实物图。

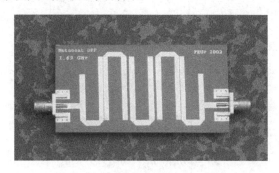

图8.1 微带发夹线滤波器实物图

8.1 微带滤波器基本原理

8.1.1 微带线谐振器

微带线谐振器是指采用微带传输线结构并能够使至少一个电磁场模式在其内部进行谐振的电磁结构。一段开路或短路微带线由于电磁波在开路端或短路端上发生全反射，并在微带线上形成纯驻波分布，并发生谐振，故可由此构成谐振器。

根据传输线理论，在电磁波相位为180°的终端开路情况下存在谐振模式。也就是通常所说的半波长谐振器，其谐振频率为$f \approx nf_0$，其中$n=1$，2，3，…，f_0为半波长线所决定的基波谐振频率。半波长谐振器可以有很多拓扑形式各异的谐振器样式，如最常见的发夹线结构谐振器就属于半波长谐振器，并且很多小型化设计的谐振器都是以这种谐振器为原型的。

8.1.2 耦合系数矩阵及滤波器的拓扑结构

根据耦合谐振电路理论设计的滤波器在谐振器的选择上具有相当的灵活性。不论是波导滤波器、介质滤波器还是平面滤波器，只要知道了滤波器的耦合系数矩阵（内部耦合）和外部品质因素（外部耦合）就可以设计出所需要的滤波器，并且由此构成的滤波器在形式上具有多样性，但在性能上却具有一致性。因此，从耦合系数矩阵出发，设计带通滤波器已成为了较通用有效的方法。对于发夹线谐振器结构也不例外。

归一化阻抗矩阵主要由耦合系数 m_{ij}、外部品质因素 q_{ei} 及频率变换式 p 三个部分组成，因此阻抗矩阵可以分解成：

$$Z = q + pU - jm$$

其中，U 为 $n \times n$ 单位矩阵；q 也是 $n \times n$ 矩阵，且除 $q_{11} = 1/q_{e1}$ 和 $q_{nn} = 1/q_{en}$ 外，其他值均为 0；m 为滤波器的耦合系数矩阵，它是一个互易网络，故可以表示为：

$$m = \begin{bmatrix} 0 & m_{12} & m_{13} & \cdots & m_{1n} \\ m_{12} & 0 & m_{23} & \cdots & m_{2n} \\ m_{13} & m_{23} & 0 & \cdots & m_{3n} \\ \vdots & \vdots & \vdots & & \vdots \\ m_{1n} & m_{2n} & m_{3n} & \cdots & 0 \end{bmatrix}$$

以上阐述的是同步滤波器，若滤波器不是同步调谐的，则耦合系数矩阵的对角元值不是 0，故耦合矩阵应为：

$$m = \begin{bmatrix} m_{11} & m_{12} & m_{13} & \cdots & m_{1n} \\ m_{12} & m_{22} & m_{23} & \cdots & m_{2n} \\ m_{13} & m_{23} & m_{33} & \cdots & m_{3n} \\ \vdots & \vdots & \vdots & & \vdots \\ m_{1n} & m_{2n} & m_{3n} & \cdots & m_{nn} \end{bmatrix}$$

我们一般考虑的是同步调谐的滤波器，即谐振器间没有耦合的情况下谐振频率是一样的，在对称耦合谐振器的情况下，耦合系数表示为：

$$k = \pm \frac{f_{p2}^2 - f_{p1}^2}{f_{p2}^2 + f_{p1}^2}$$

其中，$f_{pi} = \omega_{pi}/2\pi$，$i=1,2$，代表的是谐振器间有耦合时的谐振频率。

各个谐振器单元的相对位置不同，得到的谐振单元之间的耦合系数则不同。在 Chebyshev 响应滤波器的设计中，通常我们只考虑两个相邻谐振器之间的相互耦合，因此在设计时可根据耦合系数矩阵中每两个相邻谐振器之间的耦合系数得到整个滤波器的拓扑结构。

8.1.3 外部品质因数

影响谐振单元位置的因素主要是两终端的外部品质因数值（Q_{ei}、Q_{eo}）和谐振器之间的耦合系数 $k_{i,i+1}$，它们之间关系的表示为：

$$Q_{ei} = \frac{g_0 g_1}{\text{FBW}} \qquad Q_{eo} = \frac{g_n g_{n+1}}{\text{FBW}}$$

$$k_{i,i+1} = \frac{\text{FBW}}{\sqrt{g_i g_{i+1}}} \quad i = 1, \cdots, n-1$$

其中 Q_{ei}、Q_{eo} 分别表示滤波器外部品质因素，FBW 表示滤波器相对带宽，n 表示滤波器的阶数，g_i 表示低通原型的元件值，i 表示正整数，且 $i \leqslant n-1$。

对于耦合滤波器而言，输入/输出耦合激励线或抽头的设计至关重要，而输入/输出抽头的位置或耦合线的耦合量的多少又直接决定于外部品质因素 Q_e。

单端加载谐振器 Q_e 在滤波器设计中的应用较多，如图 8.2 所示，为滤波器输入/输出单端口加载谐振器及等效电路。

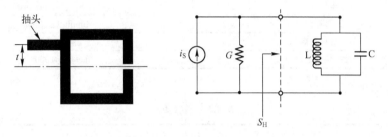

图 8.2　单端口加载谐振器及等效电路

若谐振器的损耗很小，则反射系数 S(1,1) 的幅度近似为 1，但相位随频率变化，图 8.3 示出了 S(1,1) 的相位随频率变化的曲线。

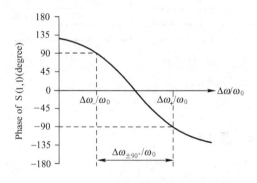

图 8.3　S(1,1) 的相位随频率变化的曲线

外部品质因素的表达式为：

$$Q_e = \frac{\omega_o}{\Delta\omega_{\pm 90°}}$$

需要注意的是，有时候 S(1,1) 的相位在谐振频率处并不为 0，而有一定偏移，这时候应该以这个偏移点为基准来确定 $\Delta\omega_{\pm 90°}$。

根据以上理论可知，在设计好单个谐振器的基础上，我们需要确定耦合系数矩阵和外部品质因素。通过调整输入/输出的馈线位置，得到所需要的外部品质因数值。通过调整各个谐振器单元的相对位置，控制它们之间的耦合系数，从而达到需要的耦合量的大小。

8.2　设计目标

输入/输出阻抗：$50\,\Omega$

通带范围：15.8～16.2GHz

带外抑制：@15.4GHz$\geqslant$40dB；@16.6GHz$\geqslant$40dB

本次设计采用 Rogers 5880 介质基片，微带线基本参数如表 8.1 所示。

表 8.1　介质基片 Rogers RT/duroid 5880（tm）参数

铜厚	1/2 oz $\approx$0.017mm
铜电导率	5.8×e7siemes/m
介质厚度	10mil=0.254mm
介质介电常数	$E_r = 2.2$
介质损耗角正切	$\tan \sigma = 0.0009$

耦合矩阵如表 8.2 所示。

表 8.2　耦合矩阵

	S	1	2	3	4	5	L
S	0	0.0253					
1	0.0253	0	0.0216				
2		0.0216	0	0.0159			
3			0.0159	0	0.0159		
4				0.0159	0	0.0216	
5					0.0216	0	0.0253
L						0.0253	0

外部品质因数：$Q_S = Q_L = 38.9$

8.3　整体图形

1. 谐振器的设计模型（图 8.4）

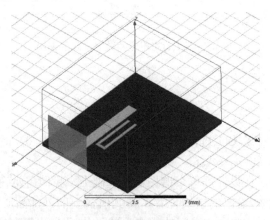

图 8.4　谐振器的设计模型

2. 耦合系数与谐振器间距的设计模型（图 **8.5**）

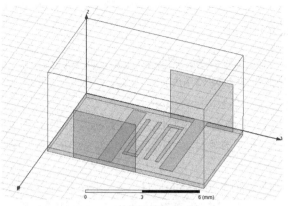

图 8.5　耦合系数与谐振器间距的设计模型

3. 外部品质因数与抽头位置的设计模型（图 **8.6**）

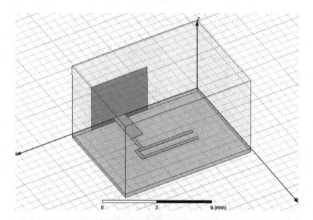

图 8.6　外部品质因数与抽头位置的设计模型

4. 滤波器整体电路的模型（图 **8.7**）

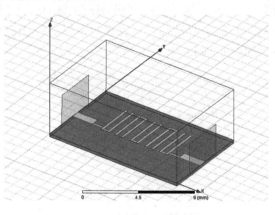

图 8.7　滤波器整体电路的模型

8.4 HFSS 仿真步骤

8.4.1 谐振器的设计

根据微带线理论，已知基片参数，根据计算公式或者仿真，可以得到 50Ω 特性阻抗微带线的宽度和半波长微带线谐振器的长度。

1）创建新工程，创建一个 HFSS Design

HFSS 运行后，执行菜单命令【File】>【New】，把工程文件另存为或重命名为"Ku_Hairpin_Filter.hfss"；在工具栏中单击"Insert HFSS design"图标，创建一个新的 HFSS Design。

选中工程树下的设计文件"HFSSDesign1"，单击鼠标右键，从弹出的菜单中执行菜单命令【Rename】，把设计文件重命名为"Resonator_1"，如图 8.8 所示。在该菜单中还可以执行菜单命令【Design】、设置求解类型、添加或编辑变量等操作。

图 8.8　在工程树中将新建的"HFSS Design1"重命名

2）设置求解类型

将驱动模式设置为当前设计的求解类型，由于 HFSS 将 Driven Modal 默认为求解类型，因此不需要另外再做设置。若需更改设置，可以在菜单栏中的 HFSS 选项的下拉菜单中的"Solution Type"中进行设置，如图 8.9 所示。

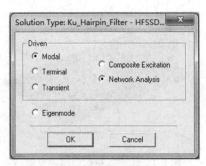

图 8.9　求解类型设置对话框

3）绘制介质基片

创建一个长方体模型为介质基片，模型的中心位于 XOY 平面，顶面高于 XOY 平面 10mil（0.254mm），长为 10mm，宽为 8mm，高为–0.254mm，材料为"Rogers RT/duroid 5880（tm）"。

（1）设置介质基片的几何参数。

执行菜单命令【Draw】>【Box】，或者单击工具栏中的"Draw box"按钮，将鼠标移到三维模型窗口，创建一个长方体。

在"Solids"节点下双击"Box1"中的"CreateBox"，弹出"Properties：Ku_Hairpin_Filter-Resonator_1-Modeler"对话框，在对话框中编辑介质基片的几何属性，如图 8.10 所示。

Name	Value	Unit	Evaluated Value	Description
Command	CreateBox			
Coordinate...	Global			
Position	0 ,0 ,0	mm	0mm , 0mm , 0mm	
XSize	10	mm	10mm	
YSize	8	mm	8mm	
ZSize	-0.254	mm	-0.254mm	

图 8.10　介质基片的几何属性对话框

（2）设置介质基片的材料参数。

在"Solids"节点下双击"Box1"，弹出"Properties：Ku_Hairpin_Filter-Resonator_1-Modeler"对话框，在对话框中可以编辑介质基片的材料属性、显示的颜色和透明度等属性，如图 8.11 所示。

Name	Value	Unit	Evaluated V...	Description	Read-only
Name	Box1				
Material	"vacuum"		"vacuum"		
Solve Inside	Edit...				
Orientation	"vacuum"				
Model	✓				

图 8.11　介质基片的材料属性对话框

在"Material"栏中，默认设置的材料属性为"vacuum"（真空），单击"Material"栏中的"Edit"项，弹出"Select Definition"对话框，在对话框的"Search by Name"下的空白处搜索材料，输入需要材料的前几位字母即可，在本模型中使用的基片为 Rogers 5880，因此在此处输入 R，出现一系列 Rogers 基片，选中所需要的材料"Rogers RT/duroid 5880（tm）"项，如图 8.12 所示。

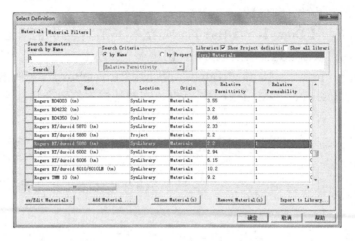

图 8.12 "Select Definition"对话框

4）制空气盒子

创建一个长方体模型为空气盒子，模型的中心位于 XOY 平面，底面低于 XOY 平面 0.254mm（介质基片厚度），长为 10mm，宽为 8mm，高为 5mm，材料为"vacuum"。

（1）设置空气盒子几何参数。

执行菜单命令【Draw】>【Box】，或者单击工具栏中的"Draw box"按钮，将鼠标移到三维模型窗口，创建一个长方体。

在"Solids"节点下双击"Box1"中的"CreateBox"，弹出"Properties：Ku_Hairpin_Filter-Resonator_1-Modeler"对话框，在对话框中编辑长方体的几何属性，如图 8.13 所示。

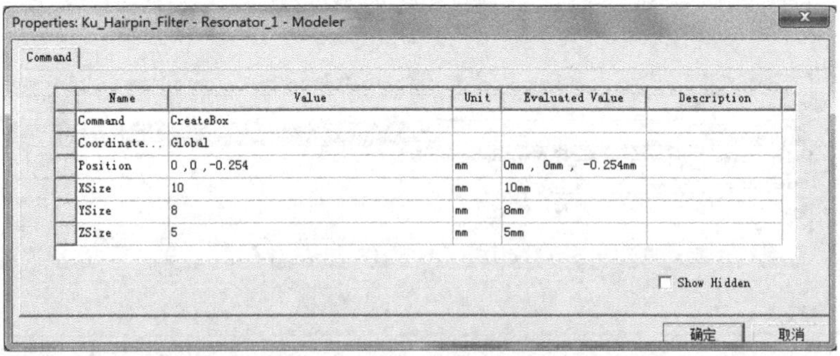

图 8.13 屏蔽盒几何参数设置对话框

（2）设置空气盒子的材料等属性。

在"Solids"节点下双击"Box2"，弹出"Properties：Ku_Hairpin_Filter-Resonator_1-

Modeler"对话框，在对话框中编辑空气盒子的材料属性、显示的颜色和透明度等。

单击"Material"对应的"Value"项，选中"vacuum"选项；并选择合适的颜色和透明度，单击【确定】按钮退出对话框。

创建完成介质基片和空气盒子后的整体模型如图 8.14 所示。

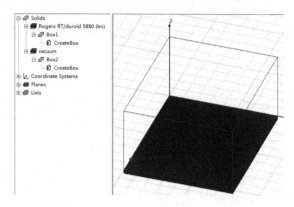

图 8.14　介质基片和屏蔽盒模型的整体图

5）创建谐振器电路

通带范围为 15.8～116.2GHz 的滤波器，其中心频率约为 16GHz，因此要设计一个发夹线谐振器电路，使其谐振在滤波器的中心频率 16GHz 处。谐振器的长度影响谐振频率，将发夹线的长度设置为变量，通过改变变量的值可以方便地将谐振器的谐振频率调到所需要的频率上。

（1）添加、定义变量。

执行菜单命令【HFSS】>【Design Properties】，打开设计属性对话框，单击对话框中的【Add】按钮，弹出"Add Property"对话框；

在"Add Property"对话框中，在"Name"项中输入变量名称"L1"，在"Value"项中输入变量的初始值为 3.27mm，然后单击【OK】按钮，完成第一个变量的定义，如图 8.15 所示。

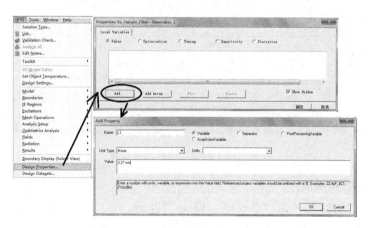

图 8.15　添加并设置变量对话框

重复相同的操作步骤，定义需要的变量，变量名称为"L2"，初始值为 0.84mm，如图 8.16 所示。

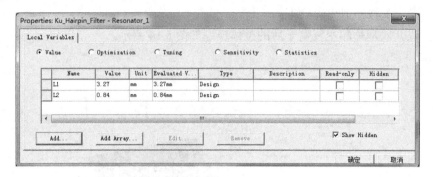

图 8.16　变量属性对话框

单击"Properties：　Ku_Hairpin_Filter-Resonator_1"对话框中的【确定】按钮，完成所有变量的定义工作，退出对话框。

（2）创建谐振器的微带馈线。

创建一条线宽为 0.76mm 的 50Ω线输入馈线，一端与空气盒子的一个侧壁相接，一端开路；厚度为 0.017mm。

① 设置谐振器馈线的几何参数。

执行菜单命令【Draw】>【Box】，或者单击工具栏中的"Draw box"按钮，将鼠标移到三维模型窗口，创建一个任意的长方体。

在"Solids"节点下双击"Box3"中的"CreateBox"，弹出"Properties：Ku_Hairpin_Filter-Resonator_1-Modeler"对话框，在对话框中编辑长方体的几何属性，如图 8.17 所示。

Name	Value	Unit	Evaluated Value	Description
Command	CreateBox			
Coordinate...	Global			
Position	10 ,2 ,0	mm	10mm , 2mm , 0mm	
XSize	-7	mm	-7mm	
YSize	0.76	mm	0.76mm	
ZSize	0.017	mm	0.017mm	

图 8.17　微带馈线的几何参数

② 设置馈线的材料属性。

在"Solids"节点下双击"Box3"，弹出"Properties：Ku_Hairpin_Filter-Resonator_1-Modeler"对话框，在对话框中可以编辑馈线的材料属性、显示的颜色和透明度等属性；

单击对话框"Material"栏中的"Edit"项，弹出"Select Definition"对话框，在对话框的"Search by Name"下的空白处搜索材料，需要的材料为铜（copper），因此在此处输入"c"，出现一系列以"c"开头的材料，选中所需要的材料"copper"，如图 8.18 所示。

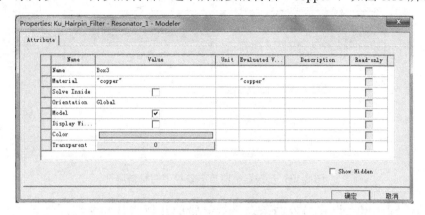

图 8.18　微带馈线的材料属性

（3）创建谐振器微带线电路。

创建一条线宽为 0.2mm 的 U 型发夹线谐振器，谐振器由三段金属线构成，两侧线长相等，为"L1"，底部长度为"L2"，厚度为 0.017mm。

① 设置谐振器电路几何参数。

执行菜单命令【Draw】>【Box】，或者单击工具栏中的"Draw box"按钮，将鼠标移到三维模型窗口，创建一个任意的长方体。

在"Solids"节点下双击"Box4"中的"CreateBox"，弹出"Properties：Ku_Hairpin_Filter-Resonator_1-Modeler"对话框，在对话框中编辑长方体的几何属性，如图 8.19 所示。

Name	Value	Unit	Evaluated Value	Description
Command	CreateBox			
Coordinate...	Global			
Position	7.5 , 3 , 0	mm	7.5mm , 3mm , 0mm	
XSize	-L1		-3.27mm	
YSize	0.2	mm	0.2mm	
ZSize	0.017	mm	0.017mm	

图 8.19　谐振器电路第一条导带的几何属性

② 设置谐振器电路的材料属性。

在 Solids 节点下双击"Box4"，弹出"Properties：Ku_Hairpin_Filter-Resonator_1-

Modeler"对话框，单击对话框中的"Material"栏，选择"copper"项，如图 8.20 所示。

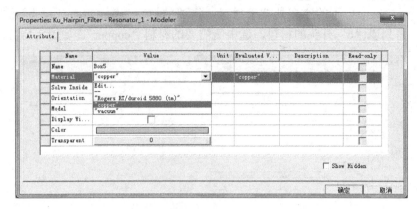

图 8.20　谐振器电路第一条导带的材料属性

同样的步骤，依次设置另外两条微带线导带的几何参数和材料属性，其几何参数如图 8.21 和图 8.22 所示。

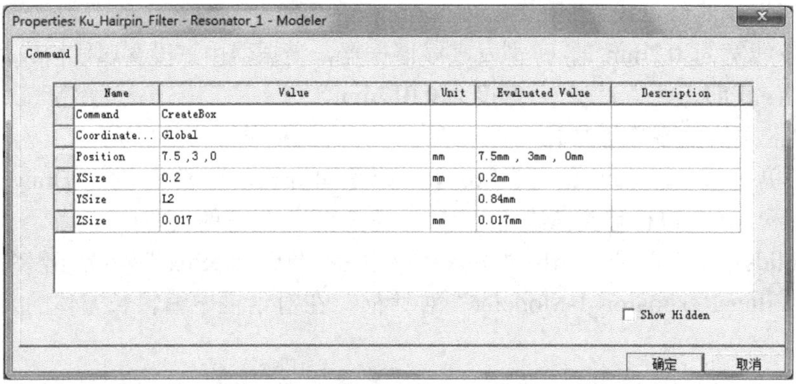

图 8.21　谐振器电路第二条导带几何属性

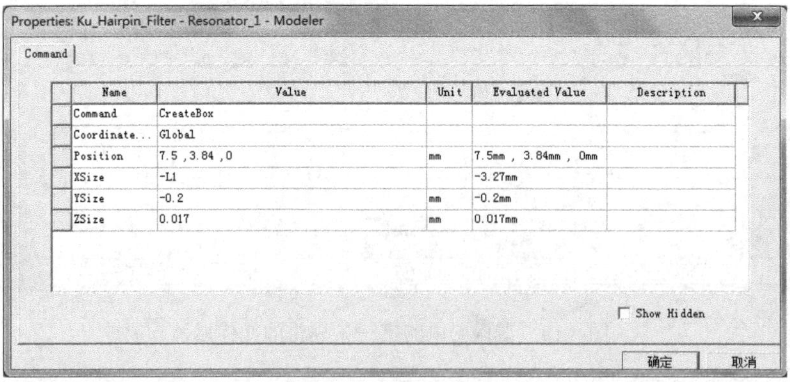

图 8.22　谐振器电路第三条导带几何属性

完成以上步骤后创建的整体模型如图 8.23 所示。

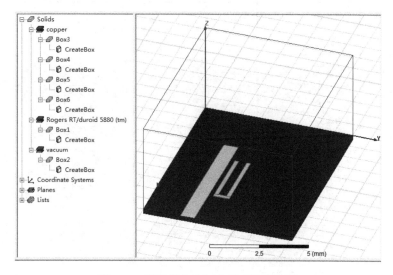

图 8.23 谐振器电路初步模型的整体图

6）设置端口激励

单击工具栏中的"Drawing plane"选项 [图标]，将绘图平面修改为 YZ 平面。

执行菜单命令【Draw】>【Rectangle】，或者单击工具栏中的"Draw rectangle"按钮 [图标]，将鼠标移到三维模型窗口，创建一个 YZ 平面上的任意大小的长方形。

在"Solids"节点下双击"Rectangle1"中的"CreateRectangle"，弹出"Properties：Ku_Hairpin_Filter-Resonator_1-Modeler"对话框，在对话框中修改长方形的几何参数，如图 8.24 所示。

Name	Value	Unit	Evaluated Value	Description
Command	CreateRectangle			
Coordinate...	Global			
Position	10 ,0.58 ,-0.254	mm	10mm , 0.58mm , -0...	
Axis	X			
YSize	3.6	mm	3.6mm	
ZSize	3	mm	3mm	

图 8.24 第一个端口的几何参数

在"Solids"节点下单击"Rectangle1"，选中"Rectangle1"图形，在 3D 建模窗口中单击鼠标右键，在出现的菜单中执行菜单命令【Assign Excitation】>【Wave Port...】，如图 8.25 所示。

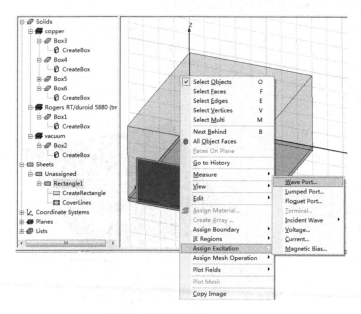

图 8.25　设置端口为 Wave Port

弹出"Wave Port：General"对话框，单击【下一步】按钮；弹出"Wave Port：Modes"对话框，单击【下一步】按钮；弹出"Wave Port：Post Processing"对话框，单击【完成】按钮，退出对话框，完成将"Rectangle1"设置为"Wave Port"激励端口的设置，如图 8.26 所示。

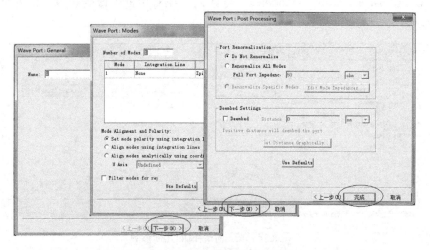

图 8.26　端口设置对话框及步骤

7）求解设置

鼠标右键单击"Project Manager"窗口中的"Analysis"选项，弹出菜单栏，执行菜单命令【Add Solution Setup】，弹出"Driven Solution Setup"对话框。

如图 8.27 所示，在对话框中的"Solution Frequency"栏中输入 16GHz，该频率为谐振器的谐振频率，同时也是滤波器的中心频率。在对话框中的"Maximum Number of Passes"栏中输入 15、"Maximum Delta S Per pass"栏中保持默认值 0.02，这样的设置表示模型的自适应网格剖分会在迭代中不断细化，当细化前后的"Delta S"小于设定的"Maximum Delta S Per pass"值，即 0.02 时，迭代会停止；或者当迭代次数达到设定的"Maximum Number of Passes"值，即 15 时，迭代也会停止。

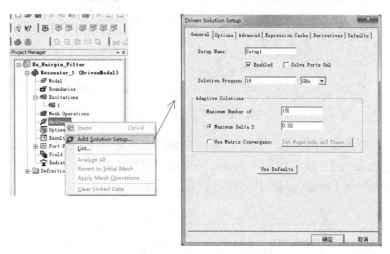

图 8.27　工程树中进行求解设置

单击"Driven Solution Setup"对话框中的【确定】按钮，退出对话框，完成求解设置。

8）扫频设置

展开工程树"Analysis"节点，鼠标右键单击"Setup1"选项，出现下拉菜单，执行菜单命令【Add Frequency Sweep…】，弹出"Edit Frequency Sweep"对话框，设置扫频范围为 13～19GHz，扫频点为 501 个点，可以单击【Display】按钮查看具体频率点，单击【确定】按钮退出对话框，完成扫频设置，如图 8.28 所示。

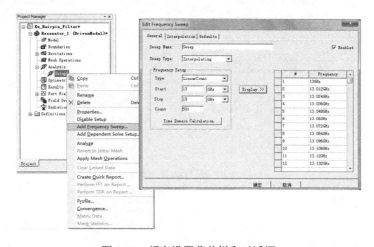

图 8.28　频率设置菜单栏和对话框

9）设计检查，运行仿真

单击工具栏中的"Validate"选项 ，检查显示各项设置无误，如图8.29所示。

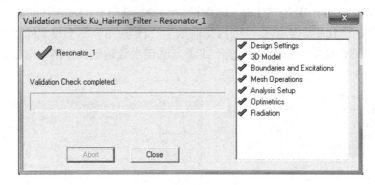

图8.29　模型检查对话框

展开工程树中的"Analysis"节点，鼠标右键单击"Setup1"选项，出现下拉菜单，执行菜单命令【Analyze】；或者展开"Setup1"选项，鼠标右键单击"Sweep"项，出现下拉菜单，执行菜单命令【Analyze】，开始运行仿真，如图8.30所示。

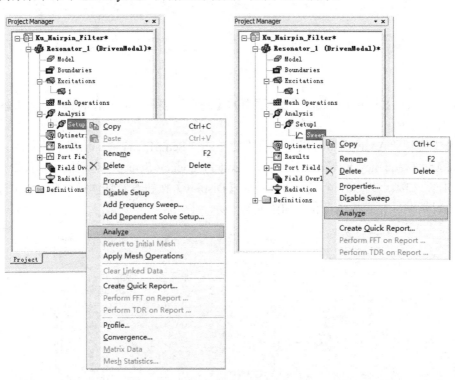

图8.30　运行仿真菜单栏

10）查看结果

如图8.31所示，鼠标右键单击工程树中的"Results"选项，出现下拉菜单，执行菜单命令【Create Modal Solution Data Report】＞【Rectangular Plot】，弹出"Report:Ku_Hairpin_

Filter-Resonator_1-New Report-New Trace(s)"对话框，查看 S(1,1)的结果，如图 8.32 所示，单击【New Report】按钮完成添加新结果。单击【Close】按钮，退出对话框。

图 8.31　在工程树中选择查看仿真结果

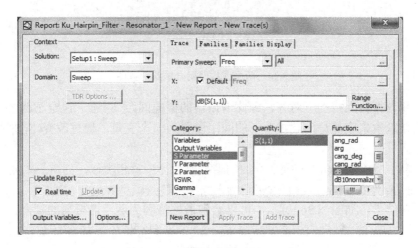

图 8.32　选择需要查看的结果参数

仿真的结果如图 8.33 所示，可以看到谐振器的谐振频率为 16GHz。

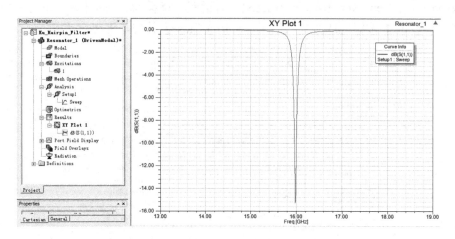

图 8.33　谐振器仿真结果显示

8.4.2　耦合系数与谐振器间距的关系

在完成谐振器的设计后，需要确定整个滤波器的拓扑结构，即各个谐振器之间的间距。本次设计中采用如图 8.34 所示的耦合方式。

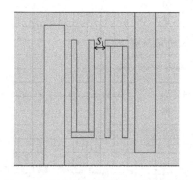

图 8.34　两个谐振器耦合电路示意图

两个相邻谐振器保持上下对齐，因此谐振器的横向间距 S_1 唯一决定了两者之间的耦合大小，用耦合系数来度量。因此将两者的间距设置为一个变量，通过改变 S_1 来得到所需要的耦合系数。

新建一个 HFSS Design，与前面介绍的谐振器设计步骤相类似，创建一个如图 8.35 所示的模型，此时 S_1 为 0.40mm。设置求解和频率扫描，检查模型并运行仿真。

查看仿真结果，如图 8.36 所示，可以看到谐振峰因为两个谐振器的耦合，向中心频率两侧分开。根据两个谐振峰的频率分别为 $f_{p1} = 15.628\text{GHz}$ 和 $f_{p2} = 16.42\text{GHz}$，则代入公式：

$$k = \pm \frac{f_{p2}^2 - f_{p1}^2}{f_{p2}^2 + f_{p1}^2}$$

可得到 $k=0.0494$，与所需要的耦合系数 0.0216 和 0.0159 相比，耦合太强，因此需要增大谐振器之间的间距。

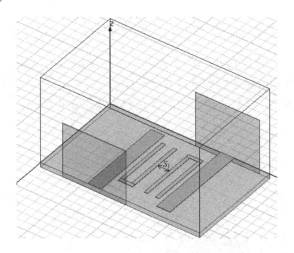

图 8.35　完成后的两个谐振器耦合模型整体图

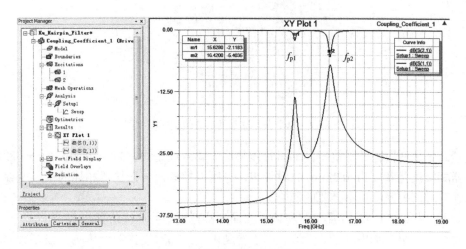

图 8.36　两个谐振器耦合的仿真结果

增大 S_1，得到所需要耦合系数所对应的谐振器的间距。其中，耦合系数与谐振器间距的关系见表 8.1。

表 8.3　耦合系数与谐振器间距的关系

耦合系数 k	k_{12}	k_{23}	k_{34}	k_{45}
	0.0216	0.0159	0.0159	0.0216
间距 S_1（mm）	S_{12}	S_{23}	S_{34}	S_{45}
	0.52	0.64	0.64	0.52

其中，k_{12} 表示第 1 个谐振器和第 2 个谐振器之间的耦合系数；S_{12} 表示第 1 个谐振器和第 2 个谐振器之间的间距，其他以此类推。根据耦合系数的对称性，也可以看到 Chebyshev

结构滤波器具有对称的拓扑结构。

8.4.3 外部品质因数与抽头位置的确定

外部品质因数和抽头馈线与在第一个和最后一个谐振器的位置有关，通过调整输入/输出馈线的位置，可以得到所需要的外部品质因数值。

新建一个 HFSS Design，与前面介绍的谐振器设计步骤相类似，创建一个如图 8.37 所示的模型。

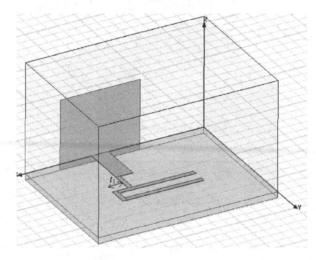

图 8.37　单个谐振器加抽头馈线整体模型图

该馈线是由两段特性阻抗不同的微带线构成。输入段是线宽为 0.76mm 的 50 欧姆线，与谐振器相接段是宽度为 0.2mm 的微带线，之所以把该段与谐振器相连的馈线变细，是为了减小馈线对谐振器产生不必要的影响。

此时，t_1 为 0.35mm。设置求解和频率扫描，检查模型并运行仿真。

查看仿真结果，如图 8.38 所示，可以看到由于抽头对谐振器的影响，谐振频率略向低频偏移，在实际电路中，需要将第一个谐振器和最后一个谐振器的长度做一定的调整，而中间的几个谐振器保持前面介绍的设计值不变。此处要得到的是外部品质因数，可以暂不考虑频率偏移的影响。

中心频率 $f_0 =15.88\text{GHz}$ 所对应的 S(1,1) 的相位约为 159.779°，+90° 相位约为 −111.7323°（考虑了180°的相位变化），所对应的频率为 $f_1 =15.88\text{GHz}$，−90° 相位约为 59.5575°，所对应的频率为 $f_2 = 16.24\text{GHz}$。

代入公式：

$$Q_e = \frac{\omega_o}{\Delta\omega_{+90°}} = \frac{f_0}{f_2 - f_1}$$

得到 $Q_e \approx 24.06$

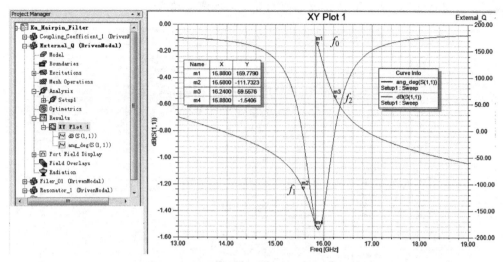

图 8.38　单个谐振器加抽头馈线仿真结果查看

而需要的 Q_e 应该为 38.9，因此可以通过改变 t_1，得到所需的 Q_e。

通过调整，得到 $t_1=0.182mm$ 的初值，而在整体电路中，由于第一个谐振器和最后一个谐振器受其他相邻谐振器的影响，最后得到的 t_1 并不是理论计算的 Q_e 所得的抽头位置，而是进行优化后的较优值。

8.4.4　滤波器的设计和优化

1. 添加、定义变量

执行菜单命令【HFSS】>【Design Properties】，打开设计属性对话框，单击对话框中的【Add】按钮，弹出"Add Property"对话框。在"Add Property"对话框中，在"Name"项中输入变量名称"L0"，在"Value"项中输入变量的初始值"2mm"，然后单击【OK】按钮，完成第一个变量的定义，如图 8.39 所示。

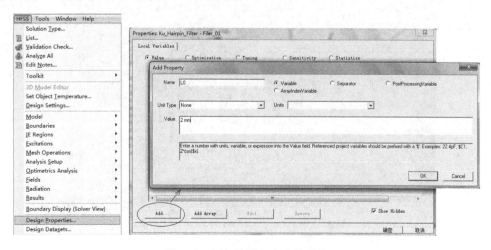

图 8.39　添加滤波器电路的变量

重复相同的操作步骤，依次定义需要的变量，如图 8.40 所示。

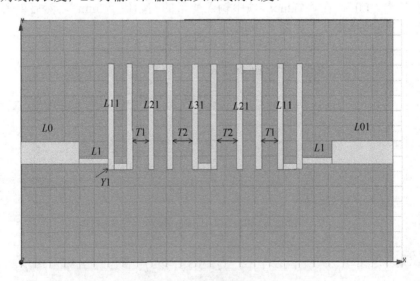

图 8.40　滤波器电路中所有变量的定义结果

单击"Properties：Ku_Hairpin_Filter_01"对话框中的【确定】按钮，完成所有变量的定义，退出对话框。

$L11$ 为第一个谐振器和第五个谐振器两侧电路线的长度；$L21$ 为第二个谐振器和第四个谐振器两侧电路线的长度；$L31$ 为第三个谐振器两侧电路线的长度；$T1$ 为第一个谐振器与第二个谐振器之间的间距，由于电路的对称性，同时也是第五个谐振器与第四个谐振器之间的间距；$T2$ 为第二个谐振器与第三个谐振器之间的间距，同时也是第三个谐振器和第四个谐振器之间的间距；谐振器下边缘齐平，$Y1$ 为其 Y 坐标；$L0$ 为输入 50 欧姆线的长度；$L01$ 为输出 50 欧姆线的长度；$L1$ 为输入和输出抽头细线的长度。

图 8.41　滤波器电路结构图

2．创建基片模型

绘制基片，与前文中的步骤相同，在此不再重复详细步骤。基片厚度为 0.254mm，材料为 Rogers RT/duroid 5880（tm）。基片长是一个变量，由滤波器整体电路决定。宽度为 8mm，介质基片几何参数的设置结果如图 8.42 所示。

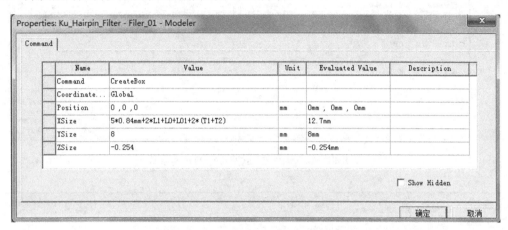

Name	Value	Unit	Evaluated Value	Description
Command	CreateBox			
Coordinate...	Global			
Position	0 ,0 ,0	mm	0mm , 0mm , 0mm	
XSize	5*0.84mm+2*L1+L0+L01+2*(T1+T2)		12.7mm	
YSize	8	mm	8mm	
ZSize	-0.254	mm	-0.254mm	

图 8.42　介质基片几何参数的设置结果

3．创建空气盒子

绘制空气盒子，与前文中的步骤相同，在此不再重复详细步骤。空气盒子的长度是一个变量，与基片长度相等，由滤波器整体电路决定。宽度为 8mm，高度为 5mm，材料为 vacuum。空气盒子几何参数的设置结果如图 8.43 所示。

Name	Value	Unit	Evaluated Value	Description
Command	CreateBox			
Coordinate...	Global			
Position	0 ,0 ,-0.254	mm	0mm , 0mm , -0.254mm	
XSize	5*0.84mm+2*L1+L0+L01+2*(T1+T2)		12.7mm	
YSize	8	mm	8mm	
ZSize	5	mm	5mm	

图 8.43　空气盒子几何参数的设置结果

4．创建滤波器电路

依次绘制长方体，高度均为 0.017mm，材料设置为 copper，作为滤波器的电路部分。输入馈线 50 欧姆部分的几何参数和第二部分的几何参数如图 8.44 和图 8.45 所示。

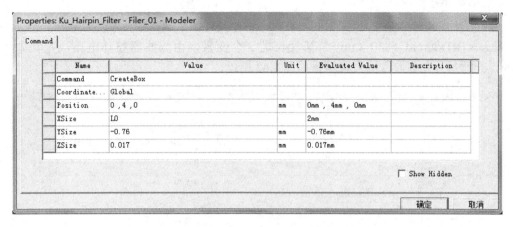

图 8.44 输入馈线 50 欧姆部分的几何参数

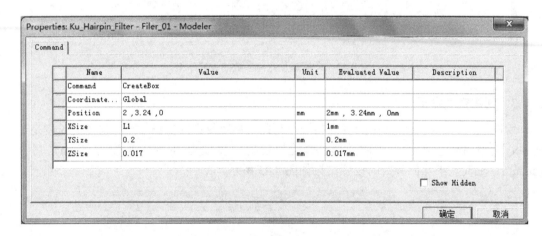

图 8.45 输入馈线第二部分的几何参数

第一个谐振器由三条电路组成，绘制三个长方体，其几何参数如图 8.46 至图 8.48 所示。

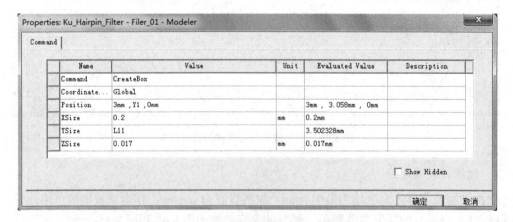

图 8.46 第一个谐振器第一条电路几何参数

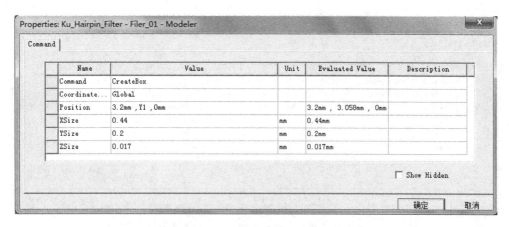

图 8.47　第一个谐振器第二条电路几何参数

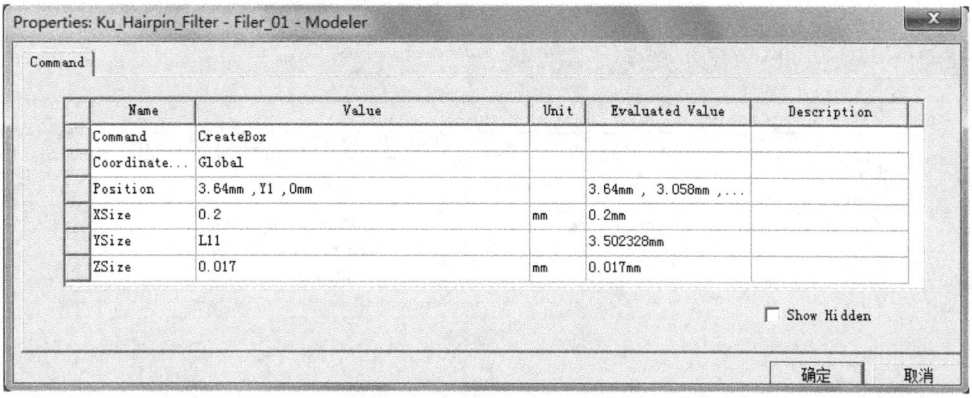

图 8.48　第一个谐振器第三条电路几何参数

同样的步骤，第二个、第三个、第四个和第五个谐振器均由三条电路构成，其几何参数如图 8.49 至图 8.60 所示。

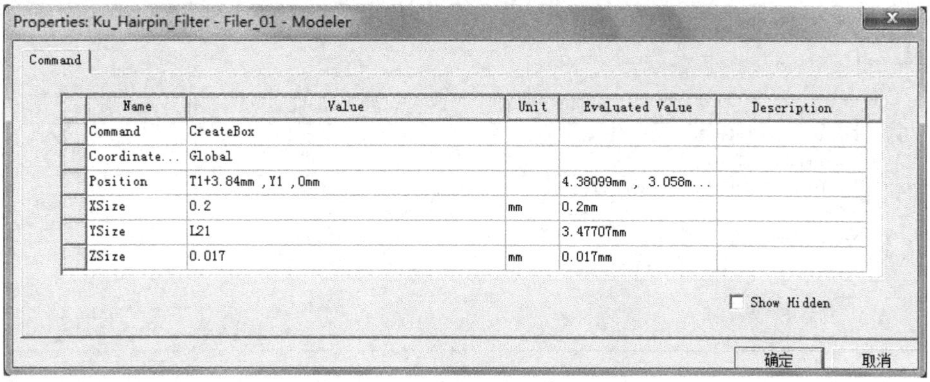

图 8.49　第二个谐振器第一条电路几何参数

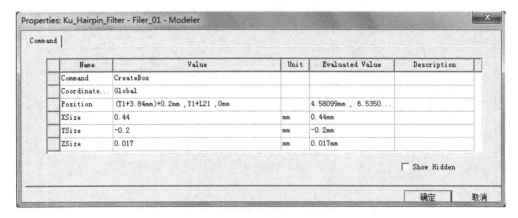

图 8.50　第二个谐振器第二条电路几何参数

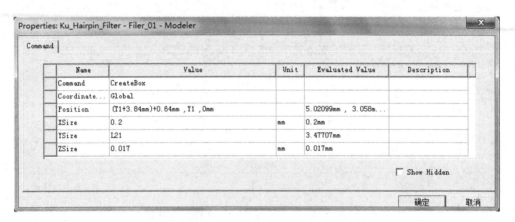

图 8.51　第二个谐振器第三条电路几何参数

Properties: Ku_Hairpin_Filter - Filer_01 - Modeler

Command

Name	Value	Unit	Evaluated Value	Description
Command	CreateBox			
Coordinate...	Global			
Position	T2+T1+3mm+2*0.84mm , Y1 ,0mm		5.885945mm , 3.058...	
XSize	0.2	mm	0.2mm	
YSize	L31		3.472791mm	
ZSize	0.017	mm	0.017mm	

☐ Show Hidden

确定　取消

图 8.52　第三个谐振器第一条电路几何参数

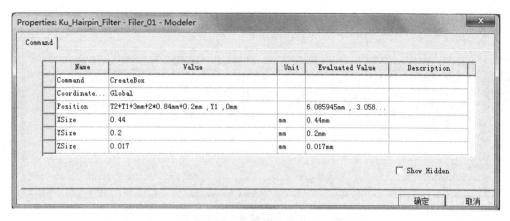

图 8.53　第三个谐振器第二条电路几何参数

图 8.54　第三个谐振器第三条电路几何参数

图 8.55　第四个谐振器第一条电路几何参数

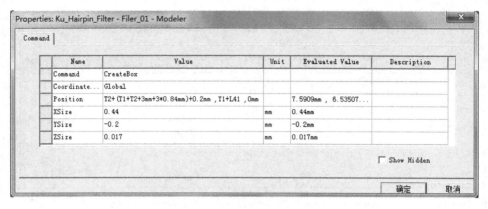

图 8.56　第四个谐振器第二条电路几何参数

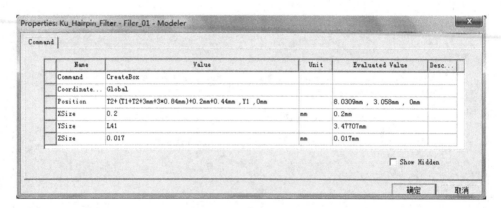

图 8.57　第四个谐振器第三条电路几何参数

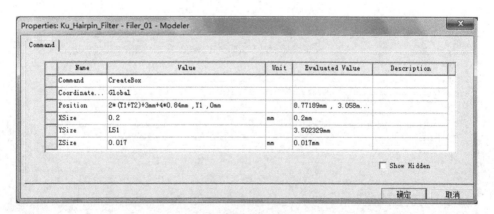

图 8.58　第五个谐振器第一条电路几何参数

Properties: Ku_Hairpin_Filter - Filer_01 - Modeler

Command

Name	Value	Unit	Evaluated Value	Description
Command	CreateBox			
Coordinate...	Global			
Position	2*(T1+T2)+3mm+4*0.84mm+0.2mm ,Y1 ,0mm		8.97189mm , 3.058m...	
XSize	0.44	mm	0.44mm	
YSize	0.2	mm	0.2mm	
ZSize	0.017	mm	0.017mm	

Show Hidden　确定　取消

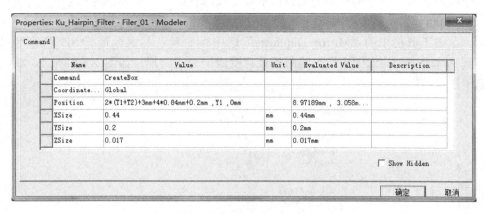

图 8.59　第五个谐振器第二条电路几何参数

Properties: Ku_Hairpin_Filter - Filer_01 - Modeler

Command

Name	Value	Unit	Evaluated Value	Description
Command	CreateBox			
Coordinate...	Global			
Position	2*(T1+T2)+3mm+4*0.84mm+0.2mm+0.44mm ,Y1 ...		9.41189mm , 3.058m...	
XSize	0.2	mm	0.2mm	
YSize	L51		3.502329mm	
ZSize	0.017	mm	0.017mm	

Show Hidden　确定　取消

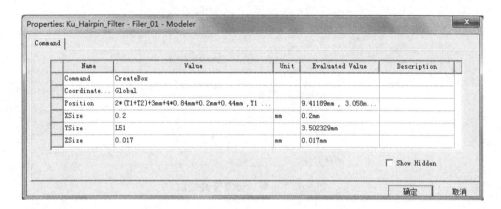

图 8.60　第五个谐振器第三条电路几何参数

5. 设置端口激励

与前文介绍的设置端口激励步骤相同，在 3D 建模窗口中绘制一个 YZ 平面的矩形面，端口几何参数设置如图 8.61 所示。

Properties: Ku_Hairpin_Filter - Filer_01 - Modeler

Command

Name	Value	Unit	Evaluated Value	Desc...
Command	CreateRectangle			
Coordinate...	Global			
Position	0 ,1.72 ,-0.254	mm	0mm , 1.72mm , -0.254mm	
Axis	X			
YSize	3.8	mm	3.8mm	
ZSize	3	mm	3mm	

Show Hidden　确定　取消

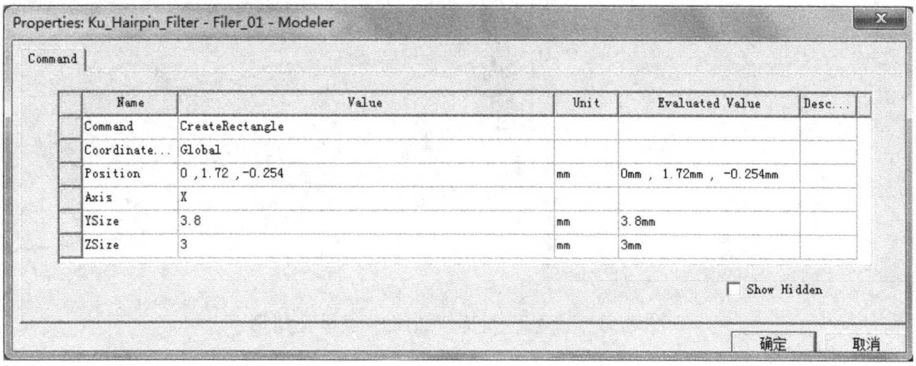

图 8.61　端口几何参数设置

选中该矩形面，在 3D 模型编辑窗口中单击鼠标右键，在弹出的菜单栏中执行菜单命令
【Assign Excitation】>【Wave Port】，如图 8.62 所示，将矩形面设置为波端口。然后，选中该
矩形面，单击工具栏中的"Mirror Duplicate"选项 ，将鼠标置于 3D 模型编辑窗口
中，移到基片上表面边缘的中点，这时候鼠标变成一个三角形，如图 8.63 所示，单击鼠标
右键选中该点。

图 8.62　将端口设置为波端口

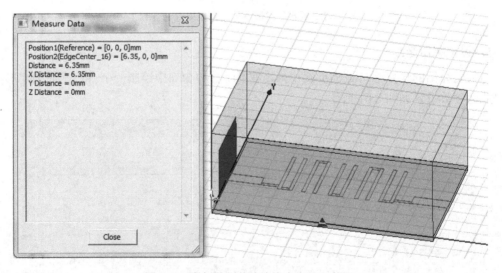

图 8.63　鼠标移到基片边缘中点呈三角形

将鼠标置于 3D 模型编辑窗口中，移到基片上表面边角点，这时候鼠标变成一个正方

形，如图 8.64 所示，单击鼠标右键选中该点，将第一个波端口矩形面镜像到滤波器的另一个端口。

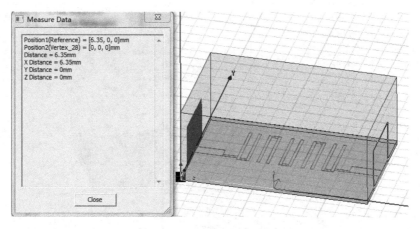

图 8.64　鼠标移到顶点呈正方形

在工程树中双击"Rectangle1"下的"DuplicateMirror"选项，如图 8.65 所示。弹出镜像参数设置对话框，将"Base Position"中的 X 坐标更改为表达式，数值为整体电路长度的二分之一，如图 8.66 所示。

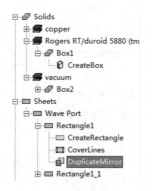

图 8.65　工程树中镜像参数设置选项

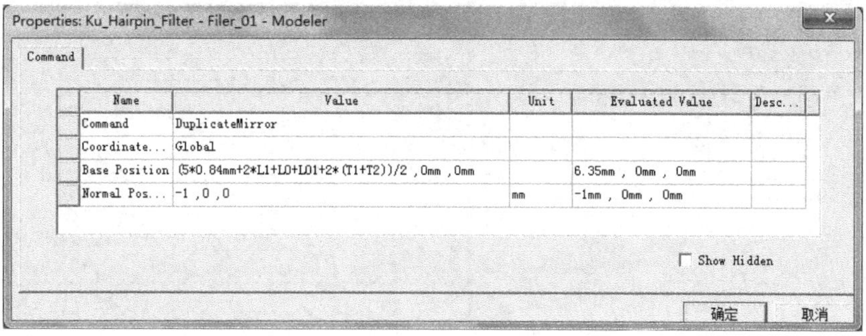

	Name	Value	Unit	Evaluated Value	Desc...
	Command	DuplicateMirror			
	Coordinate...	Global			
	Base Position	(5*0.84mm+2*L1+L0+L01+2*(T1+T2))/2 ,0mm ,0mm		6.35mm , 0mm , 0mm	
	Normal Pos...	-1 ,0 ,0	mm	-1mm , 0mm , 0mm	

图 8.66　镜像参数设置对话框

鼠标右键单击工程树中的"Rectangle1_1"选项，在弹出的菜单栏中执行菜单命令【Wave Port】，将镜像得到的矩形面设置为第二个波端口，完成端口的设置，如图8.67所示。

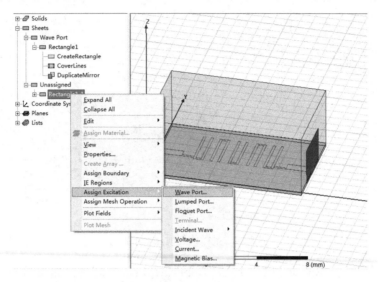

图8.67 将镜像得到的第二个端口设置为波端口

6. 求解设置

鼠标右键单击"Project Manager"窗口中的"Analysis"选项，出现菜单栏，执行菜单命令【Add Solution Setup】，弹出"Driven Solution Setup"对话框，如图8.68所示。在对话框中的"Solution Frequency"栏中输入16GHz，该频率为谐振器的谐振频率，同时也是滤波器的中心频率；在对话框的"Maximum Number of Passes"栏中输入23，"Maximum Delta S Per pass"栏中保持默认值0.02。单击"Driven Solution Setup"对话框中的【确定】按钮，退出对话框，完成求解设置。

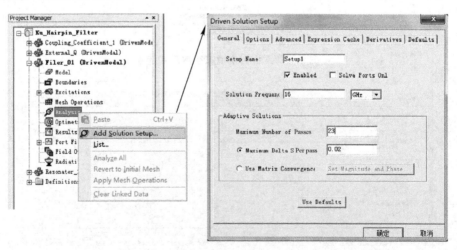

图8.68 在工程树选项中设置求解

7．扫频设置

展开工程树"Analysis"节点，鼠标右键单击"Setup1"选项，出现下拉菜单，执行菜单命令【Add Frequency Sweep】选项，弹出"Edit Frequency Sweep"对话框，设置扫频范围为 13～19GHz，扫频点为 501 个点，完成扫频设置。

8．设计检查，运行仿真

单击工具栏中的"Validate"选项 ，检查显示各项设置无误。

展开工程树中的"Analysis"节点，鼠标右键单击"Setup1"选项，出现下拉菜单，执行菜单命令【Analyze】，或者展开"Setup1"选项，鼠标右键单击"Sweep"项，出现下拉菜单，执行菜单命令【Analyze】，开始运行仿真。

9．查看结果

鼠标右键单击工程树中的"Results"选项，出现下拉菜单，执行菜单命令【Create Modal Solution Data Report】>【Rectangular Plot】，弹出"Report:Ku_Hairpin_Filter-Filter_01-New Report-New Trace(s)"对话框，如图 8.69 所示。查看 S(1,1)和 S(2,1)的结果，单击【New Report】按钮完成添加新结果。单击【Close】按钮，退出对话框。

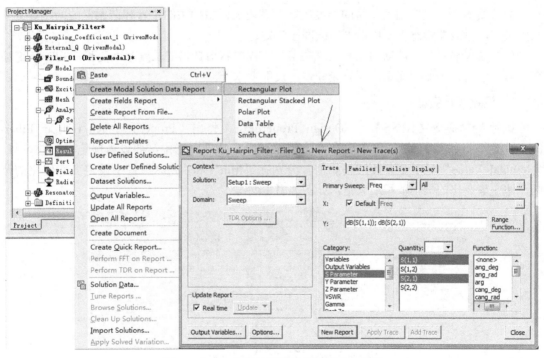

图 8.69　在工程树选项中设置查看仿真结果

如图 8.70 所示，分析仿真结果，3dB 带宽约为 490MHz，中心频率约往高频偏移 120MHz，通带内插入损耗约为 3.7dB，带内反射均小于 13.6dB；未能完全达到设计目标要求，需要对滤波器电路进行优化。

179

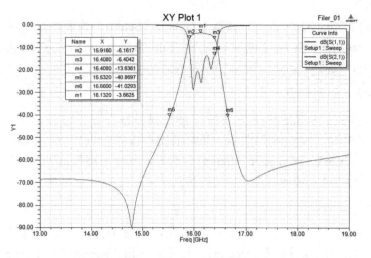

图 8.70　滤波器仿真结果

8.4.5　滤波器的优化仿真

滤波器的频率主要由谐振器的长度决定，带内反射由抽头的位置和谐振器的间距等因素共同决定，滤波器带宽主要由谐振器的间距决定。

仿真结果显示，滤波器的频率往高频偏移，需要将谐振器的长度略微变长；3dB 带宽略宽，需要增大谐振器的间距，同时兼顾带内反射要求。

1．设置优化变量

执行菜单命令【HFSS】>【Design Properties】，弹出 "Properties：Ku_Hairpin_Filter-Filter_01" 对话框。在对话框中选择 "Optimization" 选项，选中需要设为优化变量的参数，"Nominal Value" 栏中是参数的初始值，分别在 "Min" 和 "Max" 栏中设定变量优化的范围，即变量变化的最小值和最大值，如图 8.71 所示。

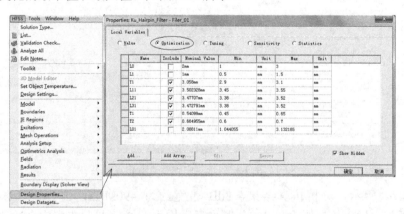

图 8.71　勾选需要优化的变量

2．设置优化目标

鼠标右键单击工程树中的"Optimetrics"选项，执行菜单命令【Add】>【Optimization】。弹出"Setup Optimization"对话框，单击【Setup Calculations】按钮，添加优化目标。弹出"Add/Edit Calculation 对话框"，单击【Add Calculation】按钮，将 S(1,1)添加为优化目标，然后将 S(2,1)也添加为优化目标，单击【Done】按钮，退出添加，如图 8.72所示。

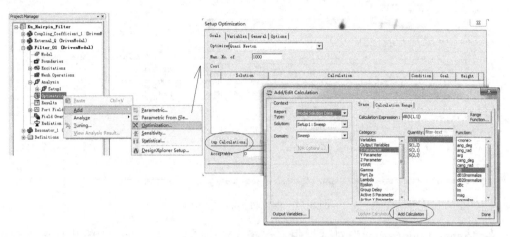

图 8.72　设置优化目标的步骤

回到"Setup Optimization"对话框，单击"Calc.Range"选项中的按钮，编辑优化目标的频率范围，弹出"Edit Calculation Range"对话框，单击"Edit"选项中的按钮，弹出"Edit Sweep"对话框，将频率范围设置为 15.808～16.204GHz，单击【Update】按钮，然后单击【OK】按钮退出对话框，如图 8.73 所示。

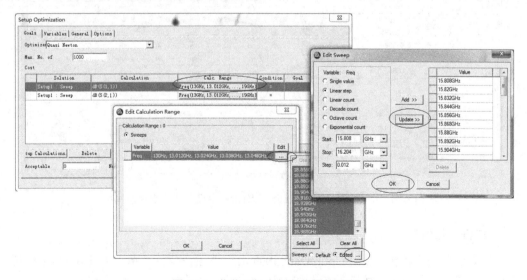

图 8.73　优化目标中频率范围的设置

如图 8.74 所示，在"Setup Optimization"对话框中，将 dB(S(1,1))对应的"Condition"
选择为"<=","Goal"栏中输入–20（默认单位为 dB），权重"Weight"为 1。同样的步骤，
将 S(2,1)的优化目标设置为频率范围在 13～15.4GHz 和 16.48～19GHz 内小于等于–40，权重
均为 1。

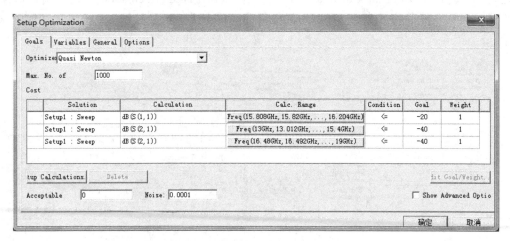

图 8.74　优化目标的设置结果

在"Setup Optimization"对话框中，选择"Variables"选项卡，编辑优化变量变化的
"Step"。优化函数默认为"Quasi Newton"，其他选项栏保持默认不变。

在"Setup Optimization"对话框中设置优化变量的属性如图 8.75 所示。

Variable	Override	Starting Value	Units	Include	Min	Units	Max	Units	Min Step	Units	Max Step	Units
L11	☑	3.502328	mm	☑	3.45	mm	3.55	mm	0.05	mm	0.3	mm
L21	☑	3.47707	mm	☑	3.38	mm	3.52	mm	0.05	mm	0.3	mm
L31	☑	3.472791	mm	☑	3.38	mm	3.52	mm	0.05	mm	0.3	mm
T1	☑	0.54099	mm	☑	0.45	mm	0.65	mm	0.01	mm	0.05	mm
T2	☑	0.664955	mm	☑	0.6	mm	0.7	mm	0.01	mm	0.05	mm
Y1	☑	3.058	mm	☑	2.9	mm	3.1	mm	0.03	mm	0.3	mm

图 8.75　在"Setup Optimization"对话框中设置优化变量的属性

3．运行优化仿真

鼠标右键单击工程树中的"OptimizationSetup1"选项，执行菜单命令【Analyze】，如图
8.76 所示，开始运行仿真，仿真的状态在进程状态栏中可以看到，如图 8.77 所示。

图 8.76　工程树中运行优化仿真

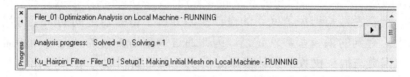

图 8.77　优化仿真的进度条

4. 优化分析

由于滤波器频率较高，且在基片参数中设置了铜皮的厚度和铜的电导率，因此网格划分会占用非常多的内存，从而导致单次求解的时间非常长。因此，在优化时可以考虑将滤波器电路导体的材料铜设置为理想导体 PEC，或者同时将铜皮的厚度设置为 0，这样计算速度会明显提高。但仿真结果的插入损耗会比实际电路的插损小，且频率会略有偏移，因此需要读者折中考虑，选择合适的基片参数设置。

将滤波器电路铜的厚度设置为 0，PerfectE 边界条件后，优化后的仿真结果如图 8.78 所示。

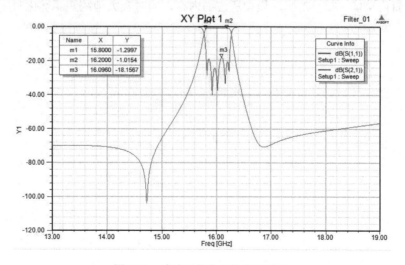

图 8.78　滤波器优化后的仿真结果

优化后，电路的各参数通常不是整数，而在加工滤波器屏蔽盒时受机械加工精度的限制，通常将电路的整体尺寸调整为一个可加工的整数值（或者通常只保留小数点后 2 位）。由于输入/输出抽头为 50 欧姆线，长度的微小变化对滤波器的频率特性不产生影响。因此可以将输入/输出抽头的长度进行一定的调整，以保证电路的整体尺寸符合加工要求。

8.5 本章小结

本节内容为 Ku 频段 5 阶切比雪夫微带线带通滤波器的仿真实例。首先介绍了滤波器的主要技术指标和基本理论知识，重点介绍了滤波器的耦合系数和外部品质因数。建立了谐振器的设计模型、耦合系数与谐振器间距的设计模型、外部品质因数与抽头位置的设计模型和滤波器整体电路的模型。详细介绍了谐振器设计模型的建立步骤，包括基片的建立、参数的设置、屏蔽盒的建立，谐振器电路的建立和参数设置，然后分析了谐振器的长度与谐振频率之间的关系。耦合系数与谐振器间距的设计模型分析了谐振器之间的间距与耦合系数的关系。间距越大，得到的耦合系数就越小，因此通过调整谐振器的间距得到所需要的耦合系数。外部品质因数与抽头位置的设计模型分析了外部品质因数与输入/输出抽头相对于第一个和最后一个谐振器位置之间的关系。

但需要注意的是，以上 3 个模型均是将一个或者两个谐振器单独提取出来分析的，而在实际滤波器电路中是多个谐振器级联后的结果，每个谐振器会受到相邻谐振器的影响（不相邻的谐振器影响较小，在切比雪夫结构滤波器中可以不考虑该影响），因此得到的参数只是一个初值。根据相关参数的初值，建立滤波器整体电路的模型，并且通过前面的分析，得到滤波器的频率特性主要受谐振器的长度、相邻谐振器之间的间距和输入/输出抽头相对于谐振器的位置这些参数的影响。根据理论计算出来的谐振频率、耦合系数和外部品质因数得到滤波器相关参数的一个初值，然后将相关参数设置为优化变量。

在优化过程中，将电路的铜层更改为厚度为 0 的理想电边界，其他基片参数不变，这样的设置可以简化模型，减小仿真时模型所占的内存，同时极大地缩短了优化时间。

第9章 介质滤波器

介质滤波器（Dielectric Filter）是利用介质陶瓷材料的低损耗、高介电常数、频率温度系数和热膨胀系数小、可承受高功率且体积小等特点设计制作的滤波器，由数个长型谐振器纵向多级串联或并联的梯形线路构成。其特点是插入损耗小、耐功率性好、带宽窄，特别适合 GSM、CDMA、W-CDMA、TD-SCDMA、TD-LTE、FD-LTE 等移动通信系统，GPS、北斗、GLONASS、Galileo 等定位导航系统，以及便携电话、汽车电话、无线耳机、无线麦克风、无线电台、无绳电话等无线通信系统的各级滤波。

图 9.1 所示为本章所使用的介质滤波器，由嘉兴金领电子有限公司设计制作。

图 9.1 本章所使用的介质滤波器

9.1 滤波器指标要求及设计思路

9.1.1 滤波器指标要求

滤波器指标要求如下。

通带频率：1570～1580MHz
带内插损：≤3.0dB@1570～1580MHz
带内波动：≤1.0dB@1570～1580MHz
回波损耗：≥10dB@1570～1580MHz
带外抑制：≥12dB @ 1525&1625MHz

9.1.2 设计思路

根据指标要求，本实例使用体积较小的 $\lambda/4$ 的介质滤波器来设计。设计步骤如下：

（1）用 MWO（Micro Wave Office）确定滤波器的阶数。

（2）用 MWO 路仿真初步确定谐振器的介电常数、内径和外径、耦合长度等。

（3）用 HFSS 仿真确定滤波器的具体尺寸。

（4）根据 HFSS 仿真确定的尺寸制作模具试验。

9.2 用 MWO（Micro Wave Office）确定滤波器的阶数

（1）打开 MWO，在 Project 中单击"Project"→"Wizards"→"AWR Filter Synthesis Wizard"，如图 9.2 所示。

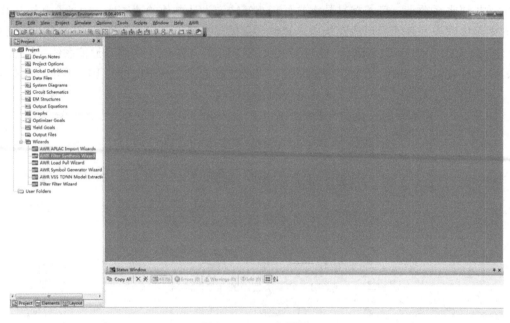

图 9.2 MWO 主界面

（2）在弹出的"Filter Synthesis Wizard"对话框中单击【下一步】按钮，然后在弹出的对话框中选中"Bandpass"，单击【下一步】按钮，最后在下一个对话框中选中"Chebyshev"（Equal Ripple Passband Magnitude），单击【下一步】按钮，如图 9.3 和图 9.4 所示。

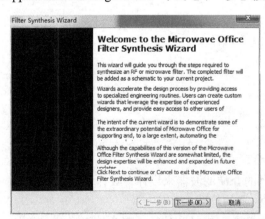

图 9.3 滤波器设计向导欢迎页

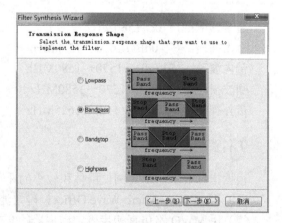

图 9.4 传输响应形式选择

（3）在弹出的"Filter Synthesis Wizard"对话框中设置：

Filter Order: 2
Lower Edge of Passband: 1570MHz
Upper Edge of Passband: 1580MHz
Passband Parameter: Return Loss [dB]
Passband Parameter Value: 20dB
Source Resistance: 50Ohm
Load Resistance: 50Ohm

设置完成后单击【下一步】按钮，如图 9.5 所示。接下来几个新对话框中只需保持默认，单击【下一步】按钮直至完成即可，如图 9.6 至图 9.10 所示。

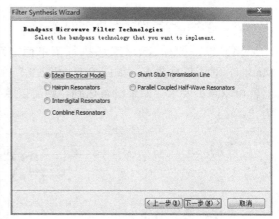

图 9.5　滤波器指标参数设置　　　　　图 9.6　滤波器技术模型选择

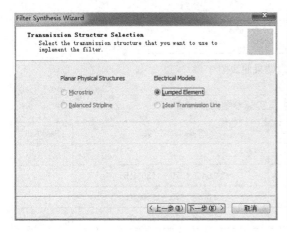
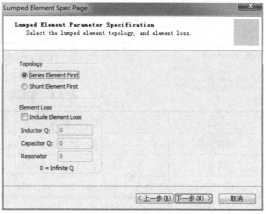

图 9.7　传输结构选择　　　　　图 9.8　集总参数特性

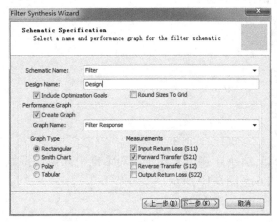

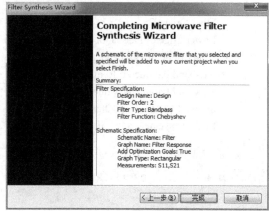

图 9.9 原理图和曲线图设置   图 9.10 设置完成

（4）单击图标 ，或者执行菜单命令【Simulate】>【Analyze】。在 Graph 中标记 Marker，对照指标要求，如图 9.11 和表 9.1 所示，各指标均达到要求。由此可见，2 阶滤波器就可以满足要求。如果没有达到，则需按照上述步骤增加一阶再进行仿真，直到满足指标为止。

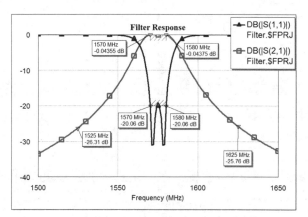

图 9.11 仿真结果曲线图

表 9.1 指标要求与实际参数对照

	指标要求	实际参数	Pass/Fail
通带频率	1570～1580MHz	—	—
带内插损	≤3.0dB @ 1570～1580MHz	0.04@ 1570～1580MHz	Pass
带内波动	≤1.0dB @ 1570～1580MHz	0.00@ 1570～1580MHz	Pass
回波损耗	≥10dB @ 1570～1580MHz	20.6@ 1570～1580MHz	Pass
带外抑制	≥12dB @ 1525&1625MHz	26.3@ 1525MHz	Pass
		25.8@ 1625MHz	Pass

9.3　MWO（Micro Wave Office）路仿真

9.3.1　设置 Project Options

（1）找到"Options"→"Project Options"→"Frequencies"。

（2）设置 Start: 1000MHz，Stop: 2000MHz，Step: 1MHz，如图 9.12 所示。

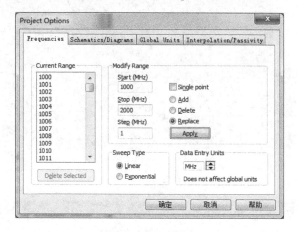

图 9.12　频率设置

（3）切换标签页到"Global Units"，设置 Capacitance: pF，Length Type: mm，如图 9.13 所示。

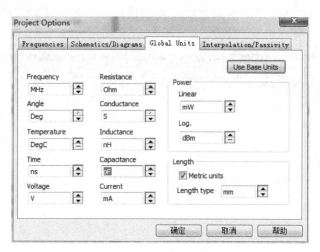

图 9.13　单位设置

9.3.2　绘制原理图

（1）找到"Circuit Schematics"，单击鼠标右键，执行菜单命令【New Schematics】，新建原理图，如图 9.14 所示。

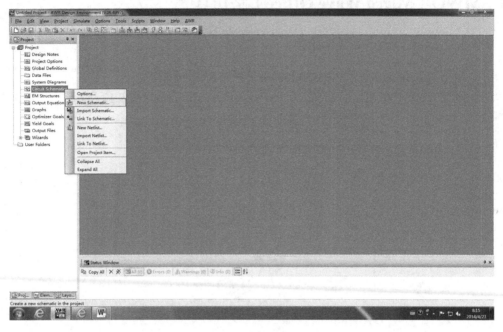

图 9.14　新建原理图

（2）将左边的"Project Browser"切换到"Elements Browser"。在"Elements Browser"中找到"Circuit Elements"→"Transmission Lines"→"Coaxial"→"Physical"→"COAX"。拖曳"COAX"至原理图区域，单击鼠标右键可以旋转"COAX"的方向，如图 9.15 所示。

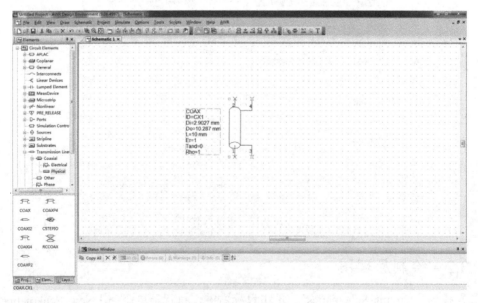

图 9.15　添加谐振器

（3）设置 Di=1mm，Do=3mm，L=Lmm，Er=90，Tand=0.003，如图 9.16 所示。

（4）在"Elements Browser"中找到"Circuit Elements"→"Lumped Element"→"Capacitor"→"CapQ"。拖曳"CapQ"至原理图区域，单击鼠标右键可以旋转"CapQ"的方向，如图 9.17 所示。

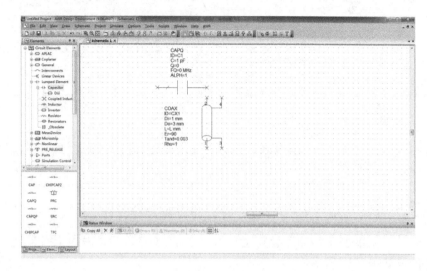

图 9.16　谐振器参数设置　　　　　　　　　图 9.17　添加耦合电容

（5）设置 C=C1pF，Q=2000，FQ=2000MHz，如图 9.18 所示。

（6）复制"COAX"和"CAPQ"，并按照图 9.19 所示的连接各端口。

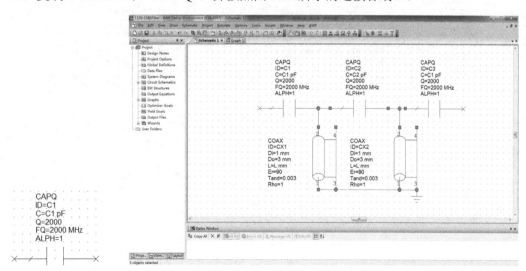

图 9.18　耦合电容参数设置　　　　　　　　图 9.19　各元件连线

（7）单击 按钮添加"PORT1"和"PORT2"，如图 9.20 所示。

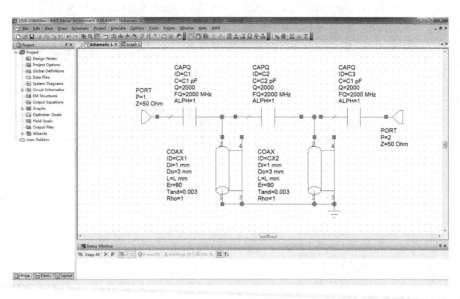

图 9.20　添加端口

（8）单击 按钮，设置 C1=2，C2=1，L=5。并单击 按钮将 3 个变量设置为可调整的，如图 9.21 所示。

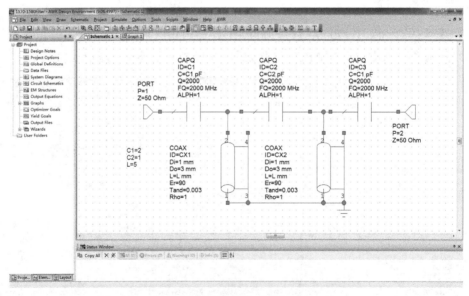

图 9.21　添加变量

9.3.3　新建 Graph

（1）找到"Project"→"Graphs"→"New Graphs"，选择"Rectangular"，如图 9.22 所示。

（2）鼠标右键单击 Graph1，执行菜单命令【Add Measurement】，如图 9.23 所示。

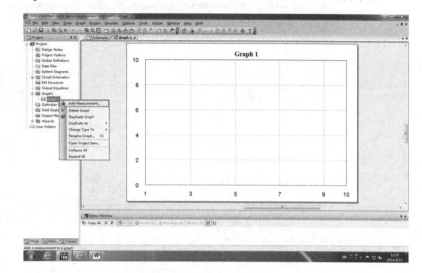

图 9.22 新建曲线图 　　　　　　　　　　图 9.23 添加曲线图内的曲线

（3）如图 9.24 所示，选择"Linear"→"Port Parameters"→"S"；设置 Date Source Name: Schematic1；To Port Index: 1, From Port Index: 1。单击【确定】按钮，即添加了 S(1,1)。

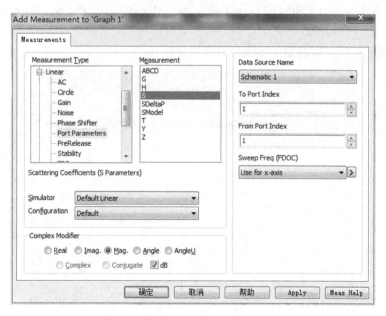

图 9.24 设置曲线特性

（4）按照同样的方法添加 S(1,2)和 S(2,2)，并单击 ⚡ 按钮，就能看到滤波器的 S 参数曲线，如图 9.25 所示。

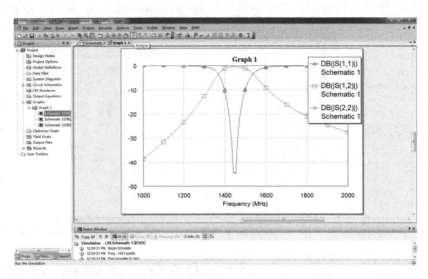

图 9.25 仿真曲线

9.3.4 设置优化目标及分析

（1）找到"Project"→"Optimizer Goals"，新建优化目标。如图 9.26 所示，选择 Measurement: Schematic1:DB(|s(1.1)|)；Goal Type: Meas<Goal；Range: Start 为 1570MHz，Stop 为 1580MHz；Goal Start: −15。

单击【OK】按钮，即新建了 S(1,1)的优化目标。

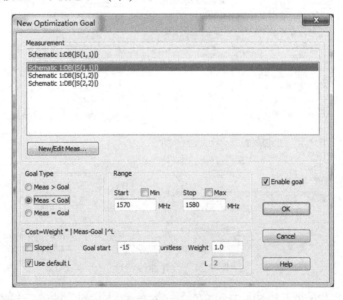

图 9.26 新建优化目标

（2）按照同样的方式设置好 S(1,2)和 S(2,2)的优化目标，如图 9.27 所示。

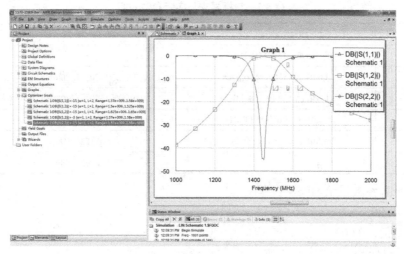

图 9.27　完成新建优化目标

（3）找到"Simulate"→"Optimize"→"Variables"，勾选 C1、C2 和 L 的"Optimize"栏，如图 9.28 所示。

Schematic	Element	ID	Parameter	Value	Tune	Optimize	Constrained
Schematic 1	COAX	CX1	Tand	0.003	☐	☐	☐
Schematic 1	COAX	CX1	Do	3	☐	☐	☐
Schematic 1	COAX	CX1	Rho	1	☐	☐	☐
Schematic 1	COAX	CX1	Er	90	☐	☐	☐
Schematic 1	COAX	CX1	Di	1	☐	☐	☐
Schematic 1		@S...	L	4.831	☑	☑	☐
Schematic 1		@S...	C2	0.2105	☑	☑	☐
Schematic 1		@S...	C1	0.6744	☑	☑	☐
Global Defi...		Glo...	TEMPK	290			

图 9.28　选择调试变量

（4）切换到"Optimizer"标签页。单击【Start】按钮开始自动优化。自动优化完成，所有指标符合要求，如图 9.29 和表 9.2 所示。

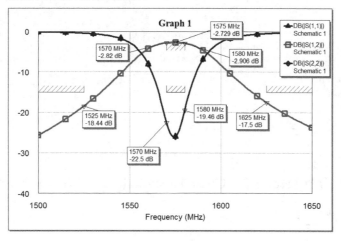

图 9.29　仿真曲线

表 9.2　指标要求与实际参数对照

	指 标 要 求	实 际 参 数	Pass/Fail
通带频率	1570～1580MHz	—	—
带内插损	≤3.0dB @ 1570～1580MHz	2.91@ 1570～1580MHz	Pass
带内波动	≤1.0dB @ 1570～1580MHz	0.18@ 1570～1580MHz	Pass
回波损耗	≥10dB @ 1570～1580MHz	19.5@ 1570～1580MHz	Pass
带外抑制	≥12dB @ 1525&1625MHz	18.4@ 1525MHz	Pass
		17.5@ 1625MHz	Pass

（5）记录各参数用于 HFSS 仿真。

介电常数: 90

损耗正切值：0.003

长度：4.831mm

耦合：C1=0.67pF，C2=0.21pF

参数在可实现范围内，原理图如图 9.30 所示。

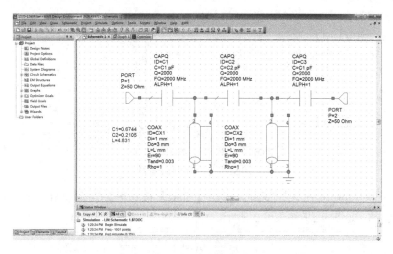

图 9.30　原理图

9.4　HFSS 建模

9.4.1　新建工程

（1）双击图标 打开 ANSYS HFSS。

（2）执行菜单命令【Project】>【Insert HFSS Design】，或者单击图标 。

9.4.2　新建空气腔体

（1）执行菜单命令【Draw】>【Box】或者单击图标 ，新建 Box1，如图 9.31 所示。

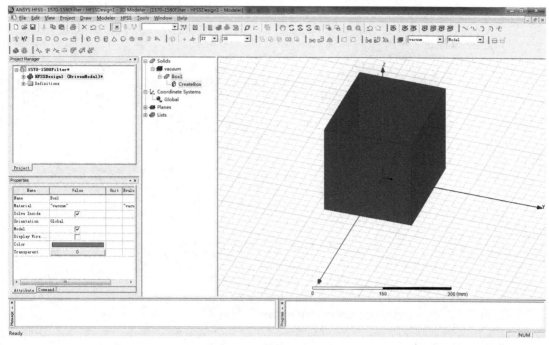

图 9.31 新建空气腔体

（2）选定"Solids"→"Vacuum"→"Box1"。

如图 9.32 所示，在"Properties"对话框中进行如下设置：

> Name: air
> Material: vacuum
> Transparent: 0.8

图 9.32 修改空气腔体参数

（3）选定"Solids"→"Vacuum"→"air"→"CreateBox"。如图 9.33 所示，在"Properties"对话框中进行如下设置：

Position: −150, −150, −150
XSize: 300mm
YSize: 300mm
ZSize: 300mm

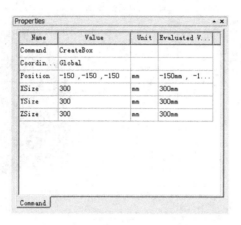

图 9.33　修改空气腔体参数

（4）单击"Hide selected objects in active view"图标 。

9.4.3　新建陶瓷块

（1）按照新建空气腔体同样的方法新建陶瓷块，命名为"Ceramic"。在"Properties"对话框中进行如下设置：

Position: −1.5, −3, 0
XSize: 3
YSize: 6
ZSize: 4.83

（2）选定"Solids"→"Vacuum"→"Ceramic"，如图 9.34 所示，"Material"对应的"Value"值选择"Edit"。

图 9.34　修改陶瓷块参数

（3）单击【Add Materials】按钮，新建陶瓷材料，如图 9.35 所示。

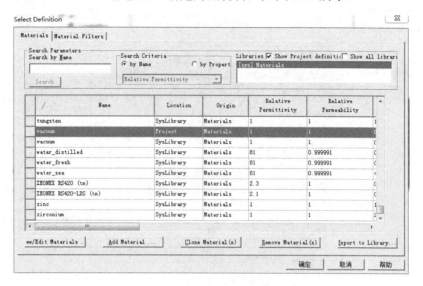

图 9.35 新建陶瓷材料

（4）如图 9.36 所示，设置"Material Name"和"Properties of the Material"：

Material Name: 90
Relative Permittivity Value: 90
Dielectric Loss Tangent Value: 0.003

图 9.36 修改陶瓷材料参数

（5）执行菜单命令【Draw】>【Cylinder】或者单击图标 ⬡，新建谐振腔 1。如图 9.37 所示，在"Properties"对话框中进行如下设置：

Name：Ceramic_hole1
Material：90
Transparent: 0.8

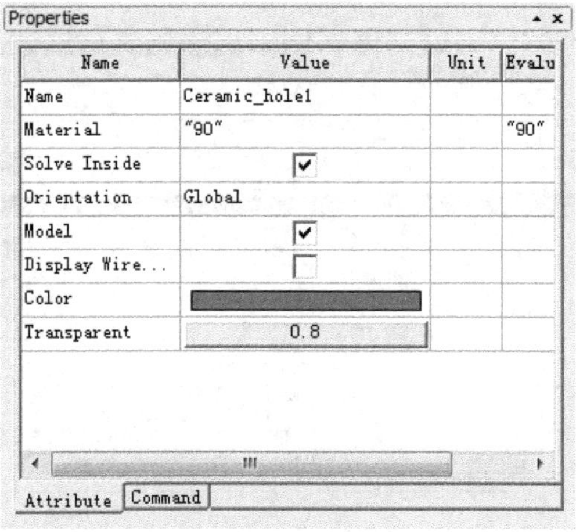

Name	Value	Unit	Evalu
Name	Ceramic_hole1		
Material	"90"		"90"
Solve Inside	☑		
Orientation	Global		
Model	☑		
Display Wire...	☐		
Color			
Transparent	0.8		

图 9.37　修改陶瓷柱参数

（6）选定“Solids”→“90”→“Ceramic_hole1”。如图 9.38 所示，在“Properties”对话框中进行如下设置：

Center Position: 0, –1.5, 0
Radius: 0.5
Height: 4.83

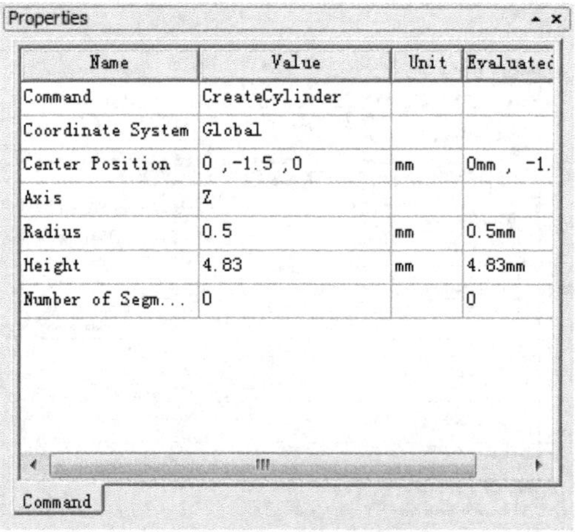

Name	Value	Unit	Evaluated
Command	CreateCylinder		
Coordinate System	Global		
Center Position	0 ,-1.5 ,0	mm	0mm , -1.
Axis	Z		
Radius	0.5	mm	0.5mm
Height	4.83	mm	4.83mm
Number of Segm...	0		0

图 9.38　修改陶瓷柱参数

（7）选定“Solids”→“90”→“Ceramic_hole1”，执行菜单命令【Edit】>【Duplicate】>【Mirror】，或者单击图标，按住【Y】键，选择原点（0，0，0）为参考位置，鼠标在原点右边任意位置单击。修改“Ceramic_hole1_1”为“Ceramic_hole2”，如

图 9.39 所示。

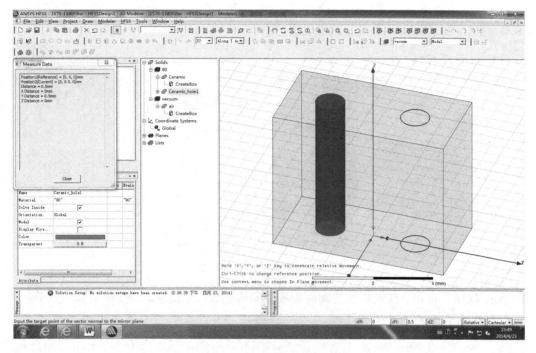

图 9.39 镜像另一个陶瓷柱

（8）选定"Solids"→"90"→"Ceramic_hole1"→"DuplicateMirror"。如图 9.40 所示，在"Properties"对话框中进行如下设置：

Base Position: 0,0,0,
Normal Position: 0,1,0

Name	Value	Unit	Evaluated
Command	DuplicateMirror		
Coordinate System	Global		
Base Position	0 ,0 ,0	mm	0mm , 0mm
Normal Position	0 ,1 ,0	mm	0mm , 1mm

图 9.40 设置陶瓷柱镜像参数

（9）选定"Ceramic"、"Ceramic_hole1"、"Ceramic_hole2"。

（10）执行菜单命令【Modeler】>【Boolean】>【Subtract】，或者单击图标 。如图 9.41 所示，在"Subtract"对话框中设置：

    Blank Parts: Ceramic

    Tool Parts：Ceramic_hole1，Ceramic_hole2

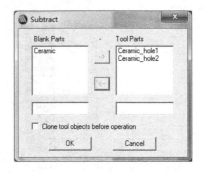

图 9.41　陶瓷块与陶瓷柱相减

单击【OK】按钮，带谐振腔的陶瓷块模型制作完成，如图 9.42 所示。

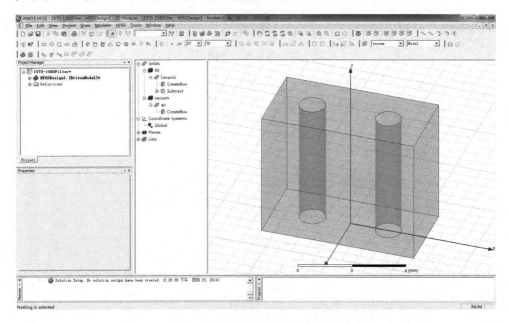

图 9.42　有两个谐振腔的陶瓷块

9.4.4　新建内导体

（1）参考以上方法新建圆柱体，在"Properties"对话框中进行如下设置：

    Name: Silver_hole1

Material: silver
Transparent: 0.8
Center Position: 0,–1.5,0
Radius：0.5
Height：4.83

（2）参考以上方法新建圆柱体，在"Properties"对话框中进行如下设置：

Name: Silver_hole12
Material: silver
Transparent: 0.8
Center Position: 0, –1.5,0
Radius：0.49
Height：4.83

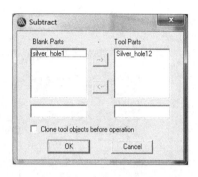

（3）选定"Silver_hole1"与"Silver_hole12"，执行菜单命令【Modeler】>【Boolean】>【Subtract】，或者单击图标 ⌗。如图 9.43 所示，在"Subtract"对话框中进行如下设置：

图 9.43　导体柱相减

Blank Parts: silver hole1
Tool Parts: Silver_hole12

单击【OK】按钮，即完成谐振腔 1 内导体。

（4）选定"Solids"→"silver"→"Siver_hole1"，执行菜单命令【Edit】>【Duplicate】>【Mirror】，或者单击图标 ⅛，按住【Y】键，选择原点（0，0，0）为参考位置，鼠标在原点右边任意位置单击。修改"Silver_hole1_1"为"Silver_hole2"，如图 9.44 所示。

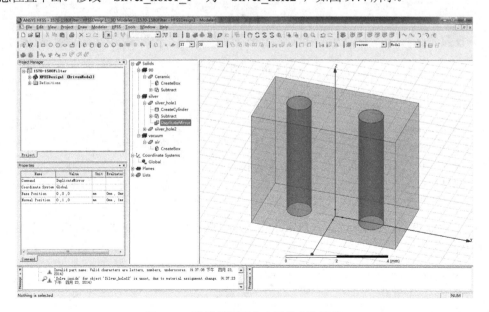

图 9.44　镜像好的两个内导体和陶瓷块

9.5 新建外导体

9.5.1 新建下表面外导体

（1）单击"Modeler"→"Grid plane"→"XY"，选择 XY 平面，如图 9.45 所示。

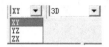

图 9.45 选择平面

（2）执行菜单命令【Draw】>【Rectangle】，或者单击图标 ▭ ，新建长方形，如图 9.46 所示。

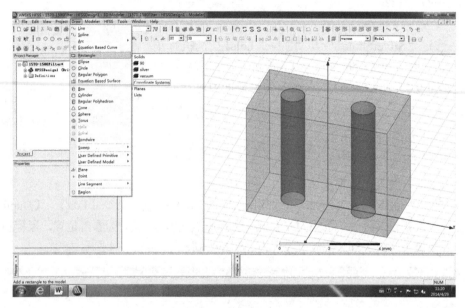

图 9.46 新建长方形

（3）在"Properties"对话框中进行如下设置：

> Name: Down1
> Transparent: 0.8
> Position: −1.5, −3, 0mm
> XSize: 3
> YSize: 6

（4）执行菜单命令【Draw】>【Circle】，或者单击图标 ○ 。在"Properties"对话框中进行如下设置：

> Name: DownCircle1
> Transparent: 0.8
> Center Position: 0, −1.5, 0

Radius: 0.5

（5）选定"DownCircle1"，执行菜单命令【Edit】>【Duplicate】>【Mirror】，或者单击图标 ，按住【Y】键，选择原点（0，0，0）为参考位置，鼠标在原点右边任意位置单击。修改"DownCircle1_1"为"DownCircle2"。

（6）执行菜单命令【Draw】>【Rectangle】，或者单击图标 。在"Properties"对话框中进行如下设置：

Name: Down2
Transparent: 0.8
Position: −1, −0.5, 0
XSize: 2
YSize: 1

（7）选定"Down1"、"Down2"、"DownCircle1"与"DownCircle2"。执行菜单命令【Modeler】>【Boolean】>【Subtract】，或者单击图标 。在"Subtract"对话框中进行如下设置：

Blanke Parts: Down1
Tool Parts: Down2，DownCircle1， DownCircle2

单击【OK】按钮，完成下表面外导体，如图 9.47 所示。

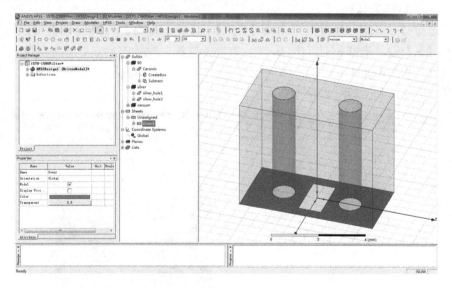

图 9.47　下表面外导体

9.5.2　新建左右表面外导体

（1）执行菜单命令【Modeler】>【Grid plane】>【ZX】，选择 ZX 平面，如图 9.48 所示。
（2）执行菜单命令【Draw】>【Rectangle】，或者单击图标 。在"Properties"对话框

中进行如下设置：

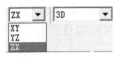

图 9.48　选择平面

Name: Left1
Transparent: 0.8
Position: 1.5, −3, 0
XSize: −3
ZSize: 4.83

（3）执行菜单命令【Draw】>【Rectangle】，或者单击图标 □。在"Properties"对话框中进行如下设置：

Name: LeftCut
Transparent: 0.8
Position: 1.5, −3,4.03
XSize: −1.7
ZSize: −2.4

（4）选定"Left1"与"LeftCut"，执行菜单命令【Modeler】>【Boolean】>【Subtract】，或者单击图标 □。在"Subtract"对话框中进行如下设置：

Blanke Parts:Left1
Tool Parts: LeftCut

然后单击【OK】按钮。

（5）选定"Left1"，执行菜单命令【Edit】>【Duplicate】>【Mirror】，或者单击图标 ，按住【Y】键，选择原点（0，0，0）为参考位置，鼠标在原点右边任意位置单击。修改"Left1_1"为"Right1"。

左右外导体完成，如图 9.49 所示。

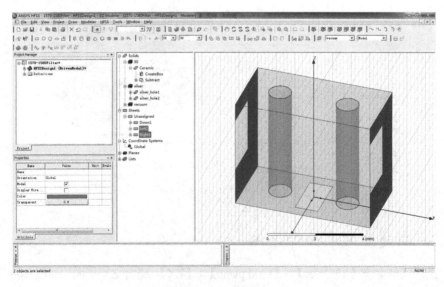

图 9.49　左右外导体

9.5.3　新建前后外导体

（1）执行菜单命令【Modeler】>【Grid plane】>【YZ】，选择 YZ 平面，如图 9.50 所示。

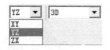

图 9.50　选择平面

（2）执行菜单命令【Draw】>【Rectangle】,或者单击图标 ▫ 。在 "Properties" 对话框中进行如下设置：

> Name: Front1
> Transparent: 0.8
> Position: 1.5, −3, 0
> YSize: 6
> ZSize: 4.83

（3）执行菜单命令【Draw】>【Rectangle】，或者单击图标 ▫ 。在 "Properties" 对话框中进行如下设置：

> Name: FrontCut1
> Transparent: 0.8
> Position: 1.5, −3,4.03
> YSize: 1.7
> ZSize: −2.4

（4）选定 "Front1" 与 "FrontCut1"。执行菜单命令【Edit】>【Duplicate】>【Mirror】，或者单击图标 ⅔⎸ ，按住【Y】键，选择原点（0，0，0）为参考位置，鼠标在原点右边任意位置单击。修改 "FrontCut1_1" 为 "FrontCut2"。

（5）选定 "Front1"、"FrontCut1" 与 "FrontCut2"。执行菜单命令【Modeler】>【Boolean】>【Subtract】，或者单击图标 ▫ 。如图 9.51 所示，在 "Subtract" 对话框中进行如下设置：

> Blanke Parts:Front1
> Tool Parts: FrontCut1，FrontCut2

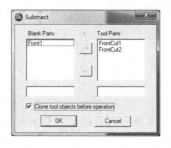

图 9.51　前面外导体相减

勾选"Clone tool objects bofore operation"，单击【OK】按钮。

（6）执行菜单命令【Draw】>【Rectangle】，或者单击图标 ▭。在"Properties"对话框中进行如下设置：

> Name: Back1
> Transparent: 0.8
> Position: −1.5, −3,0
> YSize: 6
> ZSize: 4.83

前后外导体完成，如图 9.52 所示。

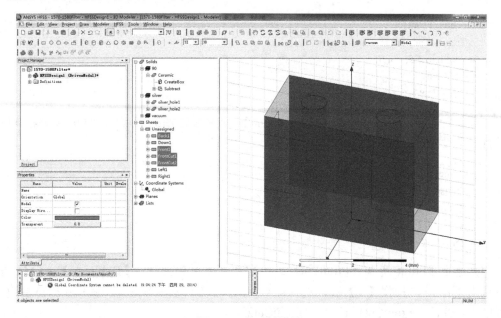

图 9.52　前后外导体

9.5.4　新建 I/O Port

（1）执行菜单命令【Draw】>【Rectangle】，或者单击图标 ▭。在"Properties"对话框中进行如下设置：

> Name: IOFront1
> Transparent: 0.8
> Position: 1.5, −3, 3.33
> YSize: 1
> ZSize: −1

（2）选定 IOFront1。执行菜单命令【Edit】>【Duplicate】>【Mirror】，或者单击图标 ⧉，按住【Y】键，选择原点（0，0，0）为参考位置，鼠标在原点右边任意位置单击。修改"IOFront1_1"为"IOFront2"。

执行菜单命令【Modeler】>【Grid plane】>【ZX】，选择 ZX 平面，如图 9.53 所示。

（3）执行菜单命令【Draw】>【Rectangle】，或者单击图标 □。在 "Properties" 对话框中进行如下设置：

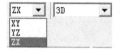

图 9.53　选择平面

> Name: IOLeft1
> Transparent: 0.8
> Position: 1.5, −3, 3.33
> YSize: −1
> ZSize: −1

（4）选定 IOLeft1。执行菜单命令【Edit】>【Duplicate】>【Mirror】，或者单击图标 ，按住【Y】键，选择原点（0，0，0）为参考位置，鼠标在原点右边任意位置单击。修改 "IOLeft1_1" 为 "IOLeft2"，如图 9.54 所示。

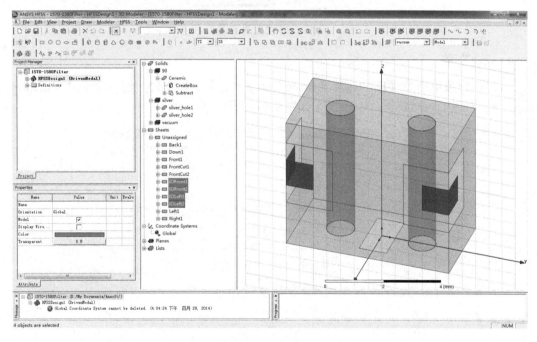

图 9.54　I/O Port

9.6　HFSS 设置变量

1. 确定变量

根据建模完成的结构图，确定以下变量，如图 9.55 所示。

"W" =6，"H" =3，"L" =4.83；

"D" =3，"Die" =1；

"IOW" =1，"IOF" =1，"IOS" =1，"IOC" =0.7，"IOD" =0.8；

"CL" =2，"CW" =1。

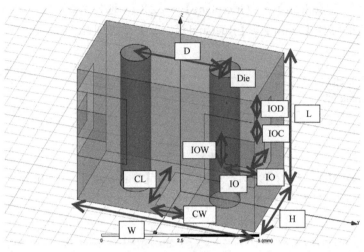

图 9.55　变量设定图

2. 新建变量

（1）执行菜单命令【HFSS】>【Design properties】>【Add】，输入 Local Variables；
Name: W；Unit Type: Lenth；Value: 6，如图 9.56 所示。

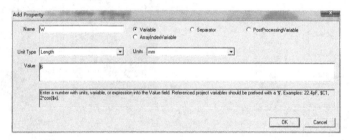

图 9.56　新建"W"变量

（2）按照同样的方法新建各个变量，如图 9.57 所示。

图 9.57　变量参数表

3. 修改参数

根据变量修改各个参数,如图 9.58 所示。

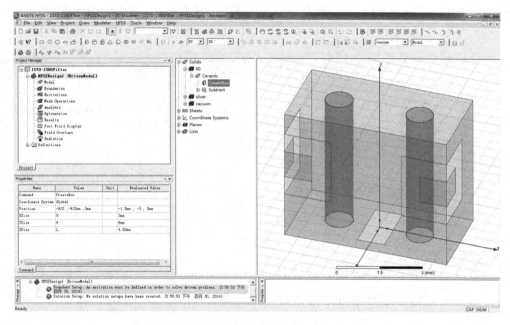

图 9.58 陶瓷块参数加入变量

9.7 HFSS 设置边界条件

1. 设置辐射边界

选定 "Solids" → "Vacuum" → "air",执行菜单命令【HFSS】>【Boundaries】>【Assign】>【Radiation】,单击【OK】按钮,如图 9.59 所示。

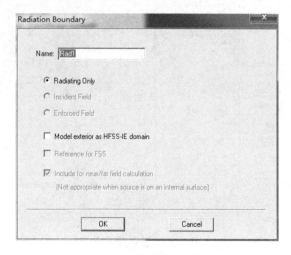

图 9.59 新建辐射边界

2. 设置激励

选定"Sheets"→"FrontCut1",执行菜单命令【HFSS】>【Excitations】>【Assign】>【Lumped Port】,在图9.60所示的对话框中单击【下一步】按钮,然后在图9.61所示的对话框中选择"New Line"。

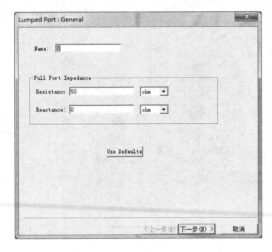

图9.60 设置激励名称和阻抗

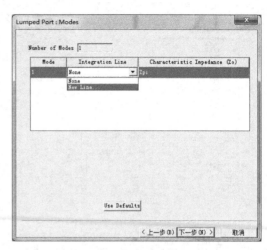

图9.61 设置激励形式

在图9.62所示的模型中画出IO Port指向Ground的箭头,IO Port1新建完成。用同样的方法新建IO Port2。

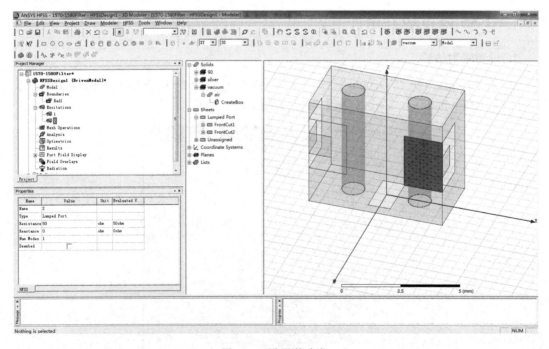

图9.62 设置激励线

3. 设置表面导体边界条件

选定"Sheets"→"Unassigned"，执行菜单命令【HFSS】>【Boundaries】>【Assign】>【Finite Conductivity Boundary】，勾选"Use Material: Silver"，单击【OK】按钮，如图 9.63 所示。设置完成后如图 9.64 所示。

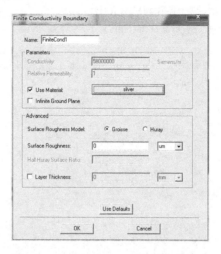

图 9.63　设置外导体和内导体边界条件

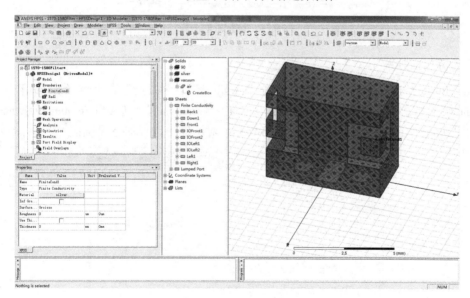

图 9.64　外导体和内导体内导体边界条件设置好

9.8　HFSS 设置求解分析

1. 设置求解分析

在"Project Manager"里右键单击"Analysis"，执行菜单命令【Add Solution Setup】，或

者执行菜单命令【HFSS】>【Analysis Setup】>【Add Solution Setup】。

如图 9.65 所示，在"Driven Solution Setup"对话框中进行如下设置：

Setup Name： Setup1

Solution Frequency：1575MHz

Maximum Number of: 6（最大迭代次数为 6 次）

Maximum Delta S: 0.005（最大误差为 0.005）

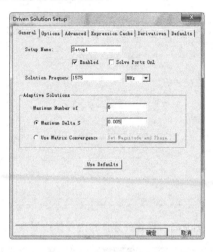

图 9.65　设置求解分析

2. 设置扫描频率

在"Project Manager"里右键单击"Analysis"，执行菜单命令【Setup】>【Add Frequency Sweep】。或者执行菜单命令【HFSS】>【Analysis】>【Add Frequency Sweep】。

如图 9.66 所示，在"Edit Frequency Sweep"对话框中进行如下设置：

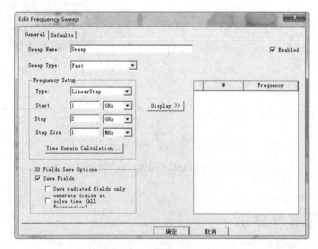

图 9.66　设置扫描频率

Sweep Name: Sweep
Sweep Type: Fast
Type: Linear Step
Start: 1GHz
Stop: 2GHz
Step Size: 1MHz

3. 设置 S 参数报告

在"Project Manager"里右键单击"Results",执行菜单命令【Create Modal Solution Date Report】>【Rectangular Plot】。或者执行菜单命令【HFSS】>【Create Modal Solution Date Report】>【Rectangular Plot】。

如图 9.67 所示,在弹出窗口的"Trace"标签页中选定 S(1,1)、S(1,2)、S(2,1)、S(2,2),然后单击【New Report】按钮新建 S 参数报告。

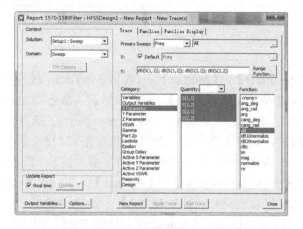

图 9.67　设置输出报告

4. 检查与分析

(1)单击图标 ，或者执行菜单命令【HFSS】>【Validation Check】,弹出如图 9.68 所示的对话框。

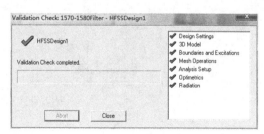

图 9.68　有效性检查

(2)单击图标 ，或者执行菜单命令【HFSS】>【Analyze All】,出现如图 9.69 所示的仿真曲线。

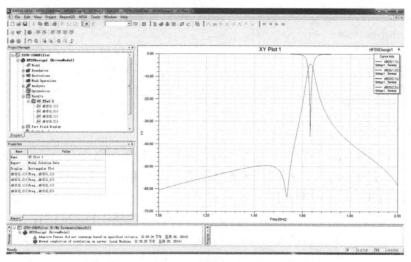

图 9.69　仿真曲线

5. 设置 Marker

执行菜单命令【Report2D】>【Marker】>【Add Marker】，或者在"XY Polt1"界面右键单击鼠标，执行菜单命令【Add Marker】。此时鼠标箭头靠近"Trace"就会在"Trace"上出现一个菱形。单击"Trace S12"，标注"m1 Frequency:1.525GHz"和"m2 Frequency:1.625GHz"。选定"S12"，单击鼠标右键，在弹出的菜单中执行菜单命令【Marker】>【Add Maximum】。 标注"m3 Frequency: 1.633GHz"（S12 最大值），即滤波器指标要求的两个抑制点的频率。执行菜单命令【Report2D】>【Marker】>【Add X Marker】，或者在"XY Plot1"界面右键单击鼠标，执行菜单命令【Add X Marker】。设置"X Marker1 Frequency: 1.570GHz"、"X Marker2 Frequency: 1.580GHz"，即滤波器要求的通带起始频率和截止频率。

如图 9.70 所示，目前设计的滤波器的频率为 1633MHz，不符合滤波器指标要求，需要进一步优化。

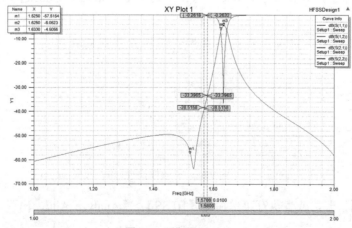

图 9.70　设置 Marker

9.9　HFSS 优化

9.9.1　计算合适的滤波器长度

1. 根据公式计算出合适的滤波器长度

设置 Marker 后，发现滤波器的频率相对指标要求的频率高。优化就是要将频率调整合适。根据公式 $L = \dfrac{1}{4} \times \dfrac{c}{F \times \sqrt{\varepsilon_r}}$

可转换为
$$F = \frac{1}{4} \times \frac{c}{L \times \sqrt{\varepsilon_r}} \quad \text{与} \quad \varepsilon_r = \left(\frac{1}{4} \times \frac{3 \times 10^8}{F \times L} \right)^2 \tag{9.1}$$

式（9.1）中，F 为滤波器频率，L 为滤波器长度，ε_r 为滤波器电介质材料的介电常数，c 为电磁波传播的速度 3×10^8 m/s。所以，调整滤波器长度和介电常数可改变滤波器频率。式（9.1）中有 3 个变量：L、F 与 ε_r。假定 $\varepsilon_r 1$ 为未知，根据 HFSS 仿真结果可以计算出介电常数：

$$\varepsilon_r 1 = \left[\frac{1}{4} \times \frac{3 \times 10^8 \, \text{m/s}}{\left(1.633 \times 10^9 \right) \text{Hz} \times \left(4.83 \times 10^{-3} \right) \text{m}} \right]^2 \approx 90.42$$

将 $\varepsilon_r 1 = 90.42$ 与 $F = 1575$MHz 代入式（9.1）：

$$L = \frac{1}{4} \times \frac{3 \times 10^8 \, \text{m/s}}{\left(1.575 \times 10^9 \right) \text{Hz} \times \sqrt{90.42}} \approx 0.005 \text{m} = 5.0 \text{mm}$$

求得 1575MHz 频率所需要的长度为 5.0mm。

2. 利用 HFSS 计算出合适的滤波器长度

在 HFSS 模型中设置的变量 L 对应滤波器的长度，接下来需要利用 HFSS 计算出最合适的 L。

（1）在"Project Manager"中右键单击"Optimetrics"，执行菜单命令【Add】>【Parametric】。或者执行菜单命令【HFSS】>【Optimetrics Analysis】>【Add parametric】。在弹出的"Setup Sweep Analysis"对话框中单击"Sweep Definitions"标签页中的【Add】按钮。在弹出的"Add/Edit Sweep"对话框中设置：

> Variable：L
> Start: 4.83mm
> Stop: 5.13mm
> Step: 0.03mm

再单击【Add】按钮将设置加入右边的列表中，然后单击【OK】按钮，如图 9.71 所示。

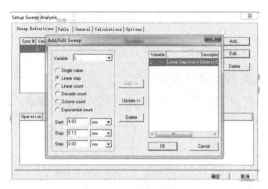

图 9.71　添加扫描变量

（2）单击"Table"标签页，如图 9.72 所示，可见设定好的"L"变量的 11 个数值。

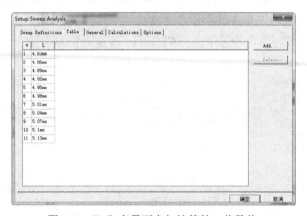

图 9.72　"L"变量要参加计算的一些数值

（3）单击"Calculations"标签页，单击【Setup Calculations】按钮。如图 9.73 所示，在弹出的"Add/Edit Calculation"对话框中的"Trace"标签页中选中"S Parameter"、"S(1,2)"、"dB"。

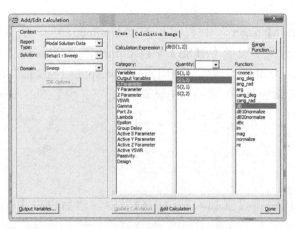

图 9.73　选择参与计算的 S 参数

（4）单击"Calculation Range"标签页，"Solution"选项选择"Setup1:Sweep"、"Freq Value"为"1.575GHz"。完成后单击【Done】按钮确定，如图 9.74 所示。

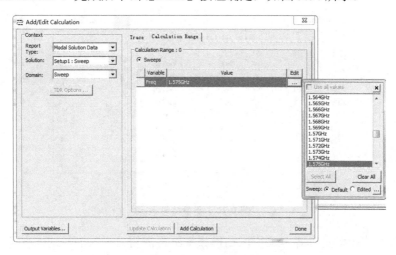

图 9.74　设置参与计算的 S 参数的频率

（5）在"Project Manager"窗口中的"Optimetrics"下就有了一个"ParametricSetup1"设置。右键单击"ParametricSetup1"，在弹出的菜单中执行菜单命令【Analyze】开始分析，在右下角的"Progress"窗口中可以分析进度。分析完成后，在"Project Manager"窗口中右键单击"Optimetrics"→"ParametricSetup1"。在弹出的菜单中执行菜单命令【View Analysis Result】。在弹出的窗口中，横坐标是设定的"L"变量，纵坐标是对应的"S(1,2)"参数（即损耗），选择"Table"单选按钮可以看到表格形式。从图 9.75 中或者图 9.76 的表格中可以看出，当"L"为 5.01 时，损耗为 4.6dB，是损耗最小点，即中心频率为 1575MHz 时，滤波器的长度为 5.01，与计算的结果很接近。

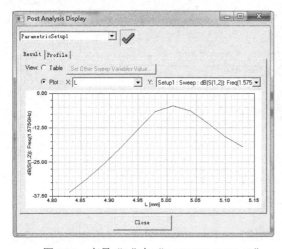

图 9.75　变量"L"与"1.575GHz@S(1,2)"
的损耗的关系（图）

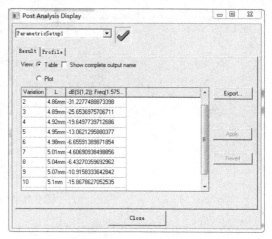

图 9.76　变量"L"与"1.575GHz@S(1,2)"的
损耗的关系（表格）

（6）单击"HFSSDesign1"，在"Properties"对话框中把变量"L"修改为 5.01，如图 9.77 所示。

Name	Value	Unit	Evaluated V...	Type
H	3	mm	3mm	Design
W	6	mm	6mm	Design
L	5.01	mm	5.01mm	Design
Die	1	mm	1mm	Design
D	3	mm	3mm	Design
CL	2	mm	2mm	Design
CW	1	mm	1mm	Design
IOD	0.8	mm	0.8mm	Design
IOF	1	mm	1mm	Design

图 9.77　变量特性表

（7）由于目前频率基本确定，所以扫描频率不再需要 1～2GHz 这样宽了。在"Project Manager"窗口中单击"Analysis"→"Setup1"→"Sweep"。如图 9.78 所示，在下方的 "Properties"对话框中修改数值：

　　　　　　Start：1.45GHz
　　　　　　Stop：1.65GHz

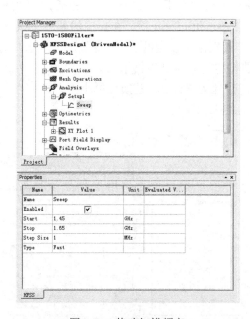

图 9.78　修改扫描频率

（8）单击图标 ，或者执行菜单命令【HFSS】>【Analyze All】。分析完成后，选定 "Trace S12"，右键单击鼠标，在弹出的菜单中执行菜单命令【Marker】>【Add Maximum】。可以从图 9.79 中看出"m4: 1.575GHz"损耗 4.68，此时设计频率与指标要求频率吻合。

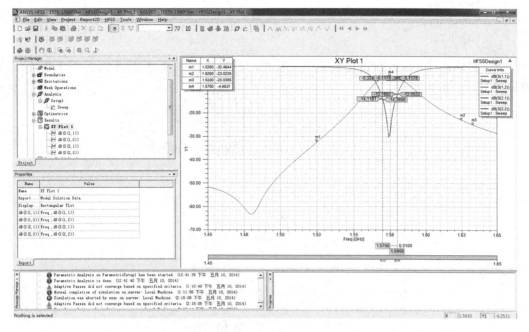

图 9.79　仿真结果

（9）从图 9.79 中的曲线可读出实际参数，如表 9.3 所示。

表 9.3　实际参数

	指 标 要 求	实 际 参 数	Pass/Fail
通带频率	1570~1580MHz	—	—
带内插损	≤3.0dB @ 1570~1580MHz	5.33@ 1570~1580MHz	Fail
带内波动	≤1.0dB @ 1570~1580MHz	0.65@ 1570~1580MHz	Fail
回波损耗	≥10dB @ 1570~1580MHz	12.1@ 1570~1580MHz	Pass
带外抑制	≥12dB @ 1525&1625MHz	32.5@ 1525MHz	Pass
		23.0@ 1625MHz	Pass

从表 9.3 中可以看出，带内插损和带内波动没有达到要求，只有带外抑制达到了要求。接下来需要优化这三项没有达到的指标。

9.9.2　分析计算合适的耦合

（1）在"Project Manager"中右键单击"Optimetrics"，执行菜单命令【Add】>【Parametric】。或者执行菜单命令【HFSS】>【Optimetrics Analysis】>【Add Parametric】。在弹出的"Setup Sweep Analysis"对话框中单击"Sweep Definitions"标签页中的【Add】按钮。在弹出的"Add/Edit Sweep"对话框中设置：

Variable：CW
Start: 1mm
Stop: 1.8mm
Step: 0.2mm

然后再单击【Add】按钮将设置加入右边的列表，如图 9.80 所示，最后单击【OK】按钮。

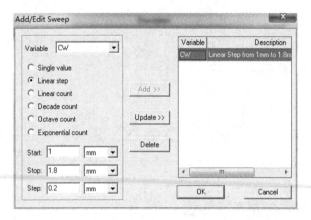

图 9.80　设置"CW"变量扫描范围

（2）回到"Setup Sweep Analysis"对话框，如图 9.81 所示，切换到"Calculations"标签页设置：

Solution: Setup1: Sweep
Calculation: dB(S(1,2))
Calculation Range: Freq(1.57GHz)

单击【确定】按钮后，在"Optimetrics"下就多了一项"ParametricsSetup2"设置。右键单击"ParametricsSetup2"，执行菜单命令【Analyze】。开始分析计算变量"CW"与 1.570GHz 损耗的变化。

图 9.81　设置参数计算的"S"参数

（3）分析计算完成后，执行菜单命令【Optimetrics】>【ParametricSetup2】。单击"View Analyze Result"查看分析结果。如图 9.82 和 9.83 所示，1.570GHz 的插损最小点在"CW"为 1.6mm 处。

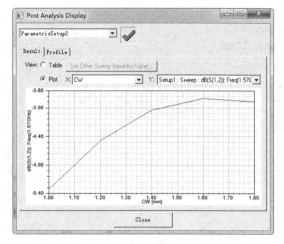

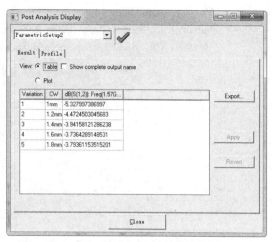

图 9.82　变量"CW"与"1.570GHz@S(1,2)"
　　　　的损耗的关系（图）

图 9.83　变量"CW"与"1.570GHz@S(1,2)"
　　　　的损耗的关系（表格）

（4）将"CW"为 1.6 输入到"Design Properties"中。如图 9.84 所示，滤波器的带宽变宽了很多，但是频率也变低了一些。还是没有达到指标要求，需要进一步优化。

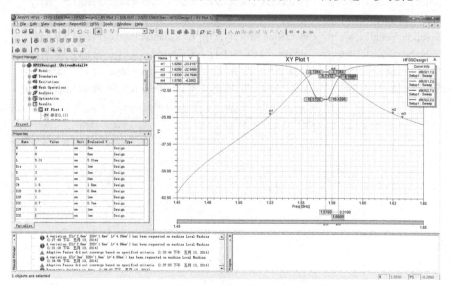

图 9.84　仿真结果

9.9.3　联合分析计算合适的耦合与长度

（1）在"Project Manager"中右键单击"Optimetrics"，执行菜单命令【Add】>

【Parametric】。或者执行菜单命令【HFSS】>【Optimetrics Analysis】>【Add Parametric】。在弹出的"Setup Sweep Analysis"对话框中单击"Sweep Definitions"标签页中的【Add】按钮。如图 9.85 所示，在弹出的"Add/Edit Sweep"对话框中设置：

Variable：IOS，Start: 1mm，Stop: 1.6mm，Step: 0.2mm
Variable：L，Start: 4.95mm，Stop: 4.99mm，Step: 0.02mm
Variable：CL，Start: 2.4mm，Stop: 3.0mm，Step: 0.2mm

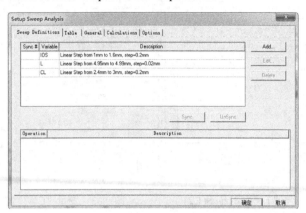

图 9.85　设置参与计算的变量

（2）如图 9.86 所示，在"Setup Sweep Analy Sis"对话框中设置：

Solution: Setup1: Sweep，Calculation: dB(S(1,2))，Calculation Range: Freq(1.57GHz)
Solution: Setup1: Sweep，Calculation: dB(S(1,2))，Calculation Range: Freq(1.58GHz)
Solution: Setup1: Sweep，Calculation: dB(S(1,1))，Calculation Range: Freq(1.57GHz)
Solution: Setup1: Sweep，Calculation: dB(S(1,1))，Calculation Range: Freq(1.58GHz)
Solution: Setup1: Sweep，Calculation: dB(S(1,2))，Calculation Range: Freq(1.525GHz)
Solution: Setup1: Sweep，Calculation: dB(S(1,2))，Calculation Range: Freq(1.625GHz)

图 9.86　设置参与计算的"S"参数指标

（3）设置完成后，按照同样的方法开始计算分析。这次计算分析的时间可能会比较长，因为需要计算的数据比较多。右键单击"Optimetrics"，执行菜单命令【ParametricSetup3】>【View Analyze Result】查看分析结果，切换为"Table"形式查看。由于数据较多，需要输出到

Excel 查看，单击【Export】按钮，保存输出"·csv"格式文件，如图 9.87 和图 9.88 所示。

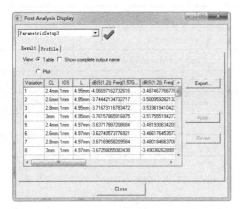

图 9.87　计算结果表

图 9.88　计算结果另存为"·csv"文件

（4）用 Excel 打开保存的文件。参照滤波器指标要求设置筛选条件。可以很容易地筛选出达到指标要求的有 3 项，如表 9.4 所示。

表 9.4　达到指标要求的 3 项

Variation	CL	IOS	L	dB(S(1 2)): Freq(1.57GHz)	dB(S(1 2)): Freq(1.58GHz)	dB(S(1 1)): Freq(1.57GHz)	dB(S(1 1)): Freq(1.58GHz)	dB(S(1 2)): Freq(1.525GHz)	dB(S(1 2)): Freq(1.625GHz)
30	2.6mm	1.4mm	4.97mm	−2.78136279	−2.68664406	−21.2576497	−21.24110813	−19.44121842	−15.06204266
31	2.8mm	1.4mm	4.97mm	−2.585222453	−2.625939678	−18.88323061	−19.20167032	−17.82198487	−15.04871847
32	3mm	1.4mm	4.97mm	−2.478068645	−2.590953743	−16.65766546	−17.74516707	−16.67567836	−15.11904781

（5）选择相对较好一项的变量输入"Design Properties"，即第 32 组"CL"=3、"IOS"=1.4、"L"=4.97。查看"S"参数，读出所有指标。如图 9.89 和表 9.5 所示，对照指标要求，所有指标都达到要求。

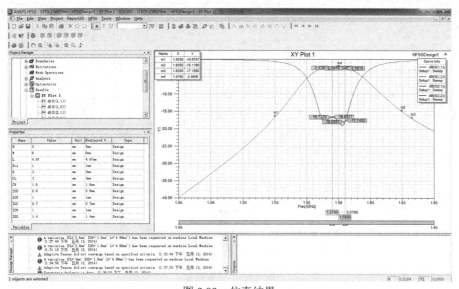

图 9.89　仿真结果

表 9.5　指标对照

	指 标 要 求	实 际 参 数	Pass/Fail
通带频率	1570～1580MHz	—	—
带内插损	≤3.0dB @ 1570～1580MHz	2.59@ 1570～1580MHz	Pass
带内波动	≤1.0dB @ 1570～1580MHz	0.14@ 1570～1580MHz	Pass
回波损耗	≥10dB @ 1570～1580MHz	16.7@ 1570～1580MHz	Pass
带外抑制	≥12dB @ 1525&1625MHz	16.7@ 1525MHz	Pass
		15.1@ 1625MHz	Pass

9.9.4　微调

从图 9.89 中可以看出，虽然所有指标都符合要求，但是滤波器的性能并没有达到最佳效果。接下来可以通过微调各参数使滤波器的性能达到最佳效果，有两种方法：①在"Design Properties"对话框中改变各个变量；②使用"Tuning"改变各个变量。

1．在"Design Properties"对话框中改变各个变量

在"Project Manager"中选中"HFSSDeisgn1"，下方出现的"Properties"窗口中可以显示各个变量。在"Value"列可以更改各个变量的数值，这里改变"CL"、"IOS"与"L"变量的值。如图 9.90 所示，最终调整"CL"、"IOS"与"L"变量的值分别为 2.5、1.3 与 4.975，使滤波器性能达到最佳效果。在表 9.5 中可以看到回波抑制都有一些提升。

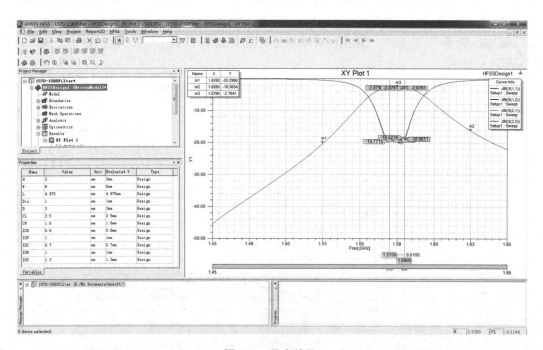

图 9.90　仿真结果

表 9.6　指标对照

	指 标 要 求	实 际 参 数	Pass/Fail
通带频率	1570～1580MHz	—	—
带内插损	≤3.0dB @ 1570～1580MHz	2.88@ 1570～1580MHz	Pass
带内波动	≤1.0dB @ 1570～1580MHz	0.12@ 1570～1580MHz	Pass
回波损耗	≥10dB @ 1570～1580MHz	18.5@ 1570～1580MHz	Pass
带外抑制	≥12dB @ 1525&1625MHz	20.3@ 1525MHz	Pass
		16.4@ 1625MHz	Pass

2. 使用 "Tuning" 改变各个变量

（1）执行菜单命令【HFSS】>【Design Properties】。如图 9.91 所示，在弹出的对话框中选中 "Tuning" 选项。在 "Include" 列勾选 "L"、"CL" 与 "IOS" 三个变量，并设置：

L: Min=4.97, Max=5.05, Step=0.005
CL: Min=2.5, Max=3, Step=0.1
IOs: Min=1.2, Max=1.6, Step=0.1

设置完成好，单击【确定】按钮关闭窗口。

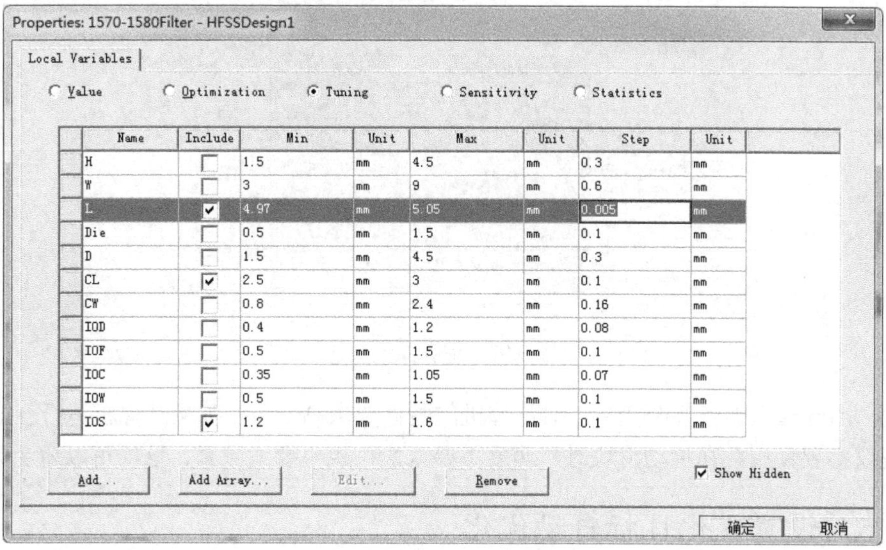

图 9.91　修改变量 tuning 特性

（2）在 "Project Manager" 中右键单击 "Optimetrics"，在弹出的菜单中执行菜单命令【Tuning】。在弹出的 "Tune-HFSSDesign1" 对话框中可以看到 "L"、"CL" 与 "IOS" 三个变量有对应的三个滑块，如图 9.92 所示。调节三个滑块就可以改变对应变量的值。勾选 "Real time" 与 "Snap all variables" 可以在调整变量值后实时得到最新的 "S" 参数曲线。勾选 "Accumulate"，每次参数调整所对应的 "S" 参数曲线会重叠显示在表格中。

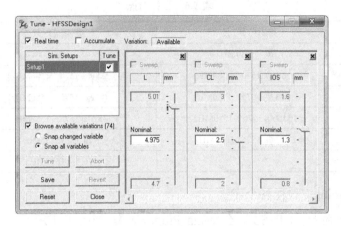

图 9.92　调试变量

（3）调整变量到符合要求后，单击关闭窗口。弹出"Apply Tuned Variation"对话框。如图 9.93 所示，在"Apply Tuned Variation"对话框中选定最佳的一组变量，单击【OK】按钮。关闭窗口，被选定的一组变量将输入"Design Properties"中。

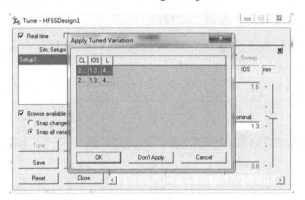

图 9.93　保存变量数值

使用"Tuning"调整各个变量，对计算机的硬件要求高一点。如果计算机运行 HFSS 不够流畅，建议不要使用。在滑动滑块时，速度不要太快，也不要太频繁，这样可以避免死机。

9.9.5　设置优化目标自动优化

HFSS 同样可以只需要一步就可以完成优化，即接下来将要介绍的设置优化目标自动优化。

带内插损、带内波动和回波损耗主要与耦合有关系。模型中与耦合有关系的变量有"D"、"Die"、"IOD"、"IOC"、"IOW"、"IOF"、"IOS"、"CL"、"CW"。由于选择参与分析计算的变量越多会增加 HFSS 计算的时间，但至少要选择两个变量，一个可改变输入/输出耦合的变量，另一个是可以改变谐振腔之间耦合的变量。这里选择两个变量"IOS"和"CW"。其中，变量"IOS"是可以改变输入/输出耦合的变量，变量"CW"是可以改变谐振腔之间耦合的变量。由于耦合改变的时候也会对频率有一些影响，所以影响频率变量的"L"也要参与分析。

（1）执行菜单命令【HFSS】>【Design Properties】。在弹出的"Properties1570-1580Filter-HFSSDesign1"对话框中单击"Optimization"。如图 9.94 所示，勾选"L"、"CW"、"IOS"三个变量，并设置：

　　L: Min=4.9, Max=5.1
　　CW: Min=1, Max=1.5
　　IOS: Min=0.8, Max=1.3

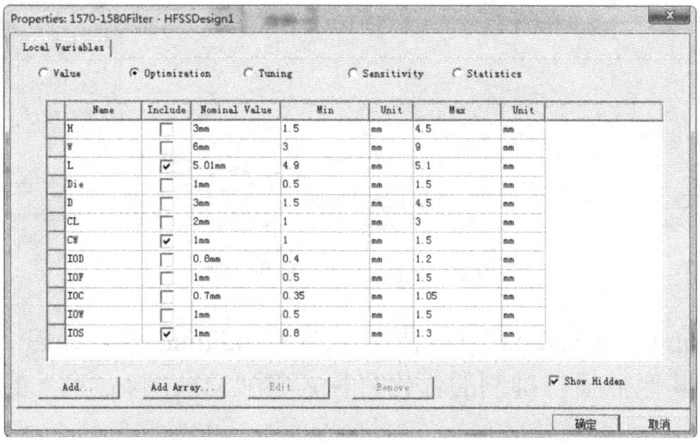

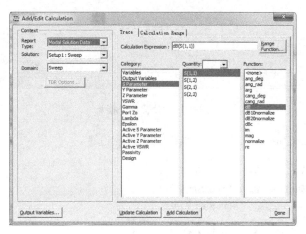

图 9.94　修改变量"Optimization"特性

（2）在"Project Manager"中右键单击"Optimetrics"，执行菜单命令【Add】>【Optimization】。或者执行菜单命令【HFSS】>【Optimetrics Analysis】>【Add Optimization】。在弹出的"Setup Optimization"对话框中单击"Goals"标签页。

（3）设置回波损耗的优化目标。单击"Setup Calculations"。如图 9.95 所示，在弹出的"Add/Edit Calculation"对话框中的"Trace"标签页中选择"S Parameter"、"S(1,1)"、"dB"。由于模型中的设计是完全对称的，所以只选择"S(1,1)"。

图 9.95　设置"S"参数

（4）切换到"Calculation Range"标签页。如图 9.96 所示，单击图标 ⋯ ，选择 1.570～1.580GHz。单击【Done】按钮完成设置。

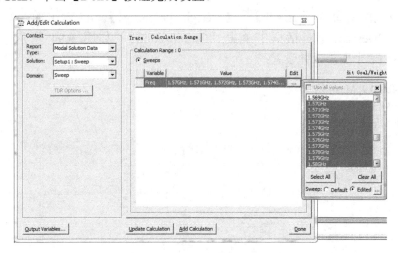

图 9.96　设置"S"参数的频率

（5）回到"Setup Optimization"对话框，设置 Condition: <=、Goal: -15、Weight: 1。使用同样的方法设置其他插损与抑制的优化目标，将"Max. No. of"的值改为 100，如图 9.97 所示。

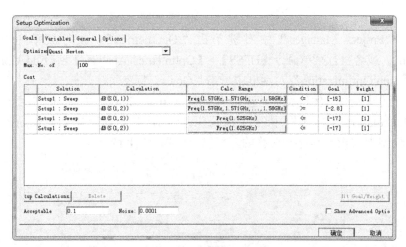

图 9.97　设置各个指标

（6）切换到"Variables"标签页，如图 9.98 所示设置：

    CW："Min Step"=0.02，"Max Step"=0.1

    IOS："Min Step"=0.02，"Max Step"=0.1

    L："Min Step"=0.02，"Max Step"=0.1

设置完成后单击【确定】按钮关闭窗口。

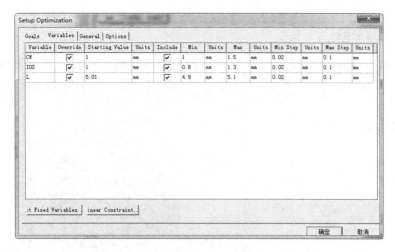

图 9.98　设置变量扫描范围

（7）此时，在"Project Manager"中的"Optimetrics"下就多了"OptimizationSetup1"设置。右键单击"OptimizationSetup1"，执行菜单命令【Analysis】。HFSS 开始按照设定的优化目标分析计算，可能需要等待一段很长的时间，可能需要好几个小时。

（8）分析完成。将 Cost 最小的一组变量值输入"Design Properties"中。再稍做微调就可以优化出最好的性能了，如图 9.99 和图 9.100 所示。

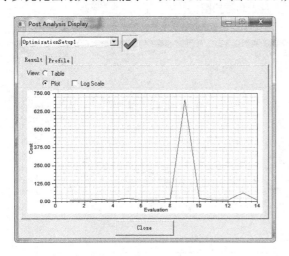

图 9.99　扫描结果（图）

图 9.100　扫描结果（表）

9.9.6　小型化

所有指标都已经满足要求了，到这里似乎没有仿真的工作要做了。还有一项可以做的是小型化，节省材料。先调整"W"和"H"变量（即滤波器的尺寸），再调整其他变量优化性能。这里要考虑 3 个方面：尺寸减小对滤波器结构承受力的影响；尺寸减小后对滤波器性能的影响；尺寸减小对生产可行性或者效率的影响。

　　本例中，最终将"W"变量减小到 5.6，各个指标依然可以满足要求，如图 9.101 和图 9.102 所示，以及表 9.7 所示。

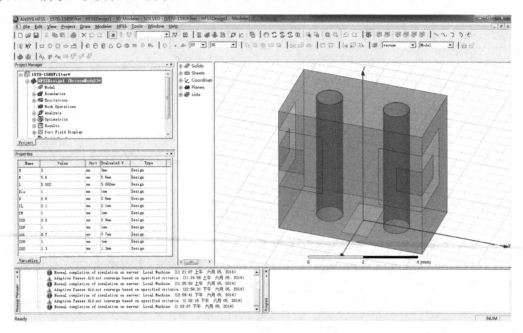

图 9.101　变量表和结构图

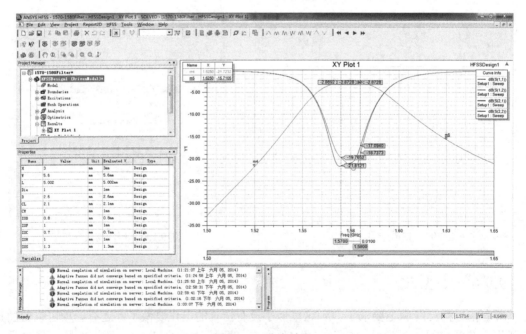

图 9.102　仿真结果

表 9.7　指标对照

	指 标 要 求	实 际 参 数	Pass/Fail
通带频率	1570~1580MHz	—	—
带内插损	≤3.0dB @ 1570~1580MHz	2.87@ 1570~1580MHz	Pass
带内波动	≤1.0dB @ 1570~1580MHz	0.12@ 1570~1580MHz	Pass
回波损耗	≥10dB @ 1570~1580MHz	18.5@ 1570~1580MHz	Pass
带外抑制	≥12dB @ 1525&1625MHz	20.3@ 1525MHz	Pass
		16.4@ 1625MHz	Pass

9.10　实物测试与仿真结果比较

按照仿真模型制作出滤波器,由于制造公差和材料公差需要稍做调试。调试完成后各项指标满足要求。由于本例测试包含了两个短 Cable,所以在实际使用中减去 Cable 损耗插损会比本例测试得更小,如图 9.103 和图 9.104 所示,以及表 9.8 所示。

图 9.103　滤波器实物照片

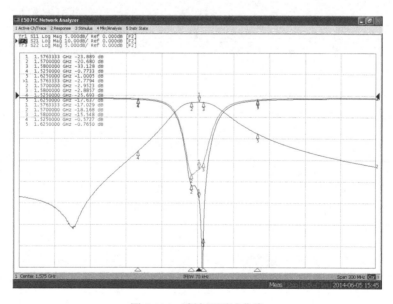

图 9.104　滤波器测试曲线

表 9.8　指标对照

	指 标 要 求	实 际 参 数	Pass/Fail
通带频率	1570～1580MHz	—	—
带内插损	≤3.0dB @ 1570～1580MHz	2.95@ 1570～1580MHz	Pass
带内波动	≤1.0dB @ 1570～1580MHz	0.22@ 1570～1580MHz	Pass
回波损耗	≥10dB @ 1570～1580MHz	15.5@ 1570～1580MHz	Pass
带外抑制	≥12dB @ 1525&1625MHz	25.7@ 1525MHz	Pass
		17.6@ 1625MHz	Pass

9.11　本章小结

　　利用 MWO 和 HFSS 的设计方法中完全没有烦琐的公式计算。参照本例的方法，首先使用 MWO 中的滤波器设计向导，只需要几分钟就可以完成滤波器阶数的确定。如果熟练了，甚至 1 分钟不到就可以完成。这样比计算查表确定阶数的时间可能还要短。使用 MWO 路仿真初步确定滤波器尺寸、材料等。像本例这样简单结构的路仿真只需要几分钟就可以完成，为接下来的 HFSS 仿真提供了很多非常有用的数据，也为可行性做出了初步判定。例如，如果在路仿真就发现按照指标要求来做的滤波器所需要的材料不能买到，或者尺寸超出体积要求等。HFSS 建模优化需要花费的时间相对比前面多，这个过程主要为后期实物制作提供了准确的结构数据和准确的性能指标等。确定了准确的结构，为模具制作和表面金属化尺寸提供了准确数据，减少出错和调试时间。采用本例所介绍的方法可以大大缩减研发周期和费用。

第10章　腔体滤波器的设计与仿真

在现代无线微波电路设计当中，很多电路都实现了小型化和芯片化，但是有一种电路始终无法实现芯片化，那就是腔体滤波器，如图 10.1 所示。腔体滤波器的设计是很多微波系统中必不可少的一部分，如基站、微波中继、数字微波电路等。这一章我们将介绍使用 HFSS 设计腔体滤波器。

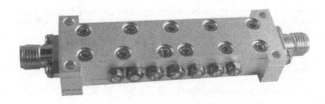

图 10.1　腔体滤波器

腔体滤波器的设计一般分为 3 大步骤。第一步，腔体滤波器结构的预估；第二步，腔体谐振单元与耦合系数的仿真；第三步，腔体滤波器的全波仿真。本章中，第一步使用的软件是 Couplefil，后两步使用的仿真软件是 HFSS。

滤波器的设计指标如下所示。

频段：1.84～1.845GHz

带内差损：<=1dB

带内回波：<=-20dB

带外抑制：@1.9GHz<=-70dB

10.1　腔体滤波器结构的预估

设计滤波器，我们要根据指标对所设计的滤波器结构进行预估，这里我们根据 Couplefil 预估所需要的滤波器结构。双击"Couplfil"图标![icon]，打开界面。Couplfil 运行后，执行菜单命令【Filter】>【Units】>【Faequency】>【GHz】，Couplefil 的默认频率单位设置为"MHz"，此处单位改为"GHz"，如图10.2所示。

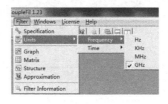

图 10.2　Couplefil 单位设置

Couplefil 软件主要包含 4 个窗口，第 1 个是"Specification"，第 2 个是"Graph"，第 3 个是"Matrix"，第 4 个是"Structure"，下面一一做介绍。

单击图标 ，可以看到打开一个"Specification"对话框，如图 10.3 所示。

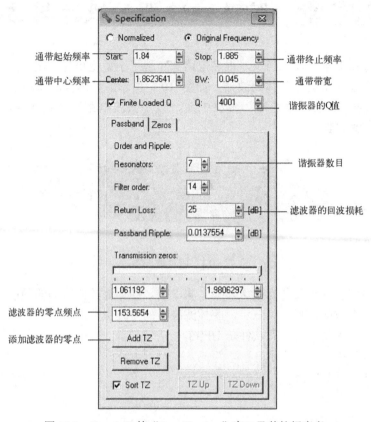

图 10.3 Couplefil 的"Specification"窗口及其按钮意义

打开"Specification"的同时还需要打开 Graph（单击图标 ），查看所设计的滤波器 S 参数曲线是否满足需要，从图 10.4 可以看出所要设计的目标滤波器的 S 参数曲线。

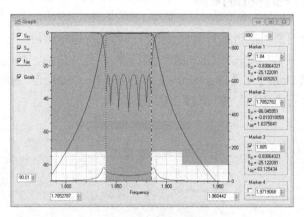

图 10.4 目标滤波器的 S 参数曲线

设计完所需要的 S 参数曲线，就要生成滤波器的结构。单击"Structure"图标，可以得到需要的滤波器结构，如图 10.5 所示。在选取滤波器的结构时，一般选取最简单的，可以在设计中减少很多麻烦。当然，有的滤波器对尺寸、差损、边带都有苛刻的要求，这时需要对滤波器加零点，此时滤波器的结构也比较复杂。在这里我们选择第一个，其中 S 为 Source，即滤波器的信号源，L 为 Load，即滤波器的负载。

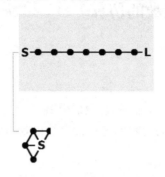

图 10.5　所设计的滤波器结构

选择完滤波器的结构，单击图标，就可以得到滤波器的耦合系数矩阵，如图 10.6 所示，该矩阵的大小为 9×9 的矩阵，这里面除了 7 个谐振器，还包含 S 和 L。为了理解该矩阵中各个参数的意义，单击图标，就回跳出对耦合系数的详细说明，如图 10.7 所示。注意，这里使用的是"m"参数，不是"k"参数。

0	1.0938	0	0	0	0	0	0	0
1.0938	0	0.92204	0	0	0	0	0	0
0	0.92204	0	0.63105	0	0	0	0	0
0	0	0.63105	0	0.58517	0	0	0	0
0	0	0	0.58517	0	0.58517	0	0	0
0	0	0	0	0.58517	0	0.63105	0	0
0	0	0	0	0	0.63105	0	0.92204	0
0	0	0	0	0	0	0.92204	0	1.0938
0	0	0	0	0	0	0	1.0938	0

图 10.6　滤波器的耦合系数矩阵

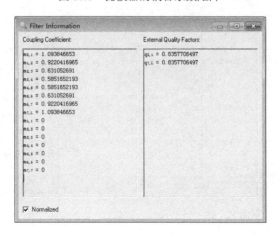

图 10.7　滤波器耦合系数的详细说明

得到这个矩阵，我们在设计滤波器时，需要对其进行变换得到耦合系数的 k 参数。在变换之前，我们需要对耦合系数进行分析，以助于滤波器的后来调节。我们看到，滤波器的结构成中心对称，而且滤波器两头的耦合系数比较大，中间的耦合系数比较小。这就给下一步滤波器参数设计和调节提供了依据。

10.2 谐振单元和耦合系数的仿真

10.2.1 谐振单元仿真

1. 求解模式设置

仿真腔体滤波器的谐振器和耦合系数，如图 10.3 所示，该滤波器的中心频率大约为 0.822GHz，由于 Couplefil 软件的显示问题，没有给出具体的数值，它采用的中心频率计算方式为：

$$f_r = \sqrt{f_1 f_2} \tag{10.1}$$

选定梳状线谐振器作为滤波器谐振器，新建工程名字为"Project1"。

单击图标 ，HFSS 自动建立一个设计文件，为"HFSSDesign1"。我们可以对工程名字和设计文件名字重命名。单击"Project1"，再右键单击鼠标，可以显示如图 10.8 所示的对话框，执行菜单命令【Rename】，输入"filter1"，可以将"Project1"命名为"filter1"。同样的操作可以适用于设计文件命名为"Resonator1"。

单击主面板上的 HFSS，选择"Solution Type"，将会出现如图 10.9 所示的求解模式对话框，选择"Eigenmode"（本征模），单击【OK】按钮，该对话框会自动消失。

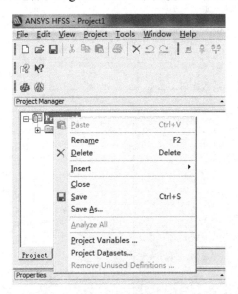

图 10.8 对工程重命名

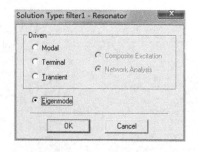

图 10.9 求解模式对话框

2．建立谐振器模型

1）建立梳状线谐振器的圆柱体

单击工具栏上的图标 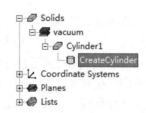 ，移动鼠标指向坐标轴中心，单击鼠标左键，向两边任意拉鼠标任意一段距离，单击鼠标左键后向上移动，再单击鼠标左键，这样就建立了一个圆柱体模型。如图 10.10 所示。

双击图 10.11 所示的操作历史树中的圆柱按钮，将会出现如图 10.12 所示的对话框，该对话框为模型参数特性对话框。

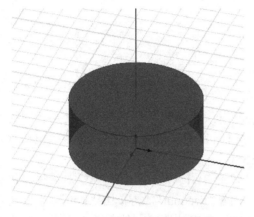

图 10.10　任意建立的圆柱体模型　　　　图 10.11　操作历史树

図 Properties: filter1 - Resonator - Modeler

Name	Value	Unit	Evaluated V...	Description
Command	CreateCylinder			
Coordinate...	Global			
Center Pos...	0 ,0 ,0	mm	0mm , Umm ,...	
Axis	Z			
Radius	0.7211102550928	mm	0.721110255...	
Height	0.6	mm	0.6mm	
Number of ...	0		0	

图 10.12　模型参数特性对话框

单击"Command"标签页中"Radius"行、"Value"列的数值，输入"rr"（设置圆柱体的半径尺寸大小），将会出现如图 10.13 所示的对话框。在"Value"内直接输入 5mm，然后单击【OK】按钮，就可以定义参数"rr"，如图 10.14 所示。

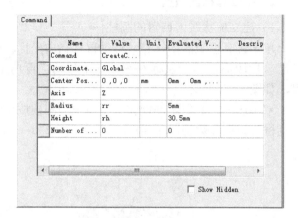

图 10.13　参数定义对话框　　　　　　　图 10.14　圆柱体谐振器的模型尺寸参数

单击"Command"标签页中的"Height"行、"Value"列的数值，使用相同的办法定义圆柱体的高度"rh"，其值为 30.5mm，单击【确定】按钮，模型的尺寸参数就设置好了。单击图标 ◎ 可以看到所建立的圆柱体整体模型。

双击操作历史树的"Cylinder1"，弹出如图 10.15 所示的模型属性对话框。该对话框定义了模型的属性参数。单击"Material"行中的"vacuum"，再单击"Edit"，将会出现 HFSS 的材料库，滚动鼠标滑轮，寻找到"copper"，单击该选项，然后单击【确定】按钮，就会设置好模型的材料为铜。

图 10.15　模型属性对话框

单击"Attribute"标签页中的"Color"行、"Value"列的颜色框，就会打开 HFSS 的颜色库，选择红铜色，单击【确定】按钮。单击"Attribute"标签页中的"Transparent"行、"Value"列的长条框，就会打开 HFSS 的透明度设置对话框，在数字框中输入 0.5，就可以将透明度设置为 0.5，单击【确定】按钮。定义好的属性如图 10.16 所示，单击【确定】按钮，就完成了对"Cylinder1"的属性设置。

Name	Value	Unit	Evaluated V...	Description	Read-only
Name	Cylinder1				☐
Material	"copper"		"copper"		☐
Solve Inside	☐				☐
Orientation	Global				☐
Model	☑				☐
Display Wi...	☐				☐
Color					☐
Transparent	0.5				☐

☐ Show Hidden

图 10.16　完成对"Cylinder1"设置的属性对话框

2）建立调谐螺钉凹槽

单击主面板上的【Draw Box】按钮，其图标为 ⬡，然后将鼠标移到模型界面，任意画出一个长方体模型，如图 10.17 所示。

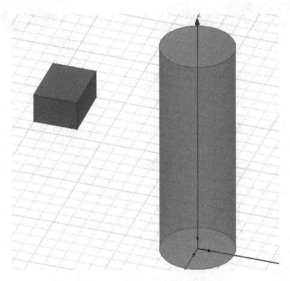

图 10.17　任意画出的长方体模型

双击历史操作树中的 ⬡ CreateBox ，打开模型参数对话框，设置其坐标位置与尺寸大小，如图 10.18 所示。

Name	Value	Unit	Evaluated V...	Description
Command	CreateBox			
Coordinate...	Global			
Position	-a/2 ,-a/2 ,rh		-3.3mm , -3...	
XSize	a		6.6mm	
YSize	a		6.6mm	
ZSize	-hcao		-9.5mm	

图 10.18　Box1 的模型尺寸参数

设置后的模型如图 10.19（a）所示，该长方体嵌入到圆柱体模型的一端。先选中圆柱体"Cylinder1"，按住【Ctrl】键，同时选中长方体"Box1"，单击主面板上的"Substrate"按钮，Cylinder1 就会减去"Box1"，如图 10.19（b）所示。

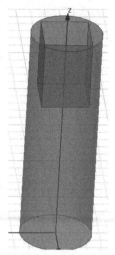

（a）新建的长方体模型　　　　　　　　　　　　（b）圆柱体减去长方体后的模型

图 10.19

3）建立空气腔模型

单击主面板上的【Draw Box】按钮，其图标为 🗊，然后将鼠标移到模型界面，任意画出一个长方体模型"Box2"。

双击历史操作树中的"Box2"的 🟦 CreateBox ，打开模型参数对话框，设置其坐标位置与尺寸大小，如图 10.20 所示。

Command					
Name	Value	Unit	Evaluated Value	Description	
Command	CreateBox				
Coordinate...	Global				
Position	-bw/2 ,-bl/2 ,0mm		-20mm , -15mm , 0mm		
XSize	bw		40mm		
YSize	bl		30mm		
ZSize	bh		40mm		

☐ Show Hidden

图 10.20　新建的空气腔体模型尺寸

双击"Box2"，打开属性对话框，设置"Box2"的材料"Material"为"vacuum"、颜色"Color"为天蓝色，以及透明度"Transparent"为 0.9，如图 10.21 所示。

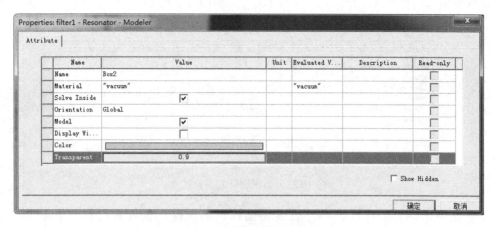

图 10.21　谐振器空气腔的属性

最终画出的空气腔模型如图 10.22 所示，其将谐振金属圆柱包含在内。

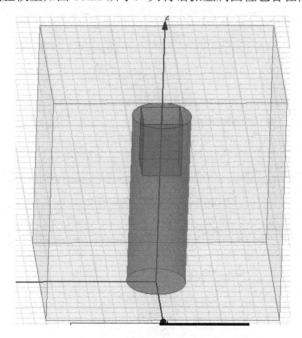

图 10.22　空气腔模型

4）建立调谐螺钉模型

在腔体滤波器中，由于机械加工精度等各方面的原因，导致滤波器的加工测试结果和仿真结果不一致，需要对加工出来的产品进行调节。通常用来调节滤波器参数的工具就是调谐螺钉。下面建立调谐螺钉的模型。

单击主面板上的【Draw Box】按钮，其图标为 ，然后将鼠标移到模型界面，任意画出一个圆柱体模型"Cylinder2"。双击历史操作树中"Cylinder2"的"Creatcylinder"，打开模型参数对话框，设置其坐标位置与尺寸大小，如图 10.23 所示。

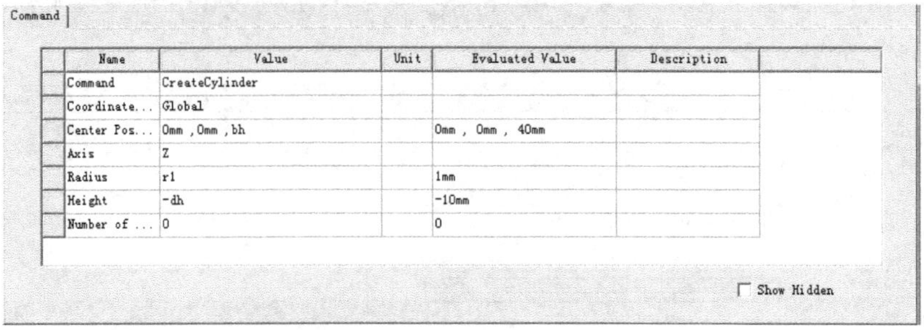

Command					
Name	Value	Unit	Evaluated Value	Description	
Command	CreateCylinder				
Coordinate...	Global				
Center Pos...	0mm ,0mm ,bh		0mm , 0mm , 40mm		
Axis	Z				
Radius	r1		1mm		
Height	-dh		-10mm		
Number of ...	0		0		

☐ Show Hidden

图 10.23　调谐螺钉的参数尺寸

设置完调谐螺钉的尺寸大小，设置调谐螺钉的属性，设置其材料"Material"为铜（copper），颜色为了与谐振金属柱区别，设为蓝色，透明度设为零。双击"Cylinder2"，弹出属性对话框，修改里面的参数，如图 10.24 所示。

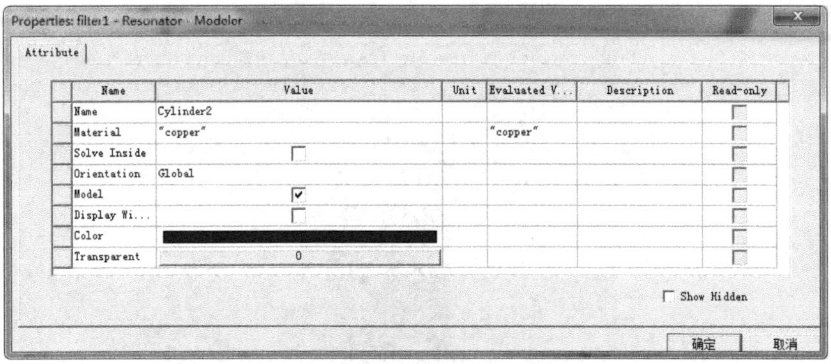

Properties: filter1 - Resonator - Modeler

Attribute						
Name	Value	Unit	Evaluated V...	Description	Read-only	
Name	Cylinder2				☐	
Material	"copper"		"copper"		☐	
Solve Inside	☐				☐	
Orientation	Global				☐	
Model	☑				☐	
Display Wi...	☐				☐	
Color					☐	
Transparent	0				☐	

☐ Show Hidden

确定　取消

图 10.24　调谐螺钉的属性参数

建立的谐振器模型如图 10.25 所示。

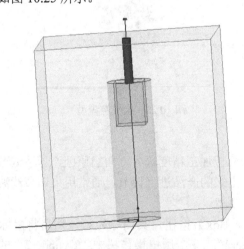

图 10.25　谐振器模型

3. 谐振器仿真

进行本征模的仿真，仿真谐振器的本征频率和 Q 值，首先找到如图 10.26 所示的工程管理窗口，右键单击"Analysis"，执行菜单命令【Add Solution Setup…】，就会打开如图 10.27 所示的本征模设置对话框。在该对话框中，求解频率"Minimum Frequency"设为 0.2，默认单位是 GHz，求解模式数目"Number of Modes"设为 3，其他保持不变。值得说明的是，在设置求解频率的时候，要设置通带中心频率的 1/10 左右，不能设置太小。对有些谐振器，可能会出现一些杂波模式，也不能太大，太大则可能找到的谐振频率是谐波，或者找不到。

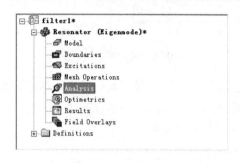

图 10.26　工程管理窗口

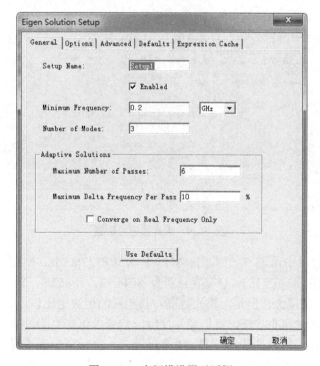

图 10.27　本征模设置对话框

在工具栏中单击"Validation Check"图标，弹出如图 10.28 所示的设计检查验证对话框，检验设计的完整性和正确性。如果对话框的右侧各项都显示，表示当前的设计没有错误，单击【Close】按钮结束。

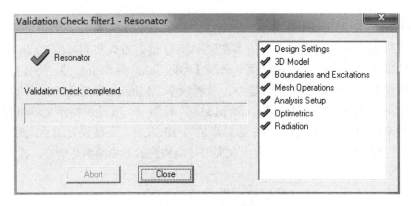

图 10.28　设计检查验证窗口

在工具栏中单击"Analyze All"图标 🎤，就会运行对谐振器谐振频率的仿真运算。计算完以后，鼠标移到工程管理窗口。鼠标右键单击"Results"，执行菜单命令【Solution Data】，就会出现如图 10.29 所示的对话框。

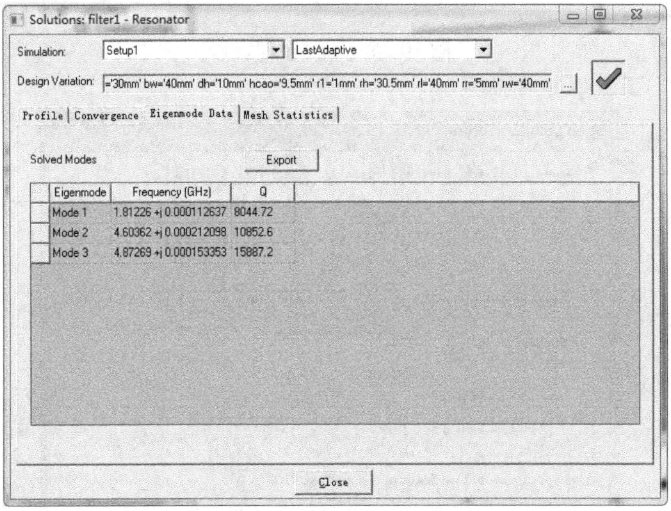

图 10.29　求解数据对话框

可以看到该求解器中出现 3 个数据：Mode1 为 1.81226GHz，Mode2 为 4.60362GHz，Mode3 为 4.87269GHz，它们的"Q"值分别为 8044.72、10852.6、15887.2。可以看到，模式越高，其"Q"值也越大。但是，模式越高，其相应的谐波也比较近。

由于 HFSS 仿真时间非常长，我们经常使用一些减少仿真时间的操作，在这里我们使用对称面的仿真。鼠标右键单击设计文件"Resonator"，执行菜单命令【Copy】，再在工程文件"filter1"中单击鼠标右键，执行菜单命令【Paste】，将会出现另外一个设计文件"Resonator1"，在键盘上按住【Ctrl+A】组合键，将模型全部选中，单击工具栏中的"Split"图标 🔲，将会出现如图 10.30 所示的对话框。

选择"Split plane"中的"XZ"，选择"Keep fragments"中的"Positive side"，单击

【OK】按钮后，所有物体都会沿着 XZ 面被剖分，如图 10.31 所示。

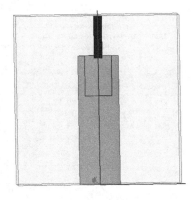

图 10.30　"Split" 对话框　　　　　　　图 10.31　剖分后的模型

单击工具栏中的图标 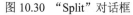，按住鼠标左键，将模型旋转，将被剖分的一面对着自己，在键盘上按【F】键，将鼠标移到物体上，选中被剖分的面，右键单击鼠标，执行菜单命令【Assign Boundary】>【Symmetry】，将会出现如图 10.32 所示的对话框，在 "Symmetry" 中选中 "Perfect H"，单击【OK】按钮。

在工具栏中单击 "Analyze All" 图标 ，就会运行对谐振器谐振频率的仿真运算。计算完以后，鼠标移到工程管理窗口。右键单击 "Results"，执行菜单命令【Solution Data】，就会出现如图 10.33 所示的对话框。

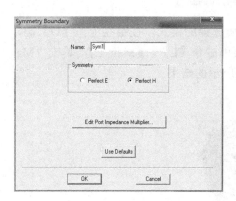

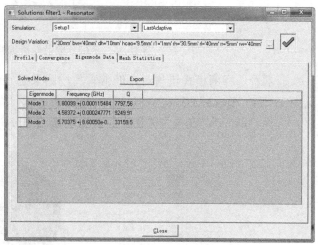

图 10.32　对称面设置对话框　　　　　　图 10.33　剖分后的谐振器求解

比较图 10.33 和图 10.29 可以知道，剖分后的和未剖分的求解谐振频率几乎是相同的，我们可以查看它们的求解时间。单击图 10.33 所示对话框中的 "Profile" 标签页，将会出现如图 10.34 所示的对话框，查看其求解时间，总共使用了 16s。我们再来查看未剖分的求解谐振器的仿真时间，如图 10.35 所示，1min33s，几乎是剖分的 6 倍！所以建议设计人员使用 HFSS 提供的一些减少设计时间的操作。

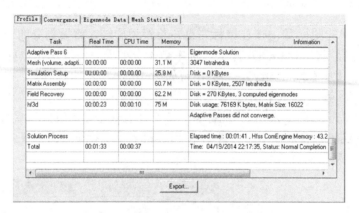

图 10.34   剖分后的谐振器求解时间的查看

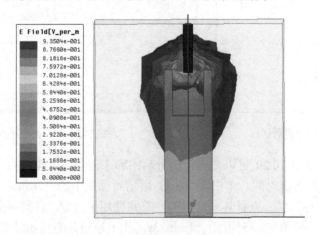

图 10.35   未剖分的谐振器求解时间的查看

通常看选择的模式错与对，经常看其场图来确定所选择的模式。在键盘上按【O】键，选中空气腔"Box2"，右键单击"Plot Fields"，执行菜单命令【E】>【Mag E】，单击"Mag E"，选择"Done"，在模型界面中将会出现如图 10.36 所示的结果。

图 10.36   模型的场分布图

一般情况下，HFSS 默认输出的都是第一个模式，也就是谐振器第一个谐振频率的场图，但是我们也可以查看其他谐振频率的场图。

在工程管理窗口，鼠标右键单击 "Fields Overlays"，执行菜单命令【Edit Source】，将会出现如图 10.37 所示的对话框。

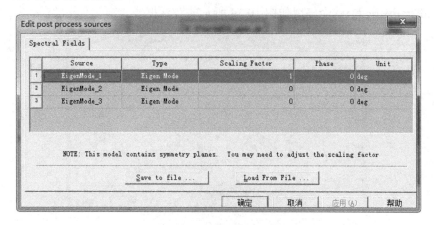

图 10.37 场模式编辑对话框

我们将 "EigenMode_1" 中的 "Scaling Factor" 改为 0，将 "EigenMode_2" 中的 "Scaling Factor" 改为 1，将会出现如图 10.38 所示的场分布图。显然，该模式下的场图不是我们所需要的场图，也不是我们需要的频率模式。

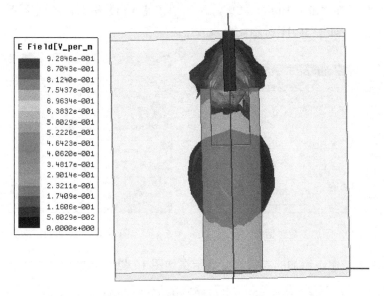

图 10.38 二次模式的场分布图

通常第一次所仿真的模型肯定不是我们所需要的模型，因为频点不对，或者 Q 值达不到，需要调节一些参数才能得到。由于 HFSS 仿真时间太长，可以使用扫参的方法人工自己找所需要的频率点。而且我们使用一个模型，需要知道模型的一些尺寸特性对频率和 Q 值的影响，这就需要我们进行大量详细的扫参仿真来弄清楚谐振器的各个尺寸对频率和 Q 值的影响。这里仅简单介绍如何使用扫参来仿真，找到需要的频率点，由于篇幅所限，我们只给出一个参数对模 Mode(1)频率点的影响，该参数为插入螺钉深度"dh"。

在工程管理窗口，找到"Optimetrics"，鼠标右键单击"Optimetrics"，执行菜单命令【Add】>【Parametric】，就会出现如图 10.39 所示的对话框。

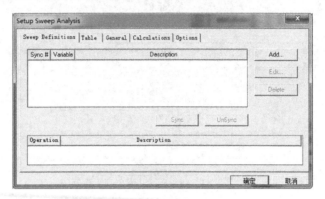

图 10.39　添加扫参对话框

单击图 10.39 中的【Add】按钮，就会出现如图 10.40 所示的对话框。

在"Variable"中选择"dh"，默认单位都是"mm"，在"Start"中输入 9，在"Stop"，中输入 11，在"Step"中输入 0.2，这说明添加了 11 个数据，第一个数据从"dh"=9mm 开始，最后一个数据在"dh=11mm"结束。然后单击【Add】按钮，就将需要扫描的一个参数"dh"添加进去了，如图 10.41 所示。

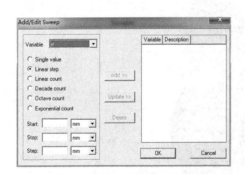

图 10.40　添加参数对话框

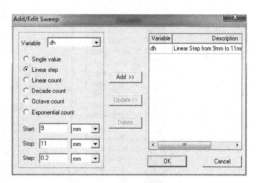

图 10.41　添加的扫描参数"dh"

单击【OK】按钮，添加的参数就会显示在如图 10.42 所示的对话框中。

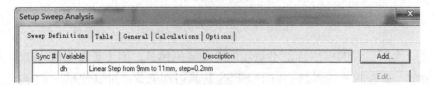

图 10.42　在扫描分析中添加的一个扫描参数

单击【确定】按钮，扫描参数就添加到了仿真设计当中。单击"Analyze All"图标，软件就会开始扫参分析，如图 10.43 所示。

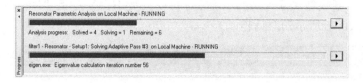

图 10.43　扫参分析进程

扫参进行完以后，鼠标右键单击工程管理窗口中的"Results"，执行菜单命令【Create Eigenmode Parameters Report】>【Rectangular Plot】，打开曲线管理对话框，如图 10.44 所示。

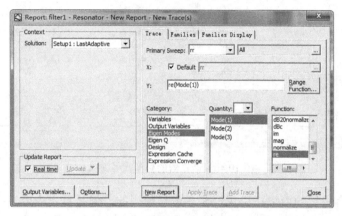

图 10.44　曲线管理对话框

在"Primary Sweep"中选择"dh"，在"Category"中选择"Eigen Modes"，在"Quantity"中选择"Mode(1)"，在"Function"中选择"re"。单击【New Report】按钮就会出现结果曲线图，如图 10.45 所示。

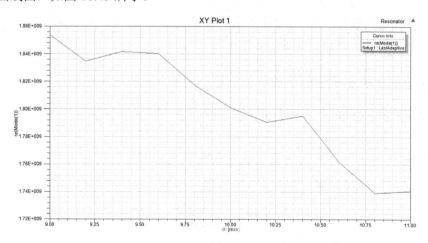

图 10.45　"Mode(1)"的频率随"dh"的变化关系图

我们看到所需要的频率点“1.8623GHz”并不在该曲线以内，那么需要扩大扫描参数“dh”的范围。经过仿真后我们确定，当“mode1”=1.86GHz 的时候，“dh”=8.4mm。现在谐振器仿真完了，其模型尺寸大小已经确定，可以查看 HFSS 中的“Design Properties”，单击它，打开如图 10.46 所示的对话框。

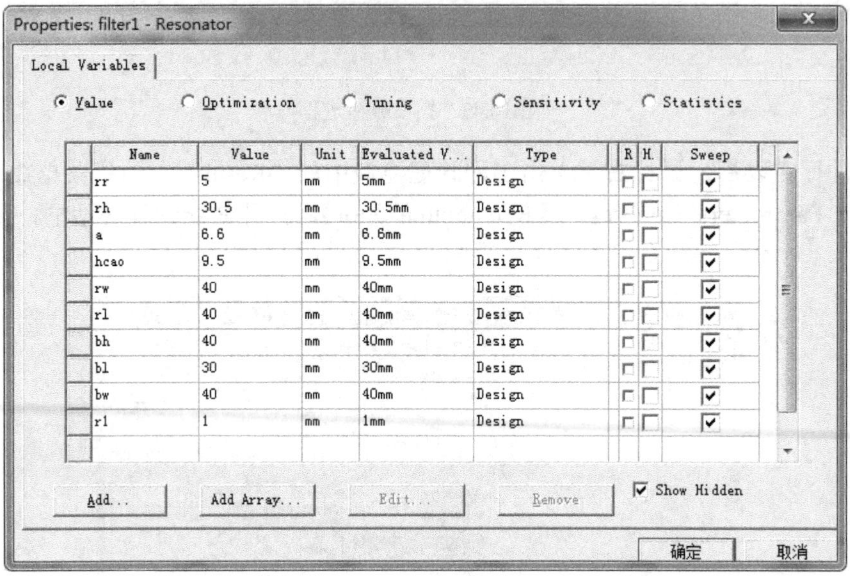

Name	Value	Unit	Evaluated V...	Type	R	H.	Sweep
rr	5	mm	5mm	Design	☐	☐	☑
rh	30.5	mm	30.5mm	Design	☐	☐	☑
a	6.6	mm	6.6mm	Design	☐	☐	☑
hcao	9.5	mm	9.5mm	Design	☐	☐	☑
rw	40	mm	40mm	Design	☐	☐	☑
rl	40	mm	40mm	Design	☐	☐	☑
bh	40	mm	40mm	Design	☐	☐	☑
bl	30	mm	30mm	Design	☐	☐	☑
bw	40	mm	40mm	Design	☐	☐	☑
r1	1	mm	1mm	Design	☐	☐	☑

图 10.46　谐振器的模型尺寸参数

这一节当中有大量的篇幅在讲 HFSS 是怎样使用的，但是重点内容没有细讲，只有一个范例。在选取谐振器的时候，注意选取的是几次模式，选取的谐振器的尺寸模式对谐振器谐振频率的影响，这些都需要大量的仿真，做到了然于胸，才能对微波滤波器的调节有帮助，这里由于篇幅所限，没有细讲。而且要多看一些滤波器的书和论文，注意初始谐振器的尺寸长度（一般是波长的 $\frac{1}{4}$ 和 $\frac{1}{2}$），以减少仿真时间和仿真内容。该节中使用的条件也比较理想，如没有使用边界条件，由于计算机所限，仿真没有收敛，这些在工程项目当中，都是需要在适当的仿真阶段添加的，以减少仿真时间。

10.2.2　耦合系数的仿真

根据 Jiasheng. Hong 书中的和贾宝富老师的课件，耦合系数的 m 系数向 k 系数的转换关系为：

$$k_{n(n-1)} = \mathrm{bw} * m_{n(n-1)} \tag{10.2}$$

其中，n 为第 n 个谐振器，耦合系数的带宽一般都采用相对带宽，即

$$\mathrm{bw} = \frac{f_2 - f_1}{f_r} = \frac{0.045}{1.862} \approx 0.02417 \tag{10.3}$$

由图 10.7 可知耦合系数的 m 系数和 k 系数的大小如表 10.1 所示。

表 10.1　*m* 系数和 *k* 系数表

m_{s1}	m_{12}	m_{23}	m_{34}	m_{45}	m_{56}	m_{67}	m_{7L}
1.0938	0.92204	0.63105	0.58517	0.58517	0.63105	0.92204	1.0938
k_{s1}	k_{12}	k_{23}	k_{34}	k_{45}	k_{56}	k_{67}	k_{7L}
0.0264	0.0222	0.01525	0.01414	0.01414	0.01525	0.0222	0.0264

在 *k* 系数的仿真计算当中有两种仿真模型，一种是端口与谐振器的耦合模型，在这里我们采用时延的方法计算，另外一种是谐振器与谐振器的耦合模型，这里我们采用本征模频率分离的方法计算。

1. 端口与谐振器之间的耦合计算

计算模式的有载 *Q* 值的计算公式为：

$$Q_e = \frac{1}{m_{01}^2 \times \mathrm{bw}} = 34.58 \tag{10.4}$$

当使用时延计算有载 *Q* 值的时候。计算公式为：

$$Q_e = \frac{\pi f_0 t}{2} \tag{10.5}$$

则得计算的时延为 11.82×10^{-9}。

2. 端口与谐振器的耦合建模与仿真计算

1）求解模式的设置

在工程文件中另外复制一份设计文件"Resonator"，HFSS 自动命名为"Resonator2"，将求解模式改为驱动模式下的网络分析模式，如图 10.47 所示，单击【OK】按钮。

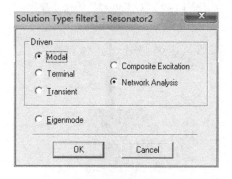

图 10.47　驱动模式下的网络分析模式

2）建立求解延时模型

单击主面板上的【Draw Box】按钮，其图标为 ⬢，然后将鼠标移到模型界面，任意画出一个圆柱体模型"Cylinder3"，如图 10.48 所示。双击历史操作树中"Cylinder3"的"Creatcylinder"，打开模型参数对话框，设置其坐标位置和尺寸大小，如图 10.49 所示。注意，这里的"Axis"是"Y"，不再是"X"。最终建立的模型如图 10.50 所示。

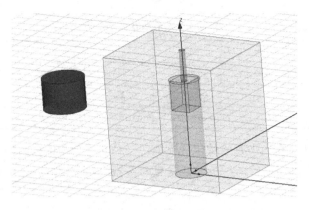

图 10.48   任意建立的圆柱体模型

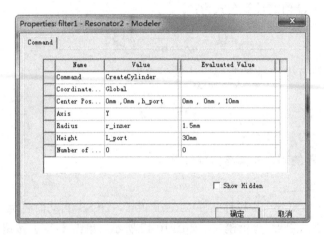

图 10.49   "Cylinder3"的尺寸参数

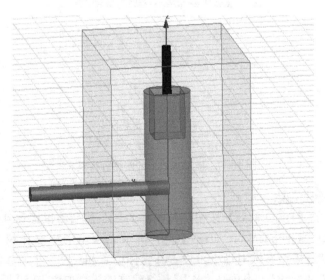

图 10.50   新建的"Cylinder3"模型图

选中历史操作树中的"Cylinder3"，单击鼠标右键，执行菜单命令 【Edit】>【Copy】。再在用户主界面中执行菜单命令【Edit】>【Paste】，这时就会出现"Cylinder4"。双击历史操作树中的"Cylinder4"的"Creatcylinder"，打开模型参数对话框，设置其坐标位置和尺寸大小，如图 10.51 所示。

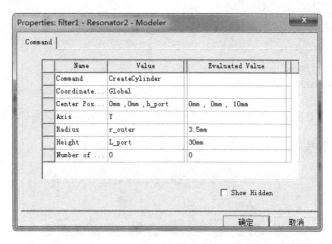

图 10.51　"Cylinder4"尺寸参数

先选中"Box2"，再按住【Ctrl】键选中"Cylinder4"，单击工具栏中的"Unit"图标，将两个模型合并在一起。先选中"Cylinder1"，再按住【Ctrl】键选中"Cylinder3"，单击工具栏中的"Unit"图标，将两个模型合并在一起。这时，建立的模型如图 10.52 所示。

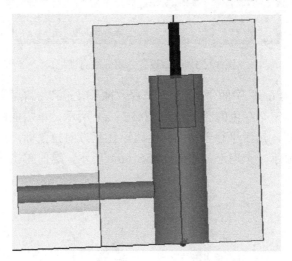

图 10.52　仿真端口时延的谐振器

3）端口激励设置和频率求解设置

在键盘上按【F】键，选中如图 10.53 所示的圆柱面端口。选中后右键单击鼠标，执行菜单命令【Assign Excitation】>【Wave Port】，就会出现如图 10.54 所示的端口设置对话框。

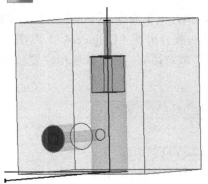

图 10.53 选中的设置端口面

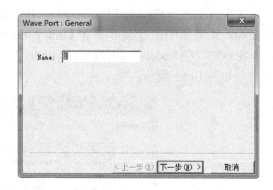

图 10.54 端口设置对话框

单击【下一步】按钮，就会出现如图 10.55 所示的对话框。

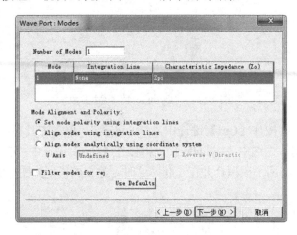

图 10.55 端口设置之积分线对话框

单击"Integration Line"中的"None"，选择"New Line"，将鼠标移到刚才所选面的中心，这时鼠标尖会显示一个绿色的圆，如图 10.56（a）所示，单击面的中心位置，将积分线的第一个点定在该位置，然后平行于该面向两边沿任意方向拉鼠标，当鼠标移到所选面的最外边缘时，鼠标尖会显示一个扇形，如图 10.56（b）所示，这时单击鼠标，将积分线的末点定在该位置。

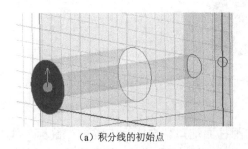

（a）积分线的初始点

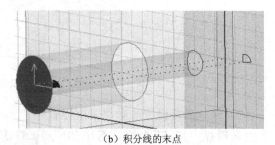

（b）积分线的末点

图 10.56 积分线的设置

单击完末点后，回到图 10.55 所示的对话框，单击【下一步】按钮，再单击【完成】按钮，就把激励端口设置完了，如图 10.57 所示。

这里需要指出的是，标准同轴激励端口的设置并不是如图 10.57 所示的，但是该端口的设置并没有问题，因为端口设置就是为了收集能量。

设置完激励端口后，下面设置扫频。右键点击工程管理窗口里面的"Analysis"，执行菜单命令【Add Solution Setup】，就会出现如图 10.58 所示的对话框，该对话框中已经将"Solution Frequency"中的 1 改为 1.862，单击【确定】按钮。

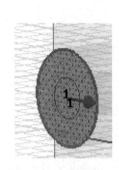

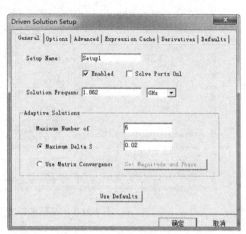

图 10.57　同轴端口　　　　　　　图 10.58　求解频率设置对话框

选择工程管理窗口里面的"Analysis"→"Setup1"，鼠标右键单击"Setup1"，执行菜单【Add Frequency Sweep】，打开编辑频率扫描对话框。按照如图 10.59 所示的数据对该对话框进行编辑，编辑完以后，单击【确定】按钮。有一点要记住，不要勾选"Save Fields"，但是如果硬盘空间够，则就无所谓了。

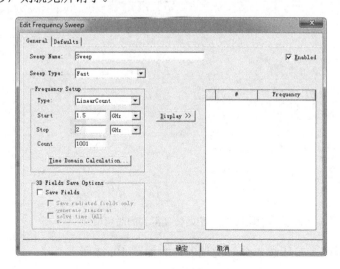

图 10.59　频率扫描对话框

4）仿真及数据分析

从工具栏里找到"Analyze All"图标 🔲，单击它，就会运行对谐振器谐振频率的仿真运算。计算完以后，将鼠标移到工程管理窗口，右键单击工程管理窗口中的"Results"，执行菜单命令【Create Modal Solution Data Report】>【Rectangular Plot】，打开曲线管理对话框，设置其参数，如图 10.60 所示。

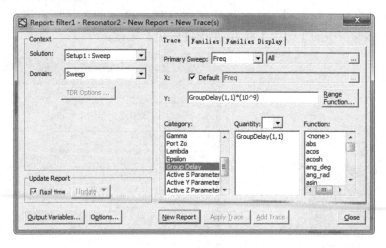

图 10.60　时延曲线设置对话框

设置完以后得到的曲线如图 10.61 所示，可以看出，得到的曲线并不是需要的曲线，其时延并不在需要的点上，因此需要对其进行参数优化。

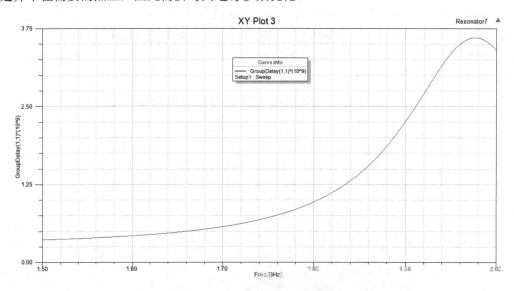

图 10.61　初始仿真得到的时延曲线

优化过程如 10.2.1 节所述，最终优化的参数如图 10.62 所示。

Name	Value	Unit	Evaluated V...	Type	R	H.	Sweep
rr	5	mm	5mm	Design	□	□	☑
rh	30.5	mm	30.5mm	Design	□	□	☑
a	6.6	mm	6.6mm	Design	□	□	☑
hcao	9.5	mm	9.5mm	Design	□	□	☑
rw	40	mm	40mm	Design	□	□	☑
rl	40	mm	40mm	Design	□	□	☑
bh	40	mm	40mm	Design	□	□	☑
bl	30	mm	30mm	Design	□	□	☑
bw	40	mm	40mm	Design	□	□	☑
r1	1	mm	1mm	Design	□	□	☑
dh	10.21	mm	10.21mm	Design	□	□	☑
h_port	4.37	mm	4.37mm	Design	□	□	☑
r_inner	1.5	mm	1.5mm	Design	□	□	☑
L_port	30	mm	30mm	Design	□	□	☑
r_outer	3.5	mm	3.5mm	Design	□	□	☑

图 10.62　优化后的时延仿真参数

优化后的结果如图 10.63 所示。

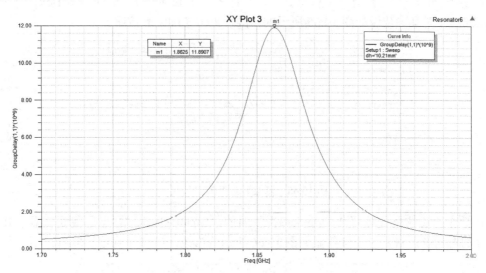

图 10.63　最终优化的时延仿真曲线

3．谐振器与谐振器之间的耦合计算

1）耦合系数的计算公式

谐振器与谐振器之间耦合系数计算的一般公式为：

$$k_{m(m-1)} = \frac{f_1 - f_2}{\sqrt{f_1 \times f_2}} \qquad (10.6)$$

我们由表 10.1 可以计算出 k 系数的各个值。下面我们进行 k 系数的建模仿真。

2）两个耦合器的耦合建模

在工程管理树中选定"Resonator"，单击鼠标右键，执行菜单命令【Copy】，然后在工程文件"filter1"上单击鼠标右键，执行菜单命令【Paste】，这样就将谐振器文件复制了一份，将该文件重命名为"Resonator_coupler"。

在操作历史树下面选择"Cylinder1"下面的"CreatCylinder"，双击则可以显示出编辑其尺寸的对话框，对其中的参数做如图 10.64 所示的修改，单击【确定】按钮。

Name	Value	Evaluated Value
Command	CreateCylinder	
Coordinate...	Global	
Center Pos...	0mm ,-b1/2 ,0mm	0mm , -15mm , 0mm
Axis	Z	
Radius	rr	5mm
Height	rh	30.5mm
Number of ...	0	0

图 10.64　修改的谐振柱尺寸对话框

在操作历史树中打开"Cylinder1"下面的"Subtract"，再双击"Box1"下面的"CreatBox"，对其参数做如图 10.65 所示的修改，单击【确定】按钮。

Name	Value	Evaluated Value
Command	CreateBox	
Coordinate...	Global	
Position	-a/2 ,-a/2-b1/2 ,rh	-3.3mm , -18.3mm , 30.5mm
XSize	a	6.6mm
YSize	a	6.6mm
ZSize	-hcao	-9.5mm

图 10.65　修改后的"Box1"尺寸

在操作历史树下面选择"Cylinder2"下面的"CreatCylinder"，双击则可以显示出编辑其尺寸的对话框，对其中的参数做如图 10.66 所示的修改，单击【确定】按钮。

Name	Value	Evaluated Value
Command	CreateCylinder	
Coordinate...	Global	
Center Pos...	0mm ,-b1/2 ,bh	0mm , -15mm , 40mm
Axis	Z	
Radius	r1	1mm
Height	-dh	-10mm
Number of ...	0	0

图 10.66　修改后的调谐螺钉尺寸

按住键盘上的【Ctrl】键，同时在历史操作树下选中"Cylinder1"和"Cylinder2"，然后单击鼠标右键，执行菜单命令【Edit】>【Copy】。在用户界面上单击鼠标右键，执行菜单命令【Edit】>【Paste】，在历史操作树下就会出现"Cylinder3"和"Cylinder4"，单击【确定】按钮。

在操作历史树下面选择"Cylinder3"下面的"CreatCylinder"，双击则可以显示出编辑其尺寸的对话框，对其中的参数做如图 10.67 所示的修改，单击【确定】按钮。

Name	Value	Evaluated Value
Command	CreateCylinder	
Coordinate...	Global	
Center Pos...	0mm , b1/2 ,0mm	0mm , 15mm , 0mm
Axis	Z	
Radius	rr	5mm
Height	rh	30.5mm
Number of ...	0	0

图 10.67　修改的第二个谐振柱尺寸对话框

在操作历史树中打开"Cylinder3"下面的"Subtract"，再双击"Box3"下面的"CreatBox"，对其参数做如图 10.68 所示的修改，单击【确定】按钮。

Name	Value	Evaluated Value
Command	CreateBox	
Coordinate...	Global	
Position	-a/2 ,-a/2+b1/2 ,rh	-3.3mm , 11.7mm , 30.5mm
XSize	a	6.6mm
YSize	a	6.6mm
ZSize	-hcao	-9.5mm

图 10.68　修改后的"Box3"尺寸

在操作历史树下面选择"Cylinder4"下面的"CreatCylinder"，双击则可以显示出编辑其尺寸的对话框，对其中的参数做如图 10.69 所示的修改，单击【确定】按钮。

Name	Value	Evaluated Value
Command	CreateCylinder	
Coordinate...	Global	
Center Pos...	0mm ,b1/2 ,bh	0mm , 15mm , 40mm
Axis	Z	
Radius	r1	1mm
Height	-dh	-10mm
Number of ...	0	0

图 10.69　修改后的第二个调谐螺钉尺寸

在操作历史树下面选择"Box2"下面的"CreatBox"，双击则可以显示出编辑其尺寸的对话框，对其中的参数做如图 10.70 所示的修改，单击【确定】按钮。

Name	Value	Evaluated Value
Command	CreateBox	
Coordinate...	Global	
Position	-bw/2 ,-bl ,0mm	-20mm , -30mm , 0mm
XSize	bw	40mm
YSize	bl*2	60mm
ZSize	bh	40mm

图 10.70   修改后的空气腔尺寸

这些操作进行完以后，修改后的谐振器耦合模型如图 10.71 所示。

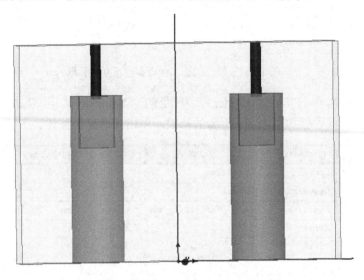

图 10.71   修改后的谐振器耦合模型图

单击工具栏中的图标 🖉，在用户界面中随便画一个长方形"Box4"，双击其下面的"CreatBox"，可以打开其编辑尺寸对话框，对其参数进行修改，修改后的尺寸参数如图 10.72 所示，其中"w_o"=20mm，单击【确定】按钮。

Name	Value	Evaluated Value
Command	CreateBox	
Coordinate...	Global	
Position	-bw/2 ,-1mm ,0mm	-20mm , -1mm , 0mm
XSize	bw/2-w_o/2	10mm
YSize	2	2mm
ZSize	bh	40mm

图 10.72   第一个膜片的尺寸参数

选中"Box4"，单击鼠标右键，执行菜单命令【Edit】>【Copy】。在用户界面上单击鼠标右键，执行菜单命令【Edit】>【Paste】，在历史操作树下就会出现"Box5"。

在操作历史树下面选择"Box5"下面的"CreatBox"，双击则可以显示出编辑其尺寸的对话框，对其中的参数做如图 10.73 所示的修改，单击【确定】按钮。

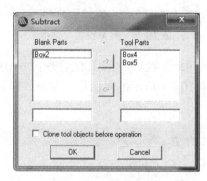

	Name	Value	Evaluated Value
	Command	CreateBox	
	Coordinate...	Global	
	Position	bw/2 ,-1mm ,0mm	20mm , -1mm , 0mm
	XSize	-bw/2+w_o/2	-10mm
	YSize	2	2mm
	ZSize	bh	40mm

图 10.73　第二个膜片的尺寸参数

选中操作历史树下面的"Box2"，再按住【Ctrl】键，同时选择"Box4"和"Box5"，单击工具栏中的图标 ⬚，就会出现如图 10.74 所示的对话框，单击【OK】按钮。这样所有的耦合模型的建模操作都已完毕，模型如图 10.75 所示。

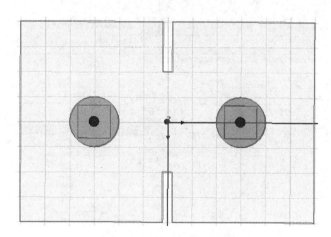

图 10.74　模型相减对话框

图 10.75　耦合器模型图

3）仿真计算及数据分析

单击"Resonator_coupler"设计下的工程管理树中的"Analysis"，双击"Setup1"，弹出频率设置对话框，如图 10.76 所示。

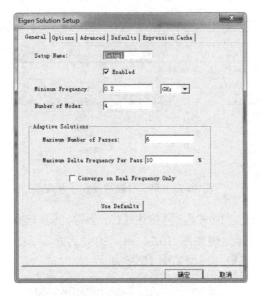

图 10.76　频率设置对话框

右键单击"Resonator_coupler"设计下的工程管理树中的"Results"，执行菜单命令【Output Variables】，打开如图 10.77 所示的对话框，并对"Name"和"Expression"项进行编辑。

图 10.77　输出变量对话框

单击【Add】按钮，就可以将编辑后的输出变量加到灰色的对话框中，单击【Done】按钮，结束编辑。

再键单击 "Resonator_coupler" 设计下的工程管理树中的 "Optimetrics"，执行菜单命令
【Add】>【Parametric】，打开 "Setup Sweep Analysis" 对话框，单击【Add】按钮，添加扫
描参量 "w_o"，如图 10.78 所示。

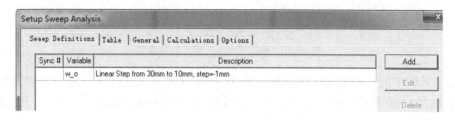

图 10.78 "Setup Sweep Analysis" 对话框

再单击图 10.78 所示对话框中的 "Calculations" 标签页，单击左下方的 "Setup
Calculation"，可以打开如图 10.79 所示的对话框，做图 10.79 所示对话框中的选择，单击
【Add Calculation】按钮，就可以将 "k12" 添加到图 10.80 所示的对话框中。

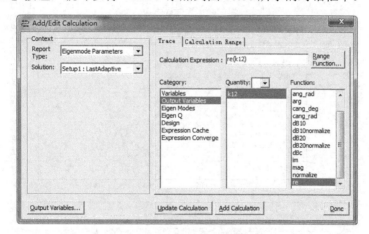

图 10.79 添加和编辑计算对话框

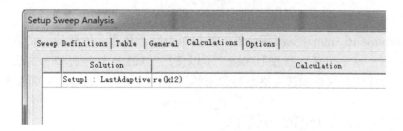

图 10.80 添加的扫描计算公式

在工程管理树下右键单击 "Optimetrics"，执行菜单命令【Add】>【Parametric】，打开
参数扫描编辑对话框，添加参数扫描，如图 10.81 所示。

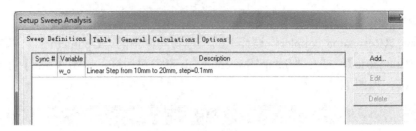

图 10.81　添加"w_o"作为扫描参数

单击工具栏中的"Analyze All"图标进行仿真运算，运算完以后，在工程管理树下选中"Optimetrics"，单击鼠标右键，执行菜单命令【View Analysis Results】，就会打开如图 10.82 所示的对话框。

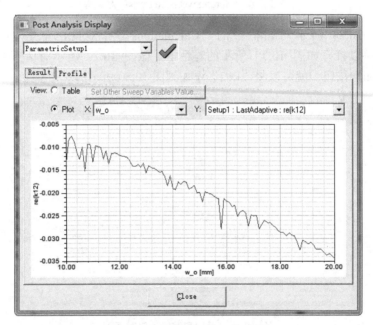

图 10.82　参数扫描结果分析对话框

选中"Table"，然后选取与表 10.1 中的 k_{12}、k_{23}、k_{34} 最接近的数据，其尺寸参数有 11.9mm、13.4mm、16.1mm。滤波器全部的数据都进行了仿真，所有的初始参数都通过仿真给出了具体数值。这个仿真数据并不准确，可以使用 Matlab 软件去掉一些凸点，将数据曲线拟合一下。最好的办法是加密网格数目和求解次数，以及降低最多频率间隔值。

10.3　全波滤波器的建模与仿真

10.3.1　全波滤波器的建模

在工程管理树中选定"Resonator_coupler"，单击鼠标右键，执行菜单命令【Copy】，然后在工程文件"filter1"上右键单击，执行菜单命令【Paste】，这样就将谐振器文件

"Resonator_coupler"复制了一份，为"Resonator_coupler1"，将该文件重命名为"Wholefilter"。将设计文件"Wholefilter"的求解模式改为驱动模式下的网络分析模式。

1. 建立 7 阶谐振器模型

在历史操作树中选中"Cylinder1"，双击打开模型的属性对话框，在"Name"栏将模型的名字改为"Resonator1"；在历史操作树中选中"Cylinder2"，双击打开模型的属性对话框，在"Name"栏将模型的名字改为"Ding1"。在历史操作树中选中"Cylinder3"，双击打开模型的属性对话框，在"Name"栏将模型的名字改为"Resonator2"；在历史操作树中选中"Cylinder4"，双击打开模型的属性对话框，在"Name"栏将模型的名字改为"Ding2"。

在历史操作树中选中"Resonator1"和"Ding1"，单击鼠标右键，执行菜单命令【Edit】>【Copy】，然后在用户主界面上右键单击鼠标，执行菜单命令【Edit】>【Paste】，在历史操作树下就会出现另外两个模型"Resonator3"和"Ding3"。双击"Ding3"下面的"CreatCylinder"，打开模型的参数对话框，将其中"Center Position"栏中的"0mm, –bl/2, bh"改为"0mm, 0, bh"，在"Height"栏中将"–dh"改为"–dh_4"，其中"dh_4"=10mm。双击"Resonator3"下面的"CreatCylinder"，打开模型的参数对话框，将其中"Center Position"栏中的"0mm, –bl/2, 0mm"改为"0mm, 0, 0mm"。打开"Resonator3"下面的"Subtract"，打开"Box6"下面的"CreatBox"并双击，打开模型的参数对话框，将其中"Center Position"栏中的"–a/2, –a/2–bl/2, rh"改为"–a/2, –a/2, rh"。

双击"Ding1"下面的"CreatCylinder"，打开模型的参数对话框，将其中"Center Position"栏中的"0mm, –bl/2, bh"改为"0mm, –s3, bh"，其中"s3"=30mm，在"Height"栏中将"–dh"改为"–dh_3"，其中"dh_3=10mm"。双击"Resonator1"下面的"CreatCylinder"，打开模型的参数对话框，将其中"Center Position"栏中的"0mm, –bl/2, 0mm"改为"0mm, –s3, 0mm"。打开"Resonator1"下面的"Subtract"，打开"Box1"下面的"CreatBox"并双击，打开模型的参数对话框，将其中"Center Position"栏中的"–a/2, –a/2–bl/2, rh"改为"–a/2, –a/2–s3, rh"。

双击"Ding2"下面的"CreatCylinder"，打开模型的参数对话框，将其中"Center Position"栏中的"0mm, bl/2, bh"改为"0mm, s3, bh"，在"Height"栏中将"–dh"改为"–dh_3"。双击"Resonator2"下面的"CreatCylinder"，打开模型的参数对话框，将其中"Center Position"栏中的"0mm, bl/2, 0mm"改为"0mm, s3, 0mm"。打开"Resonator2"下面的"Subtract"，打开"Box3"下面的"CreatBox"并双击，打开模型的参数对话框，将其中"Center Position"栏中的"–a/2, –a/2+bl/2, rh"改为"–a/2, –a/2+s3, rh"。

在历史操作树中选中"Resonator1"和"Ding1"，单击鼠标右键，执行菜单命令【Edit】>【Copy】，然后在用户主界面上右键单击鼠标，执行菜单命令【Edit】>【Paste】，在历史操作树上就会出现另外两个模型"Resonator4"和"Ding4"。双击"Ding4"下面的"CreatCylinder"，打开模型的参数对话框，将其中"Center Position"栏中的"0mm, –s3, bh"改为"0mm, –s3–s2, bh"，其中"s2"=30mm，在"Height"栏中将"–dh"改为"–dh_2"，其中"dh_2"=10mm。双击"Resonator4"下面的"CreatCylinder"，打开模型的参数对话框，将其中"Center Position"栏中的"0mm, –s3, 0mm"改为"0mm, –s3–s2, 0mm"。打开

"Resonator4"下面的"Subtract"，打开"Box7"下面的"CreatBox"并双击，打开模型的参数对话框，将其中"Center Position"栏中的"-a/2, -a/2-s3, rh"改为"-a/2, -a/2-s3-s2, rh"。

在历史操作树中选中"Resonator2"和"Ding2"，单击鼠标右键，执行菜单命令【Edit】>【Copy】，然后，在用户主界面上右键单击鼠标，执行菜单命令【Edit】>【Paste】，在历史操作树上就会出现另外两个模型"Resonator5"和"Ding5"。双击"Ding5"下面的"CreatCylinder"，打开模型的参数对话框，将其中"Center Position"栏中的"0mm, s3, bh"改为"0mm, s3+s2, bh"，在"Height"栏中将"-dh"改为"-dh_2"。双击"Resonator5"下面的"CreatCylinder"，打开模型的参数对话框，将其中"Center Position"栏中的"0mm, s3, 0mm"改为"0mm, s3+s2, 0mm"。打开"Resonator5"下面的"Subtract"，打开"Box8"下面的"CreatBox"并双击，打开模型的参数对话框，将其中"Center Position"栏中的"-a/2, -a/2+s3, rh"改为"-a/2, -a/2+s3+s2, rh"。

在历史操作树中选中"Resonator4"和"Ding4"，单击鼠标右键，执行菜单命令【Edit】>【Copy】，然后，在用户主界面上右键单击鼠标，执行菜单命令【Edit】>【Paste】，在历史操作树上就会出现另外两个模型"Resonator6"和"Ding6"。双击"Ding6"下面的"CreatCylinder"，打开模型的参数对话框，将其中"Center Position"栏中的"0mm, -s3-s2, bh"改为"0mm, -s3-s2-s1, bh"，其中"s1"=30mm，在"Height"栏中将"-dh"改为"-dh_1"，其中"dh_1"=10mm。双击"Resonator6"下面的"CreatCylinder"，打开模型的参数对话框，将其中"Center Position"栏中的"0mm, -s3-s2, 0mm"改为"0mm, -s3-s2-s1, 0mm"。打开"Resonator6"下面的"Subtract"，打开"Box9"下面的"CreatBox"并双击，打开模型的参数对话框，将其中"Center Position"栏中的"-a/2, -a/2-s3-s2, rh"改为"-a/2, -a/2-s3-s2-s1, rh"。

在历史操作树中选中"Resonator5"和"Ding5"，单击鼠标右键，执行菜单命令【Edit】>【Copy】，然后，在用户主界面上右键单击鼠标，执行菜单命令【Edit】>【Paste】，在历史操作树上就会出现另外两个模型"Resonator7"和"Ding7"。双击"Ding7"下面的"CreatCylinder"，打开模型的参数对话框，将其中"Center Position"栏中的"0mm, s3+s2, bh"改为"0mm, s3+s2+s1, bh"，在"Height"栏中将"-dh"改为"-dh_1"。双击"Resonator7"下面的"CreatCylinder"，打开模型的参数对话框，将其中"Center Position"栏中的"0mm, s3+s2, 0mm"改为"0mm, s3+s2+s1, 0mm"。打开"Resonator7"下面的"Subtract"，打开"Box10"下面的"CreatBox"并双击，打开模型的参数对话框，将其中"Center Position"栏中的"-a/2, -a/2+s3+s2, rh"改为"-a/2, -a/2+s3+s2+s1, rh"。

上面的操作完成后建立的模型如图10.83所示。

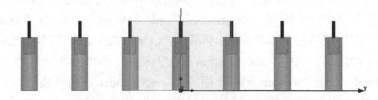

图10.83　建立的7阶滤波器谐振器模型

2．建立空气腔模型

在历史操作树下找到"Box2"，打开其下面的子目录，选中"Subtract"，在键盘上按下【Delete】键。双击"Box2"下面的"CreatBox"，打开模型的参数对话框，将其参数改为如图 10.84 所示的参数。

Name	Value	Evaluated Value
Command	CreateBox	
Coordinate...	Global	
Position	-bw/2 ,-lbv/2 ,0mm	-20mm ,-105.5mm , 0mm
XSize	bw	40mm
YSize	lbv	211mm
ZSize	bh	40mm

图 10.84　空气腔的尺寸

在历史操作树下找到"Box4"，打开"Box4"下面的"CreatBox"并双击，打开模型的参数对话框，将其中"Center Position"栏中的"-bw/2，-1mm，0mm"改为"-bw/2，-1mm+s3/2，0mm"，将"Xsize"栏中的"bw/2-w_o/2"改为"bw/2-w_3/2"。在历史操作树下找到"Box5"，打开"Box5"下面的"CreatBox"并双击，打开模型的参数对话框，将其"Center Position"栏中的"bw/2，-1mm，0mm"改为"bw/2，-1mm+s3/2，0mm"，将"Xsize"栏中的"-bw/2+w_o/2"改为"-bw/2+w_3/2"，其中"w_3"=20mm。

在历史操作树下找到"Box4"和"Box5"，单击鼠标右键，执行菜单命令【Edit】>【Copy】，然后在用户主界面上右键单击鼠标，执行菜单命令【Edit】>【Paste】，在历史操作树下就会出现另外两个模型"Box11"和"Box12"。打开"Box11"下面的"CreatBox"并双击，打开模型的参数对话框，将其"Center Position"栏中的"-bw/2，-1mm+s3/2，0mm"改为"-bw/2，-1mm-s3/2，0mm"。在历史操作树下找到"Box12"，打开"Box12"下面的"CreatBox"并双击，打开模型的参数对话框，将其"Center Position"栏中的"bw/2，-1mm+s3/2，0mm"改为"bw/2，-1mm-s3/2，0mm"。

在历史操作树下找到"Box4"和"Box5"，单击鼠标右键，执行菜单命令【Edit】>【Copy】，然后在用户主界面上右键单击鼠标，执行菜单命令【Edit】>【Paste】，在历史操作树下就会出现另外两个模型"Box13"和"Box14"。在历史操作树下找到"Box13"，打开"Box13"下面的"CreatBox"并双击，打开模型的参数对话框，将其"Center Position"栏中的"-bw/2，-1mm+s3/2，0mm"改为"-bw/2，-1mm+s3+s2/2，0mm"，将"Xsize"栏中的"bw/2-w_3/2"改为"bw/2-w_2/2"，其中"w_2"=20mm。在历史操作树下找到"Box14"，打开"Box14"下面的"CreatBox"并双击，打开模型的参数对话框，将其"Center Position"栏中的"bw/2，-1mm+s3/2，0mm"改为"bw/2，-1mm+s3+s2/2，0mm"，将"Xsize"栏中的"-bw/2+w_3/2"改为"-bw/2+w_2/2"。

在历史操作树下找到"Box11"和"Box12"，单击鼠标右键，执行菜单命令【Edit】>【Copy】，然后在用户主界面上右键单击鼠标，执行菜单命令【Edit】>【Paste】，在历史操作树上就会出现另外两个模型"Box15"和"Box16"。在历史操作树下找到"Box15"，打开

"Box15"下面的"CreatBox"并双击，打开模型的参数对话框，将其"Center Position"栏中的"-bw/2, -1mm-s3/2, 0mm"改为"-bw/2, -1mm-s3-s2/2, 0mm"，将"Xsize"栏中的"bw/2-w_3/2"改为"bw/2-w_2/2"，其中"w_2"=20mm。在历史操作树下找到"Box16"，打开"Box16"下面的"CreatBox"并双击，打开模型的参数对话框，将其"Center Position"栏中的"bw/2, -1mm-s3/2, 0mm"改为"bw/2, -1mm-s3-s2/2, 0mm"，将"Xsize"栏中的"-bw/2+w_3/2"改为"-bw/2+w_2/2"。

在历史操作树下找到"Box13"和"Box14"，单击鼠标右键，执行菜单命令【Edit】>【Copy】，然后在用户主界面上右键单击鼠标，执行菜单命令【Edit】>【Paste】，在历史操作树下就会出现另外两个模型"Box17"和"Box18"。在历史操作树下找到"Box17"，打开"Box17"下面的"CreatBox"并双击，打开模型的参数对话框，将其"Center Position"栏中的"-bw/2, -1mm+s3+s2/2, 0mm"改为"-bw/2, -1mm+s3+s2+s1/2, 0mm"，将"Xsize"栏中的"bw/2-w_2/2"改为"bw/2-w_1/2"，其中"w_1"=20mm。在历史操作树下找到"Box18"，打开"Box18"下面的"CreatBox"并双击，打开模型的参数对话框，将其"Center Position"栏中的"bw/2, -1mm+s3+s2/2, 0mm"改为"bw/2, -1mm+s3+s2+s1/2, 0mm"，将"Xsize"栏中的"-bw/2+w_2/2"改为"-bw/2+w_1/2"。

在历史操作树下找到"Box15"和"Box16"，单击鼠标右键，执行菜单命令【Edit】>【Copy】，然后在用户主界面上右键单击鼠标，执行菜单命令【Edit】>【Paste】，在历史操作树下就会出现另外两个模型"Box19"和"Box20"。在历史操作树下找到"Box19"，打开"Box19"下面的"CreatBox"并双击，打开模型的参数对话框，将其"Center Position"栏中的"-bw/2, -1mm-s3-s2/2, 0mm"改为"-bw/2, -1mm-s3-s2-s1/2, 0mm"，将"Xsize"栏

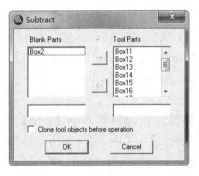

图 10.85　减去对话框

中的"bw/2-w_2/2"改为"bw/2-w_1/2"，其中"w_1"=20mm。在历史操作树下找到"Box18"，打开"Box20"下面的"CreatBox"并双击，打开模型的参数对话框，将其"Center Position"栏中的"bw/2, -1mm-s3-s2/2, 0mm"改为"bw/2, -1mm-s3-s2-s1/2, 0mm"，将"Xsize"栏中的"-bw/2+w_2/2"改为"-bw/2+w_1/2"。

先选中"Box2"，再选中"Box4"、"Box5"和"Box11"～"Box20"。单击工具栏中的"Subtract"，就会出现如图 10.85 所示的对话框。

单击【OK】按钮，就会出现如图 10.86 所示的模型图。

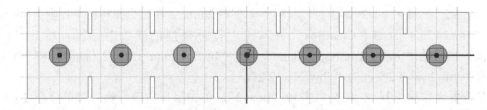

图 10.86　建立的空气腔模型

3．建立端口

单击主面板上的【Draw Box】按钮，其图标为 ▣，然后将鼠标移到模型界面，任意画出一个圆柱体模型"Cylinder1"。双击历史操作树下"Cylinder1"下面的"CreatCylinder"，打开模型参数对话框，设置其坐标位置和尺寸大小，如图 10.87 所示。注意，这里的"Axis"是"Y"，不再是"X"。在历史操作树下找到"Cylinder1"，单击鼠标右键，执行菜单命令【Edit】>【Copy】，然后在用户主界面上右键单击鼠标，执行菜单命令【Edit】>【Paste】，在历史操作树下就会出现另外一个模型"Cylinder2"，双击历史操作树下"Cylinder2"下面的"CreatCylinder"，打开模型参数对话框，修改其尺寸参数，如图 10.88 所示。最终建立的模型如图 10.86 所示。

Name	Value	Evaluated Value
Command	CreateCylinder	
Coordinate...	Global	
Center Pos...	0mm , -s3-s2-s1 , h_port	0mm , -90mm , 10mm
Axis	Y	
Radius	r_inner	1.5mm
Height	-L_port	-30mm
Number of ...	0	0

图 10.87　"Cylinder1"的尺寸参数

Name	Value	Evaluated Value
Command	CreateCylinder	
Coordinate...	Global	
Center Pos...	0mm , s3+s2+s1 , h_port	0mm , 90mm , 10mm
Axis	Y	
Radius	r_inner	1.5mm
Height	L_port	30mm
Number of ...	0	0

图 10.88　"Cylinder2"的尺寸参数

同时选中"Cylinder1"和"Cylinder2"，在键盘上先按【Ctrl+C】组合键，再同时按【Ctrl+V】组合键，将两个模型复制，名字为"Cylinder3"和"Cylinder4"。双击历史操作树下"Cylinder3"下面的"CreatCylinder"，打开模型参数对话框，设置其坐标位置和尺寸大小，如图 10.89 所示。双击历史操作树下"Cylinder4"下面的"CreatCylinder"，打开模型参数对话框，设置其坐标位置和尺寸大小，如图 10.90 所示。

Name	Value	Evaluated Value
Command	CreateCylinder	
Coordinate...	Global	
Center Pos...	0mm , -s3-s2-s1 , h_port	0mm , -90mm , 10mm
Axis	Y	
Radius	r_outer	3.5mm
Height	-L_port	-30mm
Number of ...	0	0

图 10.89　"Cylinder3"的尺寸参数

Name	Value	Evaluated Valu
Command	CreateCylinder	
Coordinate...	Global	
Center Pos...	0mm , s3+s2+s1 , h_port	0mm , 90mm , 10mm
Axis	Y	
Radius	r_outer	3.5mm
Height	L_port	30mm
Number of ...	0	0

图 10.90 "Cylinder4"的尺寸参数

同时选中"Resonator7"和"Cylinder2",在工具栏面板上单击"Unit",将两个模型合成为一个模型。同时选中"Resonator6"和"Cylinder1",在工具栏面板上单击"Unit",将两个模型合成为一个模型,注意选择顺序,不能选择反了,否则材料属性会发生变化。同时选中"Box2"、"Cylinder3"和"Cylinder4",在工具栏面板上单击"Unit",将两个模型合成为一个模型。建立的整体滤波器模型如图 10.91 所示。

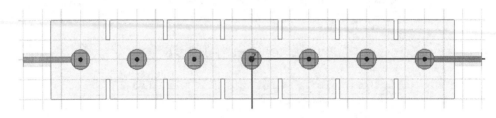

图 10.91 整体滤波器模型

在主菜单中,执行菜单命令【HFSS】>【Design Properties】,打开该设计的变量数据模型对话框,将前面优化的数据带入该模型中,其数据如图 10.92 所示。

dh_3	10	mm	10mm	Design	□□	☑
dh_2	10	mm	10mm	Design	□□	☑
dh_1	10.21	mm	10.21mm	Design	□□	☑
w_3	11.9	mm	11.9mm	Design	□□	☑
w_2	13.4	mm	13.4mm	Design	□□	☑
w_1	16.1	mm	16.1mm	Design	□□	☑
h_port	4.37	mm	4.37mm	Design	□□	☑
r_inner	1.5	mm	1.5mm	Design	□□	☑
L_port	30	mm	30mm	Design	□□	☑
r_outer	3.5	mm	3.5mm	Design	□□	☑

图 10.92 优化的数据参数

10.3.2 全波滤波器的仿真计算

1. 设置两个端口

在键盘上按【F】键,选中如图 10.93 所示的圆柱面端口。

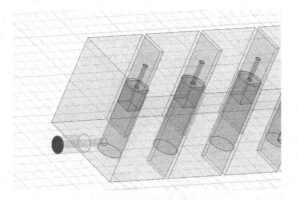

图 10.93　选中的设置端口面

选中后单击鼠标右键，执行菜单命令【Assign Excitation】>【Wave Port】，就会出现如图 10.94 所示的端口设置对话框。

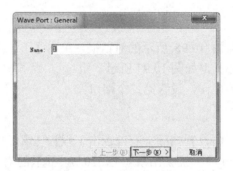

图 10.94　端口设置对话框

单击【下一步】按钮，就会出现如图 10.95 所示的对话框。

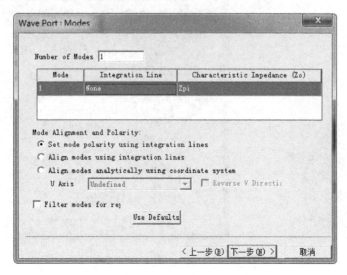

图 10.95　端口设置之积分线对话框

单击"Integration Line"中的"None",选择"New Line",将鼠标移到刚才所选面的中心,这时鼠标尖会显示一个绿色的圆,如图 10.96(a)所示,单击面的中心位置,将积分线的第一个点定在该位置,然后平行于该面向两边沿任意方向拉鼠标,当鼠标移到所选面的最外边缘时,鼠标尖会显示一个扇形,如图 10.96(b)所示,这时单击鼠标,将积分线的末点定在该位置。

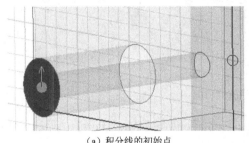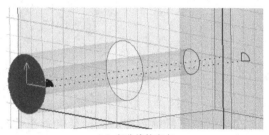

(a)积分线的初始点　　　　　　　　　　　(b)积分线的末点

图 10.96　积分线的设置

单击完末点后,回到如图 10.95 所示的对话框,单击【下一步】按钮,再单击【完成】按钮,就把激励端口设置完了,如图 10.97 所示。

对另外的端口做同样的操作,设置第二个端口。

2.设置求解模式

设置完激励端口后,下面设置扫频。右键点击工程管理窗口里面的"Analysis",执行菜单命令【Add Solution Setup】,就会出现如图 10.98 所示的对话框,该对话框中已经将"Solution Frequency"中的 1 改为 1.862,单击【确定】按钮。

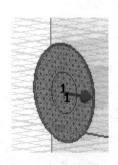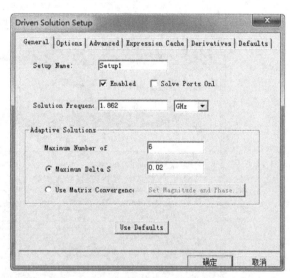

图 10.97　同轴端口　　　　　　　　　　　图 10.98　求解频率设置对话框

选择工程管理窗口里面的"Analysis"→"Setup1",右键单击"Setup1",执行菜单命令

【Add Frequency Sweep 】，打开编辑频率扫描对话框。按照如图 10.99 所示的数据对该对话框进行编辑，编辑完以后，单击【确定】按钮。有一点需要记住，不要勾选 "Save Fields"，但是如果硬盘空间足够，则就无所谓了。

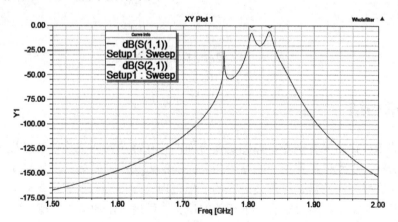

图 10.99　频率扫描对话框

从工具栏里找到 "Analyze All" 图标，单击它，就会运行对谐振器谐振频率的仿真运算。计算完以后鼠标移到工程管理窗口，右键单击工程管理窗口中的 "Results"，执行菜单命令【Create Modal Solution Data Report】>【Rectangular Plot】，打开曲线管理对话框，设置其参数，得到如图 10.100 所示的结果图。

图 10.100　整体滤波器的初始模型仿真结果

显然，这个模型的结果并不是我们想要的，需要对其参数进行优化得到需要的模型。注意优化的时候，要借鉴耦合系数的相对大小对尺寸参数进行调整。最终优化的结果如图 10.101 所示。

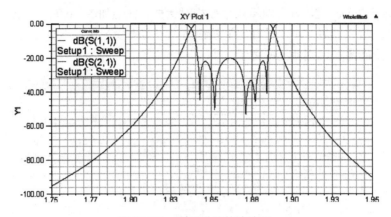

图 10.101　所要设计的滤波器

滤波器优化的最终参数如图 10.102 所示。

Name	Value	Unit	Evaluated V...	Type	R	H.	Sweep
bw	40	mm	40mm	Design	☐	☐	☑
r1	1	mm	1mm	Design	☐	☐	☑
s3	30	mm	30mm	Design	☐	☑	☑
dh_4	9	mm	9mm	Design	☐	☑	☑
s2	30	mm	30mm	Design	☐	☑	☑
dh_3	9.18	mm	9.18mm	Design	☐	☐	☑
dh_2	8.96	mm	8.96mm	Design	☐	☐	☑
dh_1	10.17	mm	10.17mm	Design	☐	☐	☑
s1	30	mm	30mm	Design	☐	☑	☑
lbv	211	mm	211mm	Design	☐	☑	☑
w_3	13.4	mm	13.4mm	Design	☐	☐	☑
w_2	13.84	mm	13.84mm	Design	☐	☐	☑
w_1	18.06	mm	18.06mm	Design	☐	☐	☑
h_port	5.74	mm	5.74mm	Design	☐	☐	☑
r_inner	1.5	mm	1.5mm	Design	☐	☐	☑
L_port	25.5	mm	25.5mm	Design	☐	☐	☑
r_outer	3.5	mm	3.5mm	Design	☐	☐	☑

图 10.102　滤波器优化的最终参数

10.4　本章小结

滤波器的未优化结果有些差，原因是多方面的。在滤波器的优化仿真过程中，注意不要像书中讲的那样一步到位，使用一些减少仿真时间的方法，如开始的时候减少迭代次数，将模型剖分等。这样做滤波器是很消耗时间的，但是理论知识值得大家认真研究，每一个步骤都有自己的理论支撑，希望大家看一下相关的论文，做进一步的深入了解。

第11章 微带一分四功分器的设计与仿真

11.1 微带 T 型功分器的基本原理

功率分配器是将输入信号功率分成相等或不等的几路功率输出的一种多端口无源微波网络，用于功率分配或功率合成。微带结构的功率分配器可以用印刷电路板实现，因此在无线分布系统中得到广泛应用。工程上常用的微带功分器有 T 型功分器和威尔金森功分器。但经典的威尔金森功分器有几个缺点：①在低频段应用较多，当应用于较高的频段时，波长就会与隔离电阻的尺寸相比拟，此时就需要考虑电阻的分布参数效应；②大功率应用的时候，隔离电阻的耗散功率要很大，因此隔离电阻的体积也会比较大。

在一些工程应用中，对输出端口之间的隔离度并没有严格要求，此时可以用简单的 T 型功分器带来代替需要焊接隔离电阻的威尔金森功分器。图 11.1 是一个简单的一分四等幅同相输出的 T 型功分器的原理框图，其中 port1 是输入端口，port2、port3、port4、port5 是输出端口，a 是输入段传输线，b 是四分之一波长阻抗变换段传输线，c、d 是一分二输出段传输线，e、f、g、h、i、j、k、l 是一分四输出段传输线。如果输入端口和输出端口阻抗均为 50Ω（即 $Z_0 = Z_3 = 50\Omega$），则 $Z_2 = Z_3/2 = 25\Omega$，b 段传输线上端口（与 c、d 两段相连接的一端）输出阻抗 $Z_4 = Z_2/2 = 12.5\Omega$，b 段传输线下端口（与 a 段相连接的一端）输入阻抗为 Z_0，因此 b 段微带线特性阻抗 $Z_1 = \sqrt{Z_0 \cdot Z_4} = 25\Omega$。当 port1 端口有高频信号输入时，在 port2、port3、port4、port5 四个输出端口可以得到四路等幅同相的信号。

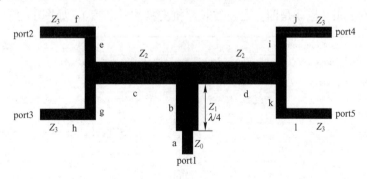

图 11.1 一分四等幅同相输出 T 型功分器的原理框图

11.2 微带 T 型功分器的 HFSS 建模分析

下面利用 HFSS 仿真软件对图 11.1 所示的 T 型功分器进行仿真分析。

对一个中心工作频率为 2GHz 的微带线进行仿真分析，介质基片材料为 FR4（相对介电常数为 4.4，损耗角正切为 0.02，厚度为 0.8mm）。

　　仿真之前先借助 TXLine2003 软件计算各段微带线的初始宽度。首先利用 TXline2003 软件对导带宽度进行仿真前的计算判断，打开 TXLine2003 软件，在 Microstrip 界面进行如图 11.2 所示的设置："Dielectric Constant" 为 4.4，"Loss Tangent" 为 0.02，"Impedance" 为 50Ohms，"Frequency" 为 2GHz，"Height" 为 0.8mm。设置完成后单击图标➡，则右边的 "Width" 更新为 1.4924mm，这就是本例中模型建立时 50Ω 微带线的初始宽度。

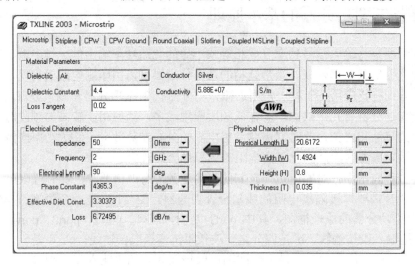

图 11.2　利用 TXline2003 软件计算 50Ω 微带线的初始宽度

　　用同样的操作可以得到 25Ω 微带线的初始宽度为 4.15014mm。注意，利用 TXline2003 软件计算特性阻抗为 25Ω 微带线的宽度时，在 TXline2003 软件 Microstrip 界面的 "Electrical Length" 一项设置为 90deg，则单击图标➡后可在右侧的 "Physical Length" 项得到对应的介质波长 19.5898mm（也就是四分之一波长阻抗变换线的长度），如图 11.3 所示。

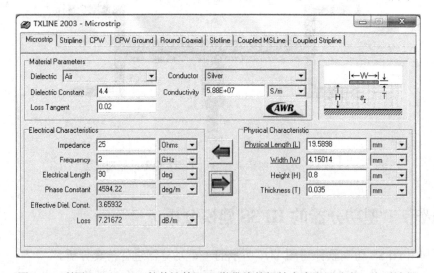

图 11.3　利用 TXline2003 软件计算 25Ω 微带线的初始宽度和四分之一介质波长

下面进行仿真分析。

1．新建 HFSS 设计工程并保存

双击 HFSS15 快捷图标启动软件，执行菜单命令【Project】>【Insert HFSS Design】，或者单击工具栏中的图标 🔧，建立新的 HFSS 设计工程，名称默认为"HFSSDesign1"，在工程管理窗口中选中新建的 HFSS 设计工程"HFSSDesign1"，单击鼠标右键，执行菜单命令【Rename】或者按【F2】键，则可以更改 HFSS 设计工程名称，本例中我们采用默认名称"HFSSDesign1"。执行菜单命令【File】>【Save as】，在弹出的另存为窗口中输入工程名称"T power divider"，并选择后续仿真数据文件的保存路径，单击【确定】按钮即可保存本工程。

2．建立参数化微带线仿真模型

1）添加设计变量

执行菜单命令【HFSS】>【Design Properties】，弹出如图 11.4 所示的添加设计变量的"Properties"对话框，单击【Add】按钮，弹出定义设计变量属性的"Add Property"对话框，如图 11.5 所示，在"Name"中输入设计变量名称"h_substrate"，类型选择"Variable"，"Unite Type"和"Units"选项可以不用进行选择，直接在"Value"中输入设计变量"h_substrate"的初始值 0.8mm，单击【Ok】按钮即可添加"h_substrate"变量，如图 11.6 所示。

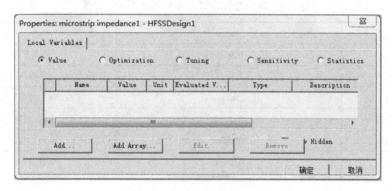

图 11.4　添加设计变量的"Properties"对话框

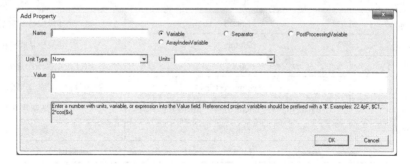

图 11.5　定义设计变量属性的"Add Property"对话框

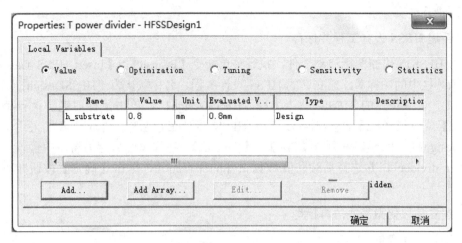

图 11.6　添加完"w_substrate"变量后的"Properties"对话框

　　按照同样的步骤在图 11.4 所示的"Properties"对话框中添加表 11.1 所示的建立模型时需要用到的所有设计变量，添加完所有设计变量后的"Properties"对话框如图 11.7 所示，单击【确定】按钮，确定添加所有的设计变量。这样就可以在后续的建模过程中直接用这些已定义过的设计变量来对各个模型的尺寸及相对位置进行参数化表示了。

表 11.1　建立模型时需要用到的所有设计变量

Name	Value	注　　释
h_substrate	0.8mm	介质基片厚度
w_microstrip1	1.5mm	a 段微带线宽度
l_microstrip1	5mm	a 段微带线长度
w_microstrip2	4.15mm	b 段微带线宽度
l_microstrip2	19.6mm	b 段微带线长度
w_microstrip3	4.15mm	c 段微带线宽度
l_microstrip3	40mm	c 段微带线长度
w_microstrip4	1.5mm	e 段微带线宽度
l_microstrip4	20mm	e 段微带线长度
w_microstrip5	1.5mm	f 段微带线宽度
l_microstrip5	20mm	f 段微带线长度
q	0.6	e、f 段微带线拐角处的斜切率
p	2*q*w_microstrip4	拐角处被切掉的切角的直角边边长
w_substrate	(l_microstrip3+w_microstrip4+l_microstrip5)*2	介质基片宽度
l_substrate	60mm	介质基片长度
lambda	150mm	2GHz 对应的空气波长

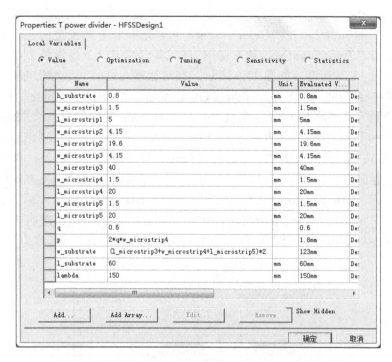

图 11.7　添加完所有设计变量后的"Properties"对话框

2）创建介质基片层模型

在工具栏中的 [XY ▾] 下拉列表中选择 XY，执行菜单命令【Draw】>【Box】，或者单击工具栏中的图标 ▱，创建一个底面在 *XOY* 面上的长方体模型表示介质基片层，创建一个长方体模型后会弹出一个设置长方体模型属性的"Properties"对话框，如图 11.8 所示，在弹出的"Properties"对话框中，在"Command"标签页中的"Position"选项中输入长方体模型的初始点坐标（−l_substrate, −w_substrate/2, 0mm），XSize、YSize、ZSize 三个选项中分别输入长方体的长度、宽度、厚度：l_substrate、w_substrate、h_substrate。

	Name	Value	Unit	Evaluated Value
	Command	CreateBox		
	Coordinate...	Global		
	Position	-l_substrate , -w_substrate/2 , 0mm		-60mm , -61.5mm , 0mm
	XSize	l_substrate		60mm
	YSize	w_substrate		123mm
	ZSize	h_substrate		0.8mm

图 11.8　"Properties"对话框中的"Command"标签页

单击"Properties"对话框中的"Attribute"标签页，在"Name"选项中输入介质基片的模型名称"substrate"，在"Color"选项中可以选择长方体模型的显示颜色，这里取默认颜色，单击"Transparent"选项右侧的方框 ⁰ 会弹出一个设置长方体模型透明度的"Set Transparency"对话框，如图 11.9 所示，在对话框右侧的文字编辑框内输入 0.8 或者直接将显示条拉到 0.8 的位置，单击【OK】按钮，回到"Attribute"标签页，此时"Transparent"选项右侧的方框显示为 0.8，在"Attribute"标签页的"Material"选项中单击右侧的 "vacuum"，在出现的下拉列表中（图 11.10）单击"Edit"，弹出设置模型材料的"Select Definition"对话框（图 11.11），在"Search by Name"中输入材料名称"FR4"，下面的窗口中会显示出所搜寻的材料，双击"FR4_epoxy"，即可将长方体模型材料设置为"FR4_epoxy"，最终设置好的"Attribute"标签页如图 11.12 所示，单击右下角的【确定】按钮，即可完成长方体模型的名称、尺寸、位置、显示颜色、透明度、材料等属性的设置，此时在历史操作树中会出现一个材料为"FR4_epoxy"、名称为"substrate"的模型。

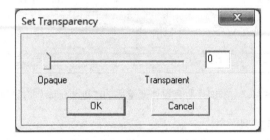

图 11.9 "Set Transparency"对话框

图 11.10 "Attribute"标签中进行材料设置选项的下拉列表

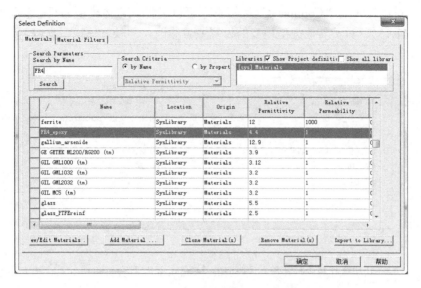

图 11.11　"Select Definition"对话框

　　在 3D 模型显示窗口中按快捷键【Ctrl+D】（最佳视图显示），即可看到如图 11.13 所示的长方体模型所表示的介质基片层。

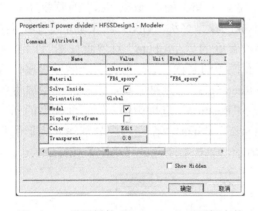

图 11.12　设置好的"Properties"对话框中的
"Attribute"标签页

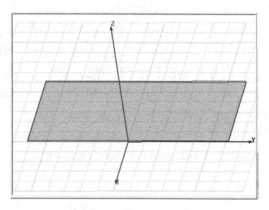

图 11.13　长方体模型所表示的
介质基片层

　　注：第一种情况，因为软件设置的原因，创建一个模型后可能并不会弹出如图 11.8 所示的"Properties"对话框；第二种情况，后期修改模型时，需要调用"Properties"对话框来对模型属性进行重新设置。这两种情况可以通过以下办法解决：在历史操作树下双击需要设置或修改的模型名称（以刚才创建的长方体模型为例，第一种情况下对应的名称为"Box1"，第二种情况下对应的名称为"substrate"），此时会弹出"Properties"对话框中的"Attribute"标签页，可以进行长方体模型的名称、材料、显示颜色、显示透明度的设置或者修改；在历史操作树下双击需要设置或修改的模型名称（第一种情况下对应的名称为"Box1"，第二种情况下对应的名称为"substrate"）下面的"CreateBox"，此时会弹出

"Properties"对话框中的"Command"标签页，可以进行长方体模型的尺寸和位置的设置或者修改（图 11.15）。对于其他类型模型的设置或者修改，与长方体模型类似，以下不再进行重复叙述。

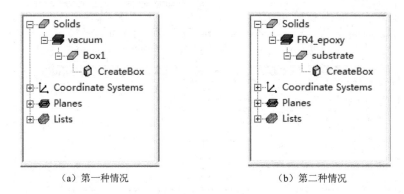

（a）第一种情况　　　　　　　　　　（b）第二种情况

图 11.14　历史操作树中打开长方体模型的"Command"标签页和"Attribute"标签页

3）创建接地板模型

在工具栏中的 下拉列表中选择 XY，执行菜单命令【Draw】>【Rectangle】，或者单击工具栏中的图标 创建一个在 *XOY* 面上的矩形面模型来表示接地板，创建矩形面后会弹出一个设置矩形面模型属性的"Properties"对话框，在弹出的"Properties"对话框中，在"Attribute"标签页中的"Name"选项中输入接地板的模型名称"GND"，"Color"选项保持默认颜色，"Transparent"选项设置为 0.6，最终设置好的"Attribute"标签页如图 11.15 所示，单击右下角的【确定】按钮，即可完成矩形面模型的名称、显示颜色、透明度等属性的设置。双击历史操作树中"GND"下的"CreateRectangle"，会弹出设置矩形面模型属性的"Properties"对话框中的"Command"标签页，在"Position"选项中输入矩形面模型的初始点坐标（–l_substrate，–w_substrate/2，0mm），XSize、YSize 两个选项中分别输入矩形的长度、宽度：l_substrate、w_substrate，如图 11.16 所示，单击右下角的【确定】按钮。

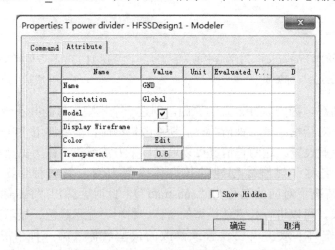

图 11.15　设置好的"Properties"对话框中的"Attribute"标签页

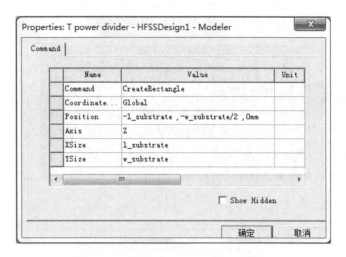

图 11.16　设置好的"Command"标签页

在 3D 模型显示窗口中按快捷键【Ctrl+D】（最佳视图显示），即可看到如图 11.17 所示的介质基片层模型和接地板模型。

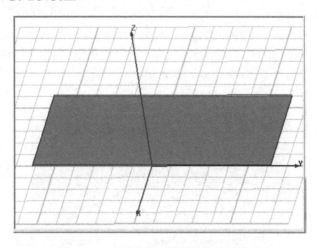

图 11.17　介质基片层模型和接地板模型

4）创建微带线模型

（1）创建 a 段微带线模型：在工具栏中的 ![图标] 下拉列表中选择 XY，执行菜单命令【Draw】>【Rectangle】，或者单击工具栏中的图标 □，创建一个在 *XOY* 面上的矩形面模型来表示 a 段微带线模型，创建矩形面后会弹出一个设置矩形面模型属性的"Properties"对话框，按照 3）中创建接地板模型的步骤，设置"Name"为"microstrip1"，"Transparent"选项设置为 0.6，初始点坐标为（0mm，-w_microstrip1/2，h_substrate），XSize、YSize 两个选项中分别输入-l_microstrip1、w_microstrip1， 图 11.18 是加上 a 段微带线后的模型。

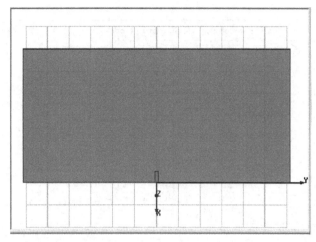

图 11.18　加上 a 段微带线后的模型

（2）创建 b 段微带线模型：在工具栏中的 下拉列表中选择 XY，执行菜单命令【Draw】>【Rectangle】，或者单击工具栏中的图标 ，创建一个在 *XOY* 面上的矩形面模型来表示 b 段微带线模型，创建矩形面后会弹出一个设置矩形面模型属性的"Properties"对话框，按照 3）中创建接地板模型的步骤，设置"Name"为"microstrip2"，"Transparent"选项设置为 0.6，初始点坐标为（−l_microstrip1，−w_microstrip2/2，h_substrate），XSize、YSize 两个选项中分别输入−l_microstrip2、w_microstrip2，　图 11.19 是加上 b 段微带线后的模型。

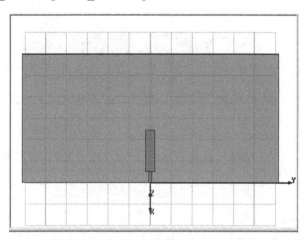

图 11.19　加上 b 段微带线后的模型

（3）创建 c 段微带线模型：在工具栏中的 下拉列表中选择 XY，执行菜单命令【Draw】>【Rectangle】，或者单击工具栏上的图标 ，创建一个在 *XOY* 面上的矩形面模型来表示 c 段微带线模型，创建矩形面后会弹出一个设置矩形面模型属性的"Properties"对话框，按照 3）中创建接地板模型的步骤，设置"Name"为"microstrip3"，"Transparent"选项设置为 0.6，初始点坐标为（−l_microstrip1−l_microstrip2, 0mm，h_substrate），XSize、YSize 两个选项中分别输入−w_microstrip3、−l_microstrip3，图 11.20 是加上 c 段微带线后的模型。

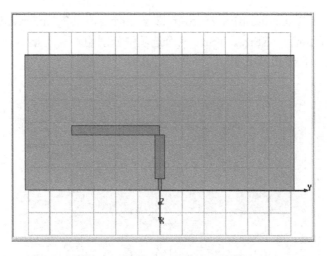

图 11.20　加上 c 段微带线后的模型

（4）创建 e 段微带线模型：在工具栏中的 xy 下拉列表中选择 XY，执行菜单命令【Draw】>【Rectangle】，或者单击工具栏中的图标 □，创建在 *XOY* 面上的矩形面模型来表示 e 段微带线模型，创建矩形面后会弹出一个设置矩形面模型属性的"Properties"对话框，按照 3）中创建接地板模型的步骤，设置"Name"为"microstrip4"，"Transparent"选项设置为 0.6，初始点坐标为（−l_microstrip1−l_microstrip2−w_microstrip3/2，−l_microstrip3，h_substrate），XSize、YSize 两个选项中分别输入−l_microstrip4、−w_microstrip4，图 11.21 是加上 e 段微带线后的模型。

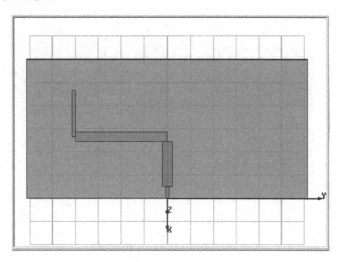

图 11.21　加上 e 段微带线后的模型

（5）创建 f 段微带线模型：在工具栏中的 xy 下拉列表中选择 XY，执行菜单命令【Draw】>【Rectangle】，或者单击工具栏中的图标 □，创建一个在 *XOY* 面上的矩形面模型来表示 f 段微带线模型，创建矩形面后会弹出一个设置矩形面模型属性的"Properties"对话框，按照 3）中创建接地板模型的步骤，设置"Name"为"microstrip5"，"Transparent"选项设置为

0.6，初始点坐标为（-1_microstrip1-1_microstrip2-w_microstrip3/2-1_microstrip4，-1_microstrip3-w_microstrip4, h_substrate），XSize、YSize 两个选项中分别输入 w_microstrip5、-1_microstrip5，图 11.22 是加上 f 段微带线后的模型。

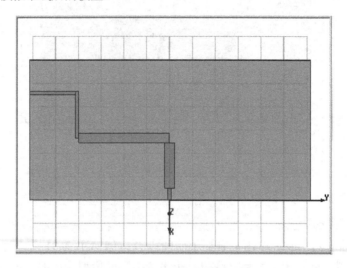

图 11.22　加上 f 段微带线后的模型

（6）将 e、f 段微带线合并：选中历史操作树中的"microstrip4"，按【Ctrl】键，同时选中"microstrip5"，然后单击工具栏中的图标 ，则将"microstrip4"和"microstrip5"两个模型合并为一个模型（图 11.23），新模型在操作树下的名称默认为"microstrip4"。

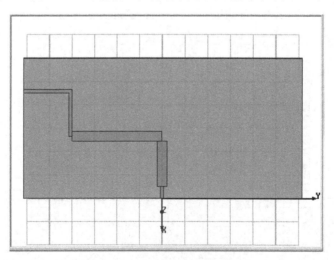

图 11.23　e、f 段微带线合并后的模型

（7）对 e、f 段微带线合并后的模型的拐角处进行削角处理：在视图窗口中单击鼠标右键，在弹出的菜单中执行菜单命令【Select Vertices】（图 11.24），则进入选择顶点模式，在视图窗口中单击拐弯处的外顶点，则在该顶点处显示一个正方形标注。单击工具栏中的图标 ，则弹出切角设置"Chamfer Properties"对话框，该对话框中的"Chamfer Type"项选择

"Symmetric"，"Left Distance"输入"p"，单击【OK】按钮，退出"Chamfer Properties"对话框，在视图窗口中可以看到拐弯处已经被切下来一个三角形。

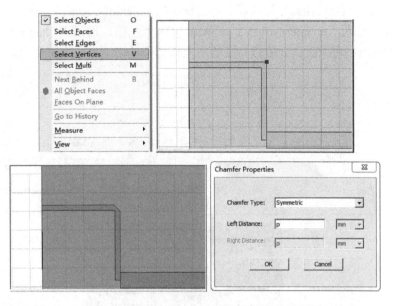

图 11.24　对 e、f 段微带线合并后的模型的拐角处进行削角处理

　　本例模型中有三个 T 形结，都需要进行削角处理，由于模型的对称性，只需要对两处进行削角处理。首先对 c、e、g 三段微带线的连接处进行削角处理：在视图窗口中单击 e 段微带线的左下角顶点（图 11.25），则在该顶点处显示一个正方形标注。单击工具栏中的图标，则弹出切角设置"Chamfer Properties"对话框，对话框中的"Chamfer Type"项选择"Symmetric"，"Left Distance"输入"w_microstrip4/2"，单击【OK】按钮，退出"Chamfer Properties"对话框，在视图窗口中可以看到 e 段微带线的左下角已经被切下来一个三角形。

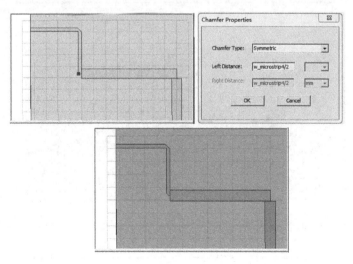

图 11.25　对 c、e、g 三段微带线的连接处进行削角处理

下面对 b、c、d 三段微带线的连接处进行削角处理：在视图窗口中单击 c 段微带线的右上角顶点（图 11.26），则在该顶点处显示一个正方形标注。单击工具栏中的图标 ⬚，则弹出切角设置"Chamfer Properties"对话框，对话框中的"Chamfer Type"项选择"Symmetric"，"Left Distance"输入"w_microstrip3/2"，单击【OK】按钮，退出"Chamfer Properties"对话框，在视图窗口中可以看到 c 段微带线的右上角已经被切下来一个三角形。

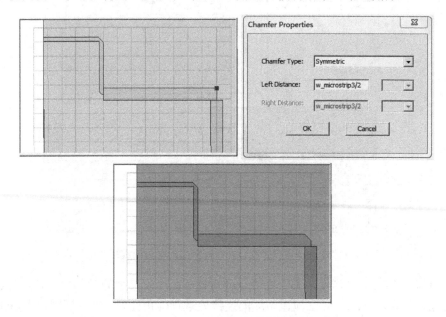

图 11.26　对 b、c、d 三段微带线的连接处进行削角处理

在 3D 模型显示窗口中按快捷键【Ctrl+D】（最佳视图显示），即可看到如图 11.27 所示的已经进行过削角处理的 a、b、c、e、f 五段微带线。

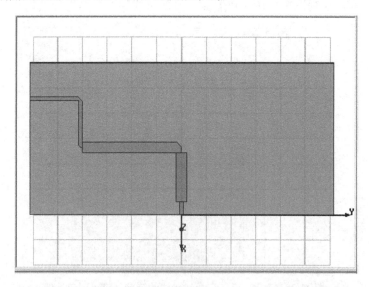

图 11.27　已经进行过削角处理的 a、b、c、e、f 五段微带线模型

（8）创建 g、h 段微带线模型：由于是对称结构，g、h 段微带线模型可以利用 HFSS 软件的镜像复制操作来创建。选中操作树中的"microstrip4"，单击工具栏中的图标 ，在 HFSS 软件界面右下角的 X、Y、Z 栏中输入坐标（0，0，0），然后按【Enter】键，在 dX、dY、dZ 栏中输入（1，0，0），按【Enter】键。双击操作树中"microstrip4"下的"DuplicateMirror"（图 11.28），弹出"Properties"对话框，在"Base Position"一栏中输入（-1_microstrip1-1_microstrip2-w_microstrip3/2，-1_microstrip3，h_substrate），单击右下角的【确定】按钮。则完成 g、h 段微带线模型的创建，模型名称默认为"microstrip4_1"（会添加到历史操作树中）。

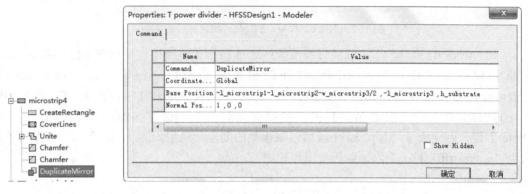

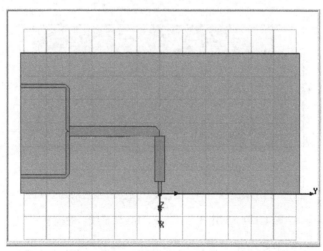

图 11.28　g、h 段微带线模型的创建

（9）将 c、e、f、g、h 段微带线合并：选中历史操作树中的"microstrip3"，按【Ctrl】键，同时选中"microstrip4"和"microstrip4_1"，然后单击工具栏中的图标 ，则将"microstrip3"、"microstrip4"和"microstrip4_1"合并为一个模型（图 11.29），新模型在操作树下的名称默认为"microstrip3"。

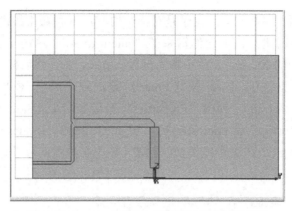

图 11.29　c、e、f、g、h 段微带线合并后的模型

（10）创建 d、i、j、k、1 段微带线模型：这 5 段微带线模型也可以跟上面创建 g、h 段微带线模型时一样，利用 HFSS 软件的镜像复制操作来创建。选中操作树中的"microstrip3"，然后单击工具栏中的图标　，在 HFSS 软件界面的右下角 X、Y、Z 栏中输入坐标（0，0，0），按【Enter】键，然后在 dX、dY、dZ 栏中输入（0，1，0），按【Enter】键。则完成 d、i、j、k、1 段微带线模型的创建，模型如图 11.30 所示，模型名称默认为"microstrip3_1"（会添加到历史操作树中）。

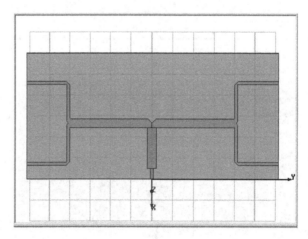

图 11.30　创建 d、i、j、k、1 段微带线后的模型

（11）将所有微带线模型合并：选中历史操作树中的"microstrip1"，按【Ctrl】键，同时选中"microstrip2"、"microstrip3"和"microstrip3_1"，然后单击工具栏中的图标　，则将"microstrip1"、"microstrip2"、"microstrip3"和"microstrip3_1"合并为一个模型（图11.31），新模型在操作树下的名称默认为"microstrip1"。

5）创建输入输出端口

（1）创建输入端口模型：在工具栏中的　下拉列表中选择 YZ，执行菜单命令【Draw】>【Rectangle】，或者单击工具栏中的图标　，创建一个在 *YOZ* 面上的矩形面模型来表示输入端口，创建矩形面后会弹出一个设置矩形面模型属性的"Properties"对话框，按照 3）中创建接地板模型的步骤，设置"Name"为"port1"，"Transparent"选项设置为 0.6，初始点坐标为（0mm，-w_microstrip1*3.5，0mm），YSize、ZSize 两个选项中分别输入矩形面的宽度、长度：w_microstrip1*7、h_substrate*6。输入端口"port1"模型如图 11.32 所示。全部操作完成后会在历史操作树中出现名称为"port1"的模型。

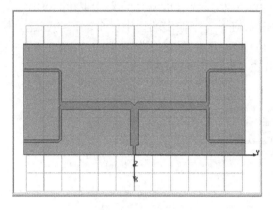

图 11.31　微带线整体模型

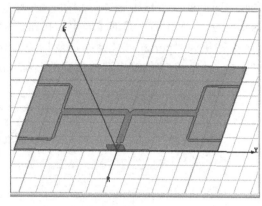

图 11.32　输入端口"port1"模型

（2）创建输出端口模型：由于 4 个输出端口是对称结构，这里只需创建一个输出端口即可，其他 3 个输出端口可以利用 HFSS 软件的镜像复制操作来创建。在工具栏中的 下拉列表中选择 ZX，执行菜单命令【Draw】>【Rectangle】，或者单击工具栏中的图标 ，创建一个在 *XOZ* 面上的矩形面模型来表示其中一个输出端口，创建矩形面后会弹出一个设置矩形面模型属性的"Properties"对话框，按照 3）中创建接地板模型的步骤，设置"Name"为"port2"，"Transparent"选项设置为 0.6，初始点坐标为（-l_microstrip1-l_microstrip2-w_microstrip3/2-l_microstrip4-w_microstrip5*3，-l_microstrip3-w_microstrip4-l_microstrip5，0），YSize、ZSize 两个选项中分别输入矩形面的宽度、长度：w_microstrip1*7、h_substrate*6。输出端口"port2"模型如图 11.33 所示。全部操作完成后会在历史操作树中出现名称为"port2"的模型。

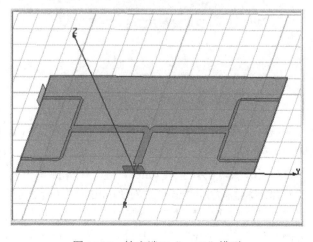

图 11.33　输出端口"port2"模型

（3）其他 3 个输出端口的创建：按照图 11.34 所示的创建 g、h 段微带线模型的操作，选中操作树中的"port2"，单击工具栏中的图标 ，在 HFSS 软件界面右下角的 X、Y、Z 栏中输入坐标（0，0，0），按【Enter】键，然后在 dX、dY、dZ 栏中输入（1，0，0），按【Enter】键。双击操作树中"port2"下的"DuplicateMirror"（图 11.34），弹出"Properties"对话框，在"Base Position"一栏中输入（-l_microstrip1-l_microstrip2-w_microstrip3/2，-l_microstrip3，h_substrate），单击右下角的【确定】按钮，则完成剩下 3 个输出端口中一个端口的创建。模型名称默认为"port2_1"（会添加到历史操作树中），选中历史操作树中的"port2_1"，按【F2】键，将刚创建的输出端口模型的名称"port2_1"改为"port3"。

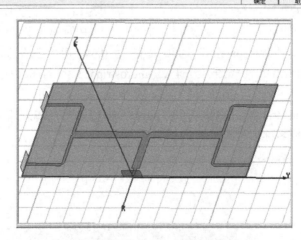

图 11.34　输出端口"port3"模型的创建

选中操作树中的"port2"，按【Ctrl】键，同时选中"port3"，然后单击工具栏中的图标 ，在 HFSS 软件界面右下角的 X、Y、Z 栏中输入坐标（0，0，0），按【Enter】键，然后在 dX、dY、dZ 栏中输入（0，1，0），按【Enter】键。则完成剩下两个输出端口的创建，模型如图 11.35 所示，模型名称默认为"port2_1"、"port3_1"（会添加到历史操作树中）。选中历史操作树中的"port2_1"，按【F2】键，将刚创建的输出端口模型的名称"port2_1"改为"port4"。选中历史操作树中的"port3_1"，按【F2】键，将刚创建的输出端口模型的名称"port3_1"改为"port5"。

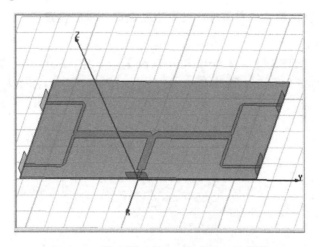

图 11.35　输出端口"port4"、"port5"模型

6）创建空气腔模型

在工具栏中的 XY 下拉列表中选择 XY，执行菜单命令【Draw】>【Box】，或者单击工具栏上的图标，创建一个底面在 XOY 面上的长方体模型来表示空气腔，创建长方体模型后会弹出一个设置长方体模型属性的"Properties"对话框，按照 2）中创建介质基片层模型的步骤，在"Properties"对话框中设置长方体模型的初始点坐标为（0mm，−w_substrate/2，−1mm），XSize、YSize、ZSize 三个选项中分别输入−l_substrate−lambda/4、w_substrate、h_substrate+lambda/4，Name、Material、Transparent 分别设置为 airbox、air、0.8，全部设置完成后单击"Properties"对话框右下角的【确定】按钮，即可完成长方体模型的名称、尺寸、位置、显示颜色、透明度、材料等的设置，此时在历史操作树下会出现一个材料为"air"、名称为"airbox"的模型。在 3D 模型显示窗口中按快捷键【Ctrl+D】（最佳视图显示），即可看到如图 11.36 所示的加上空气腔的模型。

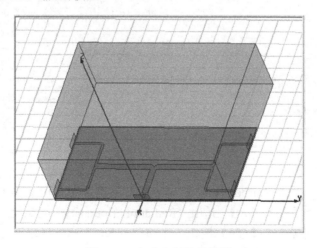

图 11.36　加上空气腔的模型

至此，微带T型功分器的仿真模型已经全部建立好，下面进行其他仿真设置。

3．选择求解类型、设置边界条件、设置激励端口、求解设置

1）选择求解类型

执行菜单命令【HFSS】>【Solution Type】，弹出"Solution Type"对话框，如图11.37所示，选中"Modal"和"Network Analysis"，单击【OK】按钮，完成求解类型的选择。

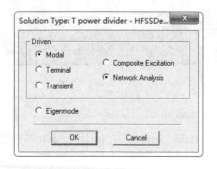

图11.37 "Solution Type"对话框

2）设置边界条件

在历史操作树中单击"GND"，按【Ctrl】键后再选中"microstrip1"，然后单击鼠标右键，在弹出的菜单栏中执行菜单命令【Assign Boundary】>【Perfect E】，弹出"Perfect E Boundary"对话框（图11.38），所有选项采用默认设置，直接单击【OK】按钮，则将"GND"和"microstrip1"两个矩形面模型设置成了理想导体边界条件。此时在工程树中的"Boundaries"下会自动添加一个名称为"PerfE1"的理想导体边界条件，历史操作树下会把"GND"、"microstrip1"归类为"Perfect E"。

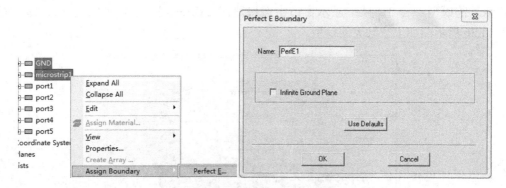

图11.38 理想导体边界条件的设置

在历史操作树中单击"airbox"，然后单击鼠标右键，在弹出的菜单栏中执行菜单命令【Assign Boundary】>【Radiation】，弹出"Radiation Boundary"对话框（图11.39），所有选项采用默认设置，直接单击【OK】按钮，则将"airbox"模型的表面设置为了辐射边界条件。此时在工程树中的"Boundaries"下会自动添加一个名称为"Rad1"的辐射边界条件。

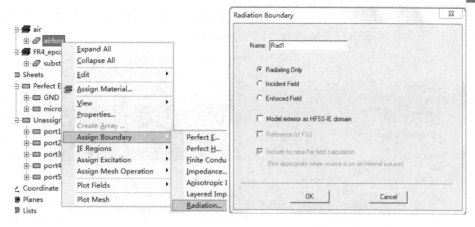

图 11.39　辐射边界条件的设置

3）设置激励端口

在历史操作树中选中"airbox"，然后单击工具栏中的图标 ，则空气腔在 3D 视图窗口中隐藏起来。此时再选中历史操作树中的"port1"，然后单击工具栏中的图标 ，则对刚建立的激励端口进行最佳显示。单击工具栏中的图标 ，则 port1 模型在 3D 视图窗口中进行了最佳显示（图 11.40）。

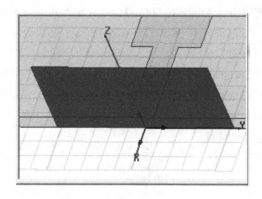

图 11.40　"port1"模型的最佳显示

如图 11.41 所示，在历史操作树中单击"port1"，然后单击鼠标右键，在弹出的菜单栏中执行菜单命令【Assign Excitation】>【Wave Port】，弹出"Wave Port：General"对话框，此对话框中的所有选项采用默认设置，单击【下一步】按钮。弹出"Wave Port：Modes"对话框，在"Intergration Line"项下单击"None"，在下拉列表中选择"New Line"；将鼠标指针移到视图窗口中"port1"模型上侧的中点位置，此时会出现一个三角形标示，单击鼠标左键；将鼠标移到视图窗口中"port1"模型下侧的中点位置，此时会出现一个三角形标示，单击鼠标左键，则再次弹出"Wave Port：Modes"对话框，此时"Intergration Line"项下显示为"Defined"，其他选项采用默认设置，单击【下一步】按钮，弹出"Lumped Port：Post Processing"对话框，保持所有选项为默认设置，单击【完成】按钮，完成了"port1"端口的波端口激励设置，视图窗口中的"port1"模型中会出现一个红色箭头（从"port1"模型上侧的中点位置指向下侧的中点位置），整个矩形面上显示为花色。同时在工程树中的"Excitations"下会自动添加一个名称为"1"的波端口激励。

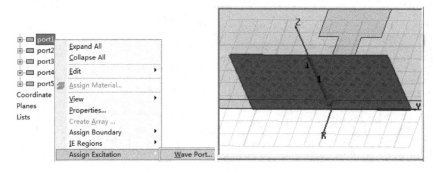

图 11.41　"port1"激励端口的设置

按照同样的操作完成"port2"、"port3"、"port4"和"port5"的设置。设置完成后，历史操作树下会将"port1"、"port2"、"port3"、"port4"和"port5"归类为"Wave Port"，同时工程树中的"Excitations"下会出现 5 个名称分别为"1"、"2"、"3"、"4"、"5"的波端口激励设置。

4）求解设置

执行菜单命令【HFSS】>【Analysis Setup】>【Add Solution Setup】，或者选中工程树中的"Analysis"，单击鼠标右键后，在弹出的菜单栏中执行菜单命令【Add Solution Setup】，弹出"Driven Solution Setup"对话框，在"General"标签页中进行如下设置："Setup Name"采用默认名称"Setup1"，"Solution Frequency"选项中输入 2GHz，"Maximum Number of"设置为 15，"Maximum Delta S"设置为 0.01。其他为默认设置，单击【确定】按钮，完成单频点求解设置（图 11.42）。此时在工程树中的"Analysis"下会自动添加一个名称为"Setup1"的求解设置。

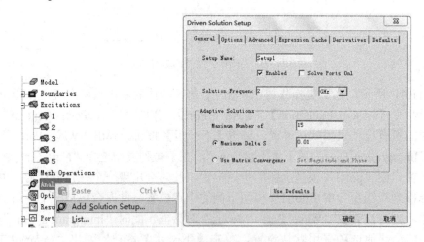

图 11.42　单频点求解设置

很多情况下需要观察仿真模型的性能参数随频率的变化情况，因此在完成"Add

Solution Setup"的设置后，通常需要进行扫频设置。执行菜单命令【HFSS】>【Analysis Setup】>【Add Frequency Sweep】，或者选中工程树中"Analysis"下的"Setup1"，单击鼠标右键，弹出"Edit Frequency Sweep"对话框，在"General"标签页中进行如下设置："Setup Name"采用默认名称"Sweep"，"Sweep Type"选择"Fast"，"Type"设置为"LinearStep"，"Start"为 1.5GHz，"Stop"为 2.5GHz，"Step Size"为 0.01GHz，勾选"Save Fields"。"Defaults"标签页为默认设置，单击【确定】按钮，完成扫频设置（图 11.43）。此时会将一个名称为"Sweep"的扫频设置自动添加到工程树中"Analysis"下的"Setup1"。

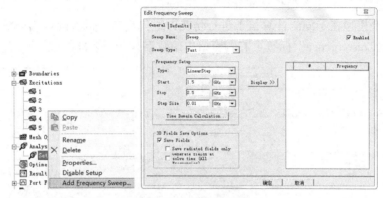

图 11.43　扫频设置

4．自检、运行仿真求解、收敛性检查

模型创建、边界条件设置、激励设置和求解设置这些操作在前面已经完成，通过完整性检查后，就可以运行仿真并查看仿真结果了。

执行菜单命令【HFSS】>【Validation Check】，或者单击工具栏中的图标 进行自检。此时会弹出"Validation Check"对话框（图 11.44），右侧的选项前显示为 时表示该选项设置的正确性，显示为 时表示该选项没有进行设置或者设置错误，对应的选项需要进行设置或者修改。当所有选项前面显示为 时，表明当前设计的正确性，单击【Close】按钮关闭"Validation Check"对话框，执行菜单命令【HFSS】>【Analyze All】，或者单击工具栏中的图标 运行仿真求解。在运行仿真过程中，HFSS 软件界面右下角的"Progress"窗口会显示运行求解的进度。运行结束后，HFSS 软件界面左下角的"Message Manager"窗口会出现提示信息。

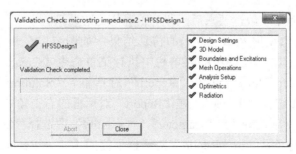

图 11.44　"Validation Check"对话框

在前面的求解设置中，将两次的最大迭代误差"Maximum Delta S"设置为 0.01，仿真结束后需要检查仿真时的最大迭代误差是否满足求解设置的要求。选中工程树中的"Results"，单击鼠标右键，在弹出的菜单栏中执行菜单命令【Solution Data】，或者直接单击工具栏中的图标 🖥，弹出"Solutions"对话框，单击"Convergence"标签页（图 11.45），在右侧窗口即可看到迭代次数、网格剖分数目、迭代误差，可以看到第 15 次迭代误差小于求解设置中的 0.01，满足收敛性要求，也可以通过判断"Convergence"左下角的"Target"值与"Current"值是否相等来判断仿真是否满足收敛性要求，本例中"Target"值与"Current"值均为 1，满足收敛性要求。

注：同一个模型在不同的计算机上进行仿真，迭代次数、每次网格剖分数目及迭代误差都会不一样（"Convergence"标签页右侧窗口内的数字），但整体收敛趋势一致。

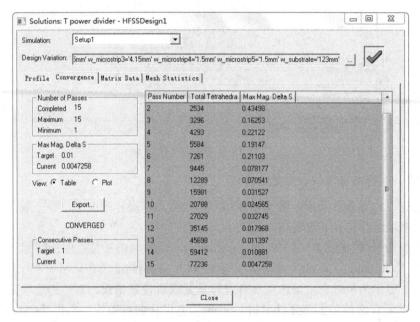

图 11.45　仿真结束后"Solutions"对话框中的"Convergence"标签页

11.3　查看并分析 HFSS 仿真结果

仿真结束且检查满足收敛性要求后，即可查看仿真结果。

（1）查看输入端口反射系数 S(1,1)的仿真结果：如图 11.46 所示，选中工程树中的"Results"，单击鼠标右键，在弹出的菜单栏中执行菜单命令【Create Modal Solution Data Report】>【Rectangular Plot】，弹出"Report"对话框，"Solution"项选择"Setup1：Sweep"，"Domain"项选择"Sweep"，在"Report"对话框的右上角单击"Trace"标签页，进行设置，"Category"项选择"S Parameter"，"Quantity"项选择"S(1,1)"，"Function"项选择"dB"。全部设置好后单击"Report"对话框下侧的【New Report】按钮，此时视图窗口中会显示出一个矩形结果图（图 11.47），X 轴代表频率，Y 轴代表 S(1,1)（dB），同时一个默认名称为"XY Plot 1"的结果图会添加到工程树中的"Results"下。

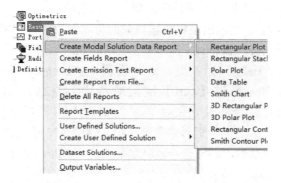

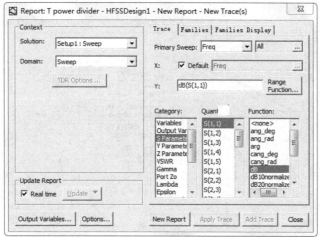

图 11.46　仿真结果的选择

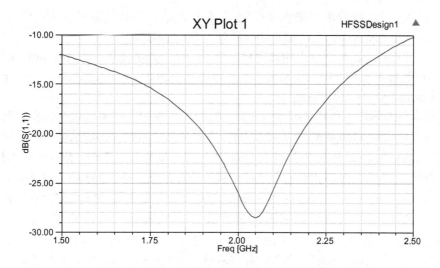

图 11.47　"port1"端口反射系数 S(1, 1)仿真结果

从图 11.47 中可以看出，反射系数在 2GHz 附近达到最小，在 1.75～2.25GHz 频段内小于
–15dB，因此信号可以有效地从输入端口传输到 4 个输出端口。

（2）查看输入端口到 4 个输出端口传输系数的仿真结果：在"Report"对话框中进行如
下操作，"Solution"项选择"Setup1：Sweep"，"Domain"项选择"Sweep"。在"Report"
对话框的右上角单击"Trace"标签页，进行设置，"Category"项选择"S Parameter"，
"Quantity"项同时选中（通过【Ctrl】键同时选中）S(2,1)、S(3,1)、S(4,1)、S(5,1)，
"Function"项选择"dB"。全部设置完后单击"Report"对话框下侧的【New Report】按
钮，此时视图窗口中会显示出一个矩形结果图（图 11.48），X 轴代表频率，Y 轴代表输入端
口到 4 个输出端口的传输系数，同时一个默认名称为"XY Plot 2"的结果图会添加到工程树
中的"Results"下。

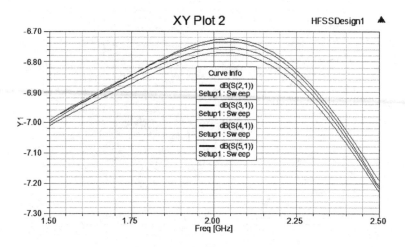

图 11.48　4 个输出端口插入损耗的仿真结果

从图 11.48 中可以看出，输入端口到 4 个输出端口的传输系数基本一致（最大相差
0.05dB），信号经过输入端口后可以平均分配到 4 个输出端口。

注：一分四功分器 4 个输出端口理想的分配损耗（无法减小）为 $10\lg 4\text{dB} \approx 6\text{dB}$，因此
4 个输出端口的插入损耗（可以人为减小）在中心频段 2GHz 处为 0.75dB 左右。插入损耗越
小，4 个输出端口分得的功率就越大。

本例仿真得到的插入损耗（0.75dB）并不算小，一方面是因为所选择的介质板的损耗较
大（损耗角正切 Loss Tangent 为 0.02）；另一方面是从输入端口到输出端口的走线过长。可
以通过使用 Loss Tangent 更小的基片材料和减小走线长度的方法来进一步减小插入损耗。

（3）查看 4 个输出端口相对输入端口相移的仿真结果：在"Report"对话框中进行如下
操作，"Solution"项选择"Setup1：Sweep"，"Domain"项选择"Sweep"。在"Report"对
话框的右上角单击"Trace"标签页，进行设置，"Category"项选择"S Parameter"，
"Quantity"项同时选中（通过【Ctrl】键同时选中）S(2,1)、S(3,1)、S(4,1)、S(5,1)，
"Function"项选择"cang_deg"。全部设置完后单击"Report"对话框下侧的【New Report】
按钮，此时视图窗口会显示出一个矩形结果图（图 11.49），X 轴代表频率，Y 轴代表 4 个输
出端口与输入端口的相移，同时一个默认名称为"XY Plot 3"的结果图会添加到工程树中的

"Results"下。

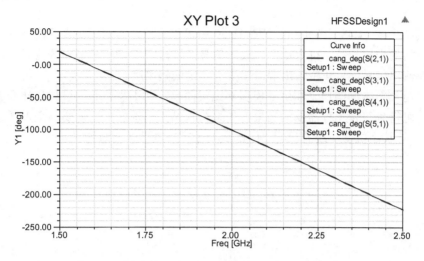

图 11.49　4 个输出端口相对输入端口相移的仿真结果

从图 11.49 中可以看出，信号经过输入端口后，在 4 个输出端口得到了 4 路相位完全相同的输出信号。

（4）查看 4 个输出端口之间隔离度的仿真结果：在"Report"对话框中进行如下操作，"Solution"项选择"Setup1：Sweep"，"Domain"项选择"Sweep"。在"Report"对话框的右上角单击"Trace"标签页，进行如下设置，"Category"项选择"S Parameter"，"Quantity"项同时选中（通过【Ctrl】键同时选中）S(2,3)、S(2,4)、S(2,5)、S(3,4)、S(3,5)、S(4,5)，"Function"项选择"dB"。全部设置完后单击"Report"对话框下侧的【New Report】按钮，此时视图窗口中会显示出一个矩形结果图（图 11.50），X 轴代表频率，Y 轴代表某两个输出端口之间的隔离度，同时一个默认名称为"XY Plot 4"的结果图会添加到工程树中的"Results"下。

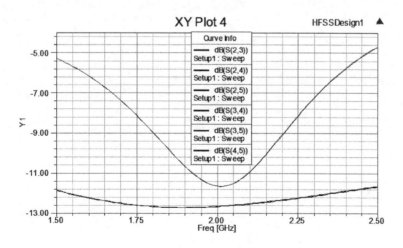

图 11.50　4 个输出端口之间隔离度的仿真结果

从图 11.50 中可以看出，4 个端口之间在中心频点 2GHz 附近有较好的隔离度（小于 −10dB）。

从仿真结果图 11.48、图 11.49 和图 11.50 中可以看出，本例所仿真的模型最后得到的仿真结果与前面的理论一致，符合预期结果：信号经过微带 T 型一分四功分器后，得到了等幅同相的 4 路输出信号，且 4 个输出端口保持了一定的隔离度。

注：针对类似本例的理论和仿真模型都比较简单，并不需要专门进行设计变量的参数扫描和优化即可得到符合工程需要的结果，如果仿真结果不理想，只需要对个别敏感设计变量（如四分之一波长阻抗变换线的长度"1_microstrip2"）进行微调即可。

第12章　微带定向耦合器设计与仿真

定向耦合器是一种通用的微波/毫米波部件，可用于信号的隔离、分离和混合，如功率的监测、源输出功率稳幅、信号源隔离、传输和反射的扫频测试等。主要技术指标有方向性、驻波比、耦合度、插入损耗。

12.1　X 波段微带定向耦合器设计要求

X 波段微带定向耦合器设计指标如表 12.1 所示。

表 12.1　X 波段微带定向耦合器设计指标

工作频段	X 波段（8～12GHz）
X 波段（8～12GHz）	X 波段（8～12GHz）
耦合度	−18dB
方向性	>15dB

12.2　HFSS 建模步骤

1. 整体图形

定向耦合器整体图形如图 12.1 和图 12.2 所示。

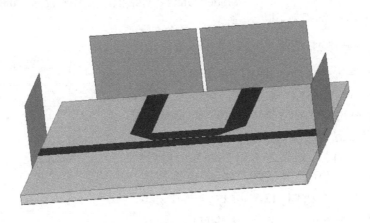

图 12.1　模型立体图

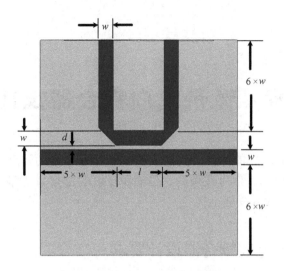

图 12.2　微带定向耦合器整体图形

图 12.2 中的微带耦合缝宽为 d、微带线线宽为 w、耦合段长度为 l。

2．建立新的工程

（1）运行 HFSS，执行菜单命令【File】>【New】，建立一个新的工程。默认工程名称为"Project1"。选中"Project1"，单击鼠标右键，弹出快捷菜单，执行菜单命令【Rename】，将工程名改为"XbandCoupler"。

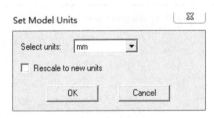

图 12.3　"Set Model Units"对话框

（2）右键单击"XbandCoupler"，在快捷菜单中执行菜单命令【Insert】>【Insert HFSS Design】，插入一个新的设计。同样将设计名字更改为"Coupler"。

3．设置模型单位

执行菜单命令【Modeler】>【Units】，弹出"Set Model Units"对话框，设置单位为"mm"，如图 12.3 所示。

4．建立微带线模型

（1）执行菜单命令【Draw】>【Box】，或者单击图标 🔲，创建一个长方体，命名为"Box3"。双击"CreateBox"，弹出属性对话框，在此编辑"Box3"的属性，设置起始位置为（-b/2，-l/2，0），"Xsize"为"-w"，YSize 为"l"，厚度为 0.01778mm。在设置变量时会自动弹出变量属性对话框，如图 12.4 所示。"Box3"的属性设置如图 12.5 所示，其中"b"=0.3mm、"l"=4mm、"w"=1.16mm。生成的"Box3"如图 12.6 所示。

图 12.4　设置缝宽"b"的属性

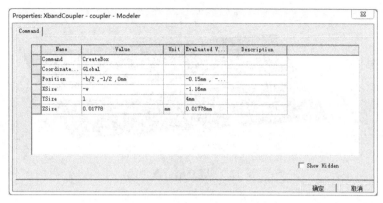

图 12.5　编辑"Box3"的属性

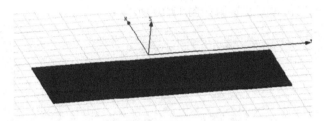

图 12.6　建立微带线"Box3"

（2）与"Box3"相对应的另一条平行耦合线与"Box3"关于 Y 轴对称。选中"Box3"，然后执行菜单命令【Edit】>【Arrange】>【Mirror】，或者单击图标，在右下角的坐标输入栏内输入"Base Position：X：0、Y：0、Z：0"，按【Enter】键。再在坐标输入栏中输入"Normal Position"，因为是关于 Y 轴轴对称的，所以输入"dX：1"、"dY：0"、"dZ：0"，按【Enter】键，完成镜像复制，生成"Box3_1"。

双击"Box3_1"下的子项"DuplicateMirror"，打开该镜像设置参数对话框，在这里可以看到刚才所做的镜像设置参数，如有需要可以在此修改这些参数，如图 12.7 和图 12.8 所示。生成的"Box3_1"和"Box3"如图 12.9 所示。

图 12.7　"DuplicateMirror"子项

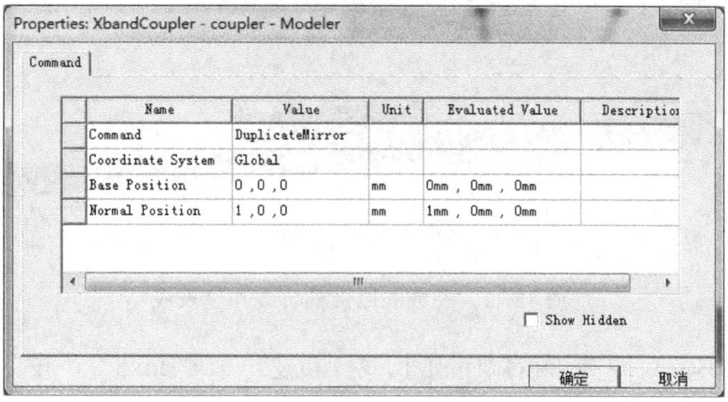

图 12.8　"DuplicateMirror"对话框

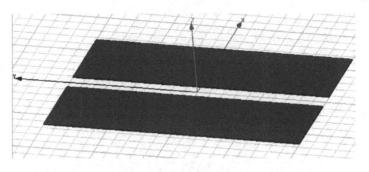

图 12.9　建立耦合微带线

5．创建耦合器的延长线

（1）新建"Box4"，设置其参数如图 12.10 所示。

Name	Value	Unit	Evaluated Value	Description
Command	CreateBox			
Coordinate...	Global			
Position	-b/2 ,l/2 ,0		-0.15mm , 2mm , 0	
XSize	-w		-1.16mm	
YSize	5*w		5.8mm	
ZSize	0.01778	mm	0.01778mm	

图 12.10　设置"Box4"的属性

（2）与"Box4"关于 X 轴对称的有一个微带线延长线。用与生成"Box3_1"相同的方法，因为是关于 X 轴对称的，设置"Normal Position"为"dX：0"、"dY：-1"、"dZ：0"，按【Enter】键，完成镜像，完成的模型如图 12.11 所示。

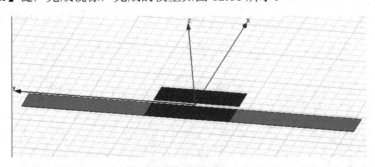

图 12.11　完成的微带耦合线和延长线

（3）建立在"Box3_1"一侧的微带延长线。新建一个"Box5"，设置其坐标如图 12.12 所示，模型如图 12.13 所示。

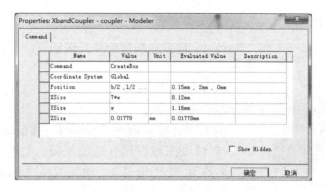

图 12.12　设置"Box3_1"一侧的微带延长线"Box5"

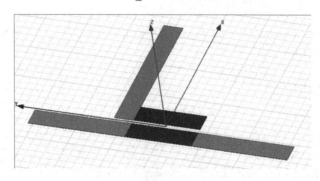

图 12.13　目前建立好的模型

（4）对另一侧的微带延长线进行建模，该延长线和"Box5"关于 X 轴对称。选中"Box5"，然后执行菜单命令【Edit】>【Arrange】>【Mirror】，或者单击图标 ，在右下角的坐标输入栏内输入"Base Position：X：0、Y：0、Z：0"，按【Enter】键。再在坐标输入栏中输入"Normal Position"，因为是关于 Y 轴对称的，所以输入"dX：0"、"dY：1"、"dZ：0"，按【Enter】键，完成镜像复制，生成"Box3_1"。选中"Box3_1"、"Box5"、"Box5_1"，单击图标 ，或执行菜单命令【Edit】>【Boolean】>【Unite】，或者执行菜单命令【Modeler】>【Boolean】>【Unite】，将"Box3_1"、"Box5"、"Box5_1"合并成一个图形"Box5"，建好的模型如图 12.14 所示。

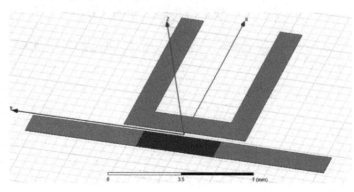

图 12.14　建好的模型

6. 建立直角切角模型

"Box3_1"到"Box5"和"Box5_1"的直角拐弯处需要做切角，该切角形状如图 12.15 所示。

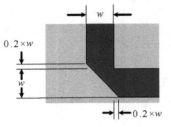

图 12.15   直角连接处

该直角连接处的建模步骤为：先对切掉的三角形进行建模，然后将其切掉。

（1）执行菜单命令【Draw】>【Line】，或者单击图标，连续画三段首尾互连的线段，它会自动生成一个三角形，名称为"Polyline1"。分别双击"Polyline1"下的 3 个线段，弹出各自的属性对话框进行设置，分别如图 12.16 至图 12.18 所示。

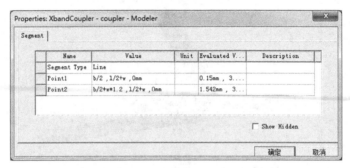

图 12.16   设置"Polyline1"属性（1）

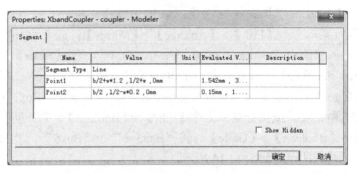

图 12.17   设置"Polyline1"属性（2）

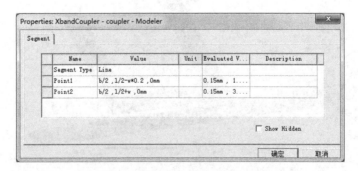

图 12.18   设置"Polyline1"属性（3）

（2）三角形"Polyline1"还是一个无厚度的平面图形，需要将它拉伸成一个厚度为 0.01778mm 的立体铜皮。在绘图区内选中"Polyline1"图形，单击鼠标右键，弹出快捷菜单，执行菜单命令【Edit】>【Sweep】>【Along Vector】，或者选定"Polyline1"图形后执行菜单命令【Draw】>【Sweep】>【Along Vector】，在右下角的坐标输入栏内输入"Base Position：X：0、Y：0、Z：0"，按【Enter】键。再在坐标输入栏中输入"Normal Position"，因为是关于 Y 轴对称的，所以输入"dX：0"、"dY：0"、"dZ：0.01778"，按【Enter】键，完成 Sweep 操作。

（3）对"Polyline1"图形进行关于 X 轴对称操作，建立和"Polyline1"关于 X 轴对称的图形"Polyline1_1"。

（4）在"Box5"上切下"Polyline1"和"Polyline1_1"。同时选中"Box3_1"、"Polyline1"和"Polyline1_1"，单击图标 ，或者执行菜单命令【Modeler】>【Boolean】>【Subtract】，弹出"Subtract"对话框，如图 12.19 所示。

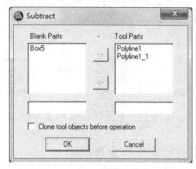

图 12.19 "Subtract"对话框

我们的目标是用"Box5"减去"Polyline1"和"Polyline1_1"，在图 12.19 中的"Black Parts"中设置"Box5"，在"Tool Parts"中设置"Polyline1"和"Polyline1_1"，单击【OK】按钮，即可完成该减法操作。

7. 设置微带线材质

目前的模型如图 12.20 所示。选取全部的微带线，执行菜单命令【Modeler】>【Assign Material】，或单击鼠标右键弹出快捷菜单，执行菜单命令【Assign Material】，弹出"Select Definition"对话框，设置微带线的材质为铜（Copper），如图 12.21 所示。

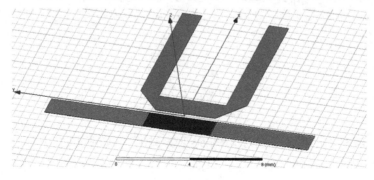

图 12.20 目前的模型

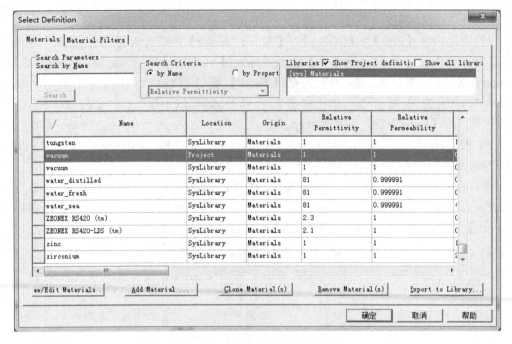

图 12.21　设置微带线材质为铜

8．对微带板介质和底层铜进行建模和设置材质

（1）执行菜单命令【Draw】>【Box】，或者单击图标 [○]，画一个长方体"Box1"，如图 12.22 所示，设置长方体参数。

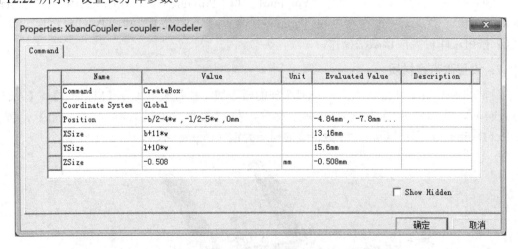

图 12.22　微带板参数设置

（2）设置"Box1"的材质属性为"Rogers RO4350"，如图 12.23 所示。

（3）画底层铜皮。如画"Box2"，设置其参数如图 12.24 所示，设置"Box2"的材质为铜。

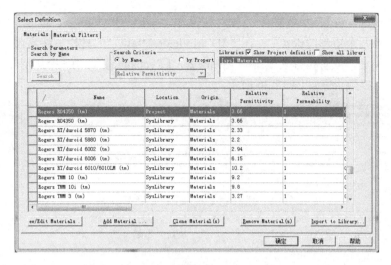

图 12.23　设置微带板介质为"RO4350"

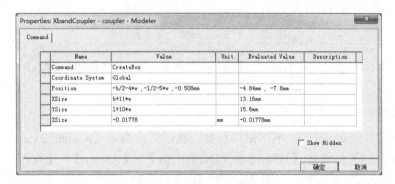

图 12.24　底层铜皮的建模设置

9．建立 4 个端口

（1）在"3D Modeler Draw"工具栏里将当前平面设置为 ZX 平面。单击图标 ▭，或者执行菜单命令【Draw】>【Rectangle】，画一个矩形"Rectangle1"。"Rectangle1"的参数设置如图 12.25 所示。

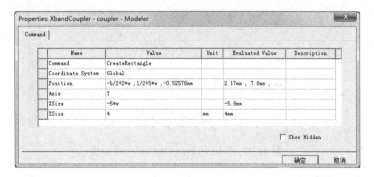

图 12.25　"Rectangle1"的参数设置

（2）对"Rectangle1"执行关于 Z 轴对称操作，画出"Rectangle1_1"。

（3）画另外两个矩形"port"。在"3D Modeler Draw"工具栏里将当前平面设置为 YZ 平面。单击图标 ▢，或者执行菜单命令【Draw】>【Rectangle】，画一个矩形"Rectangle2"。"Rectangle2"的参数设置如图 12.26 所示。

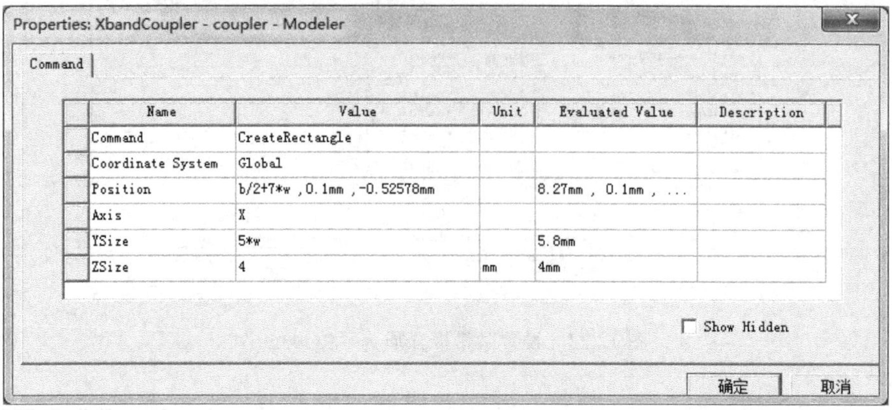

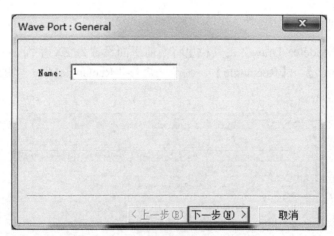

图 12.26 "Rectangle2"的参数设置

（4）对"Rectangle2"执行关于 Z 轴对称操作，画出"Rectangle2_1"，即为另一个"port"。

10．设置端口

（1）选择"Rectangle1"，单击鼠标右键，执行菜单命令【Assign Excitation】>【Wave Port】，或者执行菜单命令【HFSS】>【Excitations】>【Assign】>【Wave Port】，弹出"Wave Port:General"对话框，如图 12.27 所示。因为这是模型的第一个"port"，所以软件默认为"port1"。

图 12.27 "Wave Port:General"对话框

（2）单击【下一步】按钮，弹出"Wave Port：Modes"对话框，如图 12.28 所示。

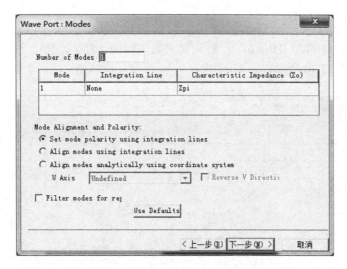

图 12.28　"Wave Port：Modes"对话框

（3）在"Wave Port：Modes"对话框的"Integration Line"中可以设置"port"的积分线，这里不设置，直接单击【下一步】按钮，弹出"Wave Port：Post Processing"对话框，如图 12.29 所示。

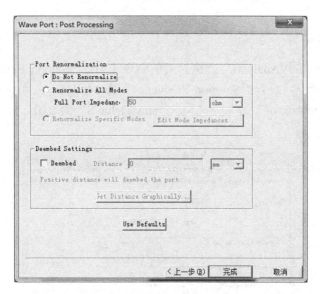

图 12.29　"Wave Port：Post Processing"对话框

在"Wave Port：Post Processing"对话框中，可以设置端口的阻抗为"Do Not Renormalize"，或者一个具体阻抗值。"Do Not Renormalize"可以理解为归一化阻抗，这里选择默认的归一化阻抗。单击【完成】按钮。

（4）同样设置其他 3 个端口，其中"Rectangle1_1"为"Port2"，"Rectangle2"为"Port3"，"Rectangle2_1"为"Port4"。

11．建立辐射边界

画一个 Box，命名为"Box6"，默认材质为"vacuum"(真空)，这里就选择该默认材质，具体参数如图 12.30 所示。

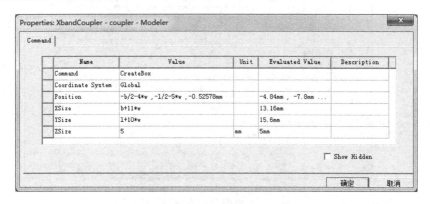

图 12.30 "Box6"的参数设置

这样，模型就全部建好了。

12.3 仿真

1．设置仿真参数

（1）鼠标右键单击"Analysis"，执行菜单命令【Add Solution Setup】，弹出"Driven Solution Setup"对话框，设置"Solution Frequency"为 14GHz，在"Adaptive Solutions"中设置"Maximum Number of"为 30、"Maximum Delta S"为 0.01，如图 12.31 所示，然后单击【确定】按钮。

图 12.31 "Driven Solution Setup"对话框

（2）鼠标右键单击"Setup1"，执行菜单命令【Add Frequency Sweep】，弹出"Edit Frequency Sweep"对话框，"Sweep Type"有"Discrete"（分立）、"Fast"（快速）、"Interpolating"（差值）3 种模式，这里选择"Interpolating"。"Frequency Setup"设置为"LinearStep"，起始频率为 7GHz，终止频率为 14GHz，步长为 0.05GHz。如图 12.32 所示。单击 🔧 按钮，开始仿真。

图 12.32　"Edit Frequency Sweep"对话框

2．仿真结果

耦合器的主要指标包括输入反射系数 S(1, 1)、输出反射系数 S(2, 2)、耦合系数 S(3, 1)和方向性 S(3, 1)-S(4, 1)。

（1）仿真完成后，鼠标右键单击"Project Manager"栏中的图标 📊 Results，执行菜单命令【Create Model Solution Data Report】>【Rectangle Plot】，弹出"Report：XbandCoupler-coupler-New Report-New Trance(s)"对话框，如图 12.33 所示。

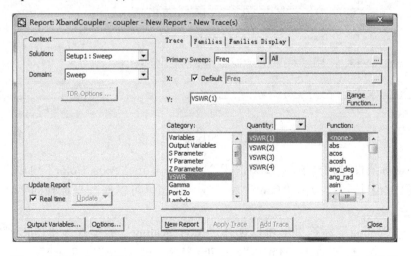

图 12.33　"Report：XbandCoupler-coupler-New Report-New Trance(s)"对话框

（2）在对话框中的"Category"中选择"S Parameter"，"Quantity"中选择"S(1,1)"，"Function"中选择"dB"，单击【New Report】按钮，即可生成 S(1,1)曲线。再在该对话框里选择 S(2,2)，单击【Add Trace】按钮，即在同一个曲线图中加入 S(2,2)曲线，如图 12.34 所示。

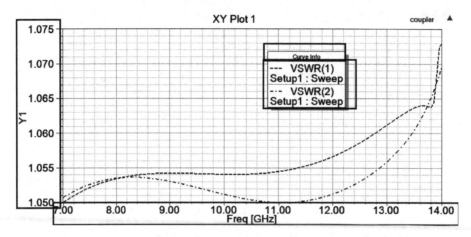

图 12.34　输入/输出返回损耗

（3）双击显示窗口中的坐标轴（区域 1 和区域 2），弹出坐标属性对话框，如图 12.35 所示。

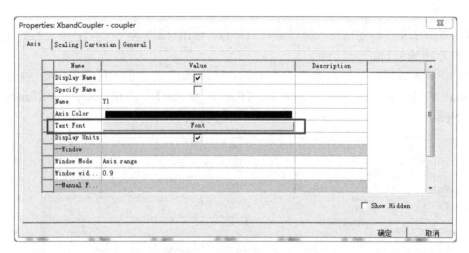

图 12.35　坐标属性对话框

（4）在坐标属性对话框中的"Axis"标签页里，单击"Axis Color"可以修改坐标轴颜色，单击【Font】按钮，弹出"Font"对话框，在这里可以修改坐标轴的字体等属性，如图 12.36 所示。

（5）在"Scaling"标签页里可以选择"Axis Scaling"的模式为"Linear"（线性）或"Log"（对数），勾选"Specify Min"、"Specify Max"和"Specify Space"，可以分别修改坐标轴的最大值、最小值和步长，如图 12.37 所示。

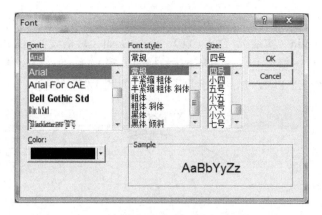

图 12.36　"Font"对话框

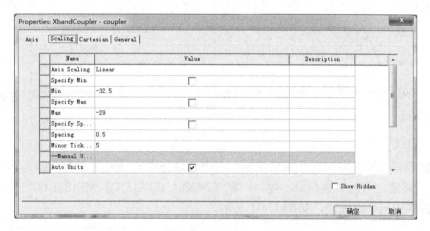

图 12.37　坐标轴属性对话框中的"Scaling"标签页

（6）双击显示窗口区域，弹出数据曲线属性对话框，如图 12.38 所示。

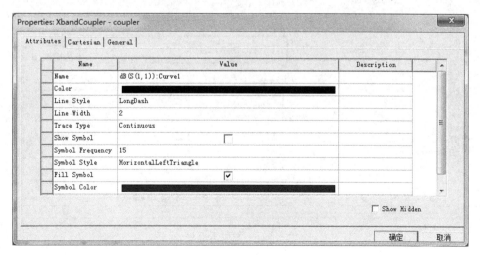

图 12.38　数据曲线属性对话框

在数据曲线属性对话框的"Attributes"标签页中可以修改曲线的颜色（Color）、线型（Line Style，包括 Solid（实线）、Dot（点）、ShortDash（短横线）、DotShortDash（点-短横线）、Dash（中等长度短横线）、LongDash（长横线）等）、线宽（Line Width）等参数。

（7）新建另一个 XY Plot，加入耦合度 S(3,1)，如图 12.39 所示。

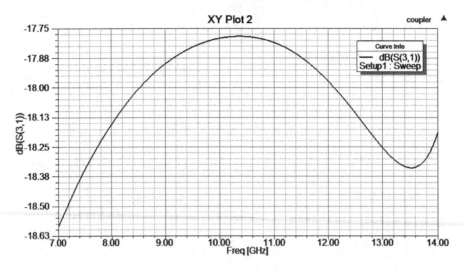

图 12.39 耦合度

（8）定向耦合器的方向性是耦合端的耦合度与隔离端的耦合度之差，即为 dB(S(3,1)) – dB(S(4,1))。新建一个矩形数据显示窗口，在 Y 轴输入 dB(S(3,1)) –dB(S(4,1))，如图 12.40 所示，即可得到方向性的曲线，如图 12.41 所示。

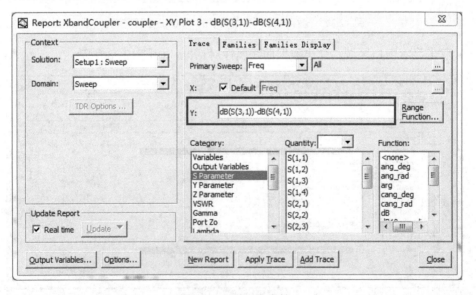

图 12.40 显示方向性

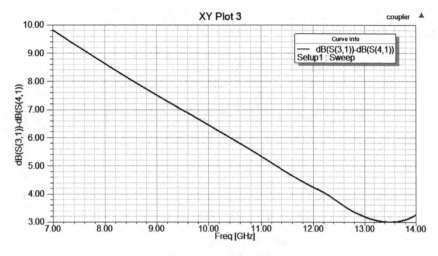

图 12.41　方向性曲线

结果显示，该耦合器在 8～12GHz 内耦合度 S(3,1)为-18dB，输入/输出驻波比均小于 1.1，方向性在 4～9dB 之间。因为该耦合器仅是最普通的微带单节平行线耦合器，所以方向性不是很好。

12.4　改善方向性

针对方向性问题，可以采取在平行耦合线之间增加锯齿形结构，从而增加耦合线之间的电容，进而改善方向性。

1．锯齿耦合器结构

增加锯齿结构的定向耦合器如图 12.42 所示，其中锯齿的细节如图 12.43 所示。

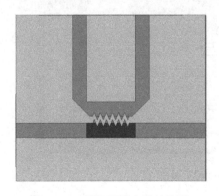

图 12.42　锯齿形耦合器结构图

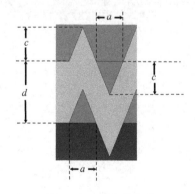

图 12.43　锯齿的细节

2．锯齿结构建模

（1）执行菜单命令【Draw】>【Line】，或者单击图标～，连续画 3 段首尾互连的线段，它会自动生成一个三角形，名称为 "Polyline2"。分别双击 "Polyline2" 下的 3 个线段，弹出各自的属性对话框进行设置，如图 12.44 至图 12.46 所示，其中新建两个长度变量"a"=0.25mm 和"c"=0.3mm。

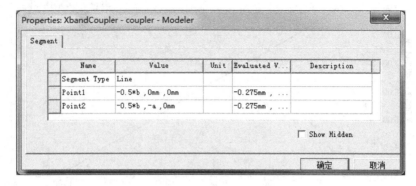

图 12.44 设置"Polyline2"属性（1）

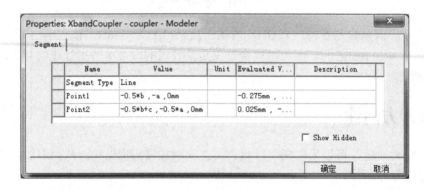

图 12.45 设置"Polyline2"属性（2）

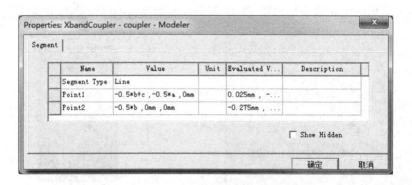

图 12.46 设置"Polyline2"属性（3）

（2）在绘图区内选中"Polyline2"图形，单击鼠标右键，执行菜单命令【Edit】>【Sweep】>【Along Vector】，或者选中"Polyline1"图形后，执行菜单命令【Draw】>【Sweep】>【Along Vector】，在右下角的坐标输入栏内输入"Base Position：X：0、Y：0、Z：0"，按【Enter】键。再在坐标输入栏中输入"Normal Position"，因为是关于 Y 轴对称的，所以输入"dX：0"、"dY：0"、"dZ：0.01778"，按【Enter】键，完成 Sweep 操

作。这样，"Polyline2"就变成一个厚度为 0.01778mm 的立体结构。

（3）同样建立"Polyline3"，其 3 段线的设置如图 12.47 至图 12.49 所示。

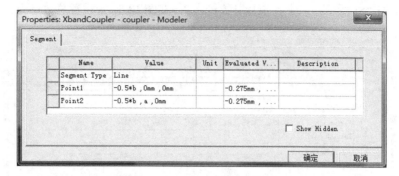

图 12.47　设置"Polyline3"属性（1）

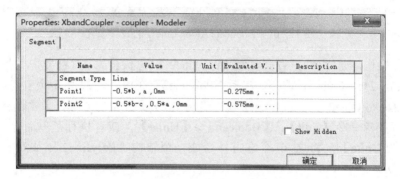

图 12.48　设置"Polyline3"属性（2）

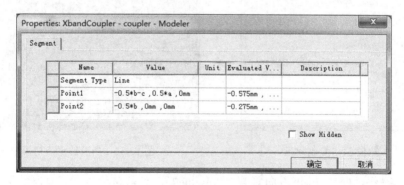

图 12.49　设置"Polyline3"属性（3）

（4）在绘图区内选中"Polyline2"图形，单击鼠标右键，执行菜单命令【Edit】>【Sweep】>【Along Vector】，或者选中"Polyline1"图形后执行菜单命令【Draw】>【Sweep】>【Along Vector】，在右下角的坐标输入栏内输入"Base Position：X：0、Y：0、Z：0"，按【Enter】键。再在坐标输入栏中输入"Normal Position"，因为是关于 Y 轴对称的，所以输入"dX：0"、"dY：0"、"dZ：0.01778"，按【Enter】键。完成 Sweep 操作。这样，"Polyline3"就变成一个厚度为 0.01778mm 的立体结构。

（5）选中"Polyline2"，单击鼠标右键，弹出快捷菜单，执行菜单命令【Edit】>【Duplicate】>【Along Line】，或单击图标 📭，对"Polyline2"进行沿矢量复制操作，具体设置如图 12.50 和图 12.51 所示。该步骤中复制数量为 2，在图 12.51 中设置总数目为 3。

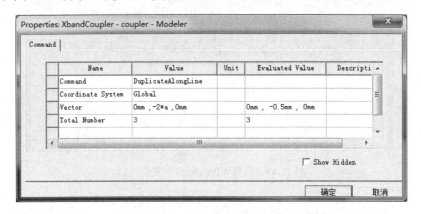

图 12.50 "Duplicate Along Line"的矢量设置

（6）同样操作，向 Y 轴正方向复制"Polyline2"，总数量为 4（新复制数量为 3），矢量设置为"0mm，2*a，0mm"。这样，包括"Polyline2"在内，一共有 6 个三角立方体，分别是"Polyline2、Polyline2_1～ Polyline2_5"。选定这 6 个三角立方体，单击图标 🔩或单击鼠标右键，执行菜单命令【Edit】>【Boolean】>【Unite】，或者执行菜单命令【Modeler】>【Boolean】>【Unite】，将这 6 个立方体合成一个结构"Polyline2"。此时的锯齿初模型如图 12.52 所示。

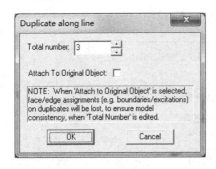

图 12.51 复制数量

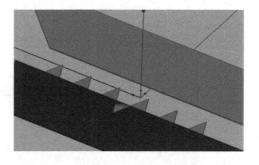

图 12.52 当前的锯齿初模型

（7）同样操作，向 Y 轴正方向复制"Polyline2"，总数量为 3（新复制数量为 2），矢量设置为"0mm，2*a，0mm"。向 Y 轴负方向复制"Polyline2"，总数量为 4（新复制数量为 3），矢量设置为"0mm，-2*a，0mm"。这样，包括"Polyline3"在内，一共有 6 个三角立方体，分别是"Polyline3、Polyline3_1～Polyline3_5"。选定这 6 个三角立方体，单击图标 🔩，或右键单击鼠标，弹出快捷菜单，执行菜单命令【Edit】>【Boolean】>【Unite】或者执行菜单命令【Modeler】>【Boolean】>【Unite】，将这 6 个立方体合成一个结构 Polyline3。如图 12.53 所示。

（8）选中"Polyline2"和"Polyline3"，对它们执行关于 Z 轴对称复制操作，建立分别和"Polyline2"、"Polyline3"关于 Z 轴对称的图形"Polyline2_6"、"Polyline3_6"。设置"Polyline2"和"Polyline2_6"的材质为铜。

（9）选中"Box3"和"Polyline3"，单击图标 ⬚，或者执行菜单命令【Modeler】>【Boolean】>【Subtract】，弹出"Subtract"对话框，用"Box3"减去"Polyline3"，如图 12.54 所示。

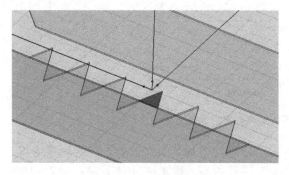

图 12.53　当前的模型

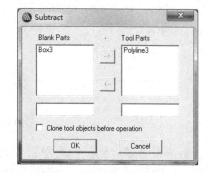

图 12.54　用"Box3"减去"Polyline3"

同样，用"Box5"减去"Polyline3_6"。最终的模型如图 12.42 所示。

（10）开始仿真，结果如图 12.55 至图 12.57 所示。

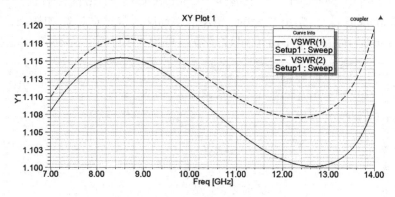

图 12.55　锯齿形的输入/输出驻波比

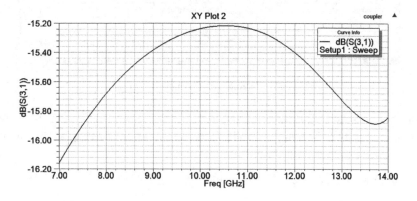

图 12.56　锯齿形耦合器的耦合度

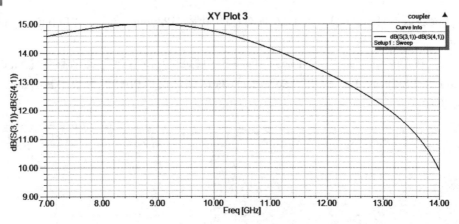

图 12.57　锯齿形耦合器的方向性

由结果可以看到，因为增加了锯齿结构，方向性得到了很大改善，但同时耦合度也增加了，可以通过改变平行耦合线之间的距离 b 进行微调。这里通过对 b 进行参数扫描的方式调整。

3. 参数扫描

（1）在"Project Manager"栏中选择"Optimetrics"，单击鼠标右键，执行菜单命令【Add】>【Parametric】，弹出"Setup Sweep Analysis"对话框，如图 12.58 所示，在"Sweep Definitions"标签页中单击【Add】按钮，弹出"Add/Edit Sweep"对话框。

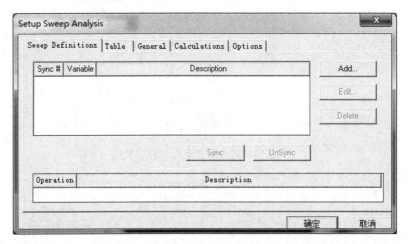

图 12.58　"Setup Sweep Analysis"对话框

在"Add/Edit Sweep"对话框中，"Variable"选择"b"，扫描方式选择"Linear step"，起始值为 0.4mm，结束值为 0.6mm，步长为 0.05mm，单击【Add】按钮，单击【OK】按钮，如图 12.59 所示。

回到"Setup Sweep Analysis"对话框，单击【确定】按钮。

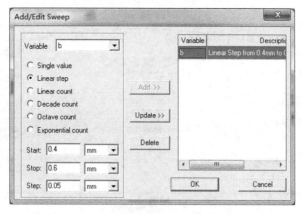

图 12.59　"Add/Edit Sweep"对话框

（2）开始仿真。

仿真结束后输出耦合度"dB(S(3,1))"矩形图，在"Report：XbandCoupler-coupler-New Report-New Trance(s)"对话框中除了在"Trace"标签页中选择"dB(S(3,1))"以外，在"Families"标签页的变量栏选中变量"b"，单击 ··· 按钮，如图 12.60 所示。在弹出的对话框中勾选"Use all values"，如图 12.61 所示。单击【New Report】按钮，生成所有变量"b"取值下的耦合度矩形图，如图 12.62 所示。同样可以生成所有变量"b"取值下的方向性矩形图，如图 12.63 所示。

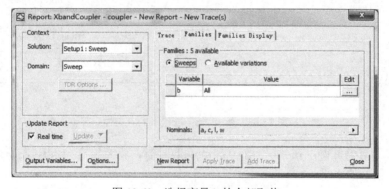

图 12.60　选择变量 b 的全部取值

图 12.61　Use all values

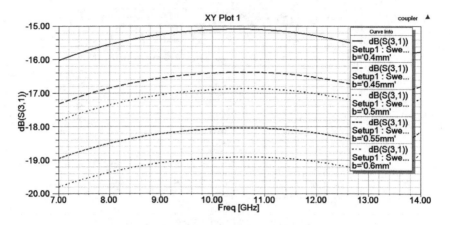

图 12.62　变量"b"所有取值的耦合度

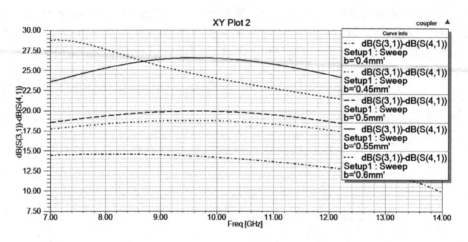

图 12.63　所有"b"取值下的方向性

　　由以上仿真结果可得，在"b"取 0.55mm 的时候，耦合度在-18dB 左右，而方向性仍然保持在一个较好的水平。

4．最终结果

　　最终的耦合器变量取值如表 12.2 所示。

表 12.2　耦合器模型变量取值

变量	值（单位：mm）
b	0.55
l	4
w	1.16
a	0.25
c	0.3

最终的仿真结果如图 12.64 至图 12.66 所示。

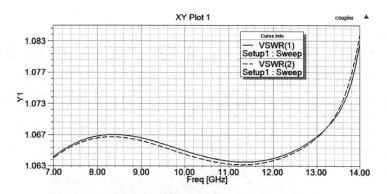

图 12.64　锯齿形耦合器的输入/输出返回损耗

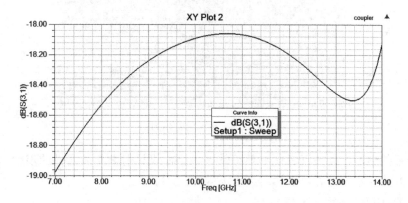

图 12.65　锯齿形耦合器的耦合度

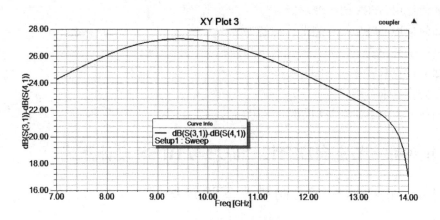

图 12.66　锯齿形耦合器的方向性

由图 12.64 至图 12.66 可得，在 X 波段（8～12GHz），锯齿形耦合器的输入/输出驻波比小于 1.1，耦合度在-18.1～-18.6dB 之间，方向性则大大改善，均大于 28dB。

第13章 宽带非对称多节定向耦合器设计

本章通过带状线非对称多节定向耦合器的分析设计实例，全面介绍 HFSS 设计射频微波器件的基本过程。本章内容包括参变量的定义与设置、创建耦合器的模型、边界条件的分配和激励的设置、设置求解分析项，以及查看结果等内容，耦合器实物图片如图 13.1 所示。

图 13.1 耦合器实物图片

通过本章的学习，期望读者能够熟练掌握 HFSS 设计射频微波器件的步骤，掌握耦合器设计的基本方法。本章读者可以学习到以下内容：

- 如何在 HFSS 中定义变量
- 如何在 HFSS 中合并与减去模型
- 如何使用 HFSS 的镜像功能
- 如何使用 HFSS 的复制平移功能
- 终端求解模式下，如何定义波端口激励
- 如何设置求解频率与扫频
- 如何查看求解结果
- 如何导出为 AutoCAD 模型

13.1 非对称多节定向耦合设计原理与 HFSS 设计概述

13.1.1 非对称多节定向耦合器设计概述

现代电子对抗系统、测量仪器系统及其他微波系统覆盖了越来越宽的频带，这种趋势对各种微波器件提出了宽频带的要求。作为微波系统中广泛应用的定向耦合器，也受到了这方面的挑战，所以研制宽带乃至超宽带定向耦合器具有迫切的现实意义。定向耦合器可以有很多种实现方式，同轴线、矩形波导、圆波导、带状线和微带线都可构成定向耦合器，本文利用带状线实现定向耦合器。

对于非对称多节耦合传输线，其分析方法的基础为奇偶模法。将多节耦合传输线等效为多节阶梯阻抗滤波器的级联，根据微波网络理论就能得到多节耦合线的衰减函数 La 和反射系数 Γ，为了实现等波纹变换，选择使用衰减函数或反射系数为切比雪夫多项式，并引入理查德变换，就可以对切比雪夫多项式形式的反射系数 Γ 求解，利用解出的根即可得到相应的偶模阻抗，这是一个复杂的综合过程，必须借助计算机来完成，具体的设计流程可以参看电子科技大学胡助明的硕士论文《宽带带状线定向耦合器的设计》，本文最后采用加载枝节补偿电容的方法，从而使得奇偶模的相速基本相等，使得定向性得以提高，具体原理可以参考齐美与金谋平写作的《带状线耦合器的定向性》一文。本文选择了侧边耦合来实现 1～4GHz、耦合度为 20dB 的宽带带状线定向耦合器。

对非对称多节耦合器初值尺寸的综合是一个复杂的过程，我们在实际过程中可以自己编程设计，也可以采用 Levy 1964 年在《Tables for asymmetric multi-element coupled-transmission line directional coupler》给出的奇偶模阻抗表来设计初始的物理结构。表 13.1 为非对称 3 节-20dB 耦合器设计中常常采用的奇偶模阻抗表，根据阻抗表，算出各节耦合线线宽与线长的初值，然后补偿枝节长宽的选择可根据设计要求适当取初值，最后再在 HFSS 中优化设计，得到满意结果。具体综合过程，希望读者自行查阅相关文献设计，本文不在此赘述，后续章节的设计中直接给出结构的物理尺寸。

表 13.1　非对称 3 节定向耦合器奇偶模阻抗表

N=3，coupling =20dB							
BW	4	5	6	7	8	9	13
R（dB）	0.150	0.319	0.530	0.767	1.018	1.274	1.529
Z_1	1.1578	1.1636	1.1680	1.1719	1.1756	1.1792	1.1826
Z_2	1.0642	1.0733	1.0816	1.0892	1.0963	1.1330	1.1392
Z_3	1.0172	1.0236	1.0303	1.0372	1.0440	1.0507	1.0573

13.1.2　HFSS 设计环境概述

本章节采用 HFSS 的终端驱动求解模式，根据设计指标确定采用三阶非对称定向耦合器结构，通过加载补偿枝节提高耦合器的方向性。设计中采用的介质基板为 Arlon AD260A，单层板材厚度为 1.5mm；带状线金属层位于介质层的中央；端口设置为 50Ω。非对称枝节加载定向耦合器在 HFSS 中的模型如图 13.2 所示。

设计中采用终端驱动求解模式，创建模型的过程中采用了画线成面、复制移动、复制镜像、长方形创建等技术手段，边界条件设定巧妙地利用 HFSS 本身的特点设置了理想导体边界条件，激励使用的是波端口激励，求解频率设置为 4GHz，扫频设置为快速扫描，频率范围为 0.5～5GHz，设计过程中分别采用了参数扫描分析和计算机自动优化设计手段，数据的后期处理主要是查看 S 参数扫频曲线及求解收敛情况等。下面具体介绍非对称多节定向耦合器在 HFSS 中的设计过程。

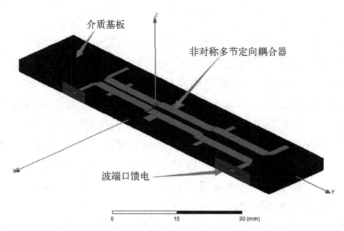

图 13.2　非对称多节定向耦合器的 HFSS 设计模型

13.2　创建非对称定向耦合器模型 HFSS 环境

1．运行 HFSS 新建工程

双击安装好的 HFSS 快捷方式 ，启动 HFSS15。打开 HFSS 软件界面后，软件自动创建一个工程，选择保存该文件，并命名为"ouheqi"，操作如图 13.3（a）所示。

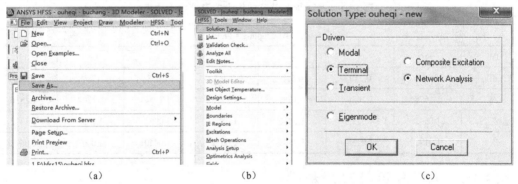

|（a）|（b）|（c）|

图 13.3　在 HFSS 创建新工程以及设置求解模式

2．设置求解模式

在主菜单栏中执行菜单命令【HFSS】>【Solution Type】，操作如图 13.3（b）所示，弹出如图 13.3（c）所示的对话框，选中"Terminal"选项，然后单击【OK】按钮，完成求解模式的设置。

13.3　创建非对称多节定向耦合器模型

13.3.1　设置默认的模型长度单位

为了方便后期设计，可以将 HFSS 创建模型尺寸的默认单位设置为希望采用的单位，本设计采用 mm 作为默认单位。

13.3.2　建模及边界设置相关选项设置

为了后期建模中复制操作馈电端口面使设置的激励条件一起被复制，执行菜单命令【Tools】>【Options】>【HFSS Options】，然后确认"HFSS Options"对话框中"Assignment Options"选项卡里面的"Duplicate boundaries/mesh operations with geometr"被选中，具体操作如图 13.4（a）所示，操作完成后单击【确定】按钮完成操作。然后执行菜单命令【Tools】>【Options】>【Modeler Options】，单击"Modeler Options"对话框中的"Drawing"标签页，确认"Drawing"标签页界面的"Edit properties of new pri"未被选中，然后单击【确定】按钮完成设置，具体操作如图 13.4（b）所示。

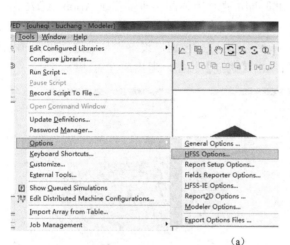
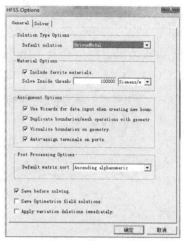

（a）

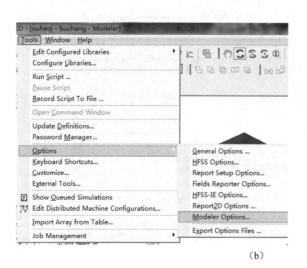
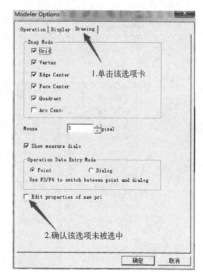

（b）

图 13.4　建模选项及 HFSS 选项设置

13.3.3 建模介质基板

创建长方体模型使之代表介质基板，相对介电常数为 2.6，板材选用 Arlon AD260A，单层板材厚度为 1.5mm，将带状线的上下两层介质基板模型分别命名为"sub1"和"sub2"。

（1）单击 HFSS 界面上绘制长方体的快捷图标，然后再在主视窗口中任意绘制一个长方体，如图 13.5（a）所示。

（2）完成（1）后，在操作历史树"solids"节点下自动生成一个"Box1"，打开新建的长方体属性对话框的"Attribute"标签页，如图 13.5（b）所示，在对话框中，将长方体的"Name"改为"sub1"。"Material"项从其下拉的列表中单击"Edit"，打开"Select Definition"对话框，在该对话框的"Search by Name"中输入材质名字的前几个字母"arl"，即可在材料库中找到所需要的 Arlon AD260A，如该对话框高亮显示部分，然后单击"Select Definition"对话框中的【确定】按钮，此时即可把长方体的材质设置成 Arlon AD260A，设置对话框如图 13.5（c）所示。单击"Color"项对应的色条，选一个褐土色的色调，即可将长方体的颜色设置为褐土色。单击"Transparent"项对应的按钮，设置模型的透明度为 0.1，得到如图 13.5（d）所示的设置对话框。最后单击【确定】按钮，退出属性对话框。

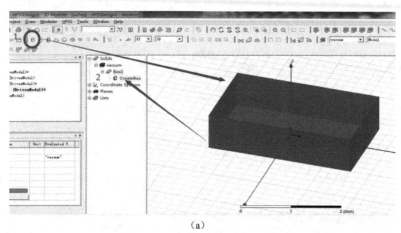

（a）

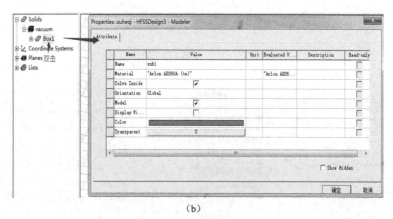

（b）

图 13.5　单层介质基板板材属性的设置

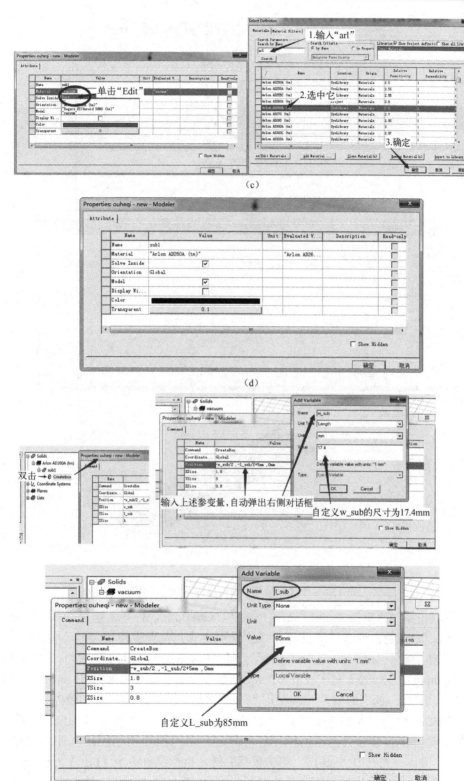

(c)

(d)

图 13.5　单层介质基板板材属性的设置（续）

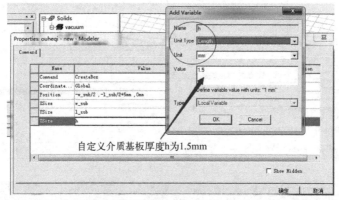

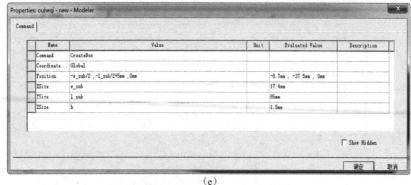

(e)

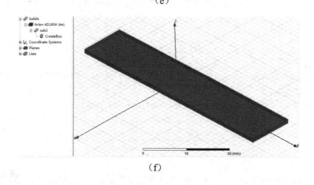

(f)

图 13.5　单层介质基板板材属性的设置（续）

（3）再双击操作历史树"sub1"节点下的"CreateBox"，打开新建长方体属性对话框中的"Command"标签页，在该标签页下设置长方体的顶点位置坐标和大小尺寸。综合考虑后期优化，具体的设置如图 13.5（e）所示，即"Position"对应的坐标为（-w_sub/2, -1_sub/2+5mm, 0mm），"Xsize"对应的值为"w_sub"，"Ysize"对应的值为"1_sub"，"Zsize"的值为"h"。其中"w_sub"的值为17.4mm，"1_sub"的值为85mm，"h"的值为1.5mm。

操作完成后得到如图 13.5（f）所示的第一层介质基板，然后选用 HFSS 自带的复制功能，将之前创建的第一层介质基板平移并复制出第二层介质基板，具体的创建过程如图 13.6（a）所示，先选中"sub1"，单击鼠标右键，执行菜单命令【Edit】>【Duplicate】>【Along Line】，然后在主视窗中任意单击两下，如图 13.6（b）所示，单击【OK】按钮，然后在操作历史树下自动生成"DuplicateAlongLine"，双击"DuplicateAlongLine"，弹出如图 13.6（c）所示的对话框，设置平移向量为（0，0，h），最后得到双层介质基板，完成介质基板的设置，其结构如图 13.7 所示。

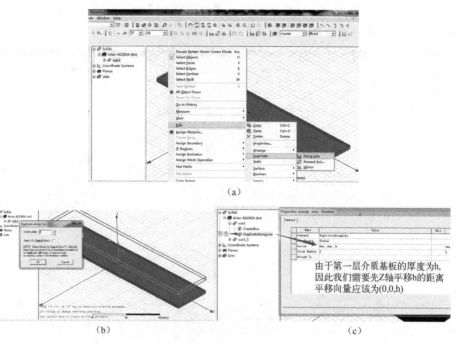

(a)

(b)　　　　　　　　　　　　　　(c)

图 13.6　复制第一层介质基板创建第二层介质基板

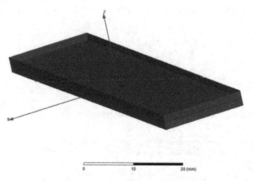

图 13.7　创建的介质基板

13.3.4　建模非对称多节耦合器

在第一层介质基板和第二层介质基板之间创建多节耦合器的传输贴片，为了仿真方便，设计中采用 Perfect E 面等效代替带状线中间的金属层，我们在第一层介质基板上表面（即纵坐标为 h）创建主体传输耦合线。

（1）创建输入端馈电线，先利用 HFSS 创建矩形的快捷键在主视图中随便绘制一个矩形，然后双击操作历史树下的"CreateRectangle"，设置更改矩形的属性，具体操作如图 13.8（a）所示，在属性对话框中输入如图 13.8（b）所示的参数，即"Position"的坐标为（w_sub/2, l_sub/2-8mm, h），"Xsize"对应的值为"-1_rfin"，"Ysize"对应的值为"w_rfin"。其中"1_rfin"的值为 5mm，"w_rfin"的值为 1.5mm，然后单击【确定】按钮完成馈电线矩形属性设定。如图 13.8（c）所示，在操作历史树下更改其属性并命名为"feed_in"，然后单击【确定】按钮完成属性设定，最终得到如图 13.8（d）所示的馈电线模型。

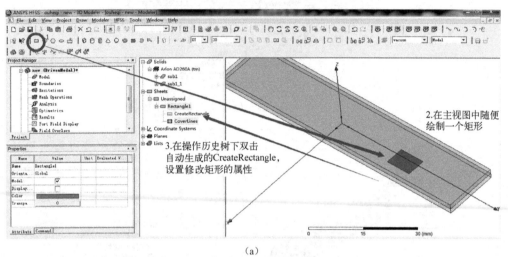

（a）

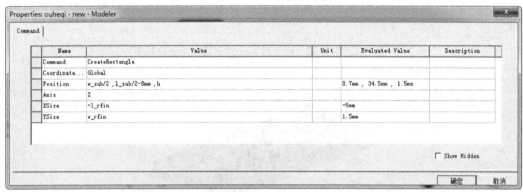

（b）

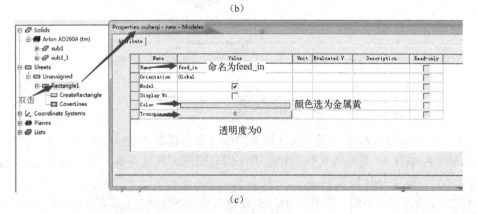

（c）

图 13.8　创建输入馈电线

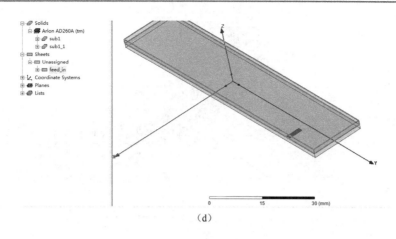

（d）

图 13.8　创建输入馈电线（续）

（2）创建第一节耦合线， 绘制矩形步骤与第（1）步相同，只是该矩形的坐标与第
（1）步不同。在该步骤中对应第（1）步输入图 13.8（b）所示的参数，即"Position"的坐
标为（w_sub/2-l_rfin, l_sub/2-8mm, h），"Xsize"对应的值为"-w1"，"Ysize"对应的值为
"-l1"。其中"w1"的值为 2.21mm，"l1"的值为 18.72mm。然后单击【确定】按钮完成第
一节耦合线矩形属性设定，类似图 13.8（c）所示在操作历史树下更改其属性并命名为
"zj1"，单击【确定】按钮完成属性设定，最终得到如图 13.9 所示的第一节耦合线与第（1）
步中的馈电线。

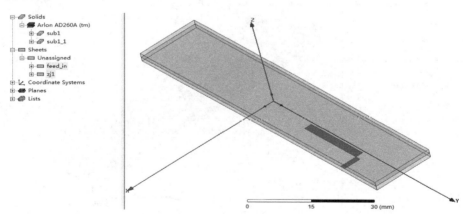

图 13.9　创建第一节耦合线矩形

（3）创建第二节耦合线矩形，绘制矩形步骤与第（1）步相同，只是该矩形的坐标与第
（1）步不同。在该步骤中对应第（1）步输入图 13.8（b）所示的参数，即"Position"的坐
标为（s2/2, l_sub/2-8mm-l1, h），"Xsize"对应的值为"w2"，"Ysize"对应的值为"-l1"。
其中"w2"的值为 2.19mm，"s2"的值为 1.7mm。然后单击【确定】按钮完成第二节耦合
线矩形属性设定，类似图 13.8（c）所示在操作历史树下更改其属性并命名为"zj2"，单击
【确定】按钮完成属性设定，最终得到如图 13.10 所示的第二节耦合线。

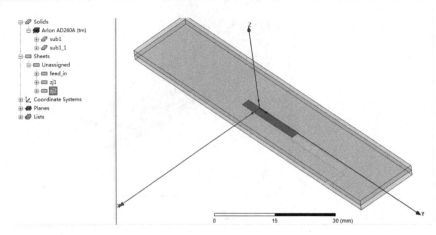

图 13.10　创建第二节耦合线矩形

（4）创建第三节耦合线，绘制矩形步骤与第（1）步相同，只是该矩形的坐标与第（1）步不同。在该步骤中对应第（1）步输入图 13.8（b）所示的参数，即"Position"的坐标为（s3/2, 1_sub/2-8mm-2*11, h），"Xsize"对应的值为"w3"，"Ysize"对应的值为"-11"。其中"w3"的值为 2.11mm，"s3"的值为 0.75mm。然后单击【确定】按钮完成第三节耦合线矩形属性设定，类似图 13.8（c）所示在操作历史树下更改其属性并命名为"zj3"，单击【确定】按钮完成属性设定，最终得到如图 13.11 所示的第三节耦合线。

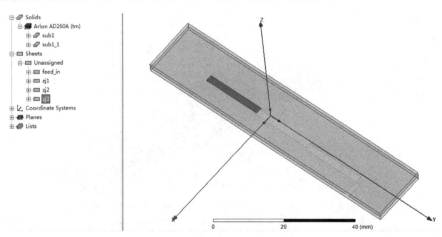

图 13.11　创建第三节耦合线矩形

（5）创建输出端矩形，绘制矩形步骤与第（1）步相同，只是该矩形的坐标与第（1）步不同。在该步骤中对应第（1）步输入图 13.8（b）所示的参数，即"Position"的坐标为（s3/2+w3, 1_sub/2-8mm-3*11, h），"Xsize"对应的值为"w_sub/2- (s3/2+w3)"，"Ysize"对应的值为"-w_out4"。其中"w_out4"的值为 1.5mm。然后单击【确定】按钮完成第三节耦合线矩形属性设定，类似图 13.8（c）所示在操作历史树下更改其属性并命名为"out4"，单击【确定】按钮完成属性设定，最终得到如图 13.12 所示的输出矩形。

（6）创建输出端与耦合器第一节的转角过渡三角形，先利用 HFSS 创建多曲折线，在主

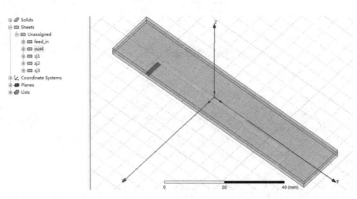

图 13.12　创建输出端矩形

视图中任意构建一个三角形（选中菜单栏中的"Draw Line"快捷键，任意在主视窗口画 4 点，且保证最后一点要和第一点重合，画最后一点的时候双击鼠标左键，从而使之成为一个封闭的三角形），然后双击操作历史树下"Polyline1"下面"CreatePolyline"下属的第一组"Createline"，设置三角形第一个和第二个顶点坐标，再接着双击操作历史树下"Polyline1"下面的"CreatePolyline"下属的第二组"Createline"，设置三角形第二个和第三个顶点坐标，由于第四个点和第一个点的坐标一样，所以自动生成第四个顶点的坐标，与第一个顶点的坐标一样，故而绘制三角形只用两次设置坐标就可以了，具体操作如图 13.13（a）所示，然后如图 13.13（b）所示，在操作历史树下更改其名称及其他属性，单击【确定】按钮，完成过渡三角形属性设定，最终得到如图 13.13（c）所示的过渡三角形模型。

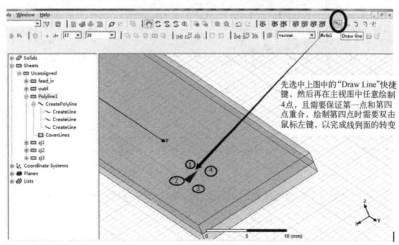

先选中上图中的"Draw Line"快捷键，然后再在主视图中任意绘制 4 点，且需要保证第一点和第四点重合，绘制第四点时需要双击鼠标左键，以完成线到面的转变

图 13.13　创建输出端与耦合器第一节的转角过渡三角形

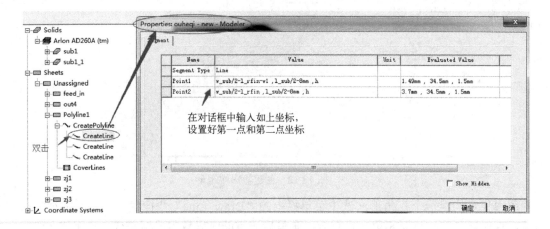

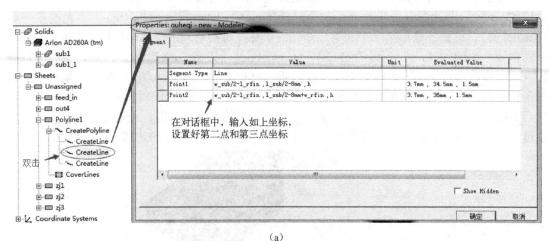

(a)

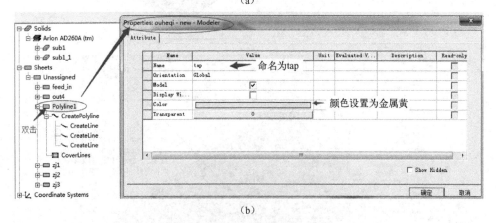

(b)

图 13.13　创建输出端与耦合器第一节的转角过渡三角形（续）

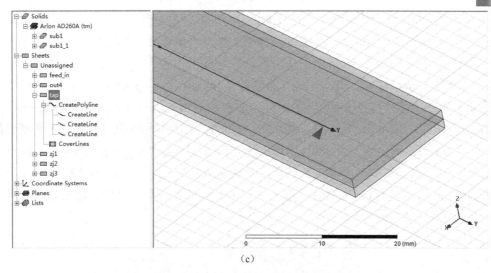

（c）

图 13.13　创建输出端与耦合器第一节的转角过渡三角形（续）

（7）创建耦合器第一节与第二节过渡的第一个内部转角过渡三角形，其具体操作步骤与第（6）步一样，只是所绘制的三个点的坐标不一样。第一条线的第一点"point1"为（w_sub/2-l_rfin-w1, l_sub/2-8mm-l1, h），第二点"point2"为（w_sub/2-l_rfin-w1, l_sub/2-8mm-l1+(s1-s2)/2, h），其中"s1"的值为3.14mm。第二条线的第一点"point1"其实际上为第一条线中第二点"point2"的坐标，即自动输入的值为（w_sub/2-l_rfin-w1, l_sub/2-8mm-l1+(s1-s2)/2, h），第二条线的"point2"的坐标值为图 13.13（a）中所说的第三点，即"point2"的值为（s2/2, l_sub/2-8mm-l1, h），填完后单击【确定】按钮，自动生成三角形。然后如图 13.13（b）所示设置，并命名为"tap1"完成耦合器第一节与第二节过渡的第一个内部转角过渡三角形的创建，得到如图 13.14 所示的图形。

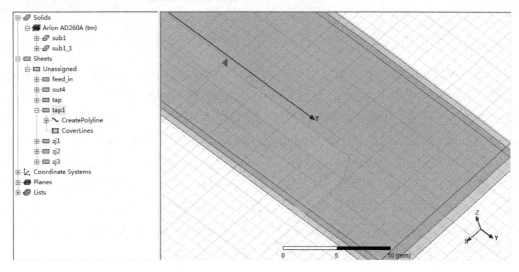

图 13.14　创建耦合器第一节与第二节过渡的第一个内部转角过渡三角形

（8）创建耦合器第一节与第二节过渡的第一个外部转角过渡三角形，其具体操作步骤与第（6）步一样，只是所绘制的三个点的坐标不一样。本步骤第一条线第一点"point1"的值为（w_sub/2-l_rfin, l_sub/2-8mm-l1, h），第二点"point2"为（w_sub/2-l_rfin-(w1-(w2-(s1-s2)/2)), l_sub/2-8mm-l1, h），其中"s1"的值为3.14mm。第二条线的第一点"point1"其实际上为第一条线中第二点"point2"的坐标，即自动输入的值为（w_sub/2-l_rfin-(w1-(w2-(s1-s2)/2)), l_sub/2-8mm-l1, h），第二条线的"point2"的坐标值为图13.13（a）中所说的第三点，即"point2"的值为（w_sub/2-l_rfin-(w1-(w2-(s1-s2)/2)), l_sub/2-8mm-l1-(w1-(w2-(s1-s2)/2)), h），填完后单击【确定】按钮，自动生成三角形。然后如图13.13（b）所示设置，并命名为"tap1_1"，完成耦合器第一节与第二节过渡的第一个外部转角过渡三角形的创建，得到如图13.15所示的图形。

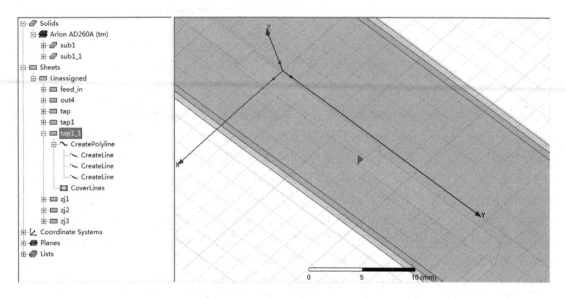

图13.15　创建耦合器第一节与第二节过渡的第一个外部转角过渡三角形

（9）创建耦合器第二节与第三节过渡的第一个内部转角过渡三角形，其具体操作步骤与第（6）步一样，只是所绘制的三个点的坐标不一样。本步骤第一条线第一点"point1"的值为（s3/2, l_sub/2-8mm-2*l1, h），第二点 point2 为（s3/2+(s2-s3)/2, l_sub/2-8mm-2*l1, h）。第二条线的第一点"point1"其实际上为第一条线中第二点"point2"的坐标，即自动输入的值为（s3/2+(s2-s3)/2, l_sub/2-8mm-2*l1, h），第二条线的"point2"的坐标值为图13.13（a）中所说的第三点，即"point2"的值为（s3/2+(s2-s3)/2, l_sub/2-8mm-2*l1+(s2-s3)/2, h），填完后单击【确定】按钮，自动生成三角形。然后如图13.13（b）所示设置，并命名为"tap2"完成耦合器第二节与第三节过渡的第一个内部转角过渡三角形的创建，得到如图13.16所示图形。

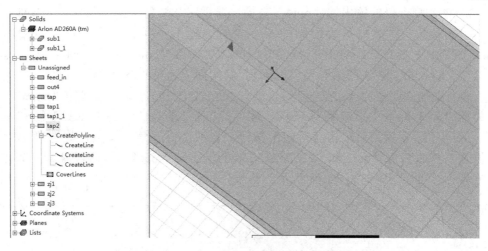

图 13.16 创建耦合器第二节与第三节过渡的第一个内部转角过渡三角形

（10）创建耦合器第二节与第三节过渡的第一个外部转角过渡三角形，其具体操作步骤与第（6）步一样，只是所绘制的三个点的坐标不一样。本步骤第一条线第一点"point1"的值为（s2/2+w2, l_sub/2-8mm-2*l1, h），第二点"point2"为（s2/2+w2-(w2-(w3-(s2-s3)/2)), l_sub/2-8mm-2*l1, h）。第二条线的第一点"point1"其实际上为第一条线中第二点"point2"的坐标，即自动输入的值为（s2/2+w2-(w2-(w3-(s2-s3)/2)), l_sub/2-8mm-2*l1, h），第二条线的"point2"的坐标值为图 13.13（a）中所说的第三点，即"point2"的值为（s2/2+w2-(w2-(w3-(s2-s3)/2)), l_sub/2-8mm-2*l1-(w2-(w3-(s2-s3)/2)), h），填完后单击【确定】按钮，自动生成三角形。然后如图 13.13（b）所示设置，并命名为"tap2_1"，完成耦合器第二节与第三节过渡的第一个外部转角过渡三角形的创建，得到如图 13.17所示的图形。

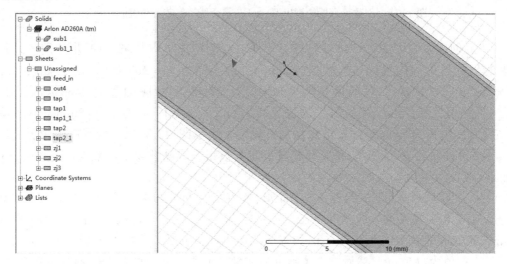

图 13.17 创建耦合器第二节与第三节过渡的第一个外部转角过渡三角形

（11）创建耦合器的输出端"out4"与耦合器第三节转角过渡三角形，其具体操作步骤与第（6）步一样，只是所绘制的三个点的坐标不一样。本步骤第一条线第一点"point1"的值为（s3/2, l_sub/2-8mm-3*l1, h），第二点"point2"为（s3/2+w3, l_sub/2-8mm-3*l1, h）。第二条线的第一点"point1"其实际上为第一条线中第二点"point2"的坐标，即自动输入的值为（s3/2+w3, l_sub/2-8mm-3*l1, h），第二条线的"point2"的坐标值为图 13.13（a）中所说的第三点，即"point2"的值为（s3/2+w3, l_sub/2-8mm-3*l1-w_out4, h），填完后单击【确定】按钮，自动生成三角形。然后如图 13.13（b）所示设置，并命名为"tap_out"，完成耦合器的输出端"out4"与耦合器第三节转角过渡三角形的创建，得到如图 13.18 所示的图形。

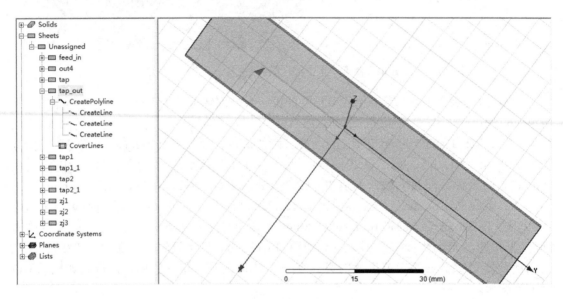

图 13.18　创建耦合器的输出端 out4 与耦合器第三节转角过渡三角形

（12）创建耦合器的第一级补偿枝节矩形，绘制矩形步骤与第（1）步相同，只是该矩形的坐标与第（1）步不同。即"Position"的坐标为（w_sub/2-l_rfin, l_sub/2-8mm-l1+bc_w, h），"Xsize"对应的值为"bc_l1"，"Ysize"对应的值为"bc_w1"。其中"bc_w"的值为 2.7mm，"bc_l1"的值为 2.2mm，"bc_w1"的值为 0.8mm。然后单击【确定】按钮完成第一级补偿枝节矩形属性设定，类似图 13.8（c）所示在操作历史树下更改其属性并命名为"bc1"，然后单击【确定】按钮完成属性设定，最终得到如图 13.19 所示的补偿枝节模型。

（13）创建耦合器的第二级补偿枝节矩形，绘制矩形步骤与第（1）步相同，只是该矩形的坐标与第（1）步不同。即"Position"的坐标为（s2/2+w2, l_sub/2-8mm-2*l1+bc_w, h），"Xsize"对应的值为"bc_l2"，"Ysize"对应的值为"bc_w2"。其中"bc_l2"的值为 2mm，"bc_w2"的值为 1.2mm。然后单击【确定】按钮完成第二级补偿枝节矩形属性设定，类似图 13.8（c）所示在操作历史树下更改其属性并命名为"bc2"，单击【确定】按钮完成属性设定，最终得到如图 13.20 所示的补偿枝节模型。

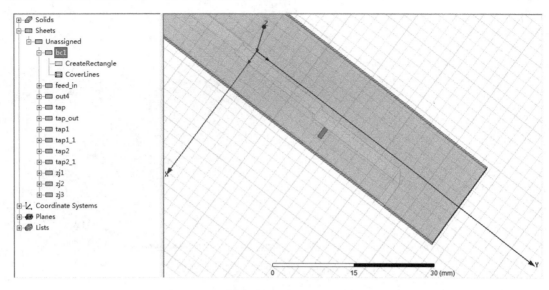

图 13.19   创建耦合器的第一级补偿枝节矩形

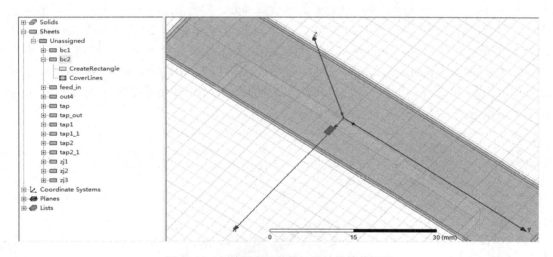

图 13.20   创建耦合器的第二级补偿枝节矩形

（14）创建耦合器的第三级补偿枝节矩形，绘制矩形步骤与第（1）步相同，只是该矩形的坐标与第（1）步不同。即"Position"的坐标为（s3/2+w3, l_sub/2-8mm-2*l1-n*l1, h），"Xsize"对应的值为"bc_w3"，"Ysize"对应的值为"bc_l3"。其中"n"的值为 0.91，"bc_w3"的值为 0.72mm，"bc_l3"的值为 1.81mm。然后单击【确定】按钮完成第三级补偿枝节矩形属性设定，类似图 13.8（c）所示，在操作历史树下更改其属性并命名为"bc3"，单击【确定】按钮完成属性设定，最终得到如图 13.21 所示的补偿枝节模型。

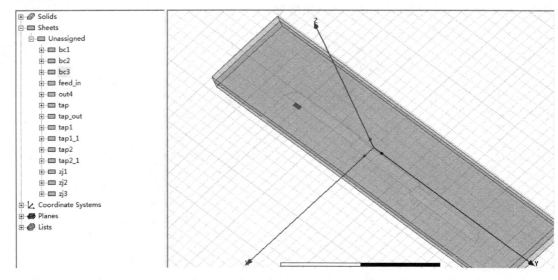

图 13.21　创建耦合器的第三级补偿枝节矩形

（15）对已建立的耦合器部分模型进行关于 YOZ 面的镜像操作，创建完耦合器的全部模型。按住【Ctrl】键，连续选中已创建好的耦合器部分，如图 13.22（a）所示。然后在主视窗口中单击鼠标右键，如图 13.22（b）所示，执行菜单命令【Edit】>【Duplicate】>【Mirror】，然后将第一点点中坐标原点，第二点在 X 轴上任意点一下，保证镜像的矢量为（1，0，0），具体操作如图 13.22（c）所示，然后按照图 13.22（d）所示操作，在属性对话框中确认图示参数，单击【确定】按钮完成耦合器贴片的镜像操作，最终得到如图 13.22（e）所示的耦合器模型。

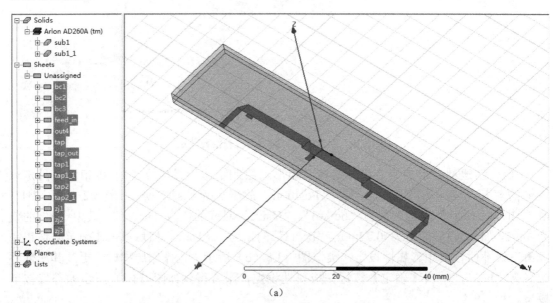

（a）

图 13.22　对已建立的耦合器部分模型关于 YOZ 面镜像操作

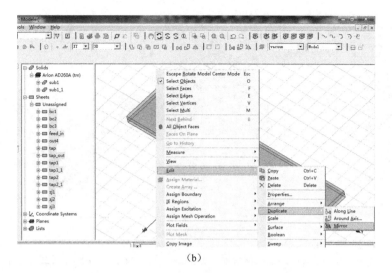

（b）

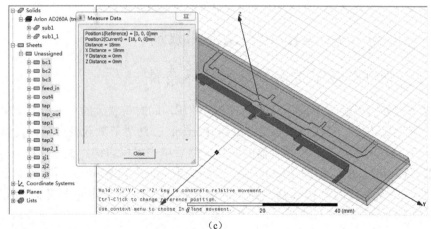

（c）

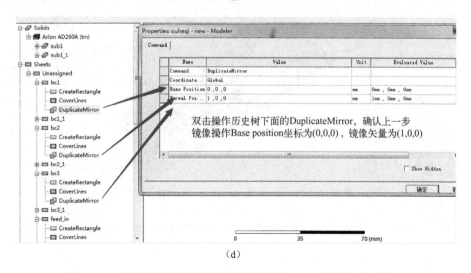

双击操作历史树下面的DuplicateMirror，确认上一步
镜像操作Base position坐标为(0,0,0)，镜像矢量为(1,0,0)

（d）

图 13.22　对已建立的耦合器部分模型关于 YOZ 面镜像操作（续）

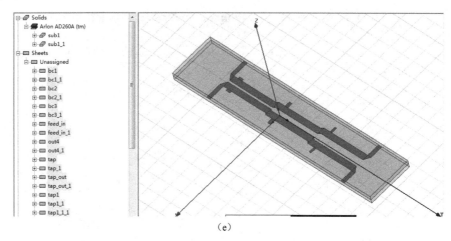

（e）

图 13.22　对已建立的耦合器部分模型关于 YOZ 面镜像操作（续）

13.4　非对称多节定向耦合边界条件和激励

13.4.1　非对称多节定向耦合器边界条件

考虑模型最外层接触的 HFSS 背景为 PEC 性质，同时带状线的上下层为金属，故而不需要特意设置地板边界，带状线中间层可以用 Perfect E 边界等效代替金属，具体的操作流程如图 13.23（a）所示，先选中耦合器的贴片，然后单击鼠标右键，执行菜单命令【Assign Boundary】>【Perfect E】，如图 13.23（b）所示，弹出如图 13.23（c）所示的对话框，单击【OK】按钮，完成等效的带状线耦合器中间金属的电壁边界条件的设置，设置完成后如图 13.23（d）所示。

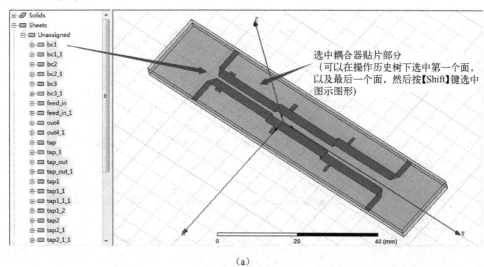

（a）

图 13.23　边界条件的设置

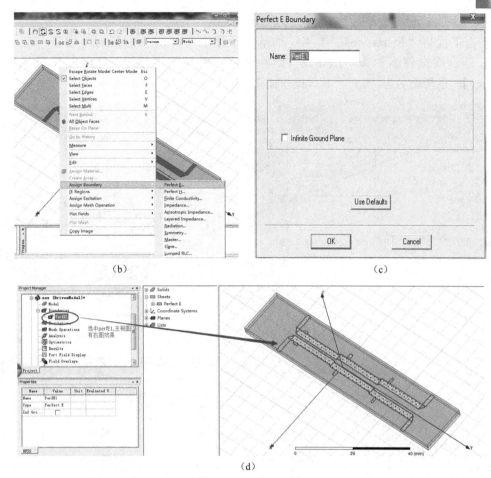

图 13.23　边界条件的设置（续）

13.4.2　非对称多节定向耦合器激励设置

（1）先在输入/输出处绘制一个矩形面，将该矩形面定义为波端口面，用以代替实际工程中的信号输入/输出，先如图 13.24（a）所示创建一个矩形，用以后期设定为输入信号端口面，然后如图 13.24（b）所示定义其属性参数，再按照图 13.24（c）所示改变矩形的名称。创建好第一个矩形后，选中"port1"矩形，然后单击鼠标右键，执行菜单命令【Edit】>【Duplicate】>【Mirror】，将端口面"port1"镜像复制出端口面"port1_1"，具体操作如图 13.24（d）所示，然后单击坐标原点，再单击 X 轴上的任意一点，这样便可以使得选中的矩形"port1"关于面 YOZ 对称产生一个新的矩形面，用以后期设定为耦合端口面，具体操作如图 13.24（e）所示。然后便得到如图 13.24（f）所示的两个用于端口馈电的矩形。

选中"port1"矩形，单击鼠标右键，如图 13.24（g）所示，执行菜单命令【Assign Excitation】>【Wave Port】，打开"Reference Conductors for Terminals"对话框，在对话框的"Port Name"栏中输入"p1"，其他设置保持默认不变，如图 13.24（h）所示，然后单击【OK】按钮，完成波端口 1 的激励设置。完成设置后，端口激励名称为"p1"和默认的终端线名称"feed_in_T1"会添加到工程树的"Excitations"节点下。

单击工程树"Excitations"节点下的端口激励名称"p1"左侧的⊞按钮，可以展开"p1"，看到终端线名称为"feed_in_T1"；鼠标右键单击"feed_in_T1"，执行菜单命令【Rename】，重新命名为"T1"，具体操作如图13.24（i）所示。

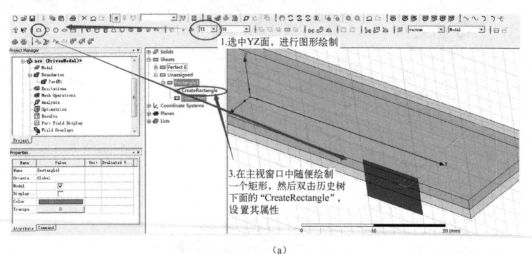

(a)

(b)

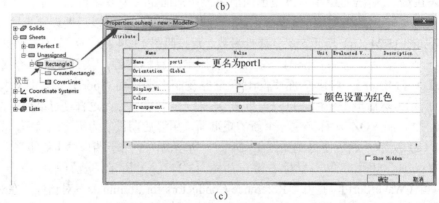

(c)

图 13.24　端口激励的设置

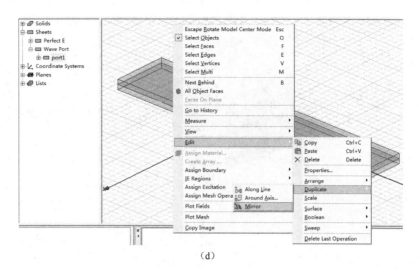

(d)

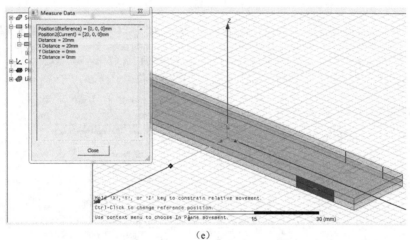

(e)

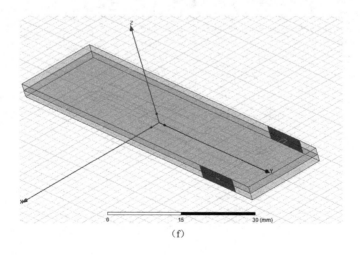

(f)

图 13.24 端口激励的设置（续）

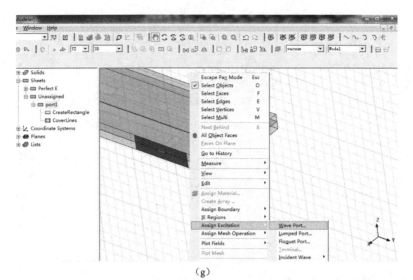

（g）

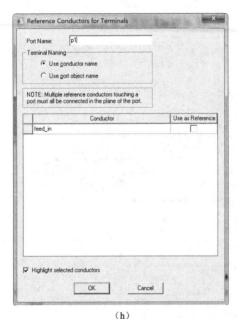

（h）

（i）

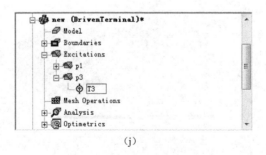

（j）

图 13.24　端口激励的设置（续）

接着选中"port1"矩形关于 YOZ 面镜像的矩形"port1_1"，单击鼠标右键，如图 13.24（g）所示，执行菜单命令【Assign Excitation】>【Wave Port】，打开"Reference Conductors for Terminals"对话框，在对话框的"Port Name"栏中输入"p3"，其他设置保持默认不变，操作与设置第一个波端口基本一样。然后单击【OK】按钮，完成波端口 3 的激励设置，端口激励名称为"p3"和默认的终端线名称"feed_in_T1"会添加到工程树的"Excitations"节点下。

单击工程树"Excitations"节点下的端口激励名称"p3"左侧的 ⊞ 按钮，可以展开"p3"，看到终端线名称为"feed_in_T1"；鼠标右键单击"feed_in_T1"，执行菜单命令【Rename】，重新命名为"T3"，具体操作如图 13.24（j）所示。

（2）在输出处绘制一个矩形面，将该矩形面定义为波端口面，用以代替实际工程中的信号输出，先如图 13.25（a）所示创建一个矩形，用以后期设定为输出信号端口面，然后如图 13.25（b）所示定义其属性参数，再按照图 13.25（c）所示改变矩形的名称。创建好第一个矩形后，选中"port2"矩形，然后单击鼠标右键，执行菜单命令【Edit】>【Duplicate】>【Mirror】，将端口镜像复制为端口面"port2_1"，具体操作类似于图 13.24（d）所示，然后单击坐标原点，再单击 X 轴上的任意一点，这样便可以使得选中的矩形"port2"关于面 YOZ 对称产生一个新的矩形面，用以后期设定为耦合端口面，然后便得到如图 13.25（e）所示的两个用于输出端口馈电的矩形。

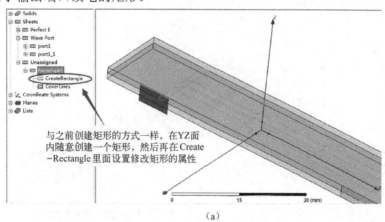

（a）

（b）

图 13.25　定义的输入波端口面

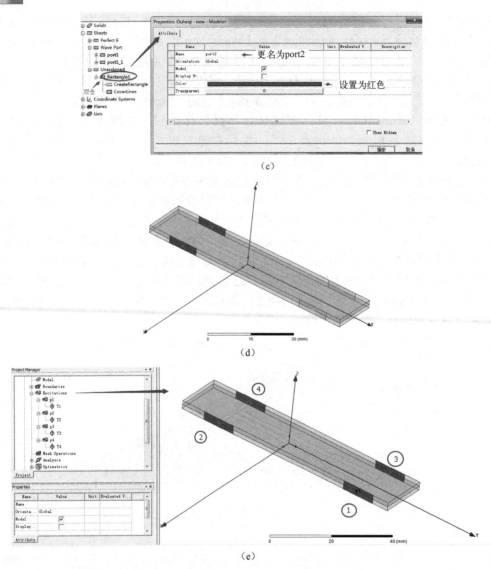

图 13.25　定义的输入波端口面（续）

　　然后选中"port2"矩形，单击鼠标右键，如图 13.24（g）所示，执行菜单命令【Assign Excitation】>【Wave Port】，打开"Reference Conductors for Terminals"对话框，在对话框的"Port Name"栏中输入"p2"，其他设置保持默认不变，然后单击【OK】按钮，完成波端口 2 的激励设置。完成设置后，端口激励名称为"p2"和默认的终端线名称"feed_in_T1"会添加到工程树的"Excitations"节点下。

　　单击工程树"Excitations"节点下的端口激励名称"p2"左侧的 ⊞ 按钮，可以展开"p2"，看到终端线名称为"feed_in_T1"；鼠标右键单击"feed_in_T1"，执行菜单命令【Rename】，重新命名为"T2"，具体操作与图 13.24（i）类似。同理，将"port2_1"端口设置成"p3"并将终端线命名为"T4"。最后得到的端口如图 13.25（e）所示。

13.5 非对称多节定向耦合 HFSS 求解设置

本次设计的非对称定向耦合器工作在 1～4GHz，设置自适应网格剖分频率为 4GHz。另外为了参看设计的耦合器工作在两侧的频响特性，需要设置 0.5～5GHz 的扫频分析。

13.5.1 求解设置

右键单击工程树下的"Analysis"节点，执行菜单命令【Add Solution Setup】，打开如图 13.26 所示的对话框。在对话框中，在"Solution Frequency"项中输入 4GHz，即设置求解频率为 4GHz，"Maximum Number of Passes"项输入 20，即设置 HFSS 软件进行网格剖分的最大迭代次数为 20；"Maximum Delta S"项中输入 0.02，即设置收敛误差为 0.02；其他项保持默认不变，然后单击【确定】按钮，完成求解设置。

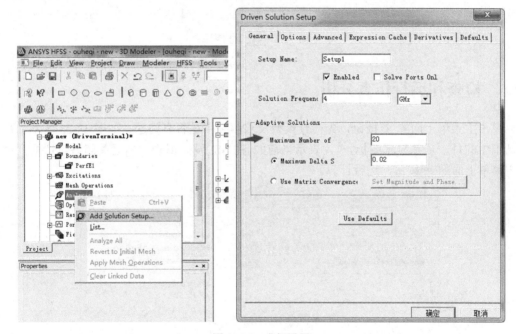

图 13.26 求解设置

13.5.2 扫频设置

展开工程树下的"Analysis"节点，鼠标右键单击"Analysis"节点下的求解设置"Setup1"，执行菜单命令【Add Frequency Sweep】项，打开"Edit Frequency Sweep"对话框，进行扫频设置，如图 13.27 所示。对话框中，在"Sweep Type"项中选择"Fast"，设置扫频类型为快速扫描；在"Frequency Setup"选项卡中，"Type"项选择"LinearStep"，"Start"项输入 0.5GHz，"Stop"项输入 5GHz，"Step Size"项输入 0.01GHz。然后单击【确定】按钮完成设置。

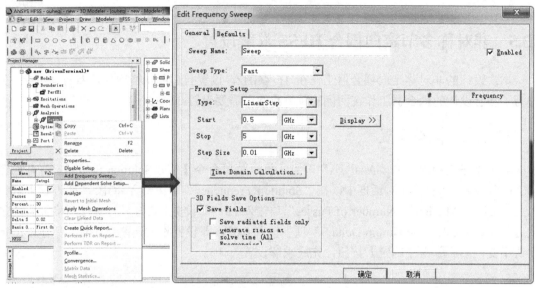

图 13.27　设置扫频

13.6　检查和运行仿真分析

单击主菜单上面的 按钮，先检查模型及求解频率是否有问题，如图 13.28 所示，当该对话框中的每一项都显示图标 ✔，表示当前的 HFSS 设计正确，然后关闭该对话框，再单击主菜单上面的 ❖ 按钮，运行计算。

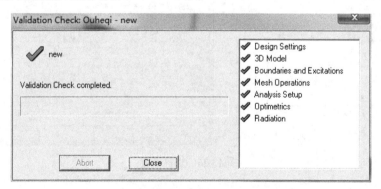

图 13.28　检查结果显示对话框

13.7　查看仿真结果

设计的耦合器的工作频率为 1～4GHz，设计中仿真分析了 0.5～5GHz 内的扫频特性。在分析结果中，我们主要查看耦合器的 S 参数。鼠标右键单击"Results"节点，执行菜单命令【Create Terminal Solution Data Report】>【Rectangle Plot】，如图 13.29 所示，打开对话框。在如图 13.30 所示的对话框中，"Category" 项选中 "Terminal S Parameter"，"Quantity" 项中，按住【Ctrl】键同时选中 "St（T1，T1）"、"St（T2，T1）"、"St（T3，T1）" 及 "St （T4，T1）"，再在 "Function" 栏中选中 "dB"，最后单击【New Report】按钮，生成结果报告；再单击【Close】按钮关闭该对话框，此时生成的 S11、S21、S31 和 S41 在 0.5～5GHz 随频率变化的曲线报告如图 13.31 所示。

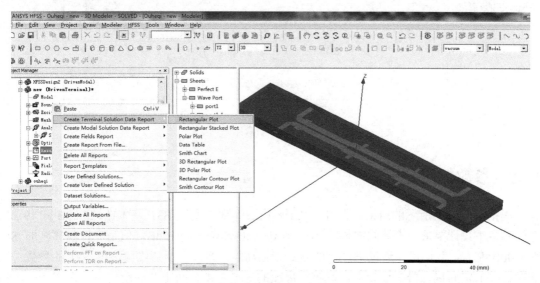

图 13.29　设置显示报表

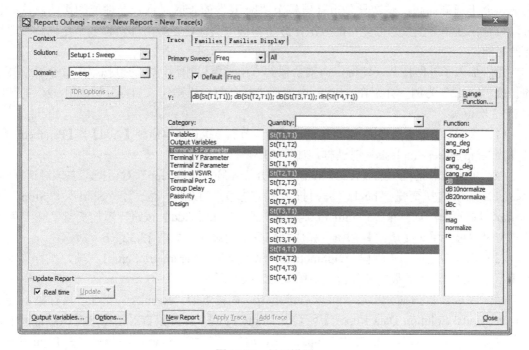

图 13.30　显示设置

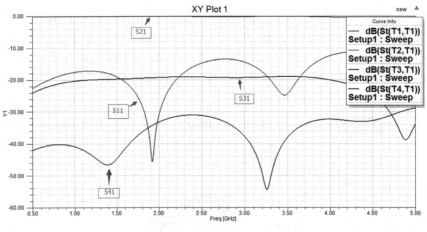

图 13.31　仿真结果

13.8　参数扫描分析

根据图 13.31 所示的结果，在 1～4GHz 内表针耦合度的 S31 基本在-20.2dB～-19.3dB 之间满足了设计要求，表针回波损的 S11 在带内也基本小于-15dB，但是表针隔离度的 S41 在-30dB 左右，我们可以通过 HFSS 的参数扫描功能定量地分析影响隔离度 S41 的参数。在非对称多节定向耦合器的设计中，影响隔离度的主要是耦合间距及补偿枝节，在本例中，耦合度基本达到要求，可不用过度调节耦合间距，这里主要分析补偿枝节对表针隔离度 S41 的影响，介于篇幅问题，本文只分析补偿枝节"bc_l2"的长度对耦合器性能的影响，读者也可以自行根据本节参数扫描分析的方法，分析本例中其他各参数对非对称多节定向耦合器性能的影响。

由于加入了补偿枝节，使得定向耦合器的方向性得以加强，本文以扫描第二个补偿枝节的长度"bc_l2"为例，介绍在 HFSS 中如何进行参数扫描操作。扫描分析"bc_l2"的范围为 2～3.8mm。

（1）鼠标右键单击工程树下的"Optimetrics"节点，执行菜单命令【Add】>【Parametric】，打开"Setup Sweep Analysis"对话框，如图 13.32（a）所示。

（2）单击该对话框中的【Add】按钮，打开"Add/Edit Sweep"对话框，在该对话框中，"Variable"项选择变量"bc_l2"，扫描方式选择为"Linear step"，"Start"、"Stop"和"Setup"项分别输入 2mm、3.8mm 和 0.4mm，然后单击【Add】按钮，添加变量"bc_l2"为扫描变量，最后单击【确定】按钮，完成扫描变量的添加，如图 13.32（b）所示。

（3）鼠标右键单击工程树"Optimetrics"节点下的"ParametricSetup1"项，执行菜单命令【Analyze】，运行参数扫描分析，如图 13.32（c）所示。

（4）完成参数扫描分析后，可以右键单击工程树下的"Results"节点，执行菜单命令【Create Modal Solution Data Report】>【Rectangle Plot】，打开报告对话框，在该对话框中确定左侧"Solution"项选中的是"Setup1：Sweep1"，在"Category"栏选中"S Parameter"，"Quantity"栏中选中"St（T3，T1）"及"St（T4，T1）"，再在"Function"栏中选中

"dB"，最后再单击【Families】按钮，找到"bc_l2"栏目后面的 ，单击【Select All】按
钮选择所有"bc_l2"数据，单击【New Report】按钮，得到如图 13.32（d）所示的结果，由
图 13.32 可知第二级的补偿枝节对隔离度有较为明显的影响，但对耦合度影响不大。

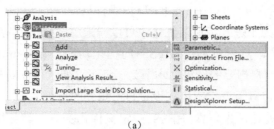

（a）

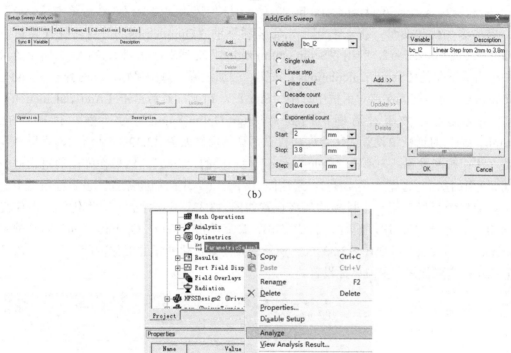

（b）

（c）

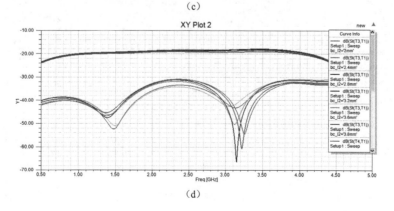

（d）

图 13.32　参数扫描仿真

13.9 优化变量设置与分析

由图 13.31 所示的结果可知，在 1～4GHz 内表针耦合度的 S31 基本在-20.2dB～-19.3dB 之间满足了设计要求，为了进一步调节优化，可以先采用参数扫描功能，分析哪些参数对耦合器的哪个指标有影响，然后再利用 HFSS 的优化功能，设定好用户想要达到的结果，HFSS 自动优化求解出用户想要的结果。本节为了演示方便，仅仅对表针耦合度的 S31 进行优化，实际过程中读者可以根据实际需求设定自己想要的目标。

对 S31 进行优化设计，先要在 HFSS 中定义优化变量，具体操作如图 13.33（a）所示，将 s1、s2、s3、w_out4、bc_l1、bc_l2 及 bc_l3 勾选为优化变量，然后单击【确定】按钮，完成添加优化变量。接着右键单击工程树下的"Optimetrics"节点，执行菜单命令【Add】>【Optimization】，弹出"Setup Optimization"对话框，在图 13.33（b）所示的对话框中单击最下角的【Setup Calculations】按钮，添加设置计算的目标，此时弹出"Add/Edit Calculation"对话框，在该对话框中选中"St（T3，T1）"，然后单击【Add Calculation】按钮，完成设置，关闭对话框，回到"Setup Optimization"对话框，再在"Setup Optimization"对话框中设置优化目标和权重，具体操作如图 13.33（c）所示，设置好各个参数（注：频率设置，先单击"Calc.Range"栏下面的"Freq"，然后在弹出的对话框中选中 Edit 下面的 ...，选择 1～4GHz），采用图 13.33（b）中的相同流程，设置好第二个优化目标，第二个目标与第一个目标的最终设置如图 13.33（d）所示，即优化 S31，使其在 1～4GHz 内小于-19.5dB，同时大于-20.5dB，最后单击"Setup Optimization"对话框中的"Variables"标签页，按照图 13.33（e）所示的设置好优化变量的变化范围，最后单击【确定】按钮，完成优化变量与目标设置。

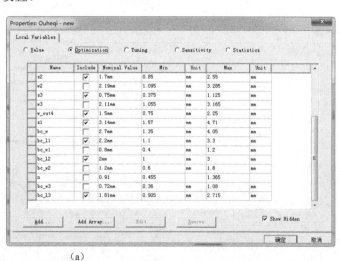

（a）

图 13.33 优化设置

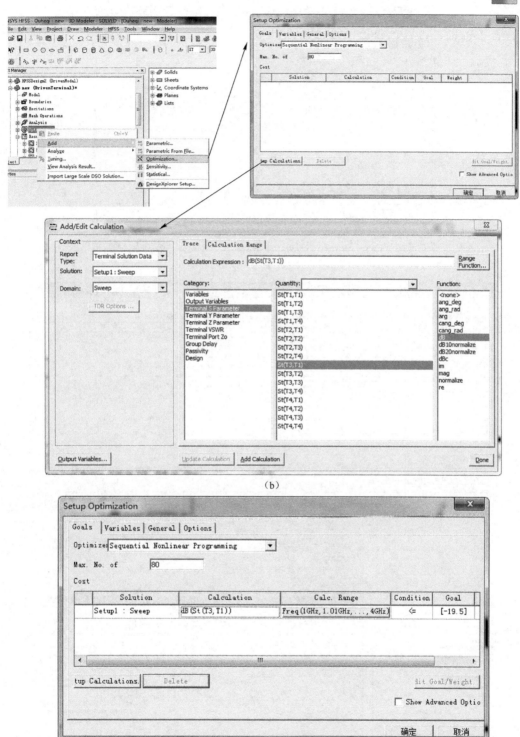

(b)

(c)

图 13.33 优化设置（续）

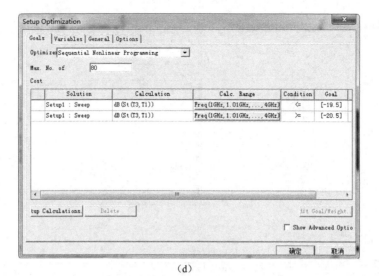

(d)

(e)

(g)

图 13.33 优化设置（续）

右键单击工程树下的"OptimizationSetup1",执行菜单命令【Analyze】,运行优化设计。在优化过程中,右键单击工程树"Optimetrics"下面的"OptimizationSetup1",执行菜单命令【View Analysis Result】,可以打开"Post Analysis Display"对话框,在该对话框中选择"Table"菜单按钮,可以查看优化分析过程中每次优化的分析结果,如图 13.33(g)所示。由图可知,当迭代 13 次后,目标函数 cost 接近 0.0079,基本达到优化目标要求,此时结束优化设计,此时"bc_l1"对应的值为 2.2mm,"bc_l2"为 2mm,"bc_l3"为 1.88mm,"s1"为 3.14mm,"s2"为 1.7mm,"s3"为 0.81mm,"w_out4"为 1.5mm,将该数据重新输入模型中,得到新模型的尺寸结果如图 13.34 所示。

Name	Value	Unit	Evaluated V...	Type
w_sub	17.4	mm	17.4mm	Design
l_sub	85	mm	85mm	Design
h	1.5	mm	1.5mm	Design
l_rfin	5	mm	5mm	Design
w_rfin	1.5	mm	1.5mm	Design
w1	2.21	mm	2.21mm	Design
l1	18.72	mm	18.72mm	Design
s2	1.7	mm	1.7mm	Design
w2	2.19	mm	2.19mm	Design
s3	0.81	mm	0.81mm	Design
w3	2.11	mm	2.11mm	Design
w_out4	1.5	mm	1.5mm	Design
s1	3.14	mm	3.14mm	Design
bc_w	2.7	mm	2.7mm	Design
bc_l1	2.2	mm	2.2mm	Design
bc_w1	0.8	mm	0.8mm	Design
bc_l2	2	mm	2mm	Design
bc_w2	1.2	mm	1.2mm	Design
n	0.91		0.91	Design
bc_w3	0.72	mm	0.72mm	Design
bc_l3	1.81	mm	1.81mm	Design

图 13.34 最终参数

13.10 最终结果与导出版图

对新模型仿真分析,得到如图 13.35 所示的结果,在 1～4GHz 内,S31 在-19.6～-20.2dB之间,隔离度 S41 在-30dB 以下,回波损耗 S11 在-13dB 以下,基本达到-20dB 耦合器设计要求。

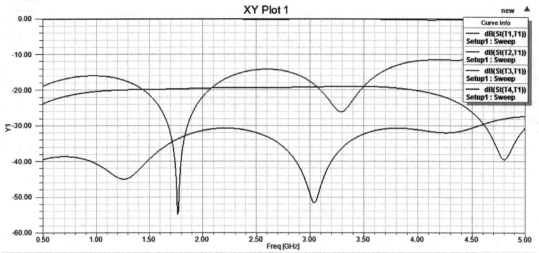

图 13.35　最终仿真结果

对上述结构设计好后，将 HFSS 模型导出为可以被加工机械识别的 CAD 图。由于该模型需要刻蚀部分的纵坐标为 $z=h$ 处，因此在导出之前，我们需要定义一个新的坐标系，然后再将该坐标系下的模型导出。

（1）在 HFSS 主菜单中选择"Modeler"下面的"Coordinate System"，然后在其下面的"Create"菜单中选中"RelativeCS"，接着单击"Offset"，之后再在 HFSS 的主视图中随意单击一下，再在操作历史树下面双击"RelativeCS1"，如图 13.36 所示，设置好新坐标系的参数。

图 13.36　相对坐标设定

（2）在 HFSS 主菜单中选择"Modeler"下面的"Export..."，将其导出为 dxf 格式的模型，以便于 AutoCAD 识别，具体操作过程如图 13.37 所示。

（3）双击桌面上的 ouheqi.hfssresults 文件，用 AutoCAD 打开该模型，对该模型进行处理以便于实际加工操作，导入 AutoCAD 的模型如图 13.38 所示。将可移动的鼠标移动到 AutoCAD 主视图中，在键盘上输入"h"后单击键盘上的【Enter】键，如图 13.39 所示，设置好相关参数，然后单击 添加:拾取点 填充好加工颜色，根据自己实验室螺丝钉和接头型号在版图中综合考虑绘制好螺孔的位置，最后得到如图 13.40 所示的加工版图。

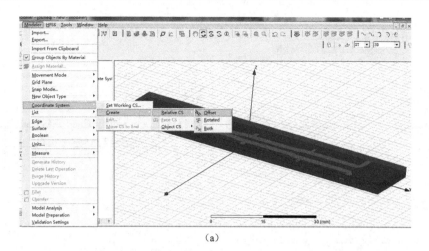

（a）

（b）

图 13.37　模型导出

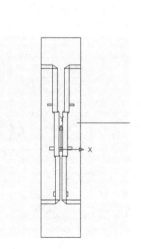

图 13.38　导入 AutoCAD 中的模型

图 13.39　导填充颜色设置

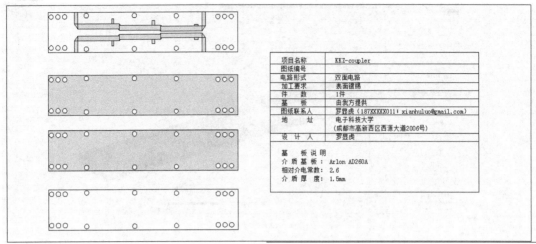

图 13.40　加工版图

13.11　本章小结

　　本章节通过非对称多节耦合器的分析设计实例详细讲解了在 HFSS 中如何快捷地创建模型和设置相应的激励，以及在实际工程中如何导出 HFSS 模型并将其在 AutoCAD 中处理好以便实际加工。读者可以掌握使用 HFSS 设计分析耦合器的具体流程，并将设计好的电路处理为实际加工的模型。

第14章 侧馈/同轴馈电矩形微带天线设计

采用平面微带传输线对微带天线进行馈电是实际工程应用中应用最为广泛的一种馈电类型，其具有结构简单、便于加工制作、可方便进行阻抗匹配等优点。如图 14.1 所示为侧馈微带天线阵列。

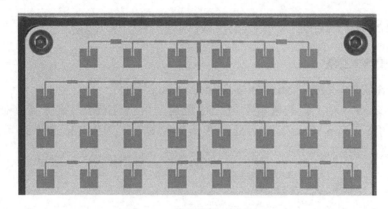

图 14.1 侧馈微带天线阵列

本节设计一种工作在 5.2GHz 的矩形微带天线，天线采用微带传输线进行馈电。介质板选用工程中常用的 Rogers 5880 介质板，厚度为 0.787mm。

14.1 天线尺寸计算

1．计算天线尺寸

Rogers 5880 基板作为电路板中常见的介质基板，其介电常数约为 ε_r=2.2，根据我们选择的介质基板厚度，可以计算出辐射贴片的大致尺寸。

矩形贴片的宽度：23.7mm

矩形贴片的宽度：18.4mm

对于地板的设置，并没有准确的计算公式，一般而言，根据实际的工程应用进行设计。在这里，我们将地板设置为 40mm×40mm。

2．50 欧姆微带线的计算

使用 TXLINE 软件对微带线进行计算，可以算出采用该基板的 50 欧姆线宽度为 2.38mm，在此我们选取的宽度近似为 2.5mm，如图 14.2 所示。

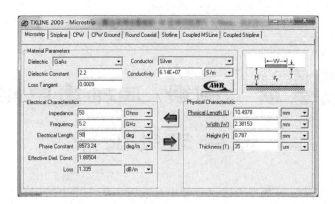

图 14.2　50 欧姆微带传输线尺寸计算

14.2　HFSS 软件建模

1. 新建 HFSS 工程

打开 HFSS 软件，新建"Microstrip-Feed_Antenna"工程。

保存文件之后，对工程的求解类型进行设置，单击 HFSS，执行菜单命令【Solution Type】，弹出"Solution Type"对话框，在该对话框中选中"Modal"选项及"Network Analysis"选项，如图 14.3 所示。

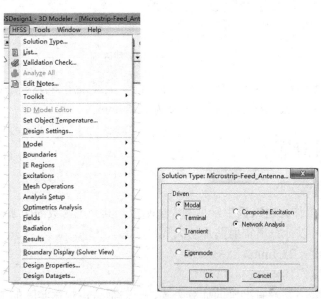

图 14.3　设置求解模式

2. 创建微带天线模型

1）设置软件默认长度单位

HFSS 软件本身具有一套默认的单位系统，如长度单位默认为 mm，频率单位默认为

GHz 等，在此可以对其进行设置。执行菜单命令【Modeler】>【Units】，弹出"Set Model Units"对话框，可以看到默认单位已经设置为 mm，在此可以对单位进行修改，如可以修改成 mil，这也是天线工程中常见的长度单位，如图 14.4 所示。

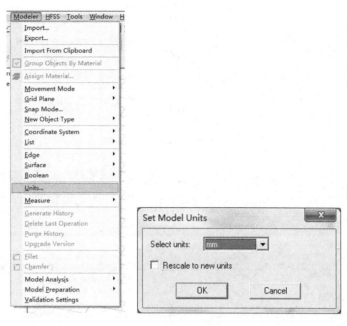

图 14.4　设置默认单位

2）添加工程变量

本节所涉及的天线全部采用参数化建模，具体而言，本节涉及的微带天线的具体参数如表 14.1 所示。

表 14.1　矩形微带天线尺寸

	变 量 名 称	单 位	变 量 值
介质基板厚度	h	mm	0.787
矩形贴片长度	L_p	mm	18.4
矩形贴片宽度	W_p	mm	23.7
截止基板（地板）长度	L_g	mm	40
截止基板（地板）宽度	W_g	mm	40
50 欧姆微带线宽度	W_{50}	mm	2.5
50 欧姆微带线长度	L_{50}	mm	5.4

在 HFSS 中执行菜单命令【HFSS】>【Design Properties】，打开变量对话框，如图 14.5 所示。

单击【Add】按钮，在弹出的对话框中对变量进行编辑，如图 14.6 所示。

单击【确定】按钮，其他变量采用相同的方法录入，最终变量如图 14.7 所示。

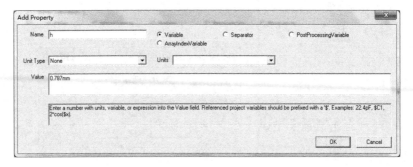

图 14.5　添加变量

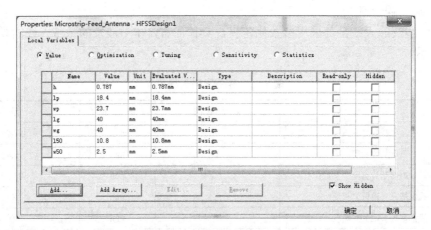

图 14.6　定义变量

图 14.7　定义全部变量属性

3）建立模型

（1）介质基板的建立。

HFSS 提供了对几何图形建模的不同方式，读者可以根据输入坐标建立几何图形，也可以通过先任意建立几何模型之后再修改相应坐标得到。在此，我们采用第二种方法。

单击主菜单中的"Draw-Box"绘制矩形块，读者也可以直接单击 ░░░░░░ 快捷方式中的矩形块进行建模。移动鼠标，任意选取坐标中的三点，对模型进行绘制，新建的立方体会出现在 HFSS 的主界面中，同时，其对应的名称出现在左侧模型框的历史树中，默认名称为"Box1"，如图 14.8 所示。

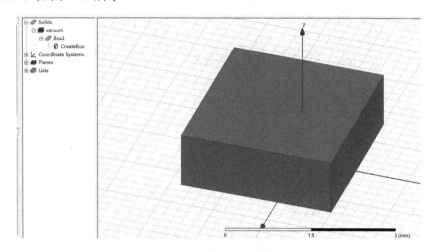

图 14.8　绘制介质基板

可以通过双击"Box1"下面的"CreatBox"对模型进行修改，在此，我们输入介质基板的相关参数，如图 14.9 所示。

Name	Value	Unit	Evaluated V...	Description
Command	CreateBox			
Coordinate...	Global			
Position	-wg/2 ,0mm ,0mm		-20mm , 0mm...	
XSize	wg		40mm	
YSize	lg		40mm	
ZSize	h		0.787mm	

图 14.9　介质基板尺寸示意图

单击【确定】按钮。

读者可通过快捷键【Ctrl+D】对 HFSS 的当前视图大小进行调节，使其适应当前屏幕。

（2）设计介质基板材料。

本节中所采用的微带天线的介质基板为 Rogers 5880，可以通过选定介质基板之后单击鼠标右键，执行菜单命令【Assign Material】，选择介质基板的材料，也可以通过选定介质基板之后，在 HFSS 左侧的属性栏中单击"Meterial"右侧的"vacuum"，选择下拉菜单中的"Edit"，通过弹出的对话框进行设置，如图 14.10 所示。

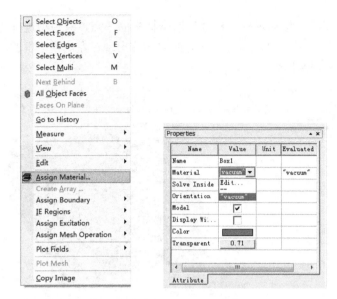

图 14.10　设置介质基板材料

无论采用以上哪种形式进行选择设置，均可得到如图 14.11 所示的对话框。

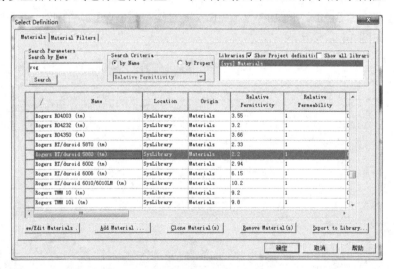

图 14.11　HFSS 材料属性对话框

　　该对话框是 HFSS 软件本身自带的一系列板材，一般而言，实际工程中所用到的板材在其中均可以找到，如本节使用的 Rogers5880 板材。可以看到板材信息中包含介电常数、损耗角正切等信息。

　　对于 HFSS 中没有的板材，读者也可以根据自己的需要进行设置。单击"Materials"标签页中的【New/Edit Materials】按钮。弹出"View/Edit Material"对话框，对板材的属性进行设置，如图 14.12 所示。其中"Relative Permittivity"代表板材的介电常数，"Dielectric Loss Tangent"代表材料的损耗角正切，即材料的损耗大小。

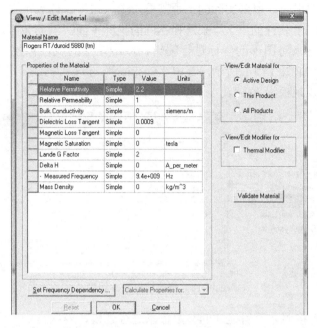

图 14.12 "View/Edit Material"对话框

单击【确定】按钮，可以看到历史树中"Box1"的属性由原来的"vacuum"变成了"Rogers RT/duroid 5880(tm)"。

选择"Box1"，在左侧的属性框中将其名称改为"Sub"，如图 14.13 所示。

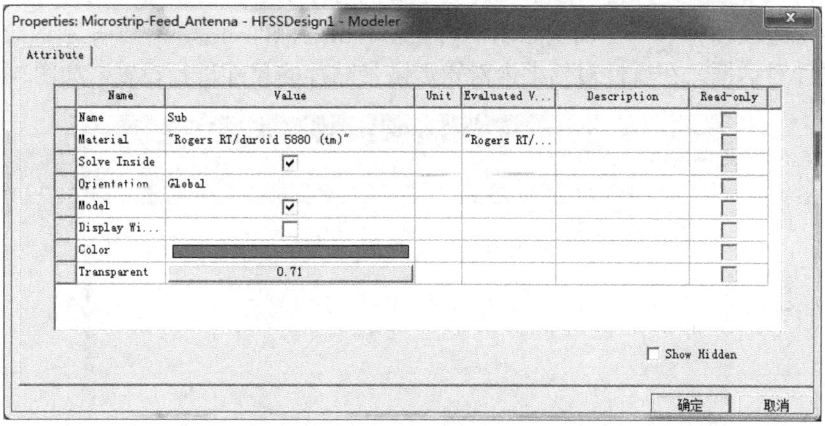

图 14.13 修改介质基板属性

单击【确定】按钮。此时，基板的绘制就完成了。

（3）绘制地板。

和绘制立方体类似，选择 HFSS 中的绘制图形图标，读者可以方便地找到矩形绘制图标 □ ○ ○ ○ □ ，单击矩形绘图图标后，在模型绘制框内任意单击两点即可完成一个矩形的绘制。这里需要注意的是，一般而言，我们绘制的微带天线位于坐标系中的 XOY 平面内，也就是 HFSS 默认的平面，根据实际的工程需要及个人习惯，读者可自行选择绘制模型的坐标系，可以通过 HFSS 软件的 XY ▼ 来选择不同的坐标平面。绘制完成矩形后，同样可以通过双击该矩形的属性来对图形的坐标进行编辑。双击矩形的属性标签，得到图形编辑对话框。对其进行编辑，如图 14.14 所示，其中"Position"选项代表该矩形的起始点，"Xsize"及"Ysize"分别代表地板沿 X 轴及 Y 轴的大小。

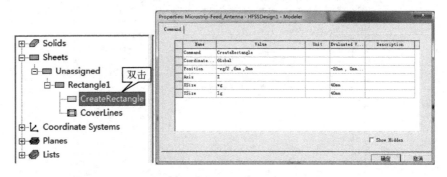

图 14.14　修改地板尺寸属性

在此务必请读者按照之前所建立的参数体系进行建模，养成良好的建模习惯，便于后面模型的优化和改动。

（4）绘制微带天线辐射贴片。

与绘制地板方式类似，在模型中绘制微带天线的辐射贴片，其尺寸在前文中已经给出，沿 X 轴方向为"wp"，沿 Y 轴方向为"lp"。为了方便建模，我们再次选择辐射贴片位于整个介质基板的中心位置，即矩形辐射贴片的中心点与介质基板的中心点重合。

单击矩形绘图图标后，在模型绘制框内任意单击两点即可完成一个矩形的绘制，然后单击矩形的属性对话框，在属性对话框内对矩形微带贴片的尺寸进行设置，如图 14.15 所示。

Name	Value	Unit	Evaluated V...	Description
Command	CreateRectangle			
Coordinate...	Global			
Position	-wp/2 , wg/2-lp/2 , h		-11.85mm , ...	
Axis	Z			
XSize	wp		23.7mm	
YSize	lp		18.4mm	

☐ Show Hidden

图 14.15　地板尺寸属性

单击【确定】按钮。

（5）绘制 50 欧姆微带传输线。

和之前绘制辐射贴片的过程完全一样，在模型中绘制特性阻抗为 50 欧姆的微带传输线。绘制矩形贴片及 50 欧姆微带线，每个部分的具体属性如图 14.16 所示。

注意，与地板不同，微带天线的辐射贴片及 50 欧姆微带传输线均位于介质基板的另一面，因此其 Z 轴坐标应为"h"。

绘制完成之后，对矩形微带贴片及微带传输线进行重命名。首先选中需要进行重命名的对象。可以在 HFSS 软件的左侧边栏中看到该对象的属性，如图 14.17 所示。

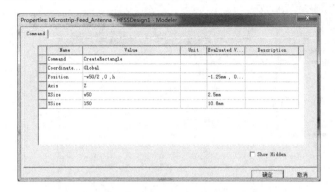

图 14.16　50 欧姆传输线尺寸属性

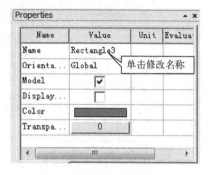

图 14.17　修改模型名称

分别将地板、矩形辐射贴片及 50 欧姆微带传输线命名为"GND"、"Patch"和"Feed"。此外，读者可根据自己的喜好对模型进行颜色设置。

（6）将贴片和馈电合并成一个整体。

完成微带传输线和辐射贴片的绘制之后，按住【Ctrl】键同时选定两个对象，执行菜单命令【Modeler】>【Boolean】>【Unites】，也可以通过单击工具栏上的图标 进行合并操作。

最终完成的结构图如图 14.18 所示。

4）设置边界条件

（1）设置导体边界条件。

实际工程应用中，辐射贴片及地板都是具有一定厚度的金属导体，而在实际模型中，为了简化设计，采用了如前面所叙述的平面形式，将这些平面设置为理想电导体即可代替实际工程中的金属导体。

图 14.18　最终模型示意图

进行设置时可以将辐射贴片和地板作为一个对象进行设置，也可以分别进行设置，在此我们采用第二种方法。

选中模型中的"Patch"，单击鼠标右键，执行菜单命令【Assign Boundary】>【Perfect E】。在打开的对话框中直接单击【OK】按钮，即可完成设置，如图 14.19 所示。

采用同样的方法对地板进行设置。

（2）设置辐射边界条件。

使用 HFSS 对天线进行仿真时，需要设计辐射边界条件以等效实际的空间辐射。为了达到仿真的精度，设置边界条件时需要将辐射边界与辐射体的距离设置在四分之一波长以上，越大越好，而同时，辐射边界的增大会导致运算时间的增长。因此，为了同时兼顾计算准确度和降低计算的时间，空气腔一般设置为四分之一波长即可。在此模型中，我们的计算频率约为 5.2GHz。因此，将边界条件与辐射体的距离选择为 20mm 即可。

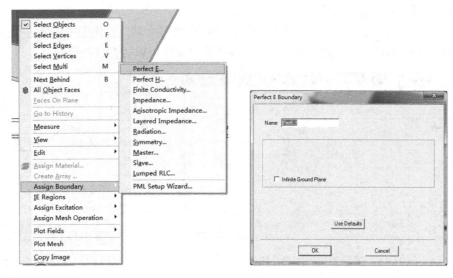

图 14.19　设置 PEC 边界条件

在主菜单中执行菜单命令【Draw】>【Box】，与绘制介质基板的方法完全相同，绘制一个空气腔。双击空气腔，在弹出的对话框中进行设置，如图 14.20 所示。单击【确定】按钮。

所绘制的立方体默认为真空材料，即"vacuum"，打开长方体属性对话框中的"Attribute"标签页，将立方体的名称改为"Air"，透明度设置为 0.8。

此外，读者也可以采用第二种更为简便的方法对边界条件进行设置。单击快捷栏中的图标，在弹出的对话框中单击"Padding type"下的下拉菜单，选择"Absolute Offset"，在后面的"Value"值中填写 20mm，如图 14.21 所示。

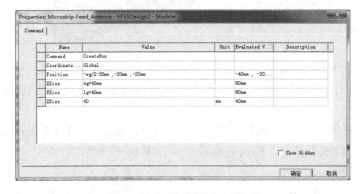

图 14.20　设置辐射空气腔

图 14.21　设置空气腔大小

单击【OK】按钮，即可完成与前面方法完全一样的立方体的绘制。

绘制完立方体之后，在模型框中选中绘制的 Air，单击鼠标右键，执行菜单命令【Assign Boundary】>【Radiation】，单击【OK】按钮，即可完成设置，如图 14.22 所示。

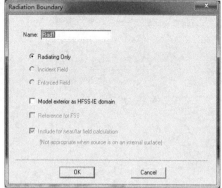

图 14.22　设置辐射边界条件

5）设置端口平面

在 HFSS 中对微带线进行馈电有两种常用的形式，第一种为波端口，第二种为集总端口。一般而言，仿真平面带线、共面波导等结构时，采用波端口，而仿真微带线结构时，采用两种结构所得到的结果没有太大的差别，再次我们采用集总端口的形式进行绘制。

首先将工作面调整至 XOZ 面，单击 XY、3D 中的"XY"，选择"XZ"。

选择 Draw 命令中的矩形命令，与前面绘制辐射贴片一样，在弹出的对话框中设置矩形的坐标，在此我们将端口的高度设为介质板的高度，宽度与微带传输线一致，如图 14.23 所示。单击【确定】按钮。

图 14.23　设置端口平面坐标

之后选定该矩形，单击鼠标右键，执行菜单命令【Assign Excitation】>【Lump Port】，弹出"Lumped Port"对话框，设置端口阻抗，如图 14.24 所示。

单击【下一步】按钮，在弹出的对话框中单击"None"，选择"New Line…"绘制积分线，如图 14.25 所示。

积分线的绘制分为两种，第一种为通过鼠标选取坐标点，第二种为输入坐标，在此我们使用第二种方法。单击"New Line"之后，鼠标变为可以选取坐标点的形式，然后单击键盘上的【Tab】键，在 HFSS 右下角绘制坐标的对话框内输入起始点坐标，如图 14.26 所示。

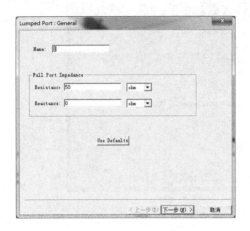

图 14.24　设置端口阻抗

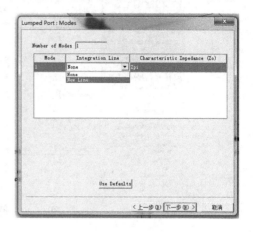

图 14.25　设置端口积分线

| X: | 0 | Y: | 0 | Z: | 0 | Absolut ▼ | Cartesiar ▼ | mm |
| dX: | 0 | dY: | 0 | dZ: | 0.787 | Relative ▼ | Cartesiar ▼ | mm |

图 14.26　设置端口积分线坐标

图 14.27　端口示意图

单击【确定】按钮，输入第二个点的相对坐标，按回车键确认。

单击【下一步】按钮，此处可使用默认设置，单击【完成】按钮即可完成集总端口的绘制。

绘制完成后在 HFSS 界面左侧的"Excitations"里面可以看到刚添加的集总端口"1"，如图 14.27 所示。

6）求解设置

模型绘制的最后一步是 HFSS 的模型求解设置，求解设置分为两步，第一步为设置求解频率，第二步为设置求解的频率扫描范围。对于部分天线而言，第二步是可以不进行设置的，这种情况主要常见于进行方向图的求解时，仅仅对某一个点频的方向图特性感兴趣，此时可以不对频率的扫描范围进行求解。

（1）设置求解频率。

所设计的微带天线的工作频率为 5.2GHz，因此我们所关心的频点为 5.2GHz，在这种情况下，求解频率即可设置为 5.2GHz，而对于对某一段频率范围都感兴趣的天线而言，可以选取所要求解的频率范围的中心频点作为求解频率。

鼠标右键单击 HFSS 中工程管理栏中的"Analysis"，执行菜单命令【Add Solution Setup】，在弹出的对话框中单击"General"标签页，即第一个选项，其中的"Solution Frequency"即为我们所设置的求解频率，此处设置为 5.2GHz。下面的"Maximum Delta S"表示所进行的计算次数，设置为 30。需要注意的是，这里的计算次数并不是实际的计算次数，而是计算技术的上限。因此，设置的稍微大一些也不会降低仿真的速度。勾选

"Maxium Delta S"选项，数字设为 0.02，这里是指 HFSS 进行剖分时第一次与上一次之间误差的最小值，当误差低于该值时，HFSS 认为精度已经能够达到我们的要求，即所说的收敛。这里数字的大小直接影响运算的速度，值越小，仿真所需要的时间越长，精度也会越高。最终设置如图 14.28 所示。单击【确定】按钮。

图 14.28　设置求解频率

（2）扫描频率的设置。

设置完求解频率后，设置 HFSS 的频率扫描范围。绝大多数情况下，天线不工作在点频状态，即通信系统要求天线具有一定的工作带宽，因此需要对求解频率附近频率点的天线性能也进行分析，此处设置的频率扫描范围为 4.5～6GHz。

展开刚刚设置的"Analysis"节点，鼠标右键单击求解设置项"Setup1"，执行菜单命令【Add Frequency Sweep】，打开"Edit Frequency Sweep"对话框，扫频方式选项选择"Fast"，在"Start"中输入 4.5GHz，"Stop"中输入 6GHz，"Step Size"中设置为 0.01GHz。其他选项保持默认即可，如图 14.29 所示。

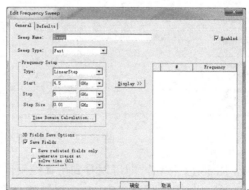

图 14.29　设置扫描频率范围

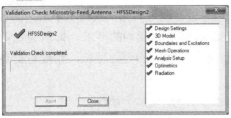

图 14.30 模型检查

单击【确定】按钮，此时即完成了天线的模型绘制及求解设置。

7）模型检查与运行

单击快捷栏中的图标 ，对模型进行检查。

模型检查全部通过，如图 14.30 所示。

单击模型检查旁边的运行图标 ，即对模型进行求解。

求解完成后，可以在状态栏中看到完成信息，如图 14.31 所示。

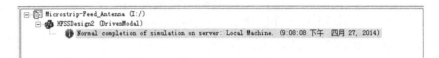

图 14.31 模型运行完成

3．模型的结果后处理

完成模型的仿真之后即可对模型的结果进行后处理。

鼠标右键单击 HFSS 控制栏中的 "Results"，执行菜单命令【Create Modal Solution Data Report】>【Rectangular Plot】，在弹出的对话框中选择 "S Parameter"、"S(1,1)"、"dB"，如图 14.32 所示。

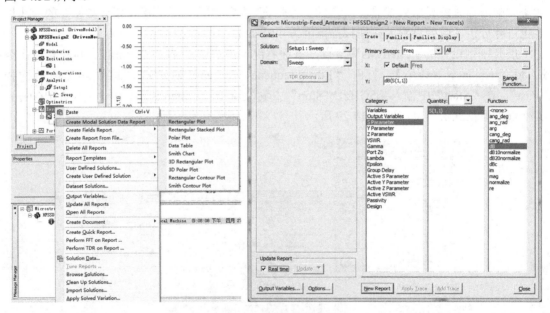

图 14.32 添加分析结果

单击【New Report】按钮，即可以看到仿真结果，如图 14.33 所示。

可以看到，在 5.3GHz 附近，S(1,1)达到最低，最小值约为-3.75dB，与我们所设计的 5.2GHz 的频率基本一致。在实际的工程设计中一般认为 S(1,1)小于-10dB 即可满足实际的工程需要，此时对应的驻波约为 2。前面所涉及的微带天线之所以 S(1,1)未达到要求的主要原因是传统的矩形微带天线的特性阻抗并不是 50Ω，而是 120Ω左右。因此，在很多实际的工程中需要对天线进行简单的阻抗匹配，此处我们采用下面的方式对天线进行阻抗匹配。在馈线与天线连接的位置开两个矩形的缝隙，如图 14.34 所示。

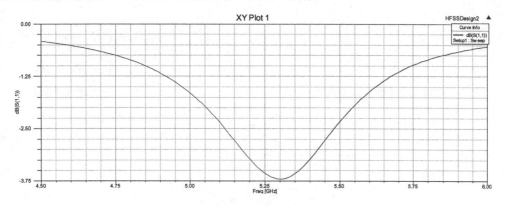

图 14.33　天线 S(1,1)示意图

这里需要用到 HFSS 软件中的相减运算，为了方便后面的优化，我们将缝隙的长度设置为 "ls" 变量。首先添加 "ls" 变量，初始值设置为 4mm。与绘制矩形微带辐射贴片的方法完全一致，单击 "Draw-Rectangular" 绘制任意矩形，双击矩形的属性框，在坐标栏中输入相应的坐标，如图 14.35 所示。

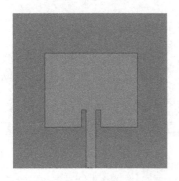

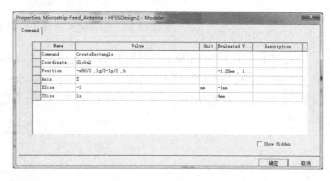

图 14.34　馈电位置加载缝隙的矩形微带天线示意图　　　图 14.35　左侧加载缝隙尺寸示意图

单击【确定】按钮。绘制另一个缝隙矩形，坐标如图 14.36 所示。

单击【确定】按钮，可以看到历史树中的 "Unassigned" 下面出现了刚刚绘制的两个矩形。选择 "Patch"，按住【Ctrl】键同时选择刚刚绘制的两个矩形，单击布尔运算 中的第二个相减运算。如图 14.37 所示，弹出的对话框中，左侧为被减对象，右侧为减去的部分，直接选择默认设置，单击【OK】按钮，即可看到 "Patch" 的馈线两侧出现了两个缝隙。

此时 Patch 的边界条件并不发生变化，因此可以直接运行仿真。运行结果如图 14.38 所示。

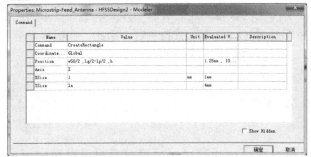

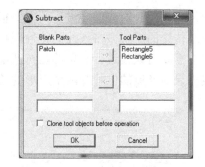

图 14.36　右侧加载缝隙尺寸示意图　　　　图 14.37　对加载缝隙进行布尔运算

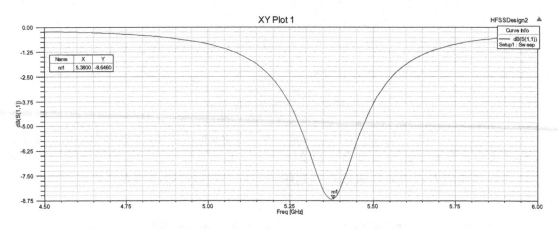

图 14.38　加载缝隙后微带天线 S(1,1)示意图

可以看到，此时的 S(1,1)明显变好，大约为-8.6dB。下面对缝隙的长度进行优化。

鼠标右键单击工程控制栏中的"Optimetrics"选项，执行菜单命令【Add】>【Parametric】。在弹出的对话框中进行如图 14.39 所示的设置。

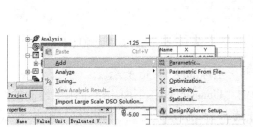

图 14.39　添加优化变量

依次单击【Add】按钮、【OK】按钮和【确定】按钮，即可将缝隙的长度作为扫描的参数。

单击运行。可以看到运行进程中出现 5 个待求解的参数，如图 14.40 所示。等待模型求解完成。

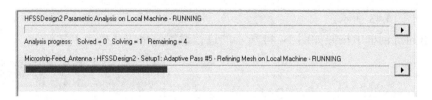

图 14.40　对多个参数进行扫描求解

运行完成后，单击之前添加的结果选项 dB(S(1,1))，弹出的对话框中单击"Family"标签页，单击"Ls"右侧"Edit"下的按钮，勾选"use all value"，如图 14.41 所示。单击【New Report】按钮，结果如图 14.42 所示。

图 14.41　添加不同参数仿真结果

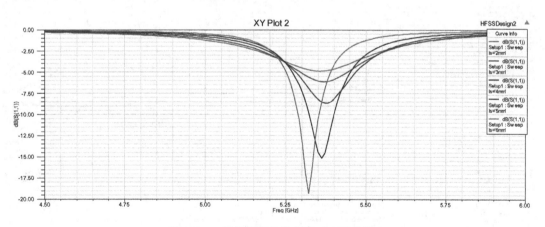

图 14.42　添加不同参数仿真 S11 示意图

可以看到，当"Ls"达到 5mm 时，其 S(1,1)值低于-10dB，达到设计要求。在此，我们选择将缝隙的长度设置为 5mm。需要注意的是，目前的值并不是最优值，读者可根据前面的设置过程自行对其他参数进行扫描以达到最优的效果。

将"Ls"设置为 5mm 后再次运行。此时我们查看天线的辐射特性。

右键单击控制栏中的"Radiation"，执行菜单命令【Insert Far Field Setup】>【Infinite

Sphere】，如图 14.43 所示。

在弹出的对话框中按照如图 14.44 所示的进行设置。单击【确定】按钮。

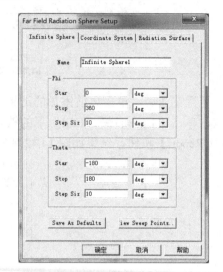

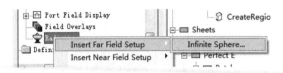

图 14.43　定义辐射表面　　　　　　　　　　图 14.44　定义角度范围

如图 14.45 所示，右键单击"Results"，执行菜单命令【Create Far Fields Report】>【3D Polar Plot】，弹出"Repore Microstrip-Feed"对话框，在该对话框中选中"Gain"、"GainTotal"、"dB"，单击【New Report】按钮。

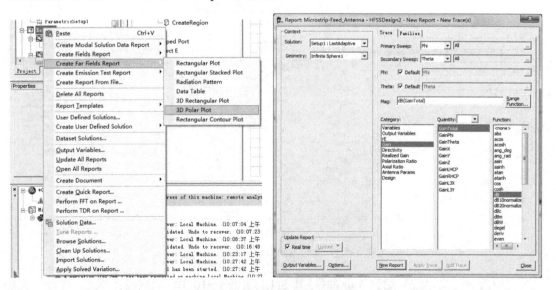

图 14.45　方向图报告设置

如图 14.46 所示，可以看到在 5.2GHz 的方向图。

同样，读者可以将【3D Polar Plot】换成【Radiation Pattern】，在"Families"标签页中分别选择 Phi=90dey 和 Phi=0dey，生成二维方向图如图 14.47 所示。

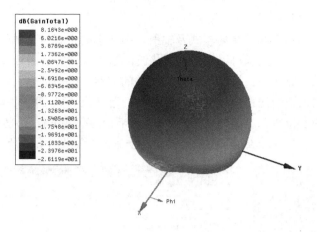

图 14.46　天线 3D 方向图

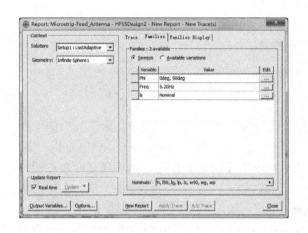

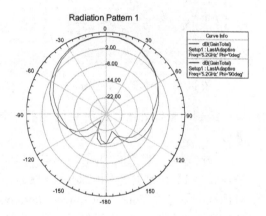

图 14.47　天线 2D 方向图

至此即完成了天线的仿真。

14.3　同轴馈电矩形微带天线仿真实例

与微带传输线馈电方式不同，同轴线馈电方式采用同轴线对天线进行馈电，由于馈线位于天线地板一侧，因此天线的后向辐射更小，采用同轴线馈电方式可以获得较好的天线辐射前后比，这在很多应用中尤其重要。

1.　微带天线的绘制

1）天线结构的绘制

由于前文中已经对矩形微带天线的绘制进行了初步讲解，同轴馈电的矩形微带天线与侧馈微带天线的区别仅仅在于馈电方式的不同。因此，在此我们利用前面已经画好的辐射贴片进行同轴馈电微带天线的设计，跳过矩形微带贴片、地板及介质基板的绘制过程。

我们选取绘制好不含馈线的模型，如图 14.48 所示。

2）馈电结构的绘制

同轴馈点的位置影响天线的辐射模式及辐射，因此需要选择合适的馈线位置，而且通过选择合适的馈电位置，微带天线可以辐射圆极化波，这在本章的后面章节可以看到。

关于馈电位置的计算方法，读者可以查阅相关的书籍，一般而言，工程上更多地使用参数扫描的方法确定同轴馈线的最佳位置，在此，我们选择距离微带贴片 4mm 的位置进行馈电，即同轴馈线的中心位置为（0,16），同轴线的内半径为 0.6mm，外芯半径为 1.5mm。执行菜单命令【Draw】>【Cylinder】，在弹出的对话框中进行如图 14.49 所示的设置。

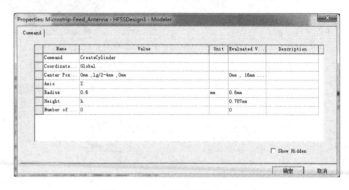

图 14.48　矩形贴片示意图　　　　　　　　图 14.49　绘制同轴线内芯

绘制同轴线外芯，此时我们使用一个圆形代替同轴线的外芯，这与实际工程中的应用类似。

绘制圆形，设置圆形属性，如图 14.50 所示。单击【确定】按钮，然后选择介质基板，按住【Ctrl】键选择刚刚绘制的圆柱体，单击运算图标 相减运算。在弹出的对话框中勾选"Clone tool objects before operation"，如图 14.51 所示，单击【OK】按钮。然后选中圆柱体，将其材料设置为"PEC"，在实际的工程应用中同轴线的内芯一般为铜线，因此将其材料设置为"Copper"也是可以的。

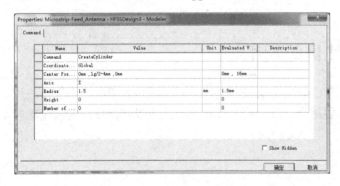

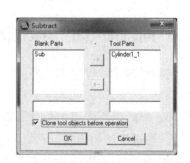

图 14.50　绘制同轴线外芯　　　　　　　图 14.51　介质基板与同轴线外芯做布尔运算

3）馈电端口的设置

选择地板，同时选择刚刚绘制的圆形，单击相减运算，同样勾选"Clone tool objects before operation"，单击【OK】按钮。

选中圆形，单击鼠标右键，执行菜单命令【Assign Excitation】>【Lump Port】。弹出"Lumped Port：Modes"对话框，如图 14.52 所示。

单击【下一步】按钮，在弹出的对话框中单击"None"，选择"New Line..."绘制积分线，如图 14.53 所示。

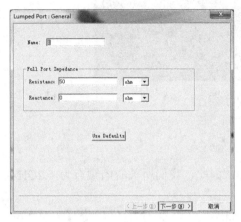

图 14.52　设置端口阻抗

图 14.53　设置端口积分线

在此我们使用一种更加简便的绘制方式进行积分线的绘制，按住【Alt】键，然后在整个模型的上方双击鼠标，即可将模型调整为俯视模式，此时将鼠标移至刚刚绘制的圆形外周上，鼠标变为三角形，单击鼠标左键，即选取积分线第一个点，如图 14.54 所示。

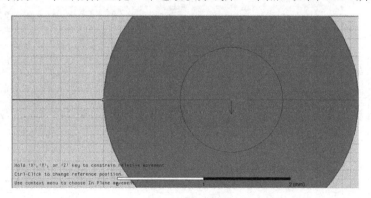

图 14.54　设置端口积分线

再将鼠标移至内径的外周，同样鼠标变为小的矩形，单击鼠标，即可完成积分线的绘制，单击【下一步】按钮，即可完成，如图 14.55 所示。需要注意的是，采用这种方法绘制积分线需要一定的技巧，读者多加练习可以节省绘制模型的时间，当然也完全可以通过前文采用的绘制坐标的方法进行绘制。

4）边界条件的设置

边界条件的设置与前面的天线完全一样，贴片和地板设置为 PEC，空气腔设置为辐射边界条件，在此不做赘述。

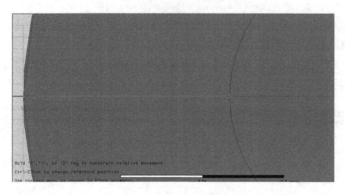

图 14.55　设置端口积分线

5）完成模型的绘制后对求解进行设置

（1）设置求解频率。

所设计的微带天线的工作频率同样为 5.2GHz，因此，我们所关心的频点为 5.2GHz，在这种情况下，求解频率即可设置为 5.2GHz，

鼠标右键单击 HFSS 工程管理栏中的"Analysis"，执行菜单命令【Add Solution Setup】，在弹出的对话框中单击"General"标签页，其中的"Solution Frequency"即为我们所设置的求解频率，此处设置为 5.2GHz。下面的"Maximum Delta S"表示所进行的计算次数，设置为 30，勾选"Maxium Delta S"，数字设为 0.02。最终设置如图 14.56 所示。单击【确定】按钮。

图 14.56　设置求解频率

（2）扫描频率的设置。

设置完求解频率后，设置 HFSS 的频率扫描范围，此处我们设置的频率扫描范围为 4.5～6GHz。

展开刚刚设置的"Analysis"节点，鼠标右键单击求解设置项"Setup1"，执行菜单命令【Add Frequency Sweep】，打开"Edit Frequency Sweep"对话框，扫频方式选项可以选择

"Fast"，在"Start"中输入 4.5GHz，"Stop"中输入 6GHz，"Step Size"中输入 0.01GHz。其他选项保持默认即可，如图 14.57 所示。

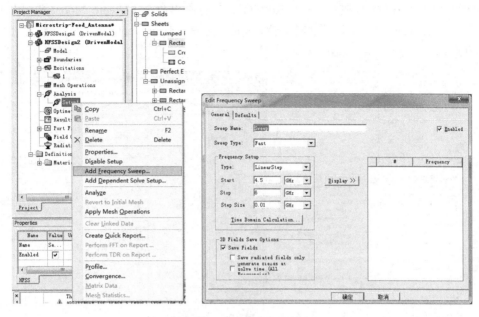

图 14.57　设置扫描频率范围

单击【确定】按钮，此时即完成了天线的模型绘制及求解设置。

（3）模型检查与运行。

单击快捷栏中的图标 ✐，对模型进行检查。

模型检查全部通过，如图 14.58 所示。

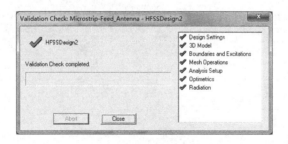

图 14.58　模型检查

单击模型检查旁边的图标 ⚙ 运行按钮，即对模型进行求解。

求解完成后，可以在状态栏中看到完成信息，如图 14.59 所示。

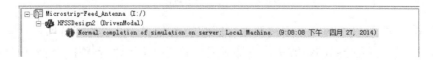

图 14.59　模型运行完成

2．模型的结果后处理

完成模型的仿真之后即可对模型的结果进行后处理。

鼠标右键单击 HFSS 控制栏中的"Results"，执行菜单命令【Create Modal Solution Data Report】>【Rectangular Plot】，在弹出的对话框中选择"S Parameter"、"S(1,1)"、"dB"，如图 14.60 所示。

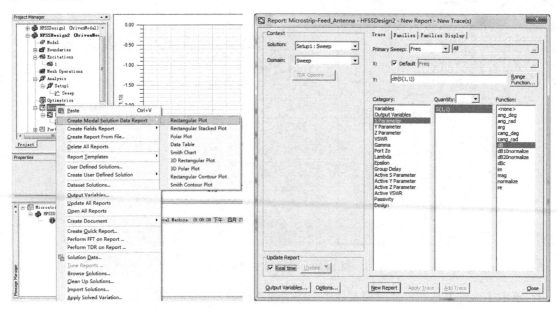

图 14.60　添加分析结果

单击【New Report】按钮，即可以看到仿真结果，如图 14.61 所示。

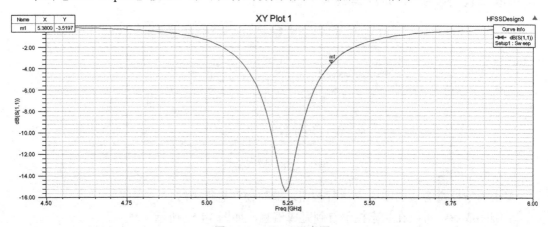

图 14.61　S(1,1)示意图

从图 14.61 中可以看到，在不需要进行匹配的情况下，天线的阻抗即可达到-10dB 以下。读者可以利用前面介绍的参数优化方法对天线的馈电位置进行优化，得到更好的效果。

查看方向图：右键单击控制栏中的"Radiation"，执行菜单命令【Insert Far Field

Setuo】>【Infinite Sphere】，如图 14.62 所示，在弹出的对话框中定义角度范围，如图 14.63 所示，然后单击【确定】按钮。

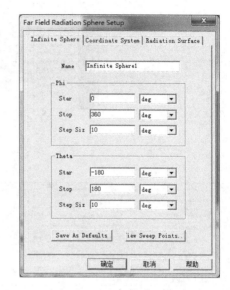

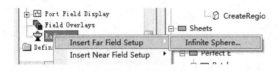

图 14.62　定义辐射表面　　　　　　　　图 14.63　定义角度范围

右键单击"Results"，执行菜单命令【Create Far Fields Report】>【3D Polar Plot】，弹出如图 14.64 所示的对话框，在该对话框中单击"Gain"、"GainTotal"、"dB"，单击【New Report】按钮，可以看到在 5.2GHz 的方向图，如图 14.65 所示。

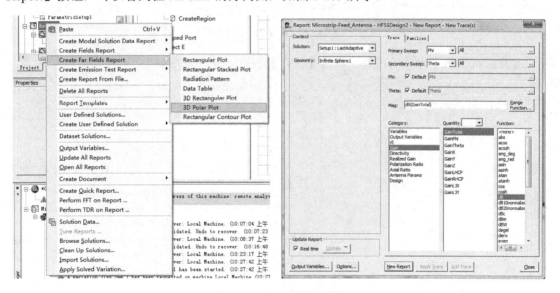

图 14.64　方向图报告设置

同样，读者可以将【3D Polar Plot】换成【Radiation Pattern】，在"Families"标签页中分别选择 Phi=90dey 和 Phi=0dey，即可完成选择生成二维方向图，如图 14.66 所示。

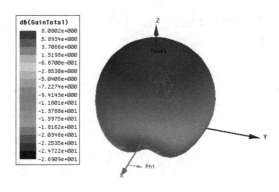

图 14.65　天线 3D 方向图

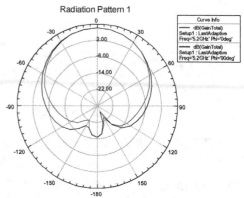

图 14.66　天线 2D 方向图

至此，即完成了天线的仿真。单击【保存】按钮，退出 HFSS。

第**15**章 微带八木天线设计与仿真

八木天线由日本人宇田和他的导师八木于 1926 年提出，其作为一种结构相对简单、波束宽度较宽、定向性较好的天线，一直被很多专家学者所研究，并广泛应用于各种通信系统中。从 1953 年 Deschamp 提出了微带天线的概念后，微带天线因其本身质量小、体积小、易于制造等优点，被广泛应用于各种应用场合。同时越来越多的人将八木天线的理论应用于微带天线中，后来的研究者提出了微带贴片八木天线和微带准八木天线两种微带八木天线的形式。其中微带贴片八木天线的最大辐射方向为准端射方向，主瓣波束向端射方向倾斜；而微带准八木天线的最大辐射方向为端射方向，最大辐射方向为垂直于天线表面的方向。

微带准八木天线因其具有较高的增益、较宽的波束宽度等优点，广泛应用于隧道和狭长的矿井等场合中。

本章对一个简单的微带准八木天线进行理论分析和仿真设计，详细给出了使用 HFSS 设计一款微带准八木天线的设计步骤，便于初学者进行学习。

15.1 微带八木天线理论

1. 微带准八木天线的结构

图 15.1 是一个简单的微带准八木天线的结构示意图，该微带准八木天线由激励阵子、引向阵子和反射阵子组成，采用微带巴伦进行平衡与不平衡的转化。与天线性能相关的参数包括激励阵子的长度 d_r、引向阵子的长度 d_1、反射阵子的长度 W，阵子的宽度 W_1、激励阵子和反射阵子的间距 g_1、激励阵子和引向阵子的间距 g_2、引向阵子之间的间距 g_3、介质板的介电常数 ε_r、介质板的损耗角正切 $\tan\delta$、介质板的厚度 h 等，同时馈电微带线的宽度 s_2 对于此天线的阻抗匹配有一定的影响，介质板的长度 L 和宽度 W 也对此天线的性能有一定的影响。

2. 微带准八木天线的参数计算公式

等效介电常数为

$$\varepsilon_e = \frac{\varepsilon_r + 1}{2} + \frac{\varepsilon_r - 1}{2}\left(1 + 10\frac{h}{w}\right)^{-\frac{1}{2}} \tag{15.1}$$

电磁波在介质中的工作波长为

$$\lambda_g = \frac{c}{\sqrt{\varepsilon_e}f_0} \tag{15.2}$$

其中，c 为自由空间光速，f_0 为天线的工作频率，ε_r 为天线的相对介电常数，h 为介质板的厚度，w 为微带线的宽度。

在确定了介质材料和基板厚度以后，为了保证较高效率的辐射，理论上阵子的实用宽度为

$$w = \frac{c}{f\sqrt{2(\varepsilon_r + 1)}} \tag{15.3}$$

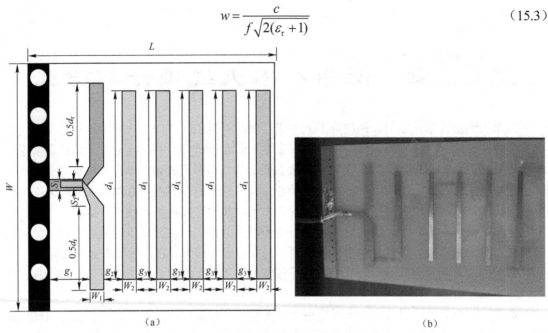

（a）   （b）

图 15.1 微带准八木天线的结构图和实物图

其中，f 为天线的谐振频率。

激励阵子的贴片长度可取为

$$d_r = 0.5\lambda_g \tag{15.4}$$

引向阵子的贴片长度初值可取为

$$d_1 = 0.45\lambda_g \tag{15.5}$$

反射阵子与激励阵子的水平距离为

$$g_1 = 0.25\lambda_g \tag{15.6}$$

激励阵子与引向阵子的间距及各引向阵子间的距离都相等，一般可以取

$$g_2 = g_3 = 0.2\lambda_g \tag{15.7}$$

3．天线几何结构参数计算

下面根据给出的推导公式计算微带准八木天线的几何尺寸，包括激励阵子的长度 d_r、引向阵子的长度 d_1、反射阵子的长度 W，阵子的宽度 W_1、激励阵子和反射阵子的间距 g_1、激励阵子和引向阵子的间距 g_2、引向阵子之间的间距 g_3 等参数。

而此八木天线设计工作在 WiFi 频段，要求此天线的工作频带覆盖 2.4～2.483GHz 频率范围，中心频率设计为 2.45GHz，介质基板选用厚度为 0.8mm、介电常数为 4.4 的 FR4 环氧树脂板，其损耗角正切为 0.02。

1）引向阵子和激励阵子的宽度 W_1

把 $c = 3 \times 10^8$ m/s，$f_0 = 2.45$GHz，$\varepsilon_r = 4.4$ 代入式（15.3）中，可以计算出微带准八木天线的引向阵子和激励阵子的宽度为

$$W_1 = W_2 = 3.7\text{mm}$$

2）有效介电常数 ε_e

把 $h=0.8\text{mm}$，$W_1=3.7\text{mm}$，$\varepsilon_r=4.4$ 代入式（15.1）中，可以计算出有效介电常数为

$$\varepsilon_e = 3.65$$

3）介质波长 λ_g

将 $c = 3 \times 10^8\text{m/s}$，$f_0=2.45\text{GHz}$，$\varepsilon_e=3.65$ 代入式（15.2）中，可以计算出介质波长为

$$\lambda_g = 64.0\text{mm}$$

4）激励阵子的贴片长度 d_r

将 $\lambda_g = 64.0\text{mm}$ 的值代入式（15.4）中，可以计算出激励阵子的贴片长度为

$$d_r = 32\text{mm}$$

5）引向阵子的贴片长度 d_1

将 $\lambda_g = 64.0\text{mm}$ 的值代入式（15.5）中，可以计算出引向阵子的贴片长度为

$$d_1 = 28.8\text{mm}$$

6）反射阵子与激励阵子的水平距离 g_1

将 $\lambda_g = 64.0\text{mm}$ 的值代入式（15.6），可以计算出反射阵子和激励阵子的水平距离为

$$g_1 = 16\text{mm}$$

7）激励阵子与引向阵子的间距和各引向阵子间的距离 $g_2 = g_3$

将 $\lambda_g = 64.0\text{mm}$ 的值代入式（15.7），可以计算出激励阵子和引向阵子的水平距离，以及各引向阵子的距离为

$$g_2 = g_3 = 12.8\text{mm}$$

8）微带线馈线的宽度 S_2

利用微带线阻抗计算软件，将 $Z_0=50\Omega$，$h=0.8\text{mm}$，$\varepsilon_r = 4.4$ 输入微带线计算软件 txline 中进行计算，如图 15.2 所示。

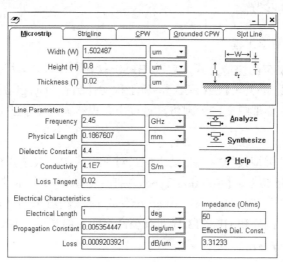

图 15.2　txline 软件计算微带线的宽度

从图 15.2 中我们可以看出微带线的宽度为

$$S_2=1.5\text{mm}$$

15.2 设计目标

此天线的设计指标如下：

（1）中心频率为 2.45GHz，并覆盖 2.4～2.483GHz 的 WiFi 频段。

（2）中心频率处的增益大于 8dBi。

15.3 设计的整体图形

微带准八木天线的 HFSS 仿真模型如图 15.3 所示，在此模型中未显示空气盒子。设计时我们采用渐变式微带巴伦进行馈电，并采用渐变式结构将微带线和激励阵子相连，介质基板上面依次为反射阵子、激励阵子和引向阵子。引向阵子的个数一般为 5～6 个，引向阵子的数量继续增加的时候，增益基本不变。

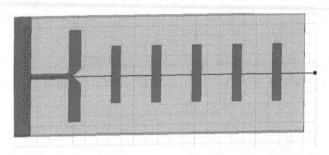

图 15.3　微带准八木天线的 HFSS 模型

15.4 HFSS 仿真步骤

1．运行 HFSS 并新建工程

双击桌面上 HFSS15 的快捷方式，启动 HFSS 软件。HFSS 运行后，自动新建一个工程文件，执行菜单命令【File】>【Save As】，将工程文件另存为 yagi-microstrip antenna.hfss，同时注意保存路径中不要带中文，否则仿真过程中会报错误而不能进行仿真。

2．设置求解类型

将当前设计的求解类型设为模式驱动求解。对于天线，一般选择模式驱动求解。

执行菜单命令【HFSS】>【Solution Type】，打开如图 15.4 所示的"Solution Type"对话框，选中"Modal"选项和"Network Analysis"选项，然后单击【OK】按钮，退出对话框，完成设置。注意，此处和 HFSS13 界面有少许不同，但是功能基本相同。

3．设置默认的长度单位

设置当前设计在创建模型时所使用的默认长度单位为 mm。

执行菜单命令【Modeler】>【Units】，打开如图 15.5 所示的"Set Model Units"对话框，在该对话框中，"Select units"项选择 mm，然后单击【OK】按钮，退出对话框，完成设置。

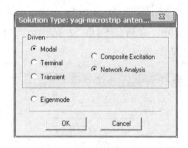

图 15.4　设置求解类型

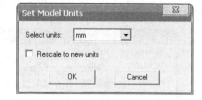

图 15.5　设置长度单位

注：求解类型和长度单位一般采取默认设置即可。

4. 添加和定义设计变量

执行菜单命令【HFSS】>【Design Properties】，打开设计属性对话框，在该对话框中单击【Add...】按钮，打开"Add Property"对话框，在该对话框中，"Name"项输入第一个变量名称"H"，"Value"项输入该变量的初始值 0.8mm，然后单击【OK】按钮，添加变量"H"到设计属性对话框中，变量定义和添加的过程如图 15.6 所示。

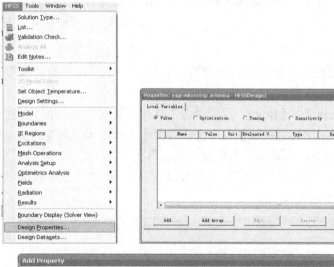

图 15.6　定义变量

使用相同的操作步骤，分别定义其他的一些变量，"lamba"的初始值为64mm；"dr"的初始值为32mm，"d1"的初始值为28.8mm，"g1"的初始值为16mm，"g2"和"g3"的初始值为12.8mm，"s1"的初始值为1.5mm，"s2"的初始值为2mm，"w1"的初始值为3.7mm，"w2"的初始值为3.7mm，"L"的值为120mm，"W"的值为60mm，"length"的值为30.6mm。定义完成后的设计属性对话框如图15.7所示。

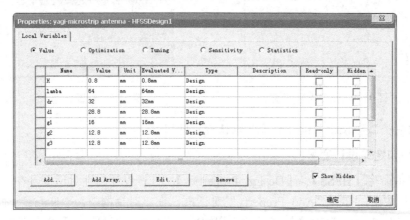

图15.7　定义所有变量后的设计属性对话框

最后，单击设计属性对话框中的【确定】按钮，完成所有变量的定义和添加工作，退出对话框。

5. 创建介质基片

创建一长方形模型用以表示介质基片，模型的上表面位于XOY平面，模型的材质为FR4，并将模型命名为"Sustrate"。

（1）执行菜单命令【Draw】>【Box】，或者单击工具栏中的图标 ⊘，进入创建长方形的状态，然后移动鼠标光标在三维模型窗口创建一个任意大小的长方体。新建的长方体会添加到历史树中的"Solids"节点下，其默认的名称为"Box1"。

（2）双击操作历史树中"Solids"节点下的"Box1"，打开新建长方形属性对话框中的"Attribute"标签页，如图15.8所示。

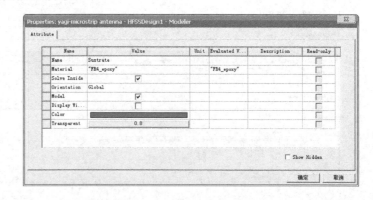

图15.8　长方体属性对话框中的"Attribute"标签页

其中，"Name"项输入长方体的名称"Sustrate"，"Material"项从其下拉列表中单击"Edit…"，打开"Select Definition"对话框，在该对话框的"Search by Name"项中输入材质名称前几位字母"FR4"，即可选中材料库中的材质"FR4_expoxy"，设置过程如图 15.8 所示。同时单击"Color"后的按钮，可以改变材料的颜色。单击"Transparent"项对应的按钮，可以设置模型的透明度，这些可以根据个人的喜好进行设置。最后单击【确定】按钮退出属性对话框。

（3）再双击操作历史树"Sustrate"节点下的"CreateBox"，打开新建长方体属性对话框中的"Command"标签页，在该标签页下设置长方体的顶点位置坐标和尺寸大小。其中，"Position"项输入顶点位置坐标为（-w/2,0,0），在"XSize"、"YSize"、"ZSize"项分别输入长方体的长、宽和高为"W"、"L"和"H"，如图 15.9 所示，然后单击【确定】按钮退出。

Name	Value	Unit	Evaluated V...	Description
Command	CreateBox			
Coordinate...	Global			
Position	-w/2 ,0mm ,0mm		-30mm , 0mm...	
XSize	W		60mm	
YSize	L		120mm	
ZSize	H		0.8mm	

图 15.9　长方体属性对话框中的"Command"标签页

此时就创建好了名称为"Sustrate"的介质基片模型，然后按快捷键【Ctrl+D】全屏显示创建的物体模型。

6. 创建激励阵子

在介质基片的上方创建激励阵子，因为激励阵子的宽度和馈线的宽度不相同，所以我们需要采用渐变式结构来进行阻抗变换，同时本设计中的激励阵子采用微带巴伦偶极子馈电，可以实现平衡不平衡的转换。

（1）采用多段线创建激励阵子，执行菜单命令【Draw】>【Line】，进入创建多段线的状态，可以先算好多段线的数量，本设计中需要 9 条多段线，然后随便画多段线，再修改此多段线中各个参数的值。也可以一次性算好，在 HFSS15 界面右下方的 x、y、z 中依次输入此多段线中各个点的值。

（2）新建好 9 段多段线之后，可以修改 8 段多段线的各个端点值，双击操作历史树"Polyline1"中"CreatePolyline"中的"CreateLine"，然后对其进行修改，如图 15.10 所示。
各个端点值依次为：
A:(-s2/2, 9mm, h)

B:(−s2/2, 9mm+g1−2mm, h)

C:(3.5*1.414mm−s2/2,(23+1.414*3.5)mm,h)

D:(3.5*1.414mm−s2/2+dr/2,(23+1.414*3.5)mm,h)

E:(3.5*1.414mm−s2/2+dr/2,(23+1.414*3.5−4.96)mm,h)

F:(3.5*1.414mm−s2/2−1.8mm,(23+1.414*3.5−4.96)mm,h)

G:(s2/2, (23+1.414*4−4.96−1.5* 1.414) mm, h)

H:(s2/2, 9mm, h)

I:(0.5mm, 9mm, h)

其中第一段线的"Point1"和"Point2"依次输入 A 点和 B 点的坐标，第二段线的 Point1 和 Point2 依次输入 B 点和 C 点的坐标，这样以此类推。需要说明的是，"g1"是调节匹配而设置的变量，对于间距，本文未对其优化。

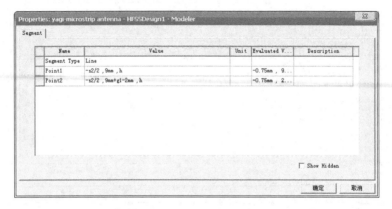

图 15.10   多段线属性对话框

（3）右键单击操作历史树中的"Polyline1"，执行菜单命令【Assign Boundry】>【Perfect E】，将其设为理想导体表面。

（4）按照（1）～（3）的步骤依次再创建一段多段线，其各点坐标分别为：

A1:(s1/2, 7mm, 0mm)

B1:(s1/2, 7mm+g1,0mm)

C1:(−3.5*1.414mm+s1/2, (23+1.414*3.5)mm, 0mm)

D1:(−3.5*1.414mm+s1/2−dr/2, (23+1.414*3.5) mm, 0mm)

E1:(−3.5*1.414mm+s1/2−dr/2, (23+1.414*3.5−4.96) mm, 0mm)

F1:(−3.5*1.414mm+s1/2−18mm+19.8mm, (23+1.414*3.5−4.96) mm, 0mm)

G1:(−s1/2,(23+1.414*3.5−4.96−1.414*1.5) mm, 0);H1(−s1/2, 7mm, 0mm)

I1:(s1/2, 7mm, 0mm)。

7. 创建反射阵子

（1）执行菜单命令【Draw】>【Rectangle】，或者单击工具栏中的图标 ▢，进入创建矩形面的状态，然后在三维模型窗口的 XOY 面创建一个任意大小的矩形面。新建的矩形面会添加到操作历史树中的"Sheets"节点中，其默认的名称为"Rectangle1"。

（2）双击历史操作树"Sheets"节点下的"Rectangle1"，打开新建矩形面属性对话框中的"Attribute"标签页，把矩形面名称修改为"GND"，然后单击【确定】按钮退出。

（3）再双击操作历史树中"GND"节点中的"CreateRectangle"，打开新建矩形面属性对话框中的"Command"标签页，在该标签页下设置矩形面的顶点坐标和尺寸大小。其中，"Position"项输入顶点位置坐标为（-w/2, 0mm, 0mm），在"XSize"和"YSize"项分别输入矩形面的长度和宽度为"w"和 7mm，如图 15.11 所示，然后单击【确定】按钮退出。

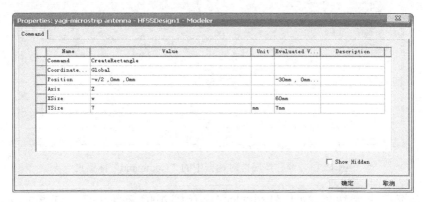

图 15.11　矩形面属性对话框中的"Command"标签页

（4）在操作历史树中选中"GND"，单击鼠标右键，执行菜单命令【Edit】>【Duplicate】>【Along Line】，随便画一条线，会出现类似如图 15.12 所示的对话框，因为我们要复制的总个数为 2 个，所以不需要改动。单击【OK】按钮。然后再双击操作历史树中"GND"下的"Duplicate AlongLine"，在弹出的对话框中，"Vector"选项中输入"0mm，0mm，h"，然后单击【确定】按钮退出。这样，操作历史树中会出现一个"GND_1"。

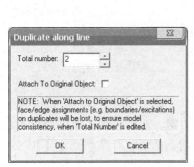 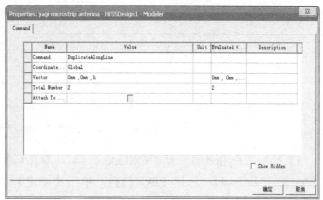

图 15.12　复制矩形面属性对话框

（5）同时选中"GND"和"Polyline2"，执行菜单命令【Modeler】>【Boolean】>【Substrate】，或者单击工具栏中的图标 ，并将其设为 Perf E 边界。

（6）在反射贴片的上下表面画几个金属圆柱，将上下的反射贴片连接起来，都可以当作参考地。执行菜单命令【Draw】>【Cylinder】，然后在三维模型窗口中创建一个任意大小的圆柱体，也可以单击工具栏中的图标 ，创建一个任意大小的圆柱体。然后双击操作历史树下"Cylinder1"下的"CreateCylinder"，进行创建。输入"Center Position"为"-24mm，5mm，0mm"，"Radius"为1mm，"Height"为"h"，如图15.13所示。

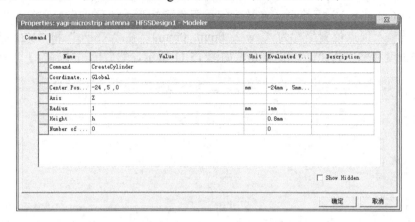

图15.13　圆柱体属性对话框中的"Command"标签页

（7）右键单击操作树下的"Cylinder"，在弹出的菜单中执行菜单命令【Edit】>【Duplicate】>【Along Line】，然后设置"Vector"为"3.3,0,0"，"Total Number"为15，如图15.14所示。

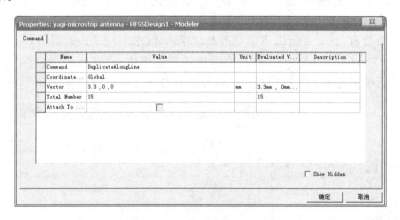

图15.14　圆柱体复制对话框

（8）选中"Cylinder1"至"Cylinder1_14"，单击鼠标右键，在弹出的菜单中执行菜单命令【Assign Material】，选择 PEC 材料，单击【确定】按钮。然后执行菜单命令【HFSS】>【Design Setting】，在弹出的菜单中勾选"Enable material override"选项，然后单击【确定】按钮。这样设置的几个金属圆柱的属性可以体现出来了，而且不会报错。

8. 设置引向阵子

因为引向阵子在逐渐增加至 5～6 个以后，八木天线的增益基本不会增加，所以一般设置5个引向阵子即可。

（1）执行菜单命令【Draw】>【Rectangle】，或者单击工具栏中的图标 ，进入创建矩形面的状态，然后在三维模型窗口的 XOY 面创建一个任意大小的矩形面。新建的矩形面会添加到操作历史树中的"Sheets"节点中，其默认的名称为"Rectangle2"。

（2）双击历史操作树"Sheets"节点下的"Rectangle2"，打开新建矩形面属性对话框中的"Attribute"标签页，把矩形面名称修改为"Reflector1"，然后单击【确定】按钮退出。

（3）用类似的方法，修改"Reflector1"的属性，设置其"Position"为"-d1/2, 27.95mm +g2, h"，"XSize"为"d1"，"YSize"为"w1"，并设置其边界条件为 Perf E，如图 15.15 所示。

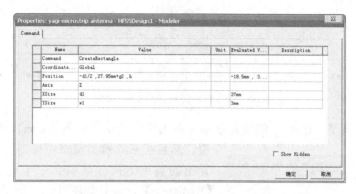

图 15.15　矩形属性对话框中的"Command"标签页

（4）用相同的方式画"Reflector2"、"Reflector3"、"Reflector4"、"Reflector5"，设置其"Position"分别为"-d1/2,27.95mm+g2+g2+w1, h"、"-d1/2, 28mm+g2+g2+w1*2+g2, h"、"-d1/2, 28mm+g2+3*g2+w1*3, h"、"-d1/2, 28mm+g2+g2*4+w1*4, h"，"XSize"为"d1"，"YSize"为"w1"，并分别设置其边界条件为 Perf E。

9. 设置辐射边界条件

对于天线来说在 HFSS 中要求其辐射边界表面距离辐射体需要不小于 1/4 个波长（注意，此波长为空气中的波长，而不是介质中的波长），在 2.45GHz 条件下，1/4 个波长为 30.6mm，设计中我们定义变量"length"来表示四分之一波长。我们先创建一个长方体模型，长方体模型的各个表面和介质层模型"Sustrate"各个表面的距离都为 1/4 个工作波长，然后再把该长方体的模型表面设置为辐射表面，具体步骤如下。

（1）执行菜单命令【Draw】>【Box】，或者单击工具栏中的图标 ▯，进入创建长方体的状态，然后在三维模型窗口中创建一个任意大小的长方体；新建的长方体会添加到操作历史树的"Solid"节点下，其默认的名称为"Box1"。

（2）双击操作树中"Solids"节点下的"Box1"，打开新建长方体属性对话框中的"Attribute"标签页，把长方体的名称修改为"AirBox"，设置其透明度为 0.9，透明度越高，表示其越透明，然后单击【确定】按钮退出。

（3）双击操作历史树中"Box1"节点下的"CreateBox"，打开新建长方体属性对话框内的"Command"标签页，在该标签页下设置长方体的顶点坐标和尺寸大小，在"Position"项中输入顶点坐标为"-w/2-length, -length, -length-h"，在"XSize"、"YSize"、"ZSize"项分别输入长方体的长、宽和高为"w+2*length"、"l+length*2"和"2*length+h"，如图 15.16

所示，然后单击【确定】按钮退出。

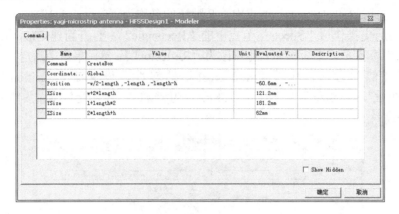

图 15.16　长方体属性对话框 Command 界面

（4）长方体模型"Box1"创建好之后，单击操作历史树中的"Box1"模型，选中该模

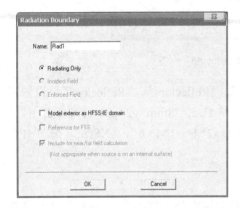

图 15.17　辐射边界条件设置对话框

型。然后在三维模型窗口中单击鼠标右键，从右键弹出的菜单中执行菜单命令【Assign Boundry】>【Radiation】，打开如图 15.17 所示的辐射边界条件对话框，保留对话框中的默认设置不变，直接单击【OK】按钮，将长方体模型"Box1"的表面设置为辐射边界条件。

10．设置端口激励

因为馈电端口在空气盒子的内部，所以需要使用集总端口激励，因为采用 50 欧姆同轴线和此天线相连，所以端口阻抗设置为50Ω。

（1）先单击工具栏中的图标 ，在弹出的对话框中取消对"Box1"的勾选，将空气盒子隐藏。

（2）新建一个矩形，其"Position"为"-s2 /2, 9mm, 0mm"，"XSize"为"s2"，"YSize"为-2mm。

（3）在操作历史树中选中刚建好的矩形，单击鼠标右键，在弹出的菜单中执行菜单命令【Assignment】>【Lump Port】，打开如图 15.18 所示的集总参数设置的对话框，在该对话框中，"Name"项输入端口名称"1"，一般默认即可，端口阻抗（"Full Port Impedance"项）保留默认的 50ohm 不变，单击【下一步】按钮；在"Lumped Port：Modes"对话框中，单击"Integration Line"中的"None"，从下拉列表中单击"New Line…"，进入三维模型窗口设置积分线。积分线从地（反射阵子）指向激励阵子，然后会回到"Lumped Port：Modes"对话框，"Integration Line"由"None"变成"Define"，然后再单击【下一步】按钮，在"Lumped Port：Post Processing"对话框中选中"Renormalize All Modes"单选按钮，并设置"Full Port Impedance"项为50ohm；最后单击【完成】按钮，完成集总端口激励方式的设置。

（4）设置完成后，集总端口激励的名称"1"会添加到工程树的"Excitations"节点下。

  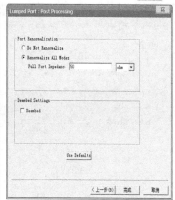

图 15.18　设置集总端口激励

11．求解设置

微带准八木天线的中心频率为 2.45GHz，所以求解频率设置为 2.45GHz，同时添加 0～5GHz 的扫频设置，选择快速（Fast）扫频类型，分析天线在 0～5GHz 的回波损耗。

12．求解频率和网格剖分设置

设置求解频率为 2.45GHz，自适应网格剖分的最大迭代次数为 10，收敛误差为 0.02。

右键单击工程树下的"Analysis"节点，从弹出的菜单中执行菜单命令【Add Solution Setup】，打开"Driven Solution Setup"对话框；在该对话框中，"Solution Frequency"项输入求解频率为 2.45GHz，"Maximum Number of Passes"项输入最大迭代次数为 10，"Max Delta Energy"项输入收敛误差为 0.02，其他项保留默认选项不变，如图 15.19 所示，然后单击【确定】按钮，退出对话框，完成求解设置。

设置完成后，求解设置项的名称"Setup1"会添加到工程树的"Analysis"节点下。

13．扫频设置

扫频类型选择快速扫频，扫频范围为 0～5GHz，频率步进为 0.01GHz。

展开工程树下的"Analysis"节点，右键单击求解设置项"Setup1"，从弹出的菜单中执行菜单命令【Add Frequency Sweep】，打开"Edit Frequency Sweep"对话框，如图 15.20 所示。在该对话框中，"Sweep Type"项选择扫描类型为"Fast"，在"Frequency Setup"选项栏中，"Type"项选择"LinearStep"，"Start"输入 0GHz，"Stop"输入 5GHz，"Step Size"输入 0.001GHz，其他设置保持不变，最后单击对话框中的【确定】按钮，完成设置，退出对话框。

设置完成后，该扫频设置项的名称 Sweep 会添加到工程树求解设置项"Setup1"下。

14．设计检查

执行菜单命令【HFSS】>【Vatidation Check】，或者单击工具栏中的图标，进行设计检查。此时，会弹出如图 15.21 所示的检查结果对话框，该对话框中的每一项都显示图标，表示当前的 HFSS 设计正确、完整，否则需要根据提示的错误检查出现的问题。单击【Close】按钮关闭对话框，运行仿真计算。

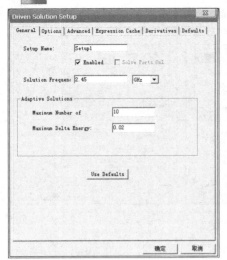

图 15.19　求解设置

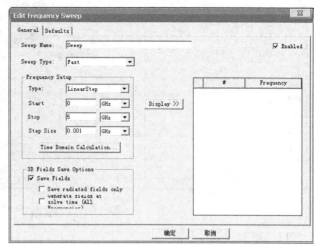

图 15.20　扫频设置

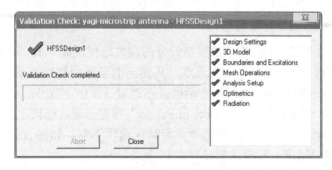

图 15.21　检查结果对话框

15．运行仿真计算

右键单击工程树中"Analysis"节点中的求解设置项"Setup1"，从弹出的菜单中执行菜单命令【Analyze】，或者单击工具栏中的图标 ，运行仿真计算。

16．查看天线的回波损耗

使用 HFSS 的后处理模块，查看天线的回波损耗（S(1,1)）扫频分析结果。

右键单击工程树中的"Results"节点，从弹出的菜单中执行菜单命令【Create Modal Solution Data Report】，打开报告设置对话框，在该对话框中，确定左侧"Solution"项选择的是"Setup1：Sweep1"、在"Category"栏选中"S Parameter"、"Quantity"栏选中"S(1,1)"、"Function"栏选中"dB"，如图 15.22 所示，然后单击【New Report】按钮，再单击【Close】按钮关闭对话框。此时即可生成如图 15.23 所示的 S(1,1)在 0～5GHz 的扫频结果。

从图 15.22 中我们可以看出天线的频率发生了很大的偏移，所以需要对其进行参数扫描和优化，使得此天线的谐振频率为 2.45GHz，而且使得此天线在 2.45GHz 处的匹配尽可能好，即使得天线在 2.45GHz 处的回波损耗尽可能低。

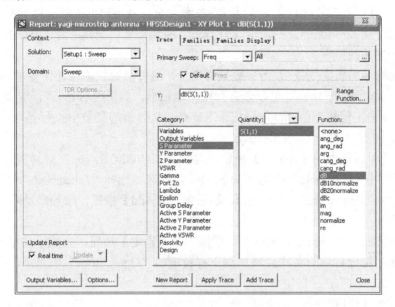

图 15.22　分析结果报告设置对话框

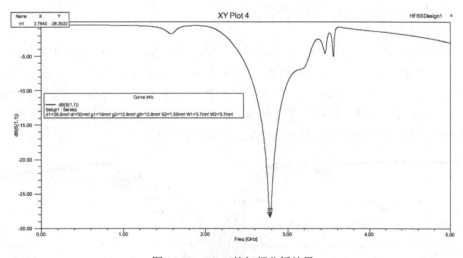

图 15.23　S(1,1)的扫频分析结果

17. 参数扫描分析

对于微带准八木天线，激励阵子的长度 d_r 主要影响其谐振频率；激励阵子和反射阵子的间距 g_2、g_3 会影响其表面电场分布，从而影响其增益和匹配；激励阵子和同轴线连接的微带线的宽度 S_2 也会一定程度地影响其匹配。

1）分析谐振频率随激励阵子的长度 d_r 变化的规律

使用 HFSS 的参数扫描分析功能，添加辐射贴片的长度 d_r 变量为参数扫描变量，分析天线谐振频率和辐射贴片的长度变量 d_r 之间的关系。因为从图 15.23 的分析结果中可以看出，

d_r=32mm 的时候，谐振频率在 2.78GHz 左右，比所需要的频率偏高些，所以需要对 d_r 进行调节。而根据式（15.2）和式（15.4）可知，应该增大 d_r，从而可以降低谐振频率，所以我们可以设定扫描范围为 32～40mm，扫描步进为 1mm，来调整其谐振频率为 2.45GHz 左右。

（1）添加参数扫描项。

添加激励阵子的长度变量 d_r 为参数扫描变量，进行参数扫描设计，变量 d_r 扫描范围为 30～40mm，扫描步进为 1mm。可以先进行粗略地扫描，然后再对 d_r 进行细微地扫描。

① 右键单击工程树下的"Optimetrics"节点，从弹出的菜单中执行菜单命令【Add】>【Parametric】，打开"Setup Sweep Analysis"对话框。

② 单击该对话框中的【Add...】按钮，打开"Add/Edit Sweep"对话框，在"Add/Edit Sweep"对话框中，"Variable"项选择变量 d_r，扫描选项选择"LinearStep"，Start、Stop 和 Step 项分别输入 30mm、40mm 和 1mm，然后单击【Add】按钮，添加激励阵子的长度 d_r 为设计变量。

③ 单击"Setup Sweep Analysis"对话框中的【确定】按钮，完成添加参数扫描操作。完成后，参数扫描分析项的名称会添加到工程树下的"Optimetrics"节点下，其默认的名称为"ParametricSetup1"。

（2）运行参数扫描分析。

右键单击工程树下"Optimetrics"节点下的"ParametricSetup1"项，从弹出的菜单中执行菜单命令【Analyze】，运行参数扫描分析。

（3）查看分析结果。

整个参数扫描完成后，执行菜单命令【Create Modal Solution Data Report】>【Rectangular Plot】，打开报告设置对话框，在该对话框中，确定左侧"Solution"项选择的是"Setup1：Sweep1"、在"Category"项选中"S Parameter"、"Quantity"项选中"S(1,1)"、"Function"项选中"dB"，然后单击【New Report】按钮，再单击【Close】按钮关闭对话框。此时，即可生成不同 d_r 对应的扫频结果，如图 15.24 所示。

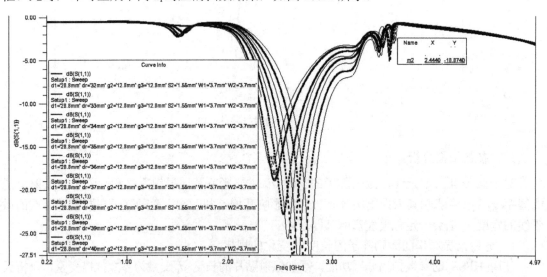

图 15.24 不同 d_r 对应的 S(1,1)扫频分析结果

根据图 15.24 我们可以看出，在 d_r 取 39mm 的时候，谐振频率为 2.4440GHz，和所需要的 2.45GHz 中心频率基本一致，所以我们选取 d_r 为 39mm。并执行菜单命令【HFSS】>【Design Property】，在弹出的菜单中将 d_r 的值改为 39mm。

2）分析谐振频率处的回波损耗随着激励阵子和同轴线连接的微带线的宽度 S_2 变化的关系

同样，我们设置变量 S_2 的扫频范围为 1.5～1.6mm，步长设置为 0.02mm，其步骤此处不再加以赘述，最后得到的 S(1,1)扫频分析结果如图 15.25 所示。

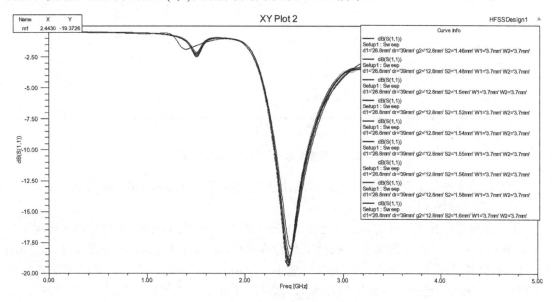

图 15.25　不同 S_2 对应的天线 S(1,1)扫频分析结果

根据此扫描结果，我们可以看出，在 S_2 为 1.5mm 的时候，天线的回波损耗最理想，所以我们取 S_2 为 1.5mm。

执行菜单命令【HFSS】>【Design Properties】，打开设计属性对话框，把 d_r 改为 39mm，S_2 保持 1.5mm 不变，用上节所示的方法查看此天线的回波损耗，如图 15.26 所示。

18．查看天线的方向图和增益

要查看天线的方向图等远场计算结果，需要先定义辐射表面，辐射表面在球坐标下定义。三维立体空间在球坐标系下相当于 $0° \leqslant \varphi \leqslant 360°$、$0° \leqslant \theta \leqslant 180°$。

1）定义三维辐射表面

右键单击工程树下的"Radiation"节点，从弹出的菜单中执行菜单命令【Insert Far Field Setup】>【Infinite Sphere】，打开"Far Field Sphere Setup"对话框，定义辐射表面，如图 15.27 所示。在该对话框中，"Name"项输入辐射表面的名称"3D"，"Phi"角度对应的"Start"、"Stop"和"Step"项分别输入 0deg、360deg 和 10deg；"Theta"角度对应的"Start"、"Stop"和"Step"项分别输入-180deg、180deg 和 10deg；然后单击【确定】按钮，完成设置。

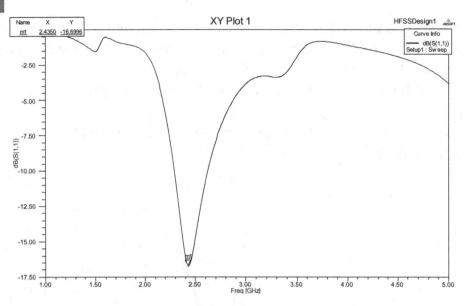

图 15.26　调整好谐振频率时的 S(1,1)曲线

此时，定义的辐射表面名称"3D"会添加到工程树下的"Radiation"节点下。

2）查看三维增益图

因为天线接收或者发射的为线极化波，HFSS 查看的为 Gaintotal，右键单击工程树下的"Results"节点，从弹出的菜单中执行菜单命令【Create Far Fields Report】>【3D Polar Plot】，打开报告设置对话框；在该对话框中，"Geometry"项选择上一步定义的辐射面"3D"，"Category"选择"Gain"，"Quantity"选择"GainTotal"，"Function"选择"dB"，如图 15.28 所示，然后单击【New Report】按钮，即可生成如图 15.29 所示的三维增益图。

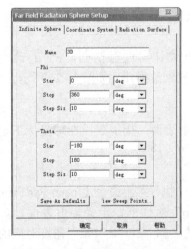

图 15.27　定义辐射表面

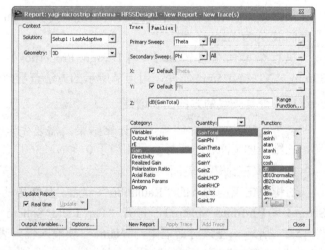

图 15.28　查看三维增益方向图操作

19. 查看天线的最大辐射方向的方向图

微带准八木天线的最大辐射方向和此天线相平行，所以我们认为最大辐射表面为 YOZ

平面。使用和前面定义三维辐射表面相同的方式定义辐射表面，在这里，微带准八木天线的最大辐射方向为 $\varphi = 90°$、$-180° \leqslant \theta \leqslant 180°$ 的平面，其步长"Step"为 $10°$。

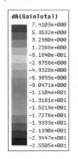

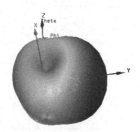

图 15.29　三维增益方向图

右键单击工程树下的"Results"节点，从弹出的菜单中执行菜单命令【Create Far Field Report】>【Padiation Patler】，查看最大辐射方向和与最大辐射方向垂直的二维增益坐标图，如图 15.30 所示。

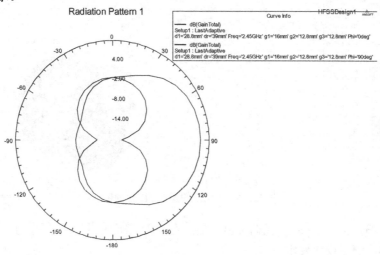

图 15.30　天线的最大辐射方向和与最大辐射方向垂直的面的方向图

20．天线的优化

在此天线的设计过程中，需要对增益和回波损耗进行优化，经过若干次的优化，我们得到此天线的回波损耗较好、增益较高的变量值如表 15.1 所示。

表 15.1　优化后的各个参数值（单位为 mm）

lamba	d_r	d_1	g_1	g_2	g_3	S_1	S_2	W_1	W_2	H	L	W	length
64	41.5	37	18	10	10	1.5	2	3.7	3.7	0.8	120	60	30.6

我们用前面所述的方式，可以得到其回波损耗和增益，分别如图 15.31 和图 15.32 所示。

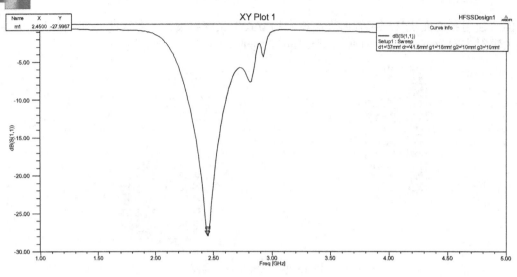

图 15.31　优化后的回波损耗仿真曲线

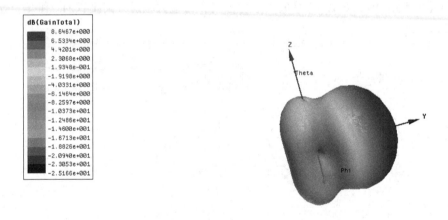

图 15.32　优化后的增益 3D 方向图

根据图 15.31 和图 15.32，我们可以看出其在 2.45GHz 的回波损耗良好，天线的增益可以达到 8.65dB，满足设计要求。

15.5　本章小结

本章通过对微带准八木天线的理论分析和仿真优化设计实例，详细讲解了 HFSS 分析设计微带八木天线的具体流程和实际操作步骤，希望本设计能对读者有一定的指导意义。本设计结构较为简单，读者如果对微带八木天线有深入了解，可以通过查阅相关的论文对本设计进行改进，从而提高微带准八木天线的带宽和增益等指标。也可以对其进行组阵设计，读者可自行通过查阅文献来设计微带贴片八木天线，由于篇幅所限，本例未能对微带贴片八木天线进行详细讲述，有兴趣的读者可以通过查阅相关文献来了解微带贴片八木天线的一些知识。

第16章 GPS北斗双模微带天线设计与仿真

本章设计的方形圆极化微带天线应用于北斗 B1 和 GPSL1 频段，设计中心频率为 1568MHz、介质板采用厚度 h=1.6mm 的 Arlon AD450（tm）板，相对介电常数 $\varepsilon_r = 4.5$，采用探针馈电。GPS/北斗天线实物如图 16.1 所示。

图 16.1 GPS/北斗天线实物

16.1 设计指标要求

工作频率和带宽：L1：1575.42±1.023MHz
B1：1561.42±2.048MHz

极化方式：右旋圆极化

天线波束：方位 0°～360°（不圆度：≤±1.0dB，仰角≥10°）
仰角 10°～90°

极化增益：≥0dBic（仰角≥30°）
≥4dBic（仰角 90°）

轴比：≤6dB（仰角≥30°）
≤3dB（仰角 90°）

电压驻波比：≤1.5（50Ω）

16.2 设计方案

目前北斗 GPS 业界最常用的天线有两种，分别为偏心馈电方式和中心馈电方式，如

图 16.2 所示，北斗接收天线和 GPS 天线采用右旋圆极化（北斗一代发射天线 L1616 采用左旋圆极化）。

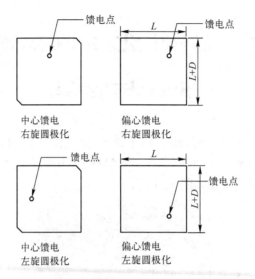

图 16.2　常用的馈电方式：中心馈电和偏心馈电

微带天线圆极化实现方式常用结构如图 16.3 所示。

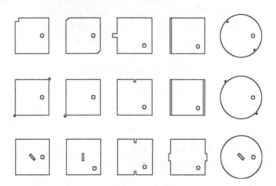

图 16.3　单馈点圆极化贴片的一些形式

也有采用双点或四点馈电实现圆极化的，如图 16.4 所示。

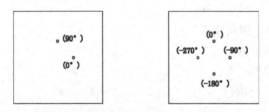

图 16.4　多馈点圆极化贴片的一些形式

本设计采用偏心馈电，通过添加径向带线实现简并分离元，另外径向带线可以改善微带天线低仰角的增益。

16.3　初始尺寸计算

采用方形贴片设计，为便于计算，贴片尺寸近似值取 $W=\dfrac{c}{2f_0\sqrt{\varepsilon_{\mathrm{r}}}}$ （矩形微带贴片计算

公式为 $W=\dfrac{c}{2f}\left(\dfrac{\varepsilon_{\mathrm{r}}+1}{2}\right)^{-\frac{1}{2}}$ ，　$L=\dfrac{c}{2f_0\sqrt{\varepsilon_{\mathrm{e}}}}-2\Delta l$ ，　$\varepsilon_{\mathrm{e}}=\dfrac{\varepsilon_{\mathrm{r}}+1}{2}+\dfrac{\varepsilon_{\mathrm{r}}-1}{2}\left(1+\dfrac{10h}{W}\right)^{-\frac{1}{2}}$ $\Delta l=0.412h$

$\dfrac{(\varepsilon_{\mathrm{e}}+0.3)(W/h+0.264)}{(\varepsilon_{\mathrm{e}}-0.258)(W/h+0.8)}$ ），将 $c=3\times10^8\,\mathrm{m/s}$ ，　$f_0=1.568\times10^9\,\mathrm{Hz}$ ，　$\varepsilon_{\mathrm{r}}=4.5$ 带入得 $W=45\mathrm{mm}$ 。

馈电点位置 $X0=Y0=0.15W=6.75\mathrm{mm}$ ，结构示意图如图 16.5 所示，变量命名如表 16.1 所示。

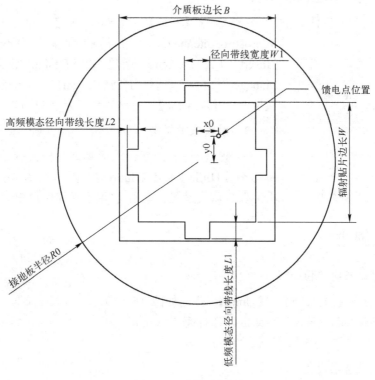

图 16.5　结构示意图

表 16.1　结构变量定义

结 构 名 称		变 量 名	变量值（单位 mm）
正方形介质基板	厚度	H	1.6
	边长	B	60
正方形辐射贴片	边长	W	45
径向带线	宽度	W1	4
	低频模态长度	L1	6
	高频模态长度	L2	3

续表

	结 构 名 称	变 量 名	变量值（单位 mm）
馈电点位置	离 x 轴距离	Y0	6.75
	离 y 轴距离	X0	6.75
圆形接地板	厚度	H0	4
	半径	R0	50

16.4　新建 HFSS 工程与设计

1．启动软件并新建工程与设计

启动 HFSS15 软件，执行菜单命令【File】>【Save As】，将工程文件命名为 MicrostripAntenna.hfss，然后执行菜单命令【Project】>【Insert HFSS Design】，新建 HFSSDesign1 设计，在"Project Manager"窗口中选择"HFSSDesign1"，单击鼠标右键，执行菜单命令【Rename】，将设计命名为"B1L1"。

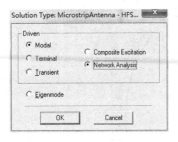

图 16.6　设置求解类型

2．设置求解类型

HFSS 新建设计默认求解类型为模式驱动求解。执行菜单命令【HFSS】>【Solution】，弹出如图 16.6 所示的对话框，保持默认设置。单击【OK】按钮，退出对话框。

16.5　模型创建

1．设置默认长度单位

执行菜单命令【Modeler】>【Units】，弹出如图 16.7 所示的"Select Modeler Units"对话框，选择毫米（mm）为"Select Units"的单位，完成默认长度单位设置。

2．建模相关选项设置

图 16.7　设置默认长度单位

在三维建模中，为了清晰完整地观察到所建立的模型，需要对模型透明度进行设置。执行菜单命令【Tools】>【Options】>【Modeler Options】，在弹出的对话框中完成如图 16.8 所示的操作。

接着在该窗口中切换到"Drawing"标签页，对建模操作进行设置，如图 16.9 所示。

3．定义和添加设计变量

执行菜单命令【HFSS】>【Design】，在弹出的对话框中单击【Add】按钮，接着在"Add Property"对话框中的"Name"项中输入变量名"H"，在"Value"项中输入初始值 1.6mm，然后单击【OK】按钮，将变量"H"添加到设计属性对话框中，如图 16.10 所示。

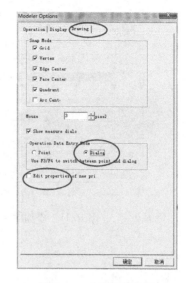

图 16.8　设置透明度　　　　　　图 16.9　建模操作设置

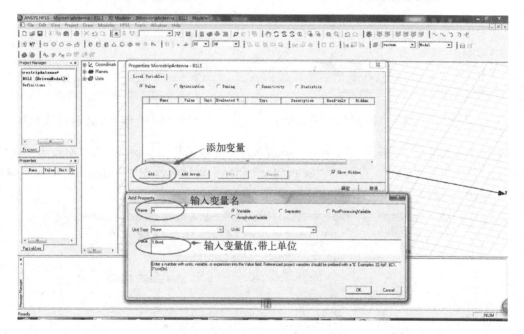

图 16.10　添加变量

将表 16.1 中的变量按照上述操作添加到设计属性对话框中，如图 16.11 所示。
单击【确定】按钮，完成变量的定义和添加操作。

4. 创建介质基板

执行菜单命令【Draw】>【Box】，或者单击工具栏中的图标，如图 16.12 所示，创建介质基板，在弹出的"CreatBox"对话框中，设置介质基板的起始位置和尺寸，如图 16.13 所示。

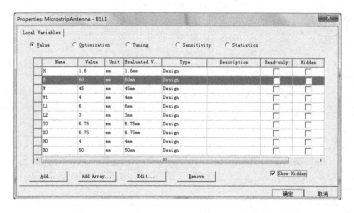

图 16.11 添加所有设计变量到设计属性对话框

图 16.12 创建长方体模型的工具栏图标

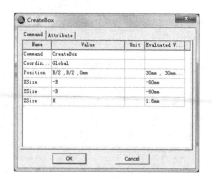

图 16.13 创建介质基板模型参数

单击"Attribute"标签页,"Name"项输入介质基板名称"Substrate","Material"项选择其下拉菜单中的"Edit",打开的"Select Definition"对话框,在"Search By Name"项中输入"arlon",选择"Arlon AD450(tm)",如图 16.14 所示。

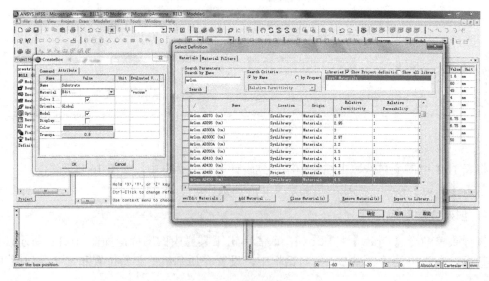

图 16.14 介质基板属性设置

单击【确定】按钮，完成材料属性设置，颜色选择默认，透明度已在前面设置过，统一为 0.8。最后，单击【OK】按钮，完成介质基板的创建。使用快捷键【Ctrl+D】，可以使创建的内容在窗口中全部显示，创建好的介质基板如图 16.15 所示。

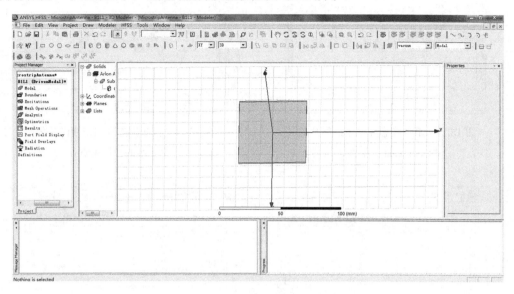

图 16.15　创建好的介质基板

5．创建辐射贴片

1）创建方形贴片

执行菜单命令【Draw】>【Rectangle】，创建方形贴片，具体尺寸如图 16.16 所示。

单击"Attribute"标签页，切换到"Attribute"标签页，在"Name"中输入"Patch"，如图 16.17 所示。

图 16.16　贴片的"Command"标签页

图 16.17　贴片 Attribute 窗口

2）创建径向带线

径向带线贴片的创建同方形贴片的操作步骤一样，具体尺寸和属性如图 16.18 至图 16.21 所示。

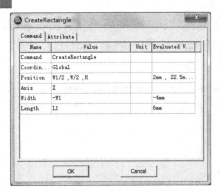

图 16.18　低频模态径向带线贴片的　　　　　　图 16.19　低频模态径向带线贴片的
　　　　"Command"标签页　　　　　　　　　　　　　　"Attribute"标签页

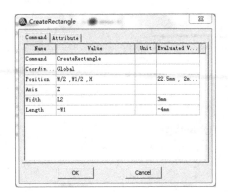

图 16.20　高频模态径向带线贴片的　　　　　　图 16.21　高频模态径向带线贴片的
　　　　"Command"标签页　　　　　　　　　　　　　　"Attribute"标签页

初步创建的径向带线模型如图 16.22 所示。

图 16.22　初步创建的径向带线模型

下面对初步创建的径向带线进行复制和旋转，完成整体辐射贴片的创建。

单击操作历史树下的"Branch_L1"，然后按住【Ctrl】键同时选择"Branch_L2"，单击

工具栏中的图标 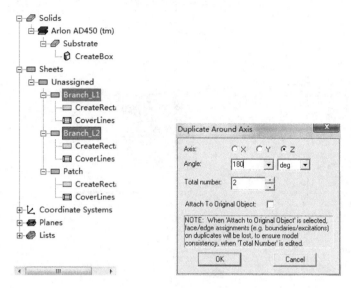，在弹出的对话框中完成如图 16.23 所示的设置。

图 16.23　复制旋转径向带线

3）合并方形贴片与径向带线

最后将创建好的径向带线与方形贴片合并，在操作历史树下先选择"Patch"，然后按住
【Ctrl】键，选择刚创建好的 4 个径向带线，单击工具栏中的合并图标 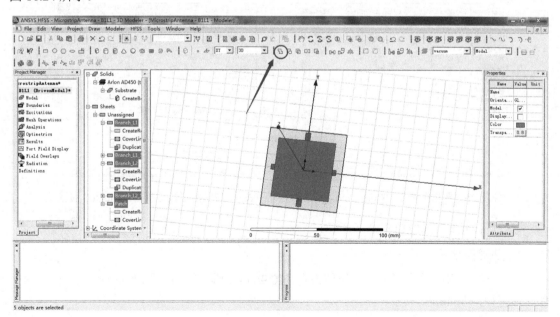，如
图 16.24 所示。

图 16.24　贴片合并

创建完成的辐射贴片如图 16.25 所示。

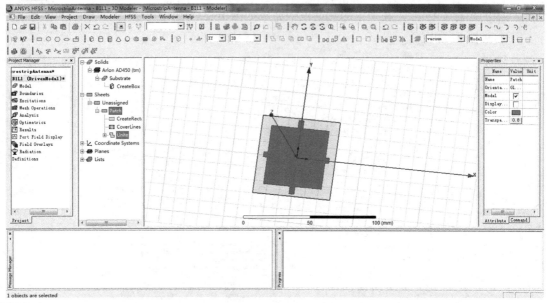

图 16.25　合并后的辐射贴片

6．创建接地板

执行菜单命令【Draw】>【Cylinder】，创建圆形接地板，接地板材料选择 "aluminum"，具体尺寸参数和属性如图 16.26 和图 16.27 所示。

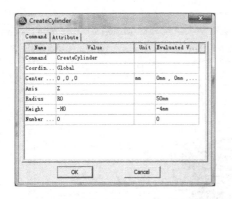

图 16.26　圆形接地板 "Command" 标签页　　图 16.27　圆形接地板 "Attribute" 标签页

创建好的接地板如图 16.28 所示。

7．创建同轴线

选用 50 欧姆同轴线馈电，内导体为直径 0.9mm 的铜芯，中间介质的介电常数为 2.1，外导体直径为 3mm。

1）创建同轴线内导体

执行菜单命令【Draw】>【Cylinder】，创建内导体、尺寸参数和属性，如图 16.29 和图 16.30 所示。

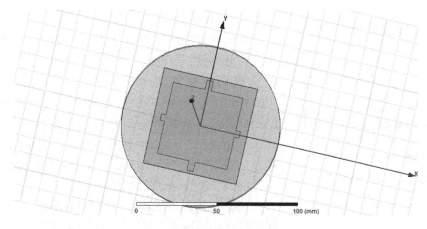

图 16.28　创建好的接地板

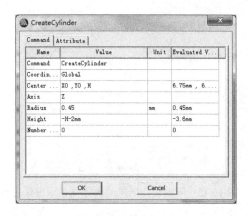

图 16.29　同轴线内导体"Command"标签页

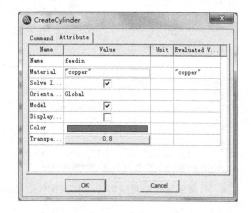

图 16.30　同轴线内导体"Attribute"标签页

2）创建同轴线中间介质层

执行菜单命令【Draw】>【Cylinder】，创建同轴线介质层，尺寸参数和属性如图 16.31 和图 16.32 所示。

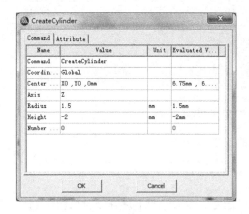

图 16.31　同轴线介质层"Command"标签页

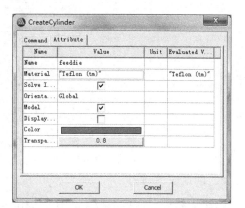

图 16.32　同轴线介质层"Attribute"标签页

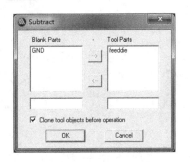

图 16.33　接地板与同轴线介质层相减
操作对话框

3）完成同轴线

此时建立的同轴线内导体、介质层与介质板、接地板有交叠部分，需要进行相减操作。按住【Ctrl】键，依次选择历史操作树"Solids"节点下的"GND"和"feeddie"，执行菜单命令【Modeler】>【Boolean】>【Substrate】，或者单击工具栏中的图标 ，打开如图16.33 所示的"Substrate"对话框。为了保留"feeddie"本身，需要勾选"Clone tool objects before operation"。单击【OK】按钮，执行相减操作。

同样，按照上述步骤完成介质基板与同轴线内导体相减操作、同轴线介质层与内导体相减操作，如图 16.34 和图 16.35 所示。

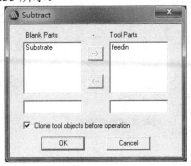 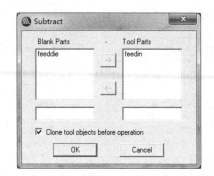

图 16.34　介质基板与同轴线内导体相减操作对话框　　图 16.35　同轴线介质层与内导体相减操作对话框

创建好的同轴线馈电的微带天线模型如图 16.36 所示。

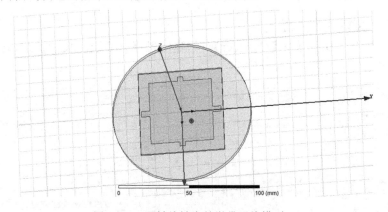

图 16.36　同轴线馈电的微带天线模型

8. 创建安装螺钉

微带天线安装在接地板上，使用周围 4 个螺钉固定。使用 M3 的螺钉进行建模设计。

执行菜单命令【Draw】>【Cylinder】，或者单击工具栏中的图标 ，弹出如图 16.37 和

图 16.38 所示的对话框。

图 16.37　创建螺钉"Command"标签页　　　图 16.38　创建螺钉"Attribute"标签页

下面采用复制旋转操作，完成其他 3 个螺钉的创建。

执行菜单命令【Edit】>【Select】>【By Name】，在弹出的对话框中选择"Pin"，如图 16.39 所示。

然后执行菜单命令【Edit】>【Duplicate】>【Around Axis】，或者单击工具栏中的图标，打开"Duplicate Around Axis"对话框，设置如图 16.40 所示。

图 16.39　选择刚创建的 Pin 螺钉　　　图 16.40　复制螺钉"Pin"并旋转设置窗口

按住【Ctrl】键，依次选择操作历史树"Solids"节点下的"Pin"、"Pin_1"、"Pin_2"、"Pin_3"。执行菜单命令【Modeler】>【Boolean】>【Units】，或者单击工具栏中的图标，将其他 3 个螺钉合并到"Pin"下。

此时，创建好的螺钉模型与介质基板有交叠部分，需要执行相减操作。

按住【Ctrl】键，依次选择操作历史树"Solids"节点下的"Substrate"、"Pin"。执行菜单命令【Modeler】>【Boolean】>【Subtract】，或者单击工具栏中的图标，打开"Subtract"对话框，为了保留"Pin"本身，需要勾选"Clone tool objects before operation"，如图 16.41 所示。单击

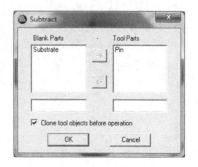

图 16.41　介质基板与螺钉 Pin 相减操作窗口

【OK】按钮，执行相减操作。

创建好的螺钉如图16.42所示。

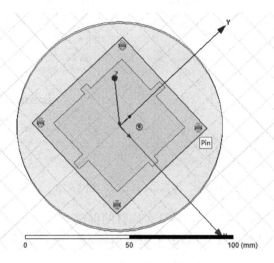

图 16.42　创建好的螺钉模型

9．设置边界条件和激励

1）将辐射贴片"Patch"设置为理想导体边界

选中操作历史树"Sheets"节点下的"Patch"，单击鼠标右键，从弹出的菜单中执行菜单命令【Assign Boundary】>【Perfect E】，如图16.43所示。

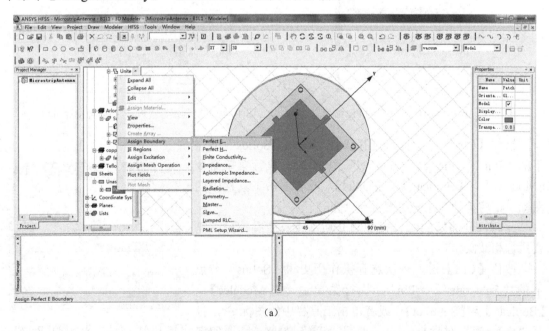

（a）

图 16.43　设置理想导体边界条件

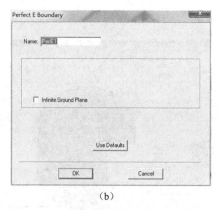

(b)

图 16.43　设置理想导体边界条件（续）

2）设置辐射边界条件

辐射边界表面距离辐射体要求不小于 $\frac{1}{4}$ 个工作波长，1568MHz 工作频率下对应的 $\frac{1}{4}$ 波长为 47.8mm。这里设置圆柱体辐射边界，考虑到微带天线尺寸，取圆柱体半径为 80mm，天线上下面距离圆柱形模型均为 60mm。

执行菜单命令【Draw】>【Cylinder】，或者单击工具栏中的图标 ⊕，打开创建圆柱体对话框，尺寸和属性如图 16.44 和图 16.45 所示。

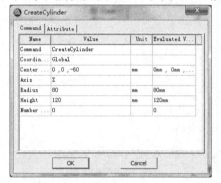
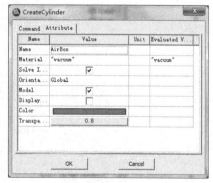

图 16.44　创建辐射边界圆柱体"Command"标签页　　图 16.45　创建辐射边界圆柱体"Attribute"标签页

创建好模型"AixBox"之后，单击操作历史树"Solids"节点下的"AirBox"，选中该模型，单击鼠标右键，从弹出的菜单中执行菜单命令【Assign Boundary】>【Radiation】，打开"Radiation Boundary"对话框，设置如图 16.46 所示。

3）设置端口激励

该模型中同轴馈线背景面是导体接地板，因此需要选择波端口激励。

执行菜单命令【Edit】>【Select】>【Faces】，或者使用快捷键【F】进入选择面的操作状态。然后执行菜单命令【Edit】>【Select】>【By Name】，打开对话框，"Object name"选择"feeddie"，"Face ID"选择"Face273"（读者在操作中不一定是 Face273，只要选中同轴线介质层底面即可），可以观察到同轴线的介质层底面被选中，然后在三维模型窗口中单击鼠标右键，从右键弹出的菜单中执行菜单命令【Assign Excitation】>【Wave Port】，如

图 16.47 所示。

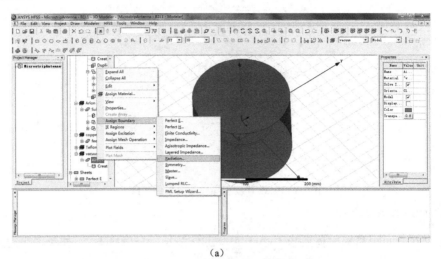

(a)

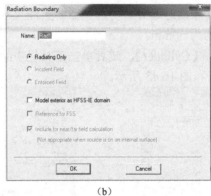

(b)

图 16.46　设置辐射边界条件

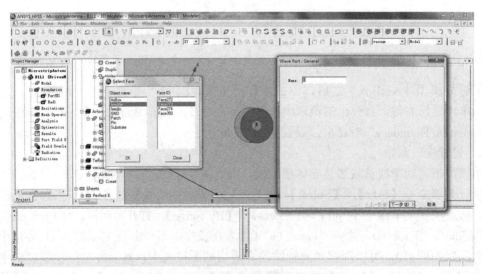

图 16.47　选择激励面设置波端口激励

单击【下一步】按钮，打开如图 16.48 所示的对话框。

保持默认设置，继续单击【下一步】按钮，打开如图 16.49 所示的对话框。

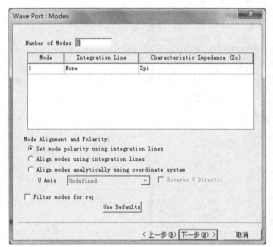

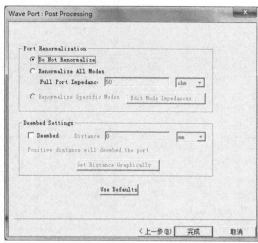

图 16.48　设置波端口激励　　　　　　　　　图 16.49　设置波端口激励

保持默认设置，单击【完成】按钮，完成波端口激励设置。

16.6　求解和扫频设置

1．求解设置

设置求解频率为 1.568GHz，自适应网格剖分的最大迭代次数为 22，收敛误差为 0.02。

右键单击工程树下的"Analysis"节点，执行菜单命令【Add Solution Setup】，如图 16.50 所示。

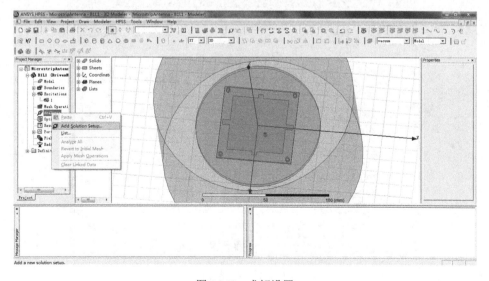

图 16.50　求解设置

接着弹出"Driven Solution Setup"对话框，设置如图 16.51 所示。

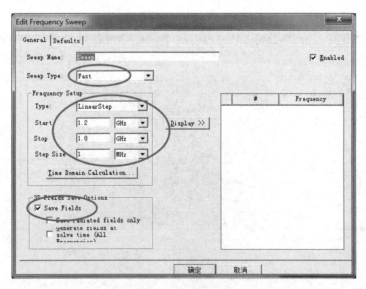

图 16.51 "Driven Solution Setup"对话框

2. 扫频设置

右键单击工程树"Analysis"节点下的"Setup1"项，执行菜单命令【Add Frequency Sweep】，在弹出的"Edit Frequency Sweep"对话框中，设置"Sweep Type"为"Fast"，"Type"设置为"LinearStep"，"Start"项输入 1.2GHz，"Stop"项输入 1.8GHz，"Step Size"设置为 1MHz，如图 16.52 所示。

图 16.52 扫频设置

16.7　设计检查和运行仿真分析

1．设计检查

执行菜单命令【HFSS】>【Validation Check】，或者单击工具栏中的图标 ，此时会弹出如图 16.53 所示的对话框。

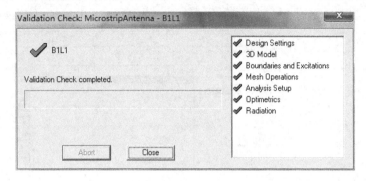

图 16.53　设计检查对话框

检查结果显示，每一项都设计正确，可以运行仿真。

2．运行仿真

选择工程树"Analysis"节点下的求解设置项"Setup1"，单击鼠标右键，执行菜单命令【Analyze】，或者单击工具栏上的图标 ，运行仿真计算。仿真过程中可以查看收敛情况，右键单击工程树下的"Results"节点，执行菜单命令【Solution Data】，或者单击工具栏上的图标 ，结果如图 16.54 所示。

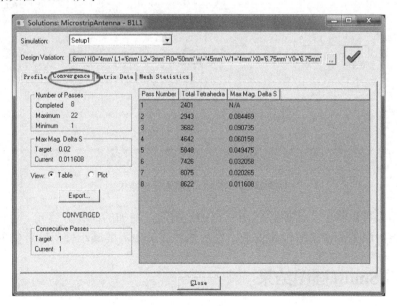

图 16.54　"Solutions"对话框

16.8　查看回波损耗

右键单击工程树下的"Results"节点，执行菜单命令【Create Modal Solution Data Report】>【Rectangular Plot】，打开报告设置对话框，设置如图 16.55 所示。

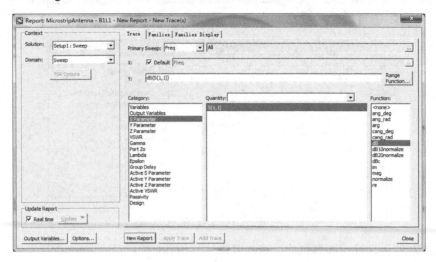

图 16.55　S(1,1)分析设置对话框

单击【New Report】按钮，再单击【Close】按钮生成 S(1,1)扫频分析结果，如图 16.56 所示。

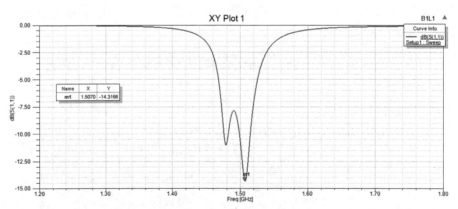

图 16.56　S(1,1)的扫频分析结果

从分析结果可以看出，谐振频率在 1.5GHz 附近，增加的简并分离元—径向带线增大了微带天线的辐射面积，使谐振频率偏低，在后面的调试中需要减小辐射贴片的面积。

16.9　查看 Smith 圆图结果

右键单击工程树下的"Results"节点，执行菜单命令【Create Modal Solution Data

Report】>【Smith Chart】，打开报告设置对话框，设置如图 16.57 所示。

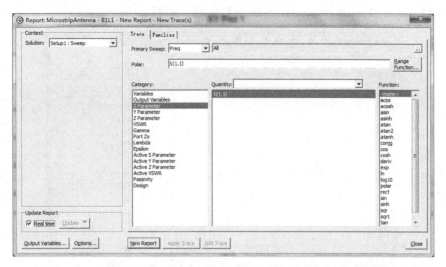

图 16.57　查看 Smith 圆图报告设置对话框

单击【New Report】按钮，再单击【Close】按钮生成 Smith Chart 结果，如图 16.58 所示。

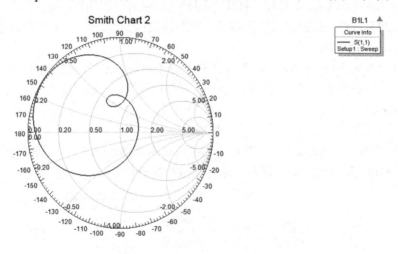

图 16.58　Smith Chart 结果

从圆图结果上可以看出，简并分离元过大，圆图曲线会出现打圈的情况，在后面的调试中需要减小简并元的大小。

16.10　参数扫描分析

1. 分析谐振频率与方形贴片边长的关系

添加辐射贴片边长"W"为参数扫描变量，变量范围为 42～45mm，扫描步长为 0.2mm。

（1）右键单击工程树下的"Optimetrics"节点，从弹出的菜单中执行菜单命令【Add】>
【Parametric】，打开"Setup Sweep Analysis"对话框，如图 16.59 所示。

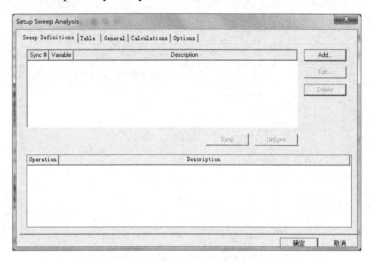

图 16.59　"Setup Sweep Analysis"对话框

单击该对话框中的【Add】按钮，打开"Add/Edit Sweep"对话框，设置如图 16.60 所示。

单击【Add】按钮，添加辐射贴片边长"W"为扫描变量，然后单击【OK】按钮，关闭
"Add/Edit Sweep"对话框。

最后单击"Setup Sweep Analysis"对话框中的【确定】按钮，完成添加参数扫描操作。
完成后，参数扫描分析项的名称会添加到工程树的"Optimetrics"节点下，默认名为
"ParametricSetup1"。

（2）运行参数扫描分析。

右键单击工程树"Optimetrics"节点下的"ParametricSetup1"项，从弹出的菜单中执行
菜单命令【Analyze】，如图 16.61 所示，运行参数扫描分析。

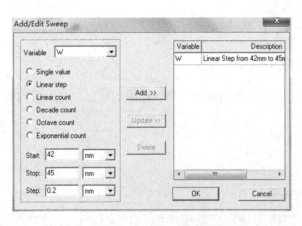

图 16.60　"Add/Edit Sweep"对话框

图 16.61　运行参数扫描分析

（3）查看分析结果。

右键单击工程树下的"Results"节点，从弹出的菜单中执行菜单命令【Create Modal Solution Data Report】>【Rectangular Plot】，打开报告设置对话框，设置与图 16.55 一样。生成如图 16.62 所示的不同 W 所对应的 S(1,1)在 1.2～1.8GHz 的扫频分析结果。

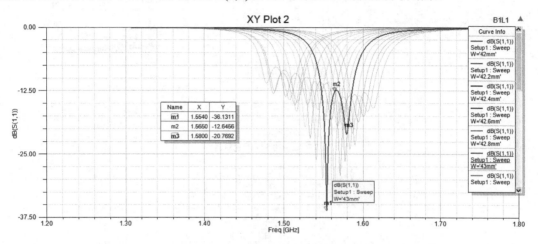

图 16.62　不同 W 对应的 S(1,1)扫频分析结果

从图 16.62 所示的分析结果中可以看出，随着变量 W 的增加，天线的谐振频率降低，当 W=43mm 时，谐振低模态频率为 1554MHz、高模态频率为 1580MHz，此时适当减小简并分离元可以调节谐振频率靠近 1568MHz。径向带线长度 $L1$ 对应影响 1554MHz 处的谐振频率，$L2$ 对应影响 1580MHz 处的谐振频率。在调节过程中务必保证 $L1>L2$，否则会出现极化反转，右旋变为左旋。

2．调节径向带线长度 $L1$ 和 $L2$

通过上述对 W=43mm 时的 S(1,1)分析，可以得出需要将径向带线 $L1$ 减小，将 $L2$ 增大，采用手动调节，将变量 W 改为 43mm，删除工程树"Optimetrics"节点下的"ParametricSetup1"。$L1$ 由原来的 6mm 改为 5.4mm。$L2$ 由原来的 3mm 改为 3.6mm（$L1$ 和 $L2$ 的取值可以通过优化得出，但优化具有一定的随机性，可以根据规律不断去调整 $L1$ 和 $L2$ 的取值），然后运行仿真。在生成新的报告设置中，注意变量值的设置，设置如图 16.63（a）、图 16.63（b）所示。

同样，在生成 Smith 圆图报告中，也按上述步骤设置，结果如图 16.63（c）和图 16.63（d）所示。

3．调整馈电点位置

此时，谐振点在 1568MHz 处，Smith 圆图上显示是个尖，这才是单点馈电圆极化的特征。但是匹配不是太理想，需要调节馈电点的位置，通过微调变量 $X0$、$Y0$，使馈电点位置向中心移动，得到最佳匹配。此时 $X0$=5mm，$Y0$=7mm。在设置生成报告中，同样要注意各变量值的选取，如图 16.64（a）所示，仿真结果如图 16.64（b）所示。

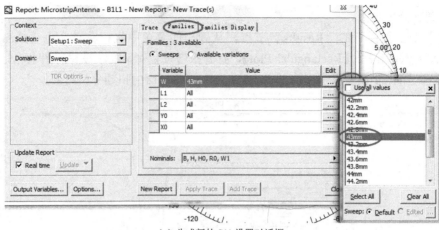

（a）生成新的 S11 设置对话框

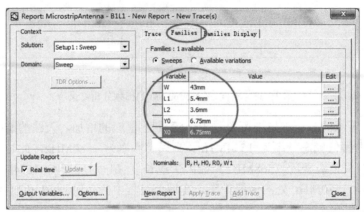

（b）生成新的 S11 设置对话框

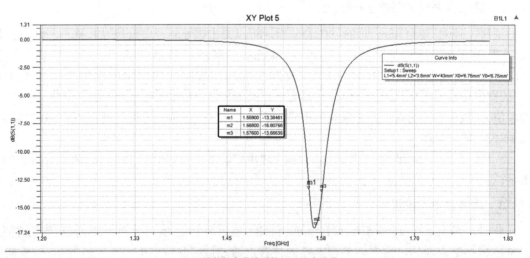

（c）调整径向带线后的 S11 仿真结果

图 16.63　仿真结果

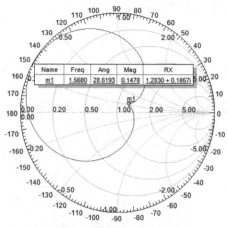

（d）调整径向带线后的 Smith 圆图结果

图 16.63　仿真结果

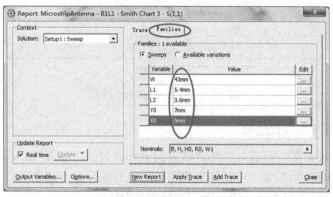

（a）生成 Smith 圆图报告设置对话框

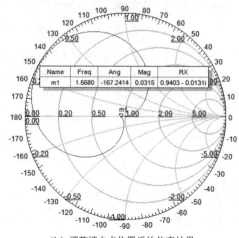

（b）调整馈电点位置后的仿真结果

图 16.64　设置与仿真

16.11 查看调整后的天线性能

1. 查看 S(1,1)结果

双击工程树下"Results"节点下的"XY Plot 1"，打开 S(1,1)扫频分析结果，如图 16.65 所示。

天线的中心频率在 1568MHz 处。在 1561MHz 处，S(1,1)为-48dB；在 1575MHz 处，S(1,1)为-15.8dB。

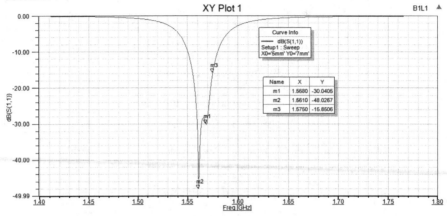

图 16.65 S(1,1)扫频分析结果

2. 查看中心频率处轴比结果

轴比属于远区场参数，查看远区场参数要定义辐射表面。如图 16.66（a）所示，右键单击工程树下的"Radiation"节点，在弹出的菜单中执行菜单命令【Insert Far Field Setup】>【Infinite Sphere 】，按照图 16.66（b）所示的设置参数。

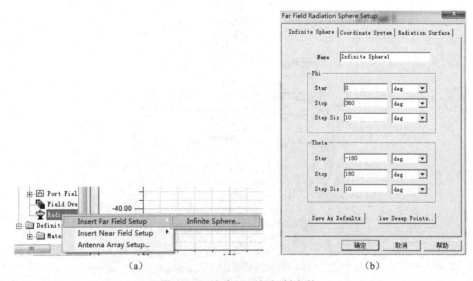

（a）　　　　　　　　　　　（b）

图 16.66 定义远区场辐射参数

生成远区场轴比结果如图 16.67 至图 16.69 所示。

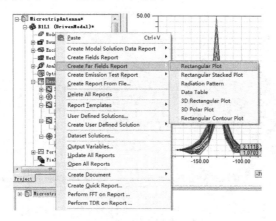

图 16.67　生成轴比命令

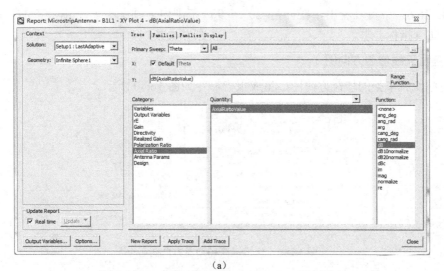

（a）

（b）

图 16.68　生成轴比参数配置

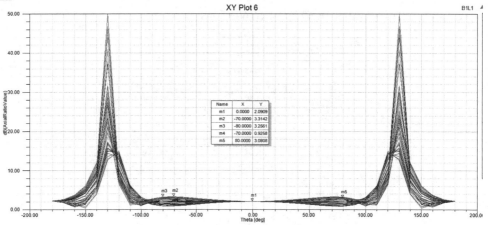

图 16.69 远区场轴比结果

从图 16.69 中可以看出，在仰角 20°～90° 范围内，轴比小于 6dB，正前方轴比小于 3dB 满足仿真指标要求。

3．查看天线增益方向图

查看中心频率处的增益方向图，生成报告命令如图 16.70 所示。

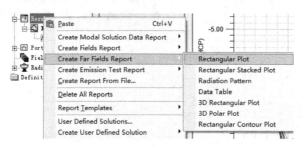

图 16.70 生成远区场增益方向图命令

参数配置如图 16.71 所示。

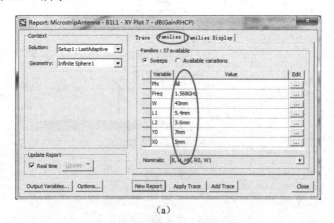

（a）

图 16.71 生成中心频率 1568MHz 处天线增益方向图参数配置

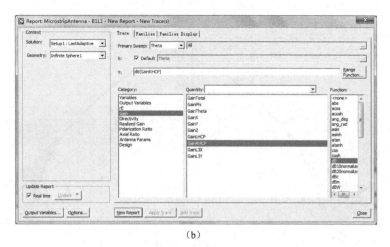

（b）

图 16.71　生成中心频率 1568MHz 处天线增益方向图参数配置（续）

生成结果如图 16.72 所示。

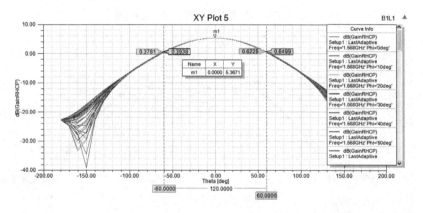

图 16.72　1568MHz 处天线增益方向图结果

查看其他频点方向图增益结果，设置命令如图 16.73 所示，将频率选择为需要查看的频点，结果如图 16.74 和图 16.75 所示。

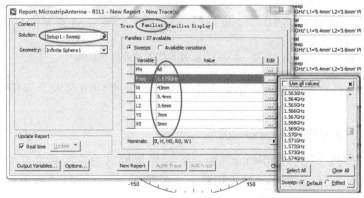

图 16.73　查看其他频点增益方向图配置

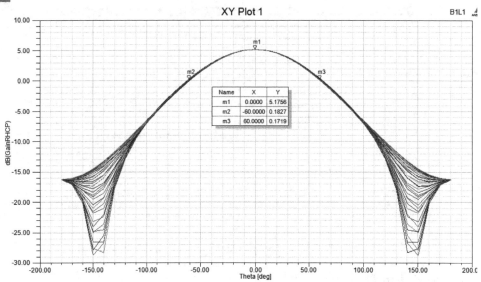

图 16.74　1575MHz 处增益方向图结果

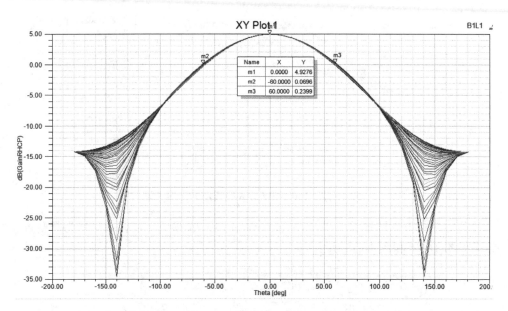

图 16.75　1561MHz 处天线增益方向图结果

从以上结果可以看出，正前方增益大于 4dB，30°仰角增益大于 0dB，满足设计指标
要求。

4．查看天线 10°仰角处的方向图圆度

右键单击工程树下的"Radiation"节点，在弹出的菜单中执行菜单命令【 Insert Far
Field Setup】，按照图 16.76 所示的配置参数。

生成远场报告命令如图 16.77 所示。

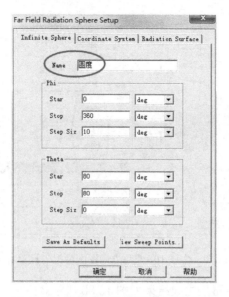

图 16.76　设置 10° 仰角远区场参数配置

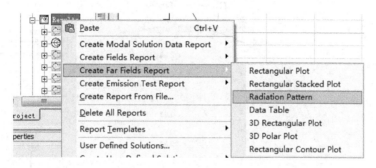

图 16.77　生成远场报告命令

设置参数如图 16.78 和图 16.79 所示。

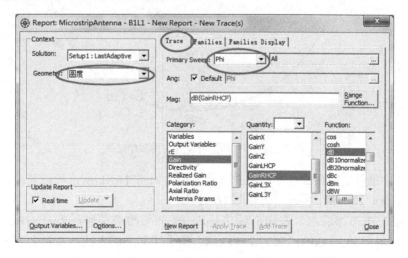

图 16.78　生成 10° 仰角方向图圆度报告设置对话框

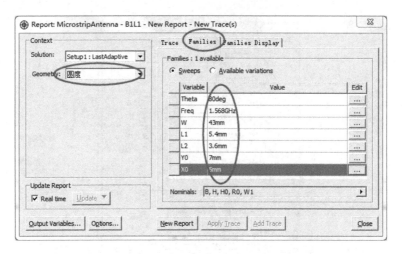

图 16.79　生成 10°仰角方向图圆度报告设置对话框

单击【New Report】按钮，生成结果如图 16.80 所示。

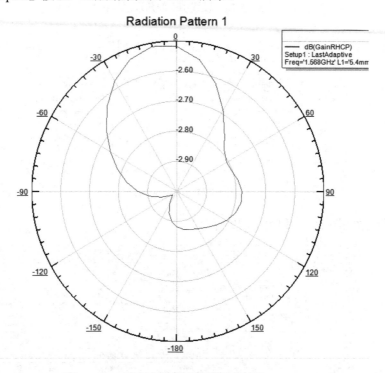

图 16.80　10°仰角增益方向图圆度结果

双击报告中最外层的曲线，在弹出的对话框中做如图 16.81 所示的设置，可以修改显示比例。单击【确定】按钮，生成报告如图 16.82 所示。

从图 16.82 中可以看出，在中心频率处，10°仰角的最大增益为-2.5dB，最小增益为-2.98dB，不圆度小于±1.0dB，满足设计指标，用上述同样的方法，查看带宽内其他频点处的 10°仰角不圆度，不圆度均小于±1.0dB，满足设计指标。

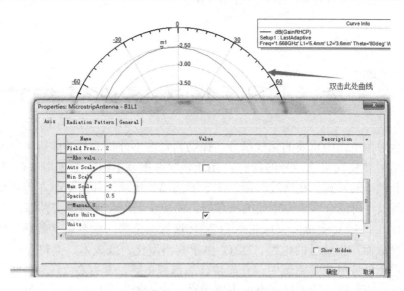

图 16.81 修改显示比例

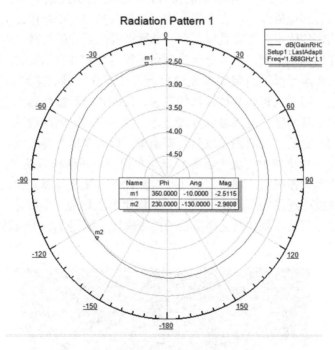

图 16.82 1568MHz 10°仰角方向图圆度结果

16.12 本章小结

本章通过仿真设计了 GPS L1 北斗 B1 双模天线，在频带内 S(1,1)小于−15dB，30°仰角极化增益大于 0dB，轴比小于 3dB，10°仰角不圆度小于±1dB，满足设计指标要求。

第17章 DRO 谐振器设计与仿真

振荡器是射频电路中重要的组成部分。振荡器是在不外加信号的前提下，利用自身电路自激把直流信号转化成交流信号的器件。在低频段，振荡电路一般采用 LC 谐振网络来实现。但是随着频率的升高，在微波频段，由于所需要的集总元件值很小，而且集总元件的寄生参数高，所以不再适合做微波频段的振荡器，而应该采用腔体谐振振荡器。

DRO（Dielectric Resonator Oscillator）腔体谐振振荡器，顾名思义就是利用腔体谐振来作为放大器自激而产生信号的电路。DRO 由于其小型化、低成本、高可靠性、高稳定性等优点，广泛用于微波射频频率源中。介质块作为谐振电路，具有高 Q 值、低相位噪声、稳定性等特点，是频率源设计中最适合的电路模块。它一般为圆柱形结构，类似于圆柱形波导谐振腔，不同的是介质块为高介电常数的实体，可以把电磁能量束缚在介质块当中产生谐振，而圆柱形谐振腔将电磁波束缚在金属腔中，如果要实现与微带电路的集成，则需要微带到波导的转换结构，相比于介质块直接耦合，金属谐振腔更难于与微带电路集成。

根据谐振电路的结构不同，可以分为串联谐振振荡器和并联谐振振荡器两种。串联反馈型 DRO，此类振荡器可以用负阻原理完成分析设计，介质谐振电路后端串联一个负阻电路，负阻电路可由负阻二极管或晶体管器件完成。反射式介质振荡器在当下的振荡器设计中得到广泛应用，由于其两部分电路可以分块设计，独立完成，因此设计过程简单明了。但是此类振荡电路结构自身的一些缺陷导致其起振困难，后期调试难度较大，且在相位噪声方面与其他几种振荡电路相比较不占优势。并联属于自稳型介质谐振振荡器，并联反馈型 DRO 的工作原理类似于晶体振荡器，其中介质块是定频元件，又是反馈元件，这类振荡器由于容易起振，调试方便被广泛使用。自稳型 DRO 结构简单，且易于小型化。此一类谐振器电路中，介质块不但参与振荡，而且是电路重要的稳频模块。如图 17.1 所示是 DRO 在卫星高频头中的应用。

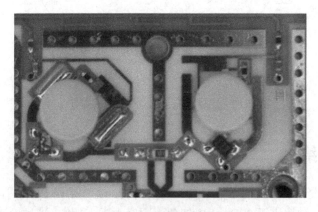

图 17.1　DRO 在卫星高频头中的应用

17.1 DRO 设计原理

介质谐振器的谐振频率主要由它的几何尺寸、相对介电常数及周围的环境决定。虽然介质谐振器的几何形状十分简单，但要精确地求解它的空间电磁场远比金属空腔谐振器困难得多。因此，对于介质谐振器某种模式的谐振频率，只能从严格的数值法算出。Kajfez 和 Guillon 对孤立的介质谐振器及它最常用的微波集成电路结构提出了相关方程的近似解，而且精度达到优于 ±2%。在介质稳频振荡器中，用得最多的是圆柱形介质谐振器，因为它的工作模式最容易与微带线耦合。圆柱形介质谐振器可以看成两端开路的介质波导，它有很多的振荡模式，在选择它的长度与直径的比值 L/D 小于 0.7 的尺寸下可以保证圆柱形介质谐振器的工作主模为 $TE_{01\sigma}$。工作于这种模式的介质谐振器，在自由空间下的振荡频率计算公式为：

$$f(\text{GHz}) = \frac{34}{D\sqrt{\varepsilon_r}}\left(\frac{D}{L} + 3.45\right) \tag{17.1}$$

其中，D 为介质谐振器直径；L 为介质谐振器高度；ε_r 为介质谐振器相对介电常数。

该公式只是估算公式，在下列范围内，它的精度约为 2%：

$$1 \leqslant \frac{D}{L} \leqslant 4$$

$$30 \leqslant \varepsilon_r \leqslant 50$$

式（17.1）是孤立介质谐振器谐振频率的计算公式，当介质谐振器周围还存在其他电路时，则它的场结构要发生变化，那么它的谐振频率也要发生改变。圆柱形介质谐振器 $TE_{01\sigma}$ 模式的优点为：

（1）电场和磁场都是圆对称的，它与微带线耦合很方便，便于应用于微波电路；

（2）能量在介质谐振器内的集中程度高，所以损耗小。它受周围环境影响非常小，介质谐振器置于微带线基片上的有载 Q 值变化比较小；

（3）它的模式比较容易辨认，其电性能比较容易精确地测量；

（4）它的 Q 值比较高，应用于微波振荡器中能够使振荡器的相位噪声性能比较好。

这种模式的缺点是频率特性比较陡峭，介质谐振器的稳定调谐带宽比较窄。

17.2 谐振腔体设计

17.2.1 新建 HFSS 工程

（1）运行 HFSS 软件，打开软件后软件会默认建立一个 Project，在工程管理窗口中选中默认的工程名，单击鼠标右键，执行菜单命令【Rename】，将工程改名为"Cavity"。在工具栏中单击"Insert HFSS design"图标 ⊕，新建 HFSS Design。

（2）设置求解模型，执行菜单命令【HFSS】>【Solution Type】，选择"Eigenmode"模式。

17.2.2　谐振腔体建模

（1）设置模型单位：一般新建工程之后软件会默认模型的单位为 mm。也可以执行菜单命令【Modeler】>【Units】，打开如图 17.2 所示的"Set Model Units"对话框。在该对话框中，"Select units"选择"mm"，然后保存设置。

（2）建模选项设置：执行菜单命令【Tools】>【Options】>【Modeler Options】，打开"Modeler Options"对话框。在"Drawing"标签页下取消"Edit properties of new primitive"的勾选，如图 17.3 所示。保存设置，退出。

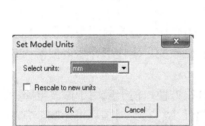

图 17.2　设置模型单位　　　　　　图 17.3　"Modeler Options"对话框

17.2.3　建立圆柱形谐振腔体模型

本设计中需要建立一个圆心位于坐标原点（0，0，0）、半径为 10mm、高为 10mm 的谐振腔体模型。

（1）在 HFSS 中有两种建模方法。

① 执行菜单命令【Drawing】>【Cylinder】，或者单击工具栏中的"Drawing Cylinder"图标，进入设计模式。将光标移入设计窗口，在软件窗口右下角输入圆心坐标，"X"=0，"Y"=0，"Z"=0，输入完坐标之后按回车键【Enter】。然后设置圆柱体半径，输入"dX"=10，"dY"=0，"dZ"=0，输入完之后按回车键【Enter】。然后再设置圆柱体高，输入"dX"=0，"dY"=0，"dZ"=10，输入完成后按回车键【Enter】，完成模型设计，如图 17.4 所示。

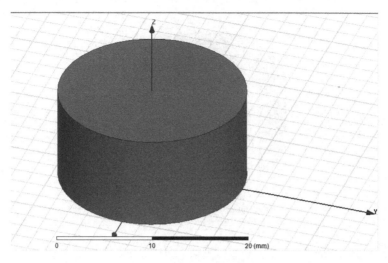

图 17.4　采用坐标建模

② 执行菜单命令【Drawing】>【Cylinder】，或者单击工具栏中的"Drawing Cylinder"图标 ⌗ ，进入设计模式。将光标移入设计窗口，任一位置单击鼠标左键，然后在 XY 面画一个圆，然后沿着 Z 轴方向确定圆柱体。这时在操作历史树"Solids"节下就出现"Cylinder1"。

双击操作历史树下"Solids"节点下的"Create Cylinder"，弹出"Properties"对话框，在对话框中设置圆柱体参数。设置"Center Position"为（0，0，0）；"Axis"为"Z"；"Radius"为10；"Height"为10。如图 17.5 所示，然后单击【确定】按钮，保存，完成设置。

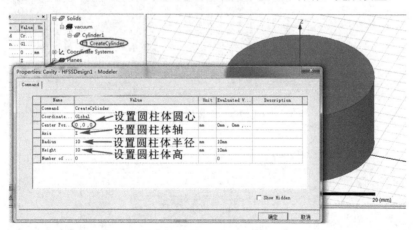

图 17.5　圆柱体属性对话框中的"Command"标签页

（2）设置模型外观：模型建立完成之后，我们需要设置模型的一些外观。选择模型，单击鼠标右键，执行菜单命令【Edit】>【Properties】，如图 17.6 所示。在弹出的圆柱体属性对话框中的"Attribute"标签页下，选择"Color"后面的颜色区域，弹出颜色对话框，在框中可以选择模型显示的颜色，这个根据个人喜好选择就好，如图 17.7 所示。选择"Transparent"后面的选项，设置模型的透明度，这个也是根据自己的喜好设置，如图 17.8 所示。

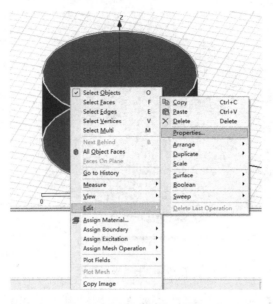

图 17.6　设置选择模型属性

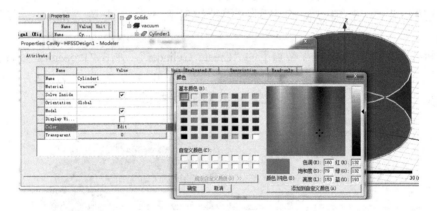

图 17.7　设置模型颜色

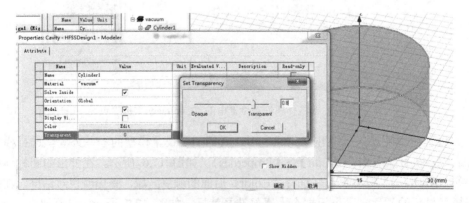

图 17.8　设置模型透明度

完成以上设置后，圆柱体谐振腔体模型就建立完成了，按下快捷键【Ctrl+D】，全屏显示所建立的圆柱形谐振腔体，如图 17.9 所示。

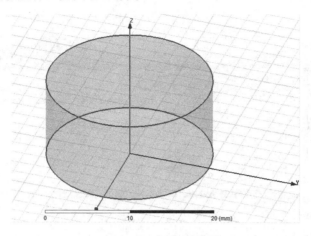

图 17.9　圆柱形谐振腔模型

17.2.4　设置边界条件和激励

在 HFSS 中，仿真激励有多种，但是在仿真本征模求解类型的问题中，不需要加激励。所以本设计中不需要设置激励端口。圆柱形腔体的外壁为厚度 1mm 的金属铝（aluminum），在 HFSS 中可以通过腔体壁分配有限导体边界条件来实现，设置如下。

在三维模型窗口中选中模型，单击鼠标右键，执行菜单命令【Assign Boundary】＞【Finite Conductivity】，如图 17.10 所示。打开 "Finite Conductivity Boundary" 对话框，勾选 "Use Material" 复选框，然后选择模型材料，单击 "vacuum"，弹出选择材料的对话框。在 "Search by Name" 栏输入 "alumium"，查找金属铝，在结果栏中会出现金属铝材料，选中 "aluminum"，单击【确定】按钮，完成设置，退出对话框，如图 17.11 所示。

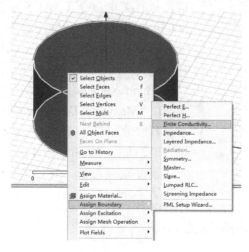

图 17.10　选择设置边界

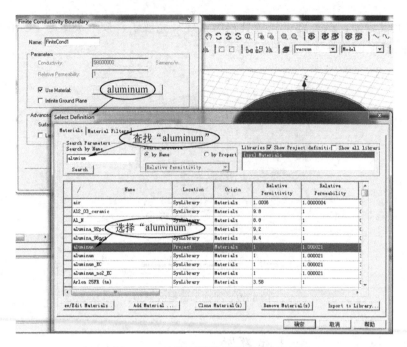

图 17.11　有限导体边界设置对话框

17.2.5　求解设置

本设计求解设置最小频率为 1GHz，最大迭代次数为 20，收敛误差为 2.5%，求解模式为 2。在 HFSS 软件中，模式 1 表示最低次模，模式 2 为次低模，以此类推。在本设计中，求解模型为 2，表示分析两个低次模。

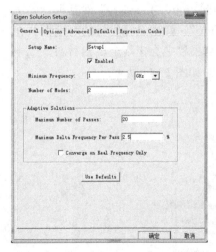

图 17.12　求解设置

在左侧的工程树下单击"Analysis"，单击鼠标右键，执行菜单命令【Add Solution Setup】，打开"Eigen Solution Setup"对话框，选择"General"标签页。设置"Minimum Frequency"为 1GHz，表示最小求解频率为 1GHz。"Number of Modes"为 2，表示求解模式为 2。"Maximum Number of Passes"为 20，表示最大迭代次数为 20。"Maximum Delta Frequency Per Pass"为 2.5%，表示仿真收敛误差为 2.5%，其他的选项采用默认设置，如图 17.12 所示，然后单击【确定】按钮，设置完成。

设置完成之后，在工程树下的"Analysis"节点下就添加了"Setup1"项目。

17.2.6　检查设计和仿真

前面已经建立好模型，设置了边界条件，添加了仿真求解设置等，接下来就是检查设置是否完成，运行仿真，查看仿真结果。

（1）检查设计：执行菜单命令【HFSS】>【Validation】，或者在工具栏中单击图标 ，进行检查。检查后弹出"Validation Check"对话框，如图 17.13 所示。如果每项前面都显示图标 ，表示设置正确，关闭窗口，就可以进行下一步仿真。

图 17.13　检查结果显示

（2）运行仿真：选择工程树下"Analysis"节点下面的"Setup1"，单击鼠标右键，执行菜单命令【Analyze】，或者单击工具栏中的图标 ，进行仿真。

在仿真过程中，软件界面右下角的进程栏中会显示仿真进程。仿真结束后信息管理窗口会有提示信息。

17.2.7　查看仿真结果

仿真结束之后，通过 HFSS 的数据处理，我们可以看到以下的结果：谐振腔体的频率、品质因子 Q 和腔体内场分布。

（1）查看腔体谐振频率和 Q 值：选择工程树下面的"Analysis"节点，单击鼠标右键，执行菜单命令【Solution Data】。弹出"Solutions"对话框，单击"Eigenmode Data"标签页，查看模式 1 和模式 2 的谐振频率与 Q 值，如图 17.14 所示。

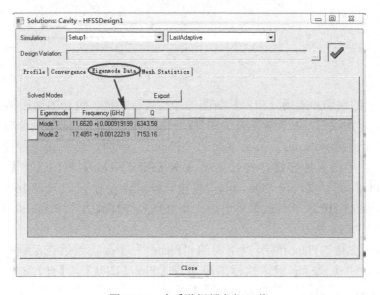

图 17.14　查看谐振频率与 Q 值

从图 17.14 中可以看出，HFSS 仿真结果显示，圆柱形谐振腔体模式 1 的谐振频率为 11.662GHz，品质因子 Q 为 6343.58；模式 2 的谐振频率为 17.4851，品质因子 Q 为 7153.16。

（2）腔体内部电磁场分布：查看腔体的内部电磁场分布图、查看腔体垂直截面和横截面的分布图。垂直截面选择 YZ 面，横截面选择 Z=5mm 处的 XY 面。

① 创建非实体平面：在 Z=5mm 处创建一个平行于 XY 面的非实体平面，由于是非实体平面，不影响仿真结果。

执行菜单命令【Draw】>【Plane】，或者单击工具栏中的图标 ⊿ 。在状态输入 "X"=0，"Y"=0，"Z"=5 | X: [0] | Y: [0] | Z: [5] | Absolut ▾ | Cartesiar ▾ | mm |，然后按回车键【Enter】，确认平面的位置；输入 "dX"=0，"dY"=0，"dZ"=1 | dX: [0] | dY: [0] | dZ: [1] | Relative ▾ | Cartesiar ▾ | mm |，然后按回车键【Enter】，确定平面的法线沿 Z 轴方向。此时非实体平面就创建好了，平面默认名为 "Plane1"，该名称会自动添加到历史树下面的 "Planes" 节点下面。单击 "Planes" 节点下面的 "Plane1"，可以看到非实体平面，如图 17.15 所示。

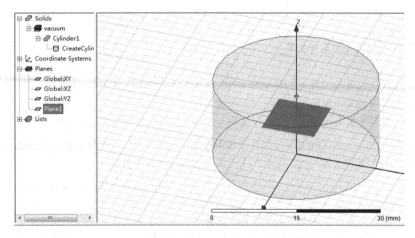

图 17.15　显示非实体平面

② 模式 1 的电场和磁场分布：从前面的分析可以知道，设计的谐振腔中，模式 1 为 TM_{010} 模，那么下面我们可以查看模式 1 在 YZ 面和 Plane1 面上的电磁场分布。

选中操作历史树 "Planes" 节点下面的 "Plane1" 平面，然后在工程树中选择 "Field Overlay" 节点，单击鼠标右键，执行菜单命令【Plot Fields】>【E】>【Mag_E】，打开 "Create Field Plot" 对话框。在 "Quantity" 栏中选择 "Mag_E"，如图 17.16 所示。然后单击【Done】按钮。此时 HFSS 软件就显示出模式 1 在谐振腔体截面（"Plane1" 平面）上的电场分布，如图 17.18（a）所示。

选中操作历史树 "Planes" 节点下面的 "Plane1" 平面，然后在工程树中选择 "Field Overlay" 节点，单击鼠标右键，执行菜单命令【Plot Fields】>【H】>【Mag_H】，打开 "Create Field Plot" 对话框。在 "Quantity" 栏选择 "Mag_H"，如图 17.17 所示。然后单击【Done】按钮。此时 HFSS 软件就显示出模式 1 在谐振腔体截面（"Plane1" 平面）上的磁场分布，如图 17.18（b）所示。

采用同样的方法，选择操作历史树 "Planes" 节点下面的 "Global：YZ"。然后我们在结果中查看模式 1 在 YZ 平面的电磁场分布情况如图 17.19 所示。

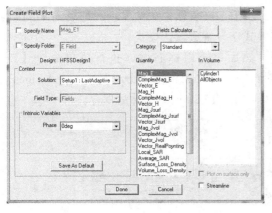

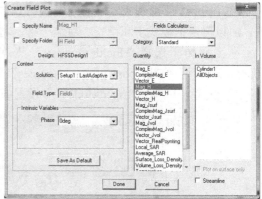

图 17.16　"Create Field Plot"对话框（1）　　　图 17.17　"Create Field Plot"对话框（2）

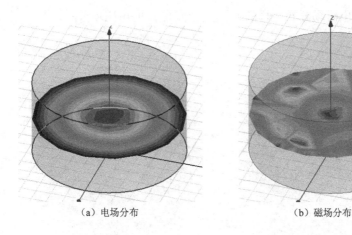

（a）电场分布　　　　　　　　　　　（b）磁场分布

图 17.18　模式 1 在腔体截面（"Plane1"平面）上的电磁场分布

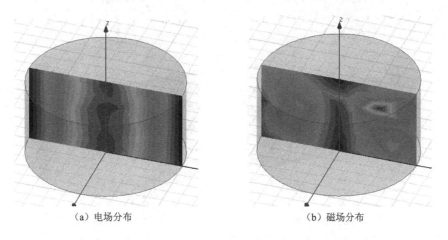

（a）电场分布　　　　　　　　　　　（b）磁场分布

图 17.19　模式 1 在腔体截面（YZ 平面）上的电磁场分布

③ 查看模式 2 的电磁场分布情况：根据理论分析，模式 2 即为 TE_{111} 模。下面就显示模

式 2 在 Planes1 平面和 YZ 平面的电磁场分布。由于 HFSS 软件默认显示的是模式 1 的电磁场，所以需要把模式 1 和模式 2 对调一下，将模式 2 设置成默认模式。

在工程树下选择"Field Overlay"节点，然后单击鼠标右键，执行菜单命令【Edit Sources】，打开"Edit post process sources"对话框，在"Scaling Factor"栏，将"EigenMode_2"设置为 1，将"EigenMode_1"设置成 0，如图 17.20 所示，然后保存。

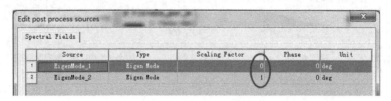

图 17.20　"Edit post process sources"对话框

选择与查看模式 1 电磁场分布一样的方法查看模式 2 的电磁场分布。其结果如图 17.21 所示。

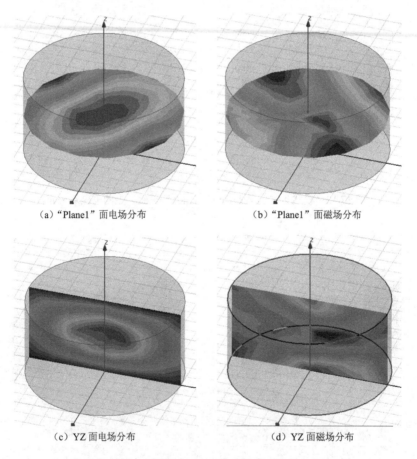

（a）"Plane1"面电场分布　　　　　　（b）"Plane1"面磁场分布

（c）YZ 面电场分布　　　　　　　　（d）YZ 面磁场分布

图 17.21　模式 2 在腔体的电磁场分布

17.3　10GHz DRO 实例仿真

在这一节，我们将利用 HFSS 来做一个 DRO 的仿真实例，谐振频率为 10GHz。设计 DRO，首先要选择合适的 DR，这是根据所需要的频率来决定的。所以在设计 DRO 的时候首先要选择合适的 DR，DR 市场上有很多，根据需要去选择，然后得到选择的 DR 的基本参数，这样才能在 HFSS 中设计。本设计采用的 DR 介电常数为 37.5，高度为 2.6mm，半径为 2.77mm。PCB 采用 Rogers4350，厚度为 0.508mm。本设计采用的是并联 DRO 结构。

17.3.1　建立仿真模型

由于前面已经介绍过模型的建立过程，所以这里就简单介绍一下建模过程，首先建立一个立方体作为 PCB 基板的模型，模型参数如图 17.22 所示。接下来我们可以对导体进行建模，就是 PCB 上面的铜层。由于设计采用并联 DRO，所以需要两条铜层，我们设置完全对称的两个模型，模型设置如图 17.23 和图 17.24 所示。设计时微带线的宽度采用 50Ω 阻抗宽度。长度一般根据需要选择，不能太短也不能太长，这里我们选择 13mm。厚度为 0.035，是 PCB 上铜层的厚度。建议大家不要忽略铜层的厚度，尽量把模型建的贴合实际。

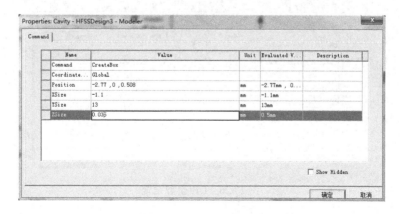

图 17.22　PCB 模型参数

图 17.23　金属层 1 模型参数

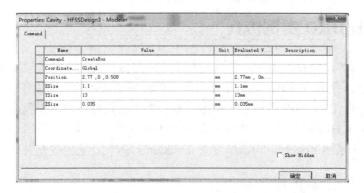

图 17.24　金属层 2 模型参数

建立好 PCB 模型和金属层模型之后，我们建立 DR 模型和垫层的模型。在设计 DRO 的时候，一般在 DR 下面会加上一层垫层，增加 DR 的性能。垫层用圆形的 PCB 板来做，圆心位置和 DR 的圆心位置是一样的，半径比 DR 的半径小一些。这里我们采用 0.3mm 厚的 Rogers4350 来做垫层，尺寸如图 17.25 所示。设置好垫层之后，我们来建立 DR 模型，其实 DR 模型就是一个圆柱体，模型参数如图 17.26 所示。这里需要注意的是，设置 DR 模型高度的时候，不能超出了实际的高度，这里设置为 2.4mm。

图 17.25　垫层设置

图 17.26　DR 模型设置

设置完模型之后，就要设置 PCB 下面的理想电场和电路腔体。理想电场采用一个平面来表示，平面参数如图 17.27 所示。设置完电场平面后，再设置电路外面的腔体，腔体我们采用立方体，设置腔体的大小比 PCB 大一点，设置参数如图 17.28 所示。

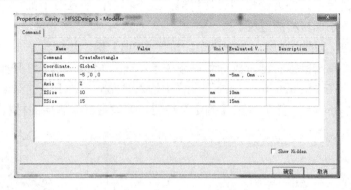

图 17.27　理想电场平面设置

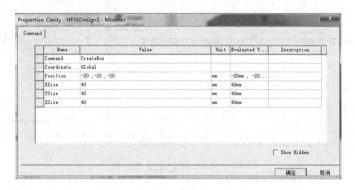

图 17.28　理想腔体设置

　　按照上面所述的步骤建立好所有的模型后，可以根据个人的喜好设置一下模型的颜色和透明度。然后鼠标单击三维模型窗口，按快捷键【Ctrl+D】，把模型在窗口中最大化显示，如图 17.29 所示。保存一下，模型的建立就完成了。

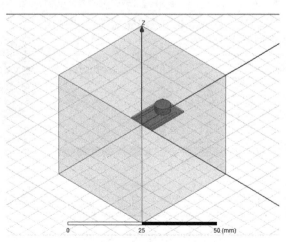

图 17.29　完整 DRO 模型

17.3.2 添加材料

对于建立好的模型，需要给模型添加材料，这个在前面的章节中都有介绍过，所以这里只是简单介绍一下添加材料的过程。

首先选择 PCB 上的金属层，单击模型，按住【Ctrl】键，然后再单击另外一个金属层，选中两个金属层，单击鼠标右键，执行菜单命令【Assign Material】，打开如图 17.30 所示的材料选择对话框。在"Search by Name"一栏中输入"cop"，在下面的结果窗口中就会显示"copper"，选择"copper"；然后单击【确定】按钮，就设置好金属层的材料为金属铜了。

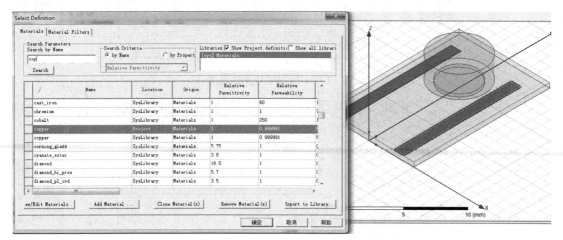

图 17.30 设置金属层材料

在设置好金属层之后，采用同样的方法，选择 PCB 和垫层，因为它们的材料都是Rogers4350，所以选中这两个模型，然后在"Search by Name"一栏中输入"ro"，在下面的显示窗口中选择"Rogers RO4350（tm）"，如图 17.31 所示。

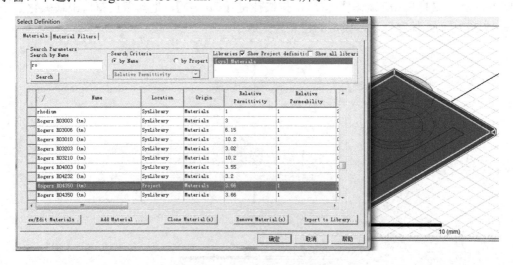

图 17.31 设置 PCB 和垫层材料

上面两种材料在 HFSS 自带的库中都有，只要选择就可以了，接下来就是设置材料中关键的一步：设置 HFSS 库中没有的材料。对于我们选择的 DR，HFSS 软件中并没有这个材料，需要自己添加。首先在三维模型窗口中选择 DR 模型，单击鼠标右键，执行菜单命令【Assign Material】，打开材料设置对话框，此时我们选择对话框下面一行中的【Add Material】按钮，弹出"View/Edit Material"对话框。在"View/Edit Material"对话框中设置"Material Name"，这里采用默认的设置"Material1"。然后需要设置材料的参数，一般只需要设置介电常数和损耗角正切。"Relative Permittivity"设置为 37.5；"Dielectric Loss Tangent"设置为 0.0027。然后单击"View/Edit Material"对话框中的【OK】按钮，回到材料设置对话框，单击【确定】按钮，完成 DR 的材料设置，如图 17.32 所示。

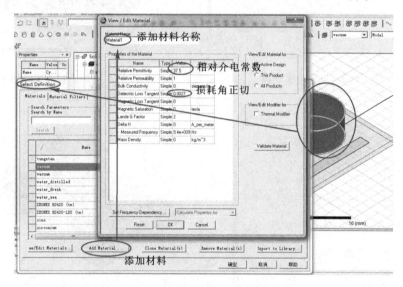

图 17.32　添加材料并设置 DR 材料

设置完上面三种材料后，对于模型的材料设置就完成了。在 HFSS 历史树下面可以看到几个模型都有材料了，如图 17.33 所示。

17.3.3　设置边界条件和激励

首先将边界设置好，选择最外面的大立方体，然后单击鼠标右键，执行菜单命令【Assign Boundary】>【Perfect E】，弹出如图 17.34 所示的对话框，选择默认设置，然后单击【OK】按钮。设置完成后，立方体如图 17.35 所示，表面设置成功。同样的方法，设置 PCB 下面的理想电场平面，选中后单击鼠标右键，执行菜单命令【Assign Boundary】>【Perfect E】，弹出如图 17.36 所示的对话框，选

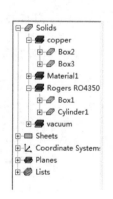

图 17.33　添加材料结果

择默认设置，然后单击【OK】按钮。设置完成后，平面如图 17.37 所示，表面设置成功。

边界条件设置完成后，我们需要设置端口激励。HFSS 软件中有多种端口设置，这里我们采用集总端口。按照集总端口的设置要求，需要建立一个平面，从端口的下表面到参考底

面，宽度和端口的宽度一致。设计中平面长 1.1mm，宽 0.508mm，垂直于 Y 轴。设置参数如图 17.38 所示。

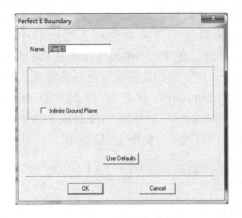

图 17.34　设置理想电场

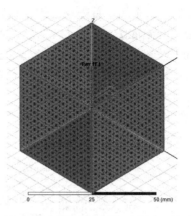

图 17.35　腔体设置理想电场表面完成

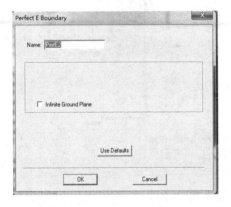

图 17.36　设置理想电场

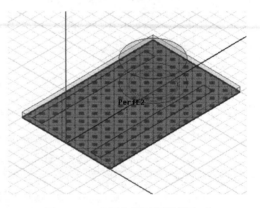

图 17.37　理想电场平面设置完成

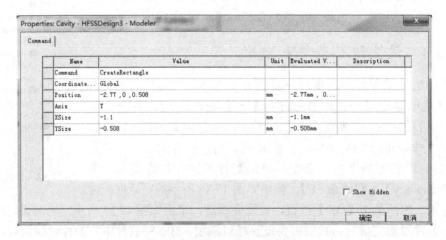

图 17.38　端口 1 参考平面参数

　　画好端口平面后，选择所画的平面，单击鼠标右键，执行菜单命令【Assign Excitation】>【Lump Port】，弹出如图 17.39 所示的"Lumped Port"对话框，表示端口阻抗为 50Ω。然后单击【下一步】按钮，弹出如图 17.40 所示的对话框，这里"Integration Line"要选择下拉菜单的"New Line"，在端口平面上下边界分别单击一下鼠标，创建新的积分线。然后会弹出如图 17.41 所示的对话框，其中"Integration Line"栏显示"Defined"，表面积分线设置完成（PS：如果出现如图 17.42 所示的结果，即"Integration Line"栏显示"Defined（Invalid）"，则表示积分线创建无效，需要重新建立积分线）。单击【确定】按钮，关闭窗口，完成一个端口的设置。同样的方法设置另一个端口激励，另一个端口平面参数如图 17.43 所示。

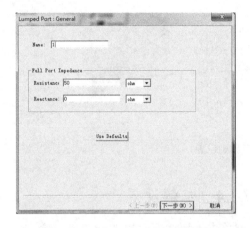

图 17.39　"Lumped Port"对话框

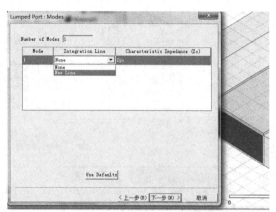

图 17.40　创建新积分线

图 17.41　创建新积分线完成

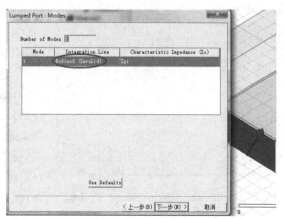

图 17.42　创建新积分线无效

　　完成上面的端口设置后，在工程树中的"Excitations"节点下面，两个端口就已经自动添加进来了，如图 17.44 所示。此时边界也已经自动添加在工程树中的"Boundaries"节点下面，完成了边界条件和端口激励的设置。

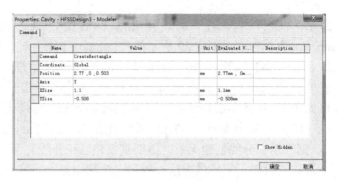

图 17.43　端口 2 参考平面参数

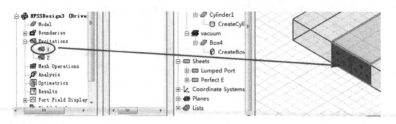

图 17.44　查看端口激励设置

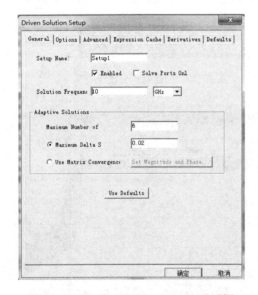

图 17.45　"Driven Solution Setup"对话框

17.3.4　求解设置

右键单击工程树下面的"Analysis"节点，执行菜单命令【Add Solution Step】，弹出"Driven Solution Setup"对话框，设置仿真频率为 10GHz，最大迭代次数为 6，收敛误差为 2%，如图 17.45 所示。

选择工程树下"Analysis"节点下面的"Setup1"，单击鼠标右键，执行菜单命令【Add Frequency Sweep】，弹出"Edit Frequency Sweep"对话框，设置扫频参数。选择"Sweep Type"为"Interpolating"（这里选择"Fast"也可以），起始频率设置为 9GHz，结束频率为 11GHz，步进为 0.1GHz，如图 17.46 所示。

17.3.5　检查设置和运行仿真

完成上述步骤后，仿真的准备工作就完成了，接下来就是仿真设计。但是在仿真之前，需要对前面的设计进行一下检查。单击工具栏中的"Validate"图标 对设计进行检查，检查结束了会弹出如图 17.47 所示的"Validate Check"对话框，右侧全部打勾，表示前面设置是正确的，通过检查。如果不是全打勾，则需要针对这项进行仔细检查，修改错误设置。

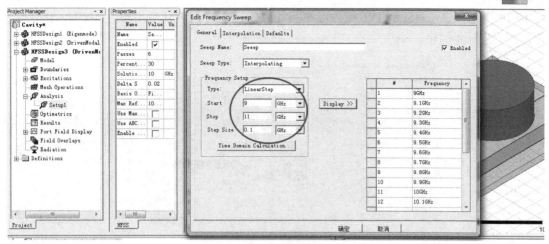

图 17.46 扫频设置

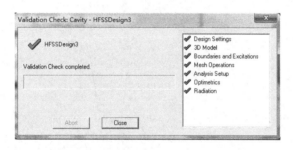

图 17.47 "Validate Check" 对话框

当检查没有报错之后，就可以运行仿真了，单击工具栏中的"Analysis All"图标 运行仿真。在软件窗口右下角的"Progress"栏中会显示仿真进程。在左下角的"Message Manager"窗口中会显示仿真完成。

17.3.6 查看仿真结果并分析

仿真设置时，选择的仿真频率范围相对比较大，因为仿真设置会有误差，所以谐振频率可能有偏移，设置宽一点的频率范围方便找到谐振频率点。在仿真结束之后，需要查看仿真的结果，主要是 S(1,1)，这能表征 DRO 的谐振频率。

选择工程树下面的"Results"节点，单击鼠标右键，执行菜单命令【Creat Modal Solution Data Report】>【Rectangular Polt】，弹出如图 17.48 所示的"Report"对话框。在"Category"栏中选择"S Parameter"，"Quantity"栏中选择 S(1,1)，"Function"栏中选择"dB"。然后单击【New Report】按钮，弹出结果窗口，然后关闭"Report"窗口，查看结果，如图 17.49 所示。

在结果窗口中选中 S(1,1)曲线，单击鼠标右键，执行菜单命令【Mark】>【Add Mark】，添加"mark"，这样可以很清楚地看到每个点对应的值。添加完"mark"之后，把"mark"移动到 S(1,1)最小值点，此时我们看到 S(1,1)的最小值为-13.09，对应的频率为 10.1GHz，如

图 17.50 所示。说明设计的 DR 谐振频率在 10.1GHz 处，与设计所需要的 10GHz 有一点偏差，需要进一步优化。

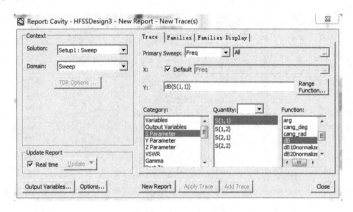

图 17.48 "Report" 对话框

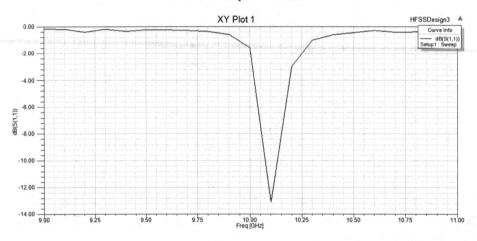

图 17.49 仿真结果

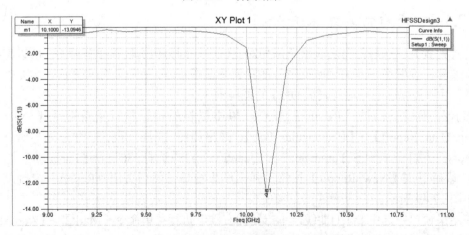

图 17.50 添加 "mark" 查看谐振频率

17.3.7　优化设计

从图 17.50 所示的结果中可以看出，设计仿真结果与设计目标有一点频率的偏移，所以需要对设计仿真结果进行优化。本设计中我们主要优化 DR 的高度。选择历史树下面 DR 的模型，双击，弹出模型属性对话框，将模型的高度设置成"h1"，当设置完之后，随便单击对话框任意位置，都会弹出"Add Variable"对话框，给刚刚设置的变量参数"h1"设置初始值。采用默认值，单击【OK】按钮，单击【确定】按钮，如图 17.51 所示。这就设置好所需要优化的参数变量了。

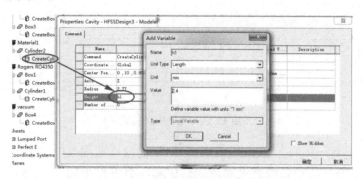

图 17.51　设置优化变量名称

接下来就需要扫描这个变量的值。选择工程树下面的"Optimetrics"节点，单击鼠标右键，执行菜单命令【Add】>【Parametric】，弹出"Setup Sweep Analysis"对话框，单击【Add】按钮，弹出"Add/Edit Sweep"对话框。在这个对话框中，"Variable"栏选择"h1"，"Start"、"Stop"、"Step"分别为变量的起始值和步进。这里我们先设置起始值和步进大一点，这样才能显示大的变化范围（注：要是设计者电脑配置较高，可以选择起始值大，但是步进可以选择小一点，这样能更好地得到结果）。设置"Start"为 2.3mm，"Stop"为 2.5mm，"Step"为 0.2mm，如图 17.52 所示。

优化变量设置完成以后，单击图标 检查设置，检查通过后，单击图标 运行仿真。等待仿真结束后，查看仿真结果，步骤前面已经讲过，这里不再赘述。仿真结果如图 17.53 所示。从图中可以看到，对于"h1"值的增加，谐振频率往下偏移，当

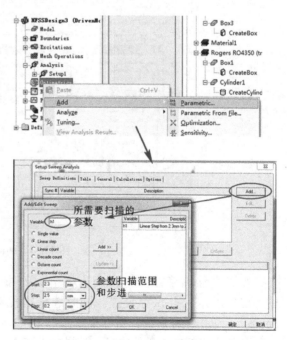

图 17.52　添加变量范围

h1=2.5mm 时，谐振频率为 10GHz。此时基本已经满足设计要求，但是由于扫描的参数步进

比较大，所以不能确定频率正好是 10GHz，需要进一步细化变量范围。

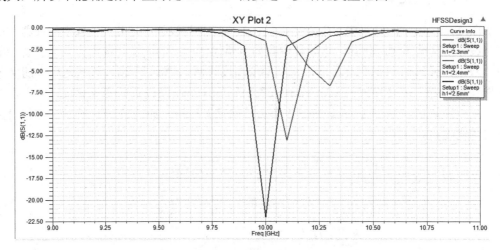

图 17.53　变量仿真结果

进一步优化参数，按照上面步骤再次将"h1"的变化范围改成 2.48～2.52mm，步进为 0.01mm，如图 17.54 所示。检查设置，运行仿真。查看结果如图 17.55 所示。图中添加 "mark"看出，在"h1"=2.5mm 时，S(1,1)在 10GHz 处得到最小值-21.9dB，得到最佳的变量值"h1"=2.5mm。

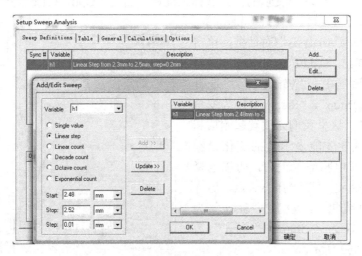

图 17.54　细化变量范围

得到最佳高度之后，在历史树下面把原先设置的模型变量"h1"改为 2.5mm，如图 17.56 所示，并保存设置。同时选择工程树下面"Optimetrics"节点下的"Parametric Setup1"，单击鼠标右键，执行菜单命令【Delete】，删除扫描变量，然后保存设置。

带入优化后的变量值之后，扫描频率还需要进行设置，由于前面是定位谐振频率，所以频率步进和起始值设置的都比较大。确定谐振频率后，将起始值和步进设置小一些，这样使得仿真结果曲线更加平滑。而且便于后期在 ADS 软件中进行仿真设计 DRO 整体电路。扫频

设置如图 17.57 所示，仿真结果如图 17.58 所示，从图中可以看出，S(1,1)在 10GHz 时达到
最小值-21.99dB，满足设计要求。最终的模型如图 17.59 所示。

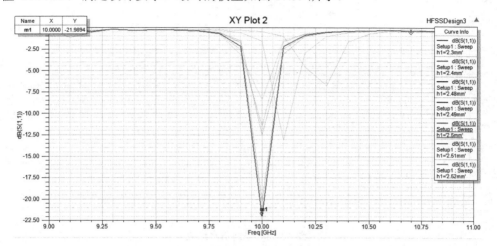

图 17.55　细化变量后仿真结果

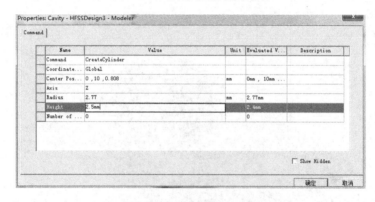

图 17.56　带入最佳高度值

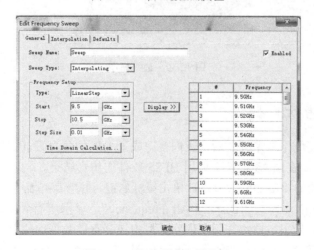

图 17.57　细化频率扫描范围

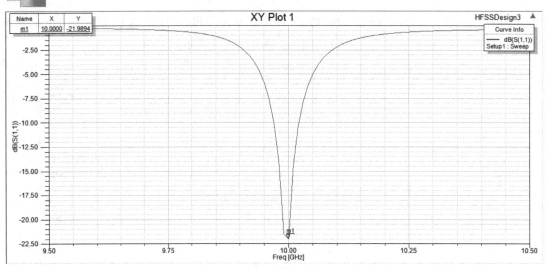

图 17.58　最终仿真结果

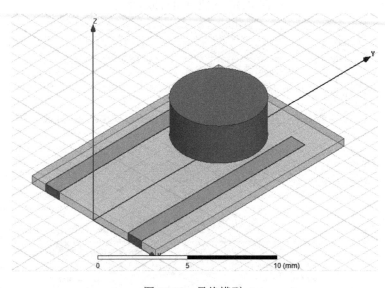

图 17.59　最终模型

17.3.8　导出仿真数据

当所有设计仿真优化都完成之后，我们就完成了 DR 的仿真设计，接下来需要将得到的 DR 仿真结果导出来，在 ADS 软件中调用 HFSS 软件的仿真结果。

选中工程树下面的"Results"节点，单击鼠标右键，执行菜单命令【Solution Data】，弹出"Solutions"对话框，勾选"Display All Frequency"，显示所有频率。同时单击【Export Matrix Data】按钮，导出数据，在弹出的对话框中选择存放数据的位置，如图 17.60 所示。这里我们为了方便查看，就把数据放在桌面。如图 17.61 所示，此时会弹出"Specify Export

Reference Impedance"对话框，采用默认设置，单击【OK】按钮，保存结果。然后关掉
"Solutions"对话框，保存设计，关闭 HFSS。

在桌面我们可以看到导出来的".s2p"文件，如图 17.62 所示，这样".s2p"文件就可以
在 ADS 中调用了。

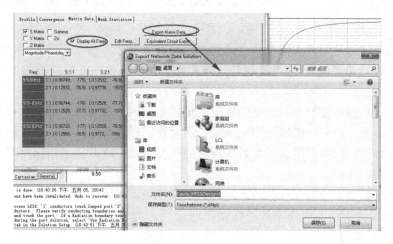

图 17.60　导出数据

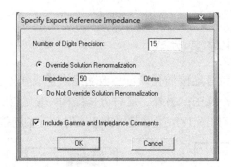

图 17.61　导出数据设置

图 17.62　导出数据设置

第18章 SMA 头端接 50 欧微带线仿真

射频同轴连接器是一种工作在从直流到上百个吉赫兹极宽频带范围内的接插件，也是微波功能单元或微波组件输入/输出及相互连接的重要微波元件，其性能直接关系微波组件的整体电性能。

基本技术要求包括接触电阻、绝缘电阻、插拔力及耐环境可靠性等。这些要求主要依靠接插件的材料、表面涂层、机械强度来保证。而射频同轴连接器作为一种微波元件，还要满足一定的微波特性，如特征阻抗、反射系数、插入损耗等，这些技术指标需要靠微波电路设计和精密加工共同保证。

射频同轴连接器目前的工作频段最高可达 110GHz，在如此宽的频带内，有上百种不同界面形式的连接器满足不同频率和不同功率的应用，如 N 型、SMA、3.5mm、2.92mm、1.85mm、1mm 连接器等。

18.1 射频同轴连接器简介

18.1.1 连接器常见的几种安装方式

（1）可拆卸式：连接器中心导体上带有连接插孔，可与玻璃绝缘子或分体插针配套使用。通过玻璃绝缘子的焊接封装而实现水密、气密；另外，这种分体结构，使连接器受到的外力不会传到内部电路，提高了系统的可靠性。如图 18.1 所示是可拆卸式射频同轴连接器。

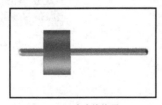

(a) 玻璃绝缘子　　　　　　　　　　(b) 可拆卸式连接器

图 18.1　可拆卸式射频同轴连接器

（2）穿墙式：包括金属穿墙式、介质穿墙式、空气线穿墙式，如图 18.2 所示。

图 18.2　穿墙式射频同轴连接器

（3）直连式：包括单体式和分体式，如图 18.3 所示。

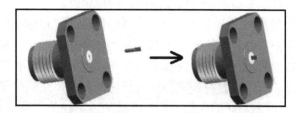

图 18.3　直连式射频同轴连接器

（4）印制板焊接式：外导体需焊接到 PCB 板上，外导体材料基本为铜镀金或者不锈钢镀金。如图 18.4 所示。

（5）端接式：如图 18.5 所示是端接式射频同轴连接器。

图 18.4　印制板焊接式射频同轴连接器　　　　图 18.5　端接式射频同轴连接器

18.1.2　可拆卸式 SMA 连接器的模型及原理分析

可拆卸式 SMA 连接器装配示意图如图 18.6 所示。

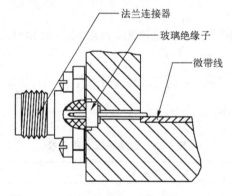

图 18.6　可拆卸式 SMA 连接器装配示意图

连接器的工作过程是一个阻抗匹配和模式匹配的过程。与连接器外部相连的同轴连接线的工作模式是 TEM 模式，而与插针端相连接的微带线的工作模式是准 TEM 模式。插针可以直接焊接在微带线导带上或者通过压金带、裹金带等方式与微带线的导带进行连接，由于这些不连续性将会引起阻抗的变化和一些寄生效应。通过引入一段空气孔，在满足一定加工精度的条件下，可以抵消一些由于不连续性产生的寄生效应，能更好地在宽频带范围内进行阻抗匹配，并且能提高整个结构微波性能的稳定性。

引入的空气孔相当于是一段空气介质的同轴线。根据同轴线特性阻抗的计算公式，外导体的内半径是内导体外半径的 2.3 倍。根据以往仿真结果可知，空气孔的半径对整体反射性能是最为敏感的参数，空气段的长度为其次，因此在模型参数扫描或优化时，可以将空气段半径和空气段的长度设置为参数扫描或优化的变量。空气段半径的初始值可以设置为空气介质的同轴线为 50 欧姆时的参数，即外导体的内半径是内导体外半径的 2.3 倍。

18.2　可拆卸式 SMA 连接器的 HFSS 模型和设计指标

18.2.1　HFSS 模型整体图形

可拆卸式 SMA 连接器接 50 欧姆微带线 HFSS 模型整体图如图 18.7 所示。

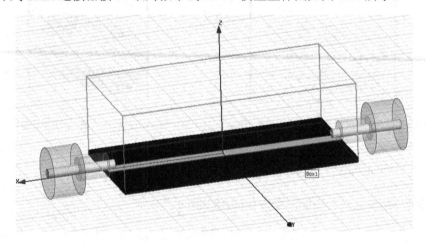

图 18.7　可拆卸式 SMA 连接器接 50 欧姆微带线 HFSS 模型整体图

18.2.2　可拆卸式 SMA 连接器 HFSS 模型参数

（1）玻璃绝缘子的参数如表 18.1 所示。

表 18.1　玻璃绝缘子的参数

		尺寸	材料或介电常数	说　　明
针的直径	d	0.46mm	铜	
介质部分直径	D	2.49mm	$E_r=4.1$	介质部分为 50 欧姆同轴线
介质部分长度	L	1.6mm		
针长	L1	1.78mm	铜	接入连接器中心导体带的插孔中，在 HFSS 模型中未做仿真设置
针长	L2	4.32mm	铜	通过一段空气孔，搭在微带线导带上，在实际装配中长度可剪短

（2）介质基片 Rogers RT/duroid 5880（tm）参数如表 18.2 所示。

表 18.2　介质基片 Rogers RT/duroid 5880（tm）参数

铜厚	1/2 oz ≈0.017 mm
铜电导率	5.8*e7 S/m
介质厚度	10mil=0.254mm
介质介电常数	E_r=2.2
介质损耗角正切	tan6=0.0009

（3）HFSS 模型中的变量定义如表 18.3 所示。

表 18.3　HFSS 模型中的变量定义

	变量名称	变量值（mm）
插针的半径	$r1$	0.23
搭在微带线导带上的插针长度	$h1$	0.4
空气段的长度	$h2$	1.5
空气段的半径	$r2$	0.53
玻璃绝缘子介质长度	$h3$	1.6
空气盒子高度	$h4$	4
空气盒子长度	a	12
空气盒子宽度	b	6
基片的厚度	h	0.254
连接器插针下边缘距离 Z=0 的高度	t	0.017

18.2.3　技术指标要求

设计指标为：

Ku 波段（12.4～18GHz）内反射系数小于 25dB；

Ku 波段（12.4～18GHz）内插入损耗小于 0.5dB。

18.3　HFSS 仿真实例：Ku 波段可拆卸式 SMA 接头转 50 欧姆微带线仿真

18.3.1　新建 HFSS 工程

（1）HFSS 运行后，执行菜单命令【File】>【New】，将工程文件另存为 Connectoer_Ku_Er2d2.hfss；然后右键单击工程树下的设计文件"HFSSDesign1"，从弹出的快捷菜单中执行菜单命令【Rename】，将设计文件重命名为"test01"。

（2）设置求解类型。将驱动模式设置为当前设计的求解类型，由于 HFSS 将"Driven

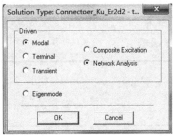

图 18.8 求解设置对话框

Modal"默认为求解类型,因此不需要另外再做设置,如图 18.8 所示。

(3)添加、定义变量。如图 18.9 所示执行菜单命令【HFSS】>【Design Properties】,打开设计属性对话框,单击对话框中的【Add】按钮,出现"Add Property"对话框。在"Add Property"对话框中,在"Name"项中输入变量名称"a",在"Value"项中输入变量的初始值 12 mm,然后单击【OK】按钮,完成第一个变量的定义。

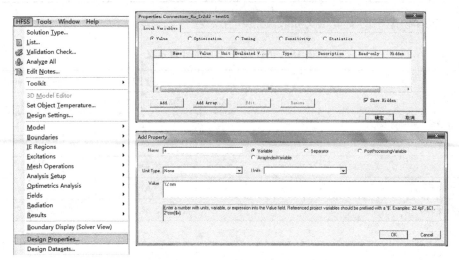

图 18.9 添加、定义变量对话框

重复相同的操作步骤,依次定义需要的变量。

如图 18.10 所示,单击"Properties:Connectoer_Ku_Er2d2-test01"对话框中的【确定】按钮,完成所有变量的定义工作,退出对话框。

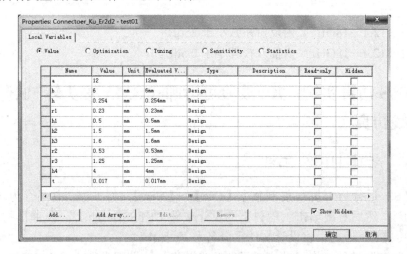

图 18.10 变量属性对话框

18.3.2　创建 50 欧姆微带线模型

1. 绘制空气盒子

创建一个长方体模型为空气盒子，模型的中心位于 *XOY* 平面，底面低于 *XOY* 平面 0.254mm（介质基片厚度），长为"*a*"，宽为"*b*"，高为"*h4*"，材料为"vacuum"。

1）设置空气盒子几何参数

执行菜单命令【Draw】>【Box】，或者单击工具栏中的"Draw Box"图标，将鼠标移到三维模型窗口，创建一个长方体。

在历史树"Solids"节点下双击"Box1"中的"CreateBox"，弹出"Properties：Connectoer_Ku_Er2d2- test01-Modeler"对话框，在对话框中编辑长方体的几何属性，如图 18.11 所示。

Name	Value	Unit	Evaluated V...	Description
Command	CreateBox			
Coordinate...	Global			
Position	-a/2 ,-b/2 ,-h		-6mm , -3mm...	
XSize	a		12mm	
YSize	b		6mm	
ZSize	h4		4mm	

图 18.11　空气盒子几何参数

2）设置空气盒子的材料等属性

在历史树"Solids"节点下双击"Box1" **Box1**，弹出"Properties：Connectoer_Ku_Er2d2- test01-Modeler"对话框，如图 18.12 所示，在对话框中编辑空气盒子的材料属性、显示的颜色和透明度等。

Name	Value	Unit	Evaluated V...	Description	Read-only
Name	Box3				
Material	"vacuum"		"vacuum"		
Solve Inside	☑				
Orientation	Global				
Model	☑				
Display Wi...	☐				
Color					
Transparent	1				

图 18.12　设置空气盒子材料属性对话框

单击"Material"对应的"Value"项，选中"vacuum"选项，并选择合适的颜色和透明度，单击【确定】按钮退出对话框。

2. 绘制介质基片

创建一个长方体模型为介质基片，模型的中心位于 *XOY* 平面，顶面高于 *XOY* 平面"*h*"

（"h" =0.254mm），长为"a"，宽为"b"，高度为"-h"，材料为 Rogers RT/duroid 5880（tm）。

1）设置介质基片的几何参数

执行菜单命令【Draw】>【Box】，或者单击工具栏中的"Draw box"图标，将鼠标移动到三维模型窗口，创建一个长方体。

在历史树"Solids"节点下双击"Box2"中的"CreateBox"，弹出"Properties：Connectoer_Ku_Er2d2- test01-Modeler"对话框，在对话框中编辑介质基片的几何属性，如图 18.13 所示。

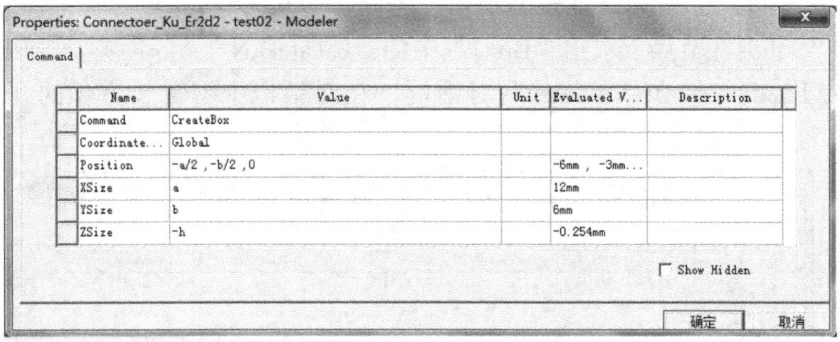

图 18.13　介质基片几何参数

2）设置介质基片的材料参数

在历史树"Solids"节点下双击"Box2"，弹出"Properties：Connectoer_Ku_Er2d2-test01-Modeler"对话框，在对话框中编辑介质基片的材料属性、显示的颜色和透明度等。

单击对话框"Material"栏中的"Edit"项，弹出"Select Definition"对话框，在对话框的"Search by Name"下的空白处搜索材料，输入需要材料的前几位字母即可，在本模型中使用的基片为 Rogers 5880，因此在此处输入"R"，出现一系列 Rogers 基片，选中所需要的材料，如图 18.14 所示。

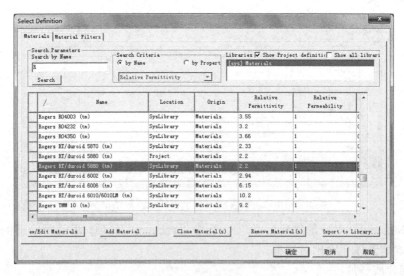

图 18.14　材料属性对话框

3．绘制微带线导带

1）设置微带线导带的几何参数

执行菜单命令【Draw】>【Box】，或者单击工具栏中的"Draw Box"图标，将鼠标移动到三维模型窗口，创建一个长方体。

在历史树"Solids"节点下双击"Box3"中的"CreateBox"，弹出"Properties：Connectoer_Ku_Er2d2- test01-Modeler"对话框，在对话框中编辑长方体的几何属性，如图18.15 所示。

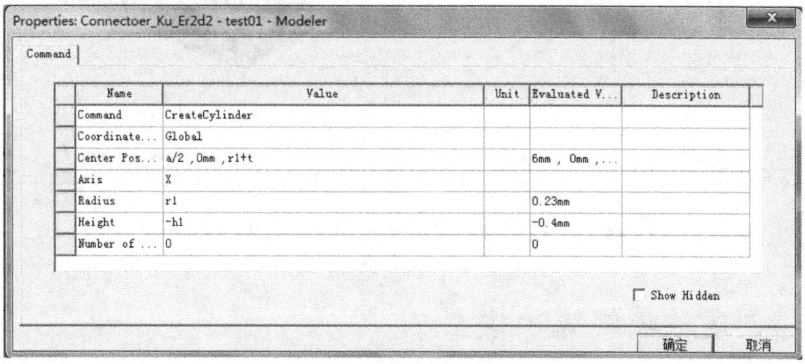

图 18.15　微带线导带几何参数

2）设置微带线导带的材料参数

在历史树"Solids"节点下双击"Box3"，弹出"Properties：Connectoer_Ku_Er2d2-test01-Modeler"对话框，在对话框中编辑微带线导带的材料属性、显示的颜色和透明度等。

单击对话框"Material"栏中的"Edit"项，弹出"Select Definition"对话框，在对话框"Search by Name"下的空白处搜索材料，需要的材料为铜（copper），因此在此处输入"c"，出现一系列以"c"开头的材料，选中所需要的材料 copper，如图18.16 所示。

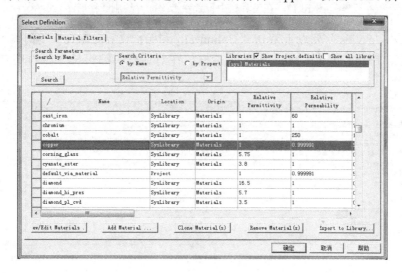

图 18.16　材料属性对话框

完成空气盒子、介质基片和微带线导带的创建后，整体图形如图 18.17 所示。

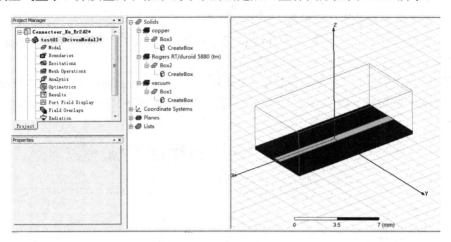

图 18.17　屏蔽盒、介质基片和微带线模型整体图

18.3.3　创建玻璃绝缘子模型

1．创建搭在电路上的插针模型

1）创建几何模型

在工具栏中，将绘图参考面选择为 *YZ* 平面，然后单击工具栏中的"Draw cylinder"图标，将鼠标移动到三维模型窗口，创建一个任意的圆柱体，如图 18.18 所示。

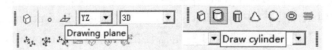

图 18.18　在工具栏中设置参考平面并绘制圆柱形

在历史树"Solids"节点下双击"Cylinder1"中的"CreateBox"，弹出"Properties：Connectoer_Ku_Er2d2- test01-Modeler"对话框，在对话框中编辑长方体的几何属性，如图 18.19 所示。

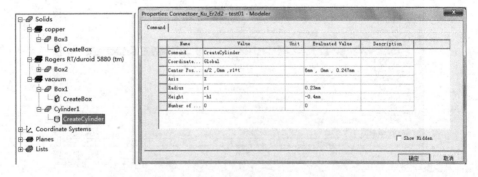

图 18.19　搭在电路上插针的几何属性

2）设置插针的材料参数

双击历史树"Solids"节点下的"Cylinder1"，弹出"Properties：Connectoer_Ku_Er2d2-test01-Modeler"对话框，在对话框中编辑插针的材料属性、显示的颜色和透明度等。

由于插针的材质也是铜，在"Material"栏中选择已有的 copper 属性，如图 18.20 所示。

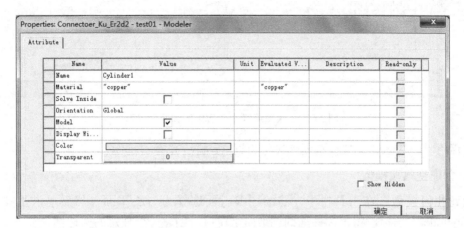

图 18.20　设置搭在电路上插针的材料属性对话框

2. 创建空气段中的插针模型

与前一步骤类似，绘制一个圆柱体之后，在历史树"Solids"节点下双击"Cylinder2"中的"CreateBox"，编辑插针的几何属性，如图 18.21 所示。

图 18.21　空气段中插针几何参数

然后将"Cylinder2"的材料属性设置为铜（copper）。

3. 创建玻璃绝缘子介质中的插针模型

与前一步骤类似，绘制一个圆柱体之后，在历史树"Solids"节点下双击"Cylinder3"中的"CreateBox"，编辑插针的几何属性，如图 18.22 所示。

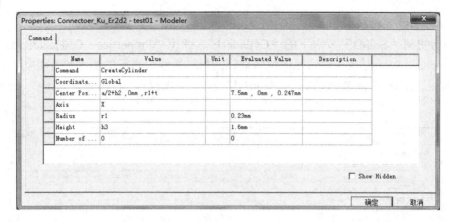

图 18.22 玻璃绝缘子介质中插针几何参数

然后将"Cylinder3"的材料属性设置为铜（copper）。

4.创建空气段模型

创建几何模型：在工具栏中，将绘图参考面选择为 *YZ* 平面，然后单击工具栏中的"Draw cylinder"图标，将鼠标移动到三维模型窗口，创建一个任意的圆柱体。

在历史树"Solids"节点下双击"Cylinder4"中的"CreateBox"，弹出"Properties：Connectoer_Ku_Er2d2- test01-Modeler"对话框，在对话框中编辑长方体的几何属性，如图 18.23 所示。

Name	Value	Unit	Evaluated Value	Description
Command	CreateCylinder			
Coordinate...	Global			
Center Pos...	a/2 ,0mm ,r1+t		6mm , 0mm , 0.247mm	
Axis	X			
Radius	r2		0.58mm	
Height	h2		1.5mm	
Number of ...	0		0	

图 18.23 空气段几何参数

由于新建的几何模型的材料属性默认为"vacuum"，因此空气段的材料属性保持为默认设置。

5.创建绝缘子介质部分模型

1）创建几何模型

在工具栏中，将绘图参考面选择为 *YZ* 平面，然后单击工具栏中的"Draw cylinder"图标，将鼠标移动到三维模型窗口，创建一个任意的圆柱体。

在历史树"Solids"节点下双击"Cylinder5"中的"CreateBox"，弹出"Properties：

Connectoer_Ku_Er2d2- test01-Modeler"对话框，在对话框中编辑长方体的几何属性，如图 18.24 所示。

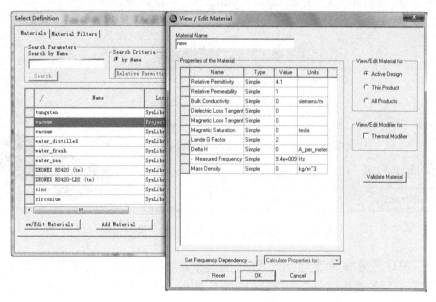

图 18.24　绝缘子介质部分几何参数

2）设置玻璃绝缘子介质部分的材料属性

双击历史树"Solids"节点下的"Cylinder5"，弹出"Properties：Connectoer_Ku_Er2d2-test01-Modeler"对话框，在对话框中编辑插针的材料属性、显示的颜色和透明度等。

然后单击对话框"Material"栏中的"Edit"项，弹出"Select Definition"对话框，如图 18.25 所示，单击对话框中的【Add Material】按钮，添加一个新的材料，弹出"View/Edit Material"对话框。在"Material Name"中输入材质的命名，此处取名为"new"；在"Relative Permittivity"栏中的"Value"项中输入玻璃绝缘子介质的介电常数值 4.1，单击【OK】按钮退出"View/Edit Material"对话框，在"Select Definition"对话框中单击【确定】按钮，完成新材质的添加。

图 18.25　定义新的材料对话框

6. 修改模型中 inserted 的部分，得到正确模型

如图 18.26 所示，选中"Solids"节点下玻璃绝缘子介质部分的插针"Cylinder3"，单击鼠标右键，执行菜单命令【Edit】>【Copy】，当选中"Cylinder3"时，在 3D 模型编辑窗口模型中的玻璃绝缘子介质部分的插针会高亮出来。

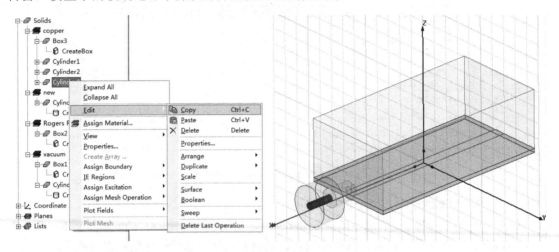

图 18.26　复制玻璃绝缘子介质部分的插针

然后选中"Solids"节点下玻璃绝缘子介质"Cylinder5"，同时按住【Ctrl】键选中玻璃绝缘子介质部分的插针"Cylinder3"，将"Cylinder3"和"Cylinder5"同时选中。

如图 18.27 所示，接着单击工具栏中的"Subtract"（相减）图标，弹出"Subtract"对话框，使"Cylinder5"在"Blank Parts"栏中，"Cylinder3"在"Tool Parts"栏中，单击【OK】按钮，将"Cylinder5"中插入的"Cylinder3"模型减去。

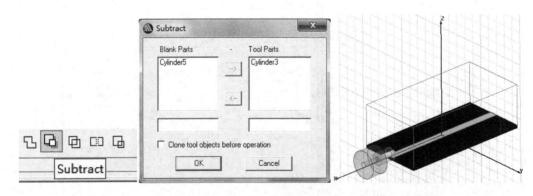

图 18.27　"Subtract"对话框及删除后的效果图

然后在 3D 模型编辑窗口的空白处单击鼠标右键，执行快捷菜单命令【Edit】>【Paste】，重新得到玻璃绝缘子介质部分的插针，如图 18.28 所示。

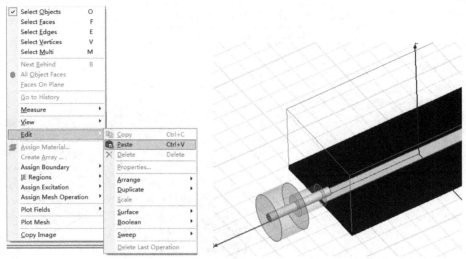

图 18.28　粘贴重新得到玻璃绝缘子介质部分的插针

7. 镜像复制玻璃绝缘子部分

在历史树"Solids"节点下，按住【Ctrl】键，同时选中"Cylinder1"、"Cylinder2"、"Cylinder4"、"Cylinder5"和"Cylinder6"，如图 18.29 所示，即选中创建的玻璃绝缘子的模型。

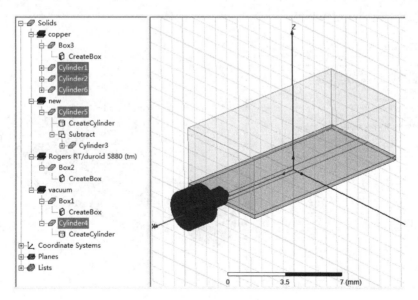

图 18.29　选中接头部分模型

单击工具栏中的"Mirror Duplicate"图标，弹出"Measure Data"对话框，在 3D 建模窗口中鼠标变成一个黑点，将黑点移动至介质基片上表面边缘的中点，黑点变成一个黑色小三角形，然后单击鼠标左键，选择该点，如图 18.30 所示。

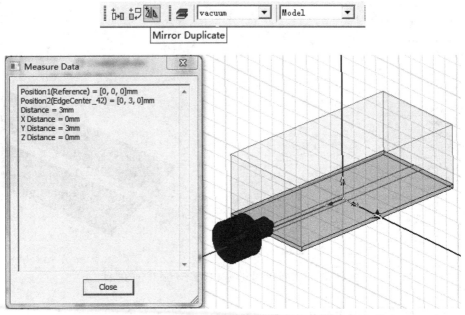

图 18.30　鼠标移动至介质基片上表面边缘的中点

　　然后将黑点移动至介质基片上表面靠近已经创建的玻璃绝缘子边的边角处，小黑点变成一个小的正方形，如图 18.31 所示，然后单击鼠标左键自动退出"Measure Data"对话框，完成玻璃绝缘子模型的镜像复制。

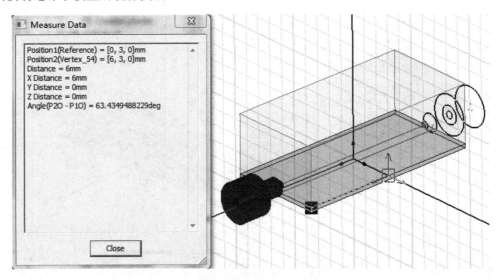

图 18.31　鼠标移动至介质基片上表面端点

8. 完成整体 3D 模型的创建，检查模型

　　单击菜单栏中的"Validate"图标 　，弹出"Validate Check"对话框，如图 18.32 所示，可以看到"3D Model"栏打钩，表示创建的模型没有错误。而"Boundaries and

Excitations"栏和"Analysis Setup"栏出现 Errors，这是因为我们还没有进行边界条件、激励和求解的设置。创建好的整体模型如图 18.33 所示。

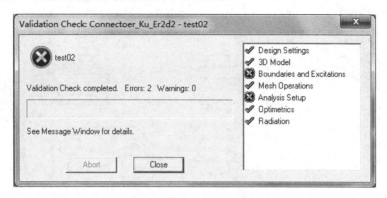

图 18.32　检查模型对话框

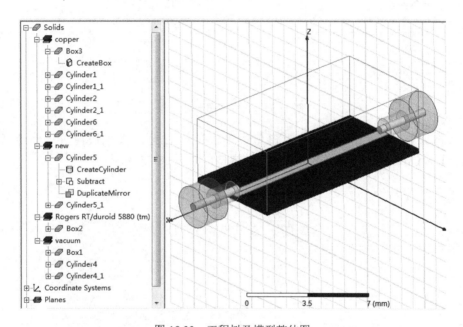

图 18.33　工程树及模型整体图

18.3.4　设置端口和求解、运行仿真并查看结果

1. 设置端口激励

在 3D 模型编辑窗口的空白处单击鼠标右键，执行菜单命令【Select Faces】，然后用鼠标选中玻璃绝缘子介质部分的端面；或者下执行菜单命令【Edit】>【Select】>【By Name】，弹出"Select Face"对话框，如图 18.34 所示，选择"Cylinder5"和"Face3507"，可以看到被选中的玻璃绝缘子介质部分的端面高亮起来。

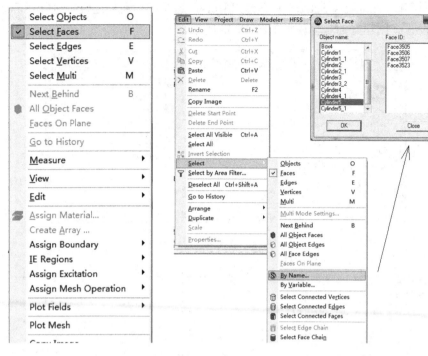

图 18.34　选择面图形对话框

然后将鼠标移至 3D 模型编辑窗口，单击鼠标右键，执行快捷菜单命令【Assign Excitation】>【Wave Port】，将端面定义为波端口，如图 18.35 所示。

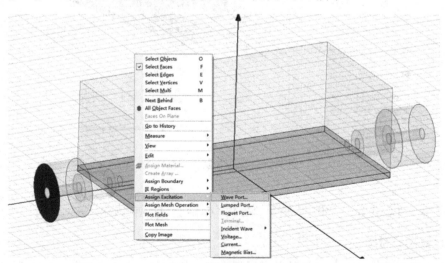

图 18.35　将选中端面定义为波端口

同样的方法，将玻璃绝缘子的另外一个端面也设置为波端口；设置好端口激励后，可以在"Project Manager"窗口中查看端口是否设置正确，如图 18.36 所示。

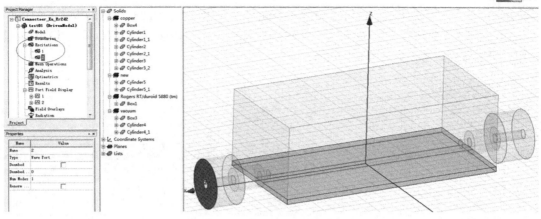

图 18.36　在工程树中检查端口设置

2．设置求解

在"Project Manager"窗口中用鼠标右键单击"Analysis"选项，执行快捷菜单命令【Add Solution Setup】，弹出"Solution Setup"对话框，如图 18.37 所示。

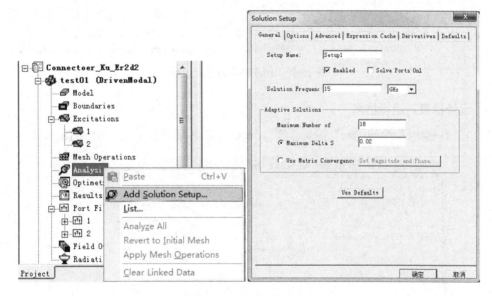

图 18.37　求解设置对话框

在"Solution Frequency"选项中输入 15GHz；在对话框的"Maximum Number of Passes"栏中输入 18，"Maximum Delta S Per pass"栏中保持默认值 0.02。这样的设置表示模型的自适应网格剖分会在迭代中不断细化，当细化前后的"Delta S"小于设定的"Maximum Delta S Per pass"值，即 0.02 时，迭代会停止；或者当迭代次数达到设定的"Maximum Number of Passes"值，即 18 时，迭代也会停止。

单击"Driven Solution Setup"对话框中的【确定】按钮，退出对话框，完成求解设置。

鼠标右键单击"Setup1"，执行快捷菜单命令【Add Frequency Sweep】，弹出"Edit

Frequency Sweep"对话框，在"Frequency Setup"栏中做如图 18.38 所示的设置，"Type"："LinearCount"、"Start"："12 GHz"、"Stop"："18.5GHz"、"Count：501"。单击【Display】按钮，可以看到频率扫描点的具体设置。

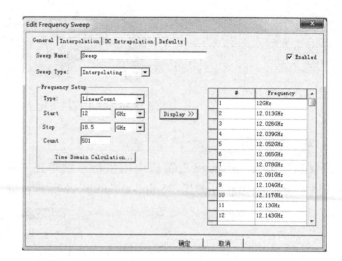

图 18.38　仿真频率设置对话框

3．设计检查，运行仿真

单击工具栏中的"Validate"图标，检查显示各项设置无误，如图 18.39 所示。

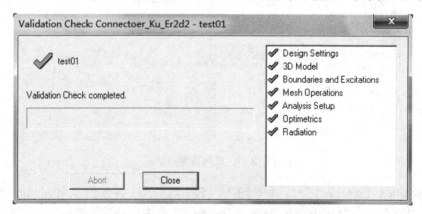

图 18.39　模型检查对话框

展开工程树中的"Analysis"节点，鼠标右键单击"Setup1"选项，执行快捷菜单命令【Analyze】；或者展开"Setup1"选项，鼠标右键单击"Sweep"项，执行快捷菜单命令【Analyze】，开始运行仿真。或者单击工具栏中的"Analyze ALL"图标。

4．查看仿真结果

如图 18.40 所示，鼠标右键单击工程树中的"Results"节点，执行快捷菜单命令
【Create Modal Solution Data Report】＞【Rectangular Plot】，弹出"Report:
Connectoer_Ku_Er2d2-test01 -New Report-New Trace(s)"对话框，查看 S(1,1) 的结果，单击
【New Report】按钮完成添加新结果，如图 18.41 所示。单击【Close】按钮，退出对话框。

图 18.40　在工程树中选择创建新的结果查看

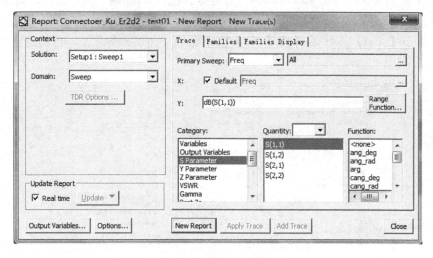

图 18.41　查看结果对话框

仿真的结果如图18.42所示，可以看到反射S（1.1）整体小于-15dB。

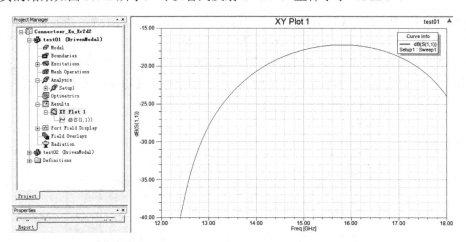

图18.42　仿真结果显示

18.3.5　设置参数扫描并查看结果

1.　设置参数扫描

通过同轴线特性阻抗的计算公式可以知道，50 欧姆空气介质的同轴线外导体的内半径是内导体外半径的 2.3 倍。因此空气段半径 r_2 的初始值通常设置为插针半径值 r_1 乘以 2.3，即空气段的初始值设置为空气介质的同轴线为 50 欧姆时的参数。空气段的半径 r_2 对整体反射性能是敏感参数，因此将 r_2 设置为扫描参数，选取反射S（1.1）最好的参数值。

如图 18.43 所示，鼠标右键单击工程树中的"Optimetrics"节点，出现下拉菜单，执行菜单命令【Add】>【Parametric】，弹出"Setup Sweep Analysis"对话框，如图18.44所示，单击【Add】按钮弹出"Add/Edit Sweep"对话框。在"Variable"栏中选择需要添加为参数扫描的变量，即 r_2，选择"Linear step"，变量的范围为 0.5～0.6mm，变化的步进为0.01mm，单击【Add】按钮后再按【OK】按钮完成 r_2 的扫描添加，自动退出"Add/Edit Sweep"对话框。

图18.43　在工程树中设置参数扫描

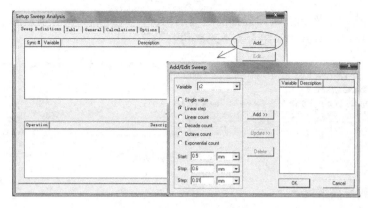

图 18.44　添加扫描变量对话框

回到"Setup Sweep Analysis"对话框，如图 18.45 所示，可以在"Table"栏中查看所有扫描的参数值，单击【确定】按钮，完成扫描添加，并退出对话框。

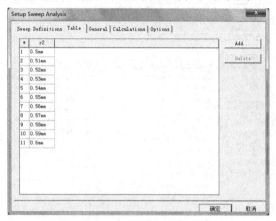

图 18.45　查看扫描的参数值

如图 18.46 所示，展开工程树中的"Optimetrics"选项，鼠标右键单击"Parametric Setup1"，执行快捷菜单命令【Analyze】，开始进行参数扫描。

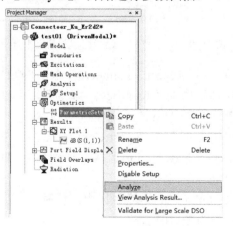

图 18.46　在工程树中选择开始进行计算

在进程窗口中可以看到参数扫描目前运算的情况，如图 18.47 所示，图中表示已计算完
2 个参数，正在计算 1 个参数，还有 8 个参数没计算。

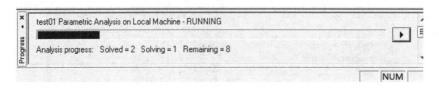

图 18.47　参数扫描进度显示栏

2．查看参数扫描结果

在工程树中鼠标右键单击"Results"节点，出现下拉菜单，执行菜单命令【Create
Modal Solution Data Report】>【Rectangular Plot】，如图 18.48 所示。

图 18.48　在工程树中选择创建新的结果查看

如图 18.49 所示，弹出"Report: Connectoer_Ku_Er2d2-test01 -New Report-New
Trace(s)"对话框，选择对话框中的"Families"标签页，可以看到设置的参数扫描变量
"r_2"，一共有 11 个参扫值。单击"Edit"栏中的【…】按钮，勾选"Use all values"选
项，退出查看参扫值的编辑。回到"Report:Connectoer_Ku_Er2d2-test01 -New Report-
New Trace(s)"对话框，单击【New Report】按钮得到参数扫描的仿真结果，如图 18.50
所示。

可以看到，当"$r2$"=0.58mm 时，整个频段内，反射 S（1.1）都小于−30，是最好的结
果，因此将"$r2$"=0.58mm 作为最后的选择。

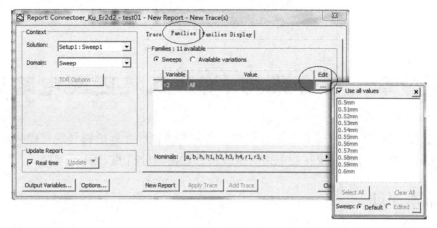

图 18.49　设置选择所需要查看的参数扫描结果

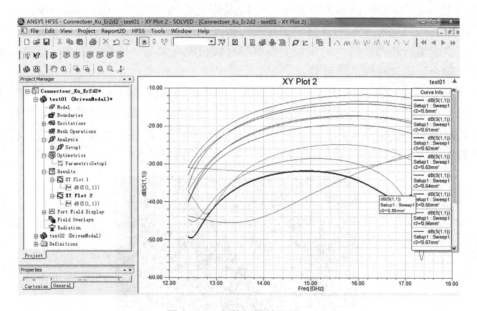

图 18.50　参数扫描结果显示

18.4　本章小结

本节内容为可拆卸式 SMA 连接器接 50 欧姆微带线 HFSS 仿真实例。首先介绍了几种常见的射频同轴连接器及其安装方式，重点介绍了可拆卸式 SMA 连接器的模型、装配图和基本原理。然后详细介绍了 Ku 波段可拆卸式 SMA 接头转 50 欧姆微带线仿真模型的创建步骤，包括如何新建模型，创建 50 欧姆微带线模型，创建玻璃绝缘子模型，如何设置端口、求解、运行仿真并查看仿真结果。由于空气段的半径对模型整体的反射性能是最敏感的参数，因此将空气段半径设置为扫描参数的对象，最后选取反射 S（1.1）最好的参数值，得到满足指标要求的设计结果。

第19章 键合线与PCB互连匹配电路设计

本章主要讲解 HFSS 在微波多芯片组件中芯片与传输线互连的键合线互连电路的应用，主要介绍在 HFSS 中对键合线互连电路的微波特性建模、分析的方法。

19.1 基本原理

1. 键合线理论分析

在微波多芯片组件（MMCM）中，一般采用键合线实现传输线（微带线、共面波导等）之间的互连。随着频率的升高，键合线对微波电路的影响越来越明显，有时甚至成为主要因素。决定键合线微波特性的参数主要有键合线长度、弧高、间距和根数，这些参数差异也会影响键合线微波特性的一致性。

在微波多芯片组件（MCM）中，键合线互连是实现微波多芯片组件电气互连的关键技术。目前许多新技术可以代替键合线实现信号的传输，如倒桩焊、刻蚀通孔等，但键合线仍因工艺简单和价格低廉在实际生产中普遍采用。随着频率的升高，键合线的长度、弧高、间距和根数对微波传输特性有很大的影响。图 19.1 所示为键合线。

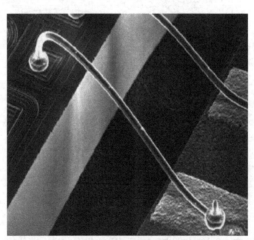

图 19.1 键合线

通常情况下，微带线之间的键合线互连结构如图 19.2 所示。其等效电路模型可以简单地用并联电容 C_1、串联电阻 R 和串联电感 L、并联电容 C_2 组成的低通滤波器网络表示，如图 19.3 所示。该模型中起主要作用的是键合线的串联电感 L，而并联电容 C_1、C_2 很小，可以用开路短截线近似求得。为了在一定频带范围内补偿串联电感的作用，一种办法是适当增加键合传输线的宽度，以提高并联电容。

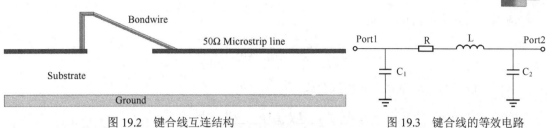

图 19.2 键合线互连结构   图 19.3 键合线的等效电路

对于自由空间中长度为 l、直径为 d 的圆形键合线，其电感 L_0 和串联电阻 R 可分别用下列两式表示：

$$L_0 = (\mu_0/2\pi) \times [\ln(4l/d) + \mu_r \tanh(4d_s/d)/4 - l]$$

$$R = \begin{cases} (4pl/\pi d^2)\cosh[0.041(d/d_s)^2] & d/ds \leqslant 3.394 \\ (4pl/\pi d^2)\cdot(0.25d/d_s + 0.2654) & d/ds \geqslant 3.394 \end{cases}$$

式中：μ_0 为空气介质的磁导率（$\mu_0 = 4\pi \times 10^{-7}\text{H/m}$）；$\mu_r$ 和 ρ 分别为键合线材料的相对磁导率和电阻率；d_s 为键合线的趋肤深度。由于趋肤深度 $d_s \propto 1/\sqrt{f}$（f 为频率），且在微波波段通常 $d_s/d \ll 1$，结合 L_0 和 R 的公式可知电感 L_0 随频率的变化很小，而串联电阻几乎与频率的平方根成正比变化。如果键合线离地面的平均高度为 h_0，采用镜像法考虑接地面的影响，键合线的电感值应该修正为：$L = L_0 - M_g$，其中

$$M_g = (\mu_0 l/2\pi) \times \left\{ [\ln(l/2h_0) + (1+(l/2h_0)^2)^{1/2}] + 2h_0/l - [(1+(l/2h_0)^2]^{1/2} \right\}$$

若采用两根或多根并行键合线实现键合互连以降低串联电感和提高键合可靠性，则在计算串联电感 L 时还需要考虑两根或者多根并行的键合线之间的互感。考虑两根间距为 D 的并行键合线情况，总电感可表示为：

$$L_{\text{pair}} = (L + M_2)/2 = (L_0 - M_g + M_2)/2$$

式中：

$$M_2 = (\mu_0 l/2\pi) \times \{ \ln[l/D + (1+(l/D)^2)^{1/2}] + D/l - [1+(D/l)^2]^{1/2} \}$$

2．微带线匹配理论

匹配理论有 L 型、T 型、π 型、单枝节型、双枝节型等匹配技术。本例主要工作在 X 波段、Ku 波段，选用多节四分之一波长变换器做匹配。其匹配原理由图 19.4 给出，根据不同枝节的特征变换可以实现更宽频率范围的匹配。

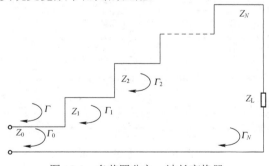

图 19.4 多节四分之一波长变换器

应用二项式变换器可得到：

$$\rho_{max} = \left| \frac{Z_L - Z_0}{Z_L - Z_0} \right|, \quad \theta_m = \cos^{-1} \left| \frac{2\rho_m}{\ln(Z_L / Z_0)} \right|$$

从而可以求得相对带宽及其相应公式为：

$$\frac{\Delta f}{f_0} = 2 - \frac{4}{\pi} \cos^{-1} \left| \frac{2\rho_m}{\ln(Z_L / Z_0)} \right|^{1/N}$$

$$\ln \frac{Z_{n+1}}{Z_n} = 2\rho_n = 2^{-N} C_n^N \ln \frac{Z_L}{Z_0}$$

式中，Z_n 和 Z_{n+1} 分别为第 n 和第 $n+1$ 变换节的阻抗，ρ_n 是 Z_n 和 Z_{n+1} 之间的反射系数，C_n^N 为二项式系数。

由二端口理论易知输入反射系数和负载反射系数的关系：

$$\Gamma_{in} = S_{11} + \frac{S_{21} S_{12} \Gamma_L}{1 - S_{22} \Gamma_L}$$

可以通过四节变换枝节来实现匹配。

19.2　设计目标

设计一个键合线互连电路。设计目标：中心频率为 10GHz，带宽为 20GHz；带内插损：大于-0.5dB，回波损耗：小于-15dB。选用 Rogers4350 双面覆铜板作为基板，厚度为 0.508mm，介电常数为 3.66，损耗正切 $\tan D$=0.004，敷铜厚度为 0.035mm。

本设计所涉及的变量及其初值如图 19.5 所示。

Name	Value	Unit	Evaluated Value	Type	Description	Read-only	H
l1	0.77	mm	0.77mm	Design		☐	
l2	1.324	mm	1.324mm	Design		☐	
l3	0.792	mm	0.792mm	Design		☐	
l4	0.678	mm	0.678mm	Design		☐	
dis	0.5	mm	0.5mm	Design		☐	
ldie	2	mm	2mm	Design		☐	
die	2.5	mm	2.5mm	Design		☐	
l	0.5	mm	0.5mm	Design		☐	
w1	2.041	mm	2.041mm	Design		☐	
w2	0.292	mm	0.292mm	Design		☐	
w3	1.793	mm	1.793mm	Design		☐	
w4	0.467	mm	0.467mm	Design		☐	

图 19.5　变量名及初值

本例采用的结构如图 19.6 所示。

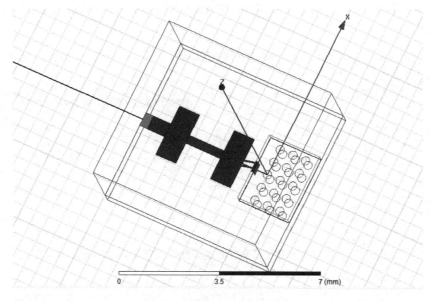

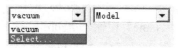

图 19.6　键合线互连电路的结构

19.3　HFSS 设计步骤

创建模型的基本流程如下。

- 设置单位：设置模型的单位。
- 创建基板：创建键合线互连电路的基板。
- 创建地平面：创建键合线互连电路的地平面。
- 创建衬底：创建衬底来代替芯片。
- 创建微带线：创建多节四分之一阻抗变换器。
- 创建键合线：创建键合线互连电路。
- 创建过孔：创建芯片的接地过孔。
- 创建空气腔：创建一个包围滤波器的空气腔，HFSS 中的所有模型都必须放在空气腔中，否则边界会报错（outer 边界为理想电边界）。
- 设置激励：设置键合线和微带线的激励条件。
- 检查保存工程：检查模型边界条件，尺寸是否正确，保存工程。

1．设置模型单位

（1）执行菜单命令【Modeler】>【Units】，设置单位为 mm。

（2）求解类型为"Solution Type：Modal"。

2．设置默认材料

（1）如图 19.7 所示，选择"Select"项，打开"Select

图 19.7　打开材料库

Definition"对话框。

（2）如图 19.8 所示，在列表中选中"Rogers R04350"项，单击【OK】按钮，应用设置。

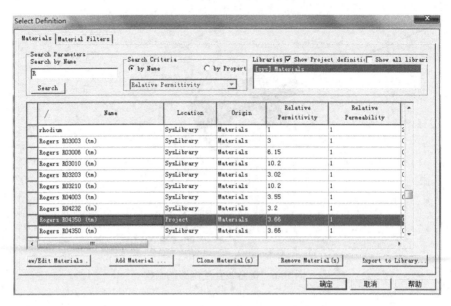

图 19.8　选择材料

3．创建 PCB 基板

（1）执行菜单命令【Draw】>【Box】创建基板，具体尺寸如图 19.9 所示。

Name	Value	Unit	Evaluated V...	Description
Command	CreateBox			
Coordinate...	Global			
Position	3 ,-1.5 ,-0.508	mm	3mm , -1.5m...	
XSize	-6	mm	-6mm	
YSize	1die+dis+l1+l2+l3+l4+0.3mm		6.364mm	
ZSize	0.508	mm	0.508mm	

图 19.9　基板的"Command"属性

（2）如图 19.10 所示，在"Properties"对话框中，切换到"Attribute"标签页，在"Name"栏输入"sub"；单击"Edit"，修改基板的颜色；单击"Transparency"，透明度设置为 0.8；勾选"Display Wireframe"（显示框架）项。单击【OK】按钮，应用设置。

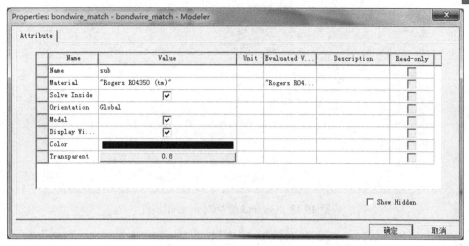

图 19.10　PCB 基板的属性

（3）执行菜单命令【View】>【Fit All】>【Active View】（按【Ctrl+D】组合键），设置最佳观看模式，如图 19.11 所示。

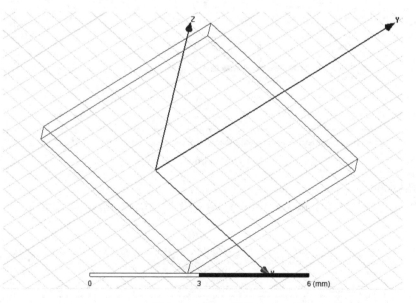

图 19.11　PCB 基板

4．创建地平面

1）创建 Ground

（1）在三维模型介质工具栏中选择"copper"项，设置为默认介质，如图 19.12 所示。

（2）执行菜单命令【Draw】>【Box】，在工作窗口创建 Ground，具体参数尺寸如图 19.13 所示。

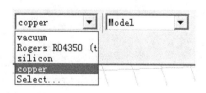

图 19.12　设置默认材料

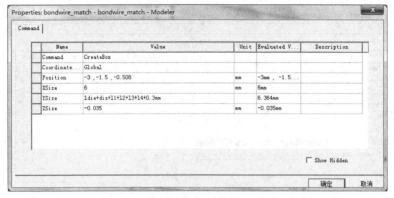

图 19.13　Ground 的"Command"属性

（3）如图 19.14 所示，在"Properties"对话框中，切换到"Attribute"标签页，在"Name"栏中输入"Ground"，单击【OK】按钮，应用设置。

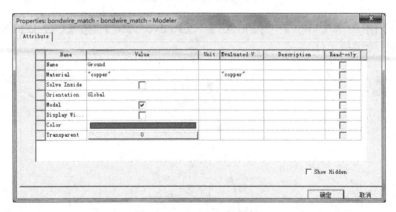

图 19.14　Ground 的属性

2）创建 Sink

（1）执行菜单命令【Draw】>【Box】，在工作窗口创建 Sink，具体参数尺寸如图 19.15 所示。

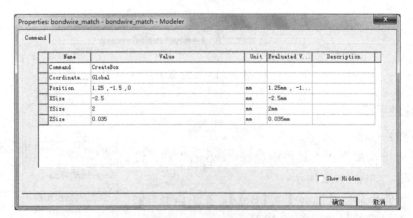

图 19.15　Sink 的"Command"属性

（2）如图 19.16 所示，在"Properties"对话框中，切换到"Attribute"标签页，在
"Name"栏输入"Sink"，单击【OK】按钮，应用设置。

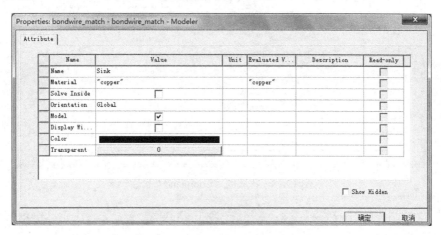

图 19.16　Sink 的"Attribute"属性

5．创建衬底

（1）选择衬底的介质为"silicon"，如图 19.17 所示。

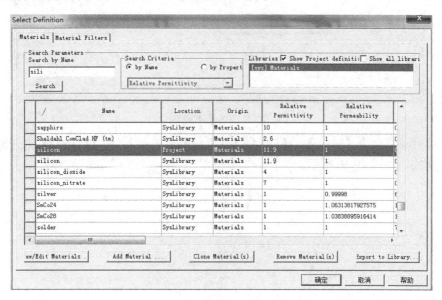

图 19.17　选择"silicon"作为默认介质

（2）执行菜单命令【Draw】>【Box】，在工作窗口创建衬底，具体参数尺寸如图 19.18
所示。

（3）如图 19.19 所示，在"Properties"对话框中，切换到"Attribute"标签页，在
"Name"栏输入"die"；单击"Edit"，修改基板的颜色；单击"Transparency"，透明度设置
为 0.8；勾选"Display Wireframe"（显示框架）项。单击【OK】按钮，应用设置。

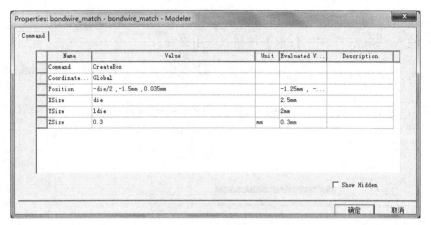

图 19.18　衬底的"Command"属性

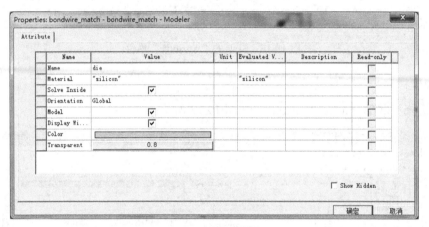

图 19.19　基本属性

（4）执行菜单命令【View】>【Fit All】>【Active View】（按【Ctrl+D】组合键），设置最佳观看模式，如图 19.20 所示。

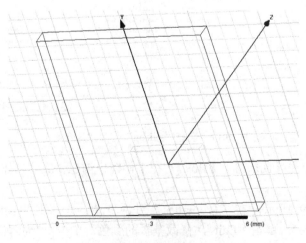

图 19.20　衬底

6. 创建微带线

（1）在三维模型介质工具栏中选择"copper"项，设置为默认介质，如图 19.21 所示。

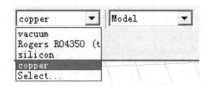

图 19.21　设置默认材料

（2）执行菜单命令【Draw】>【Box】，在工作窗口创建微带线 1，具体参数尺寸如图 19.22 所示。

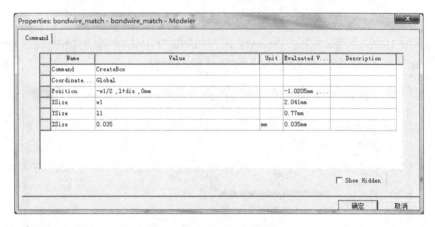

图 19.22　微带线 1 的属性

（3）如图 19.23 所示，在"Properties"对话框中，切换到"Attribute"标签页，在"Name"栏输入"micro_1"，单击【OK】按钮，应用设置。

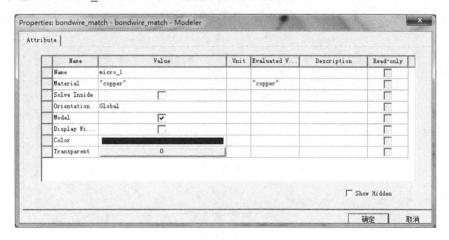

图 19.23　微带线 1 的属性

（4）执行菜单命令【Draw】>【Box】，在工作窗口创建微带线2，具体参数尺寸如图19.24所示。

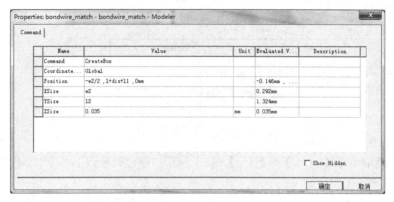

图 19.24　微带线 2 的"Command"属性

（5）如图 19.25 所示，在"Properties"对话框中，切换到"Attribute"标签页，在"Name"栏输入"micro_2"，单击【OK】按钮，应用设置。

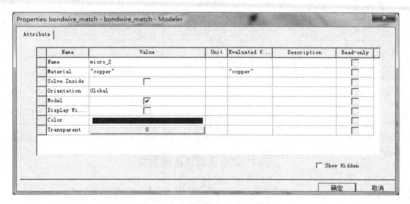

图 19.25　微带线 2 的属性

（6）执行菜单命令【Draw】>【Box】，在工作窗口创建微带线3，具体参数尺寸如图19.26所示。

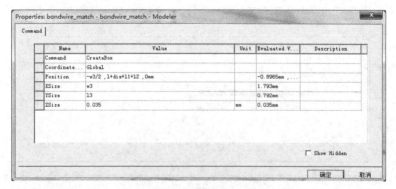

图 19.26　微带线 3 的"Command"属性

（7）如图 19.27 所示，在"Properties"对话框中，切换到"Attribute"标签页，在"Name"栏输入"micro_3"，单击【OK】按钮，应用设置。

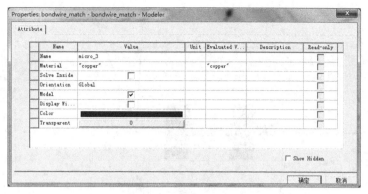

图 19.27　微带线 3 的属性

（8）执行菜单命令【Draw】>【Box】，在工作窗口创建微带线 4，具体参数尺寸如图 19.28 所示。

图 19.28　微带线 4 的"Command"属性

（9）如图 19.29 所示，在"Properties"对话框中，切换到"Attribute"标签页，在"Name"栏输入"micro_4"，单击【OK】按钮，应用设置。

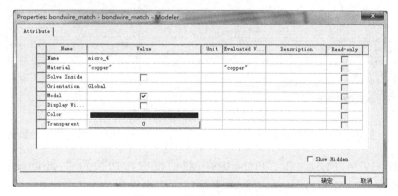

图 19.29　微带线 4 的属性

（10）执行菜单命令【View】>【Fit All】>【Active View】（按【Ctrl+D】组合键），设置最佳观看模式，效果如图 19.30 所示。

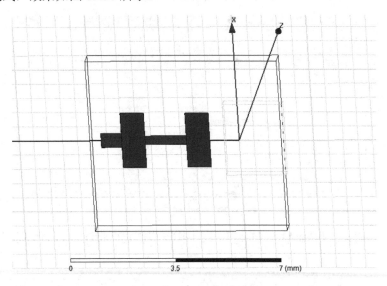

图 19.30　4 根微带线

7. 创建键合线

（1）在三维模型介质工具栏中，选择"gold"项，设置为默认介质，如图 19.31 所示。

（2）执行菜单命令【Draw】>【Bondwire】，在工作窗口中创建键合线，具体参数尺寸分别如图 19.32 和图 19.33 所示。

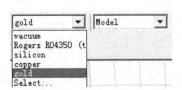

图 19.31　设置默认材料

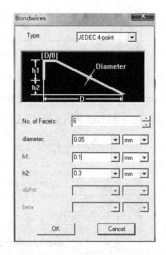

图 19.32　键合线的参数属性

（3）如图 19.34 所示，在"Properties"对话框中，切换到"Attribute"标签页，在"Name"栏输入"Bondwire1"，单击【OK】按钮，应用设置。

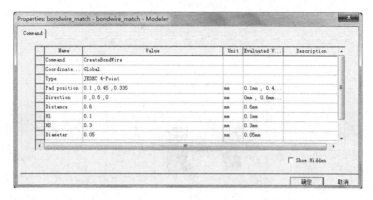

图 19.33　键合线的"Command"属性

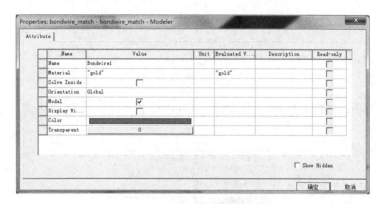

图 19.34　键合线 1 的属性

　　下面创建键合线 2。键合线 2 跟键合线 1 的形状一样，只是坐标位置不同。因此可以采用复制键合线 1 的方法来创建键合线 2。具体操作如下：

　　（1）在模型窗口中选中"Bondwire1"。

　　（2）执行菜单命令【Edit】>【Duplicate】>【Along Line】，创建"Bondwire2"，具体参数如图 19.35 所示。效果如图 19.36 所示。

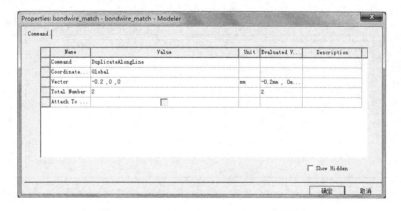

图 19.35　键合线 2 的"Command"属性

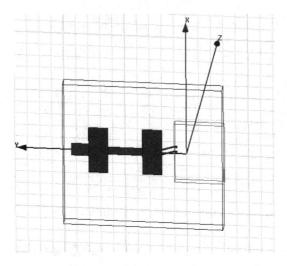

图 19.36 键合线 1 和键合线 2

8. 创建过孔

（1）在三维模型介质工具栏中选择"copper"项，设置为默认介质，如图 19.37 所示。

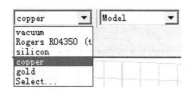

图 19.37 设置默认材料

（2）执行菜单命令【Draw】>【Cylinder】，在工作窗口创建过孔 1，具体参数尺寸如图 19.38 所示。

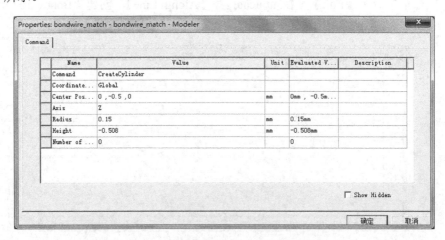

图 19.38 过孔 1 的"Command"属性

（3）如图 19.39 所示，在"Properties"对话框中，切换到"Attribute"标签页，在"Name"栏输入"via1"，单击【OK】按钮，应用设置。

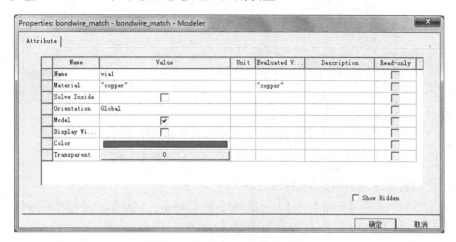

图 19.39　过孔 1 的基本属性

下面创建过孔"via2"和"via3"。"via2"和"via3"跟"via1"的形状一样，只是坐标位置不同。因此可以采用复制"via1"的方法来创建"via2"和"via3"。具体操作如下：

① 在模型窗口中选中"via1"。

② 执行菜单命令【Edit】>【Duplicate】>【Along Line】，创建"via2"和"via3"，具体参数如图 19.40 所示。

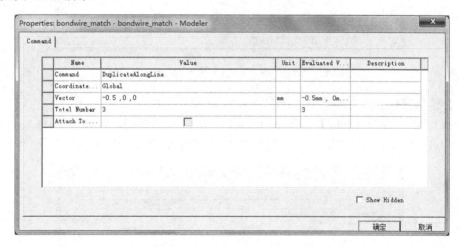

图 19.40　"via2"和"via3"的"Command"属性

③ 在模型窗口中再次选中"via1"。

④ 执行菜单命令【Edit】>【Duplicate】>【Along Line】，创建"via4"和"via5"，具体参数如图 19.41 所示。

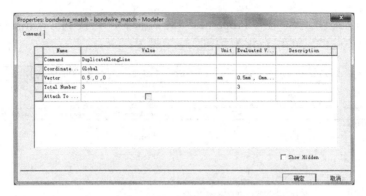

图 19.41 "via4"和"via5"的"Command"属性

⑤ 在模型窗口中选中所有的过孔。

⑥ 执行菜单命令【Edit】>【Duplicate】>【Along Line】，创建"via6"、"via7"、"via8"、"via9"和"via10"，具体参数如图 19.42 所示。

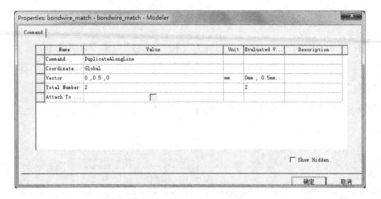

图 19.42 "via6"～"via10"的"Command"属性

⑦ 在模型窗口中，再次选中"via1"～"via5"。

⑧ 执行菜单命令【Edit】>【Duplicate】>【Along Line】，创建"via11"、"via12"、"via13"、"via14"和"via15"，具体参数如图 19.43 所示，效果如图 19.44 所示。

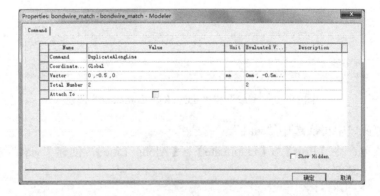

图 19.43 "via11"～"via15"的"Command"属性

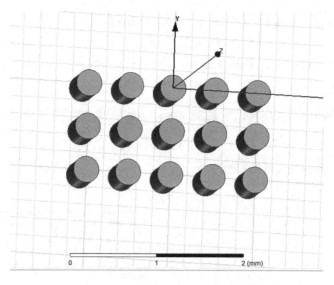

图 19.44　过孔"via1"～"via15"

⑨ 执行菜单命令【Edit】>【Select】>【By name】，打开对话框，并选择所有的过孔"via1"～"via15"，单击【OK】按钮，应用设置；执行菜单命令【Edit】>【Copy】（快捷键【Ctrl+C】）；执行菜单命令【Edit】>【Paste】。

⑩ 执行菜单命令【Edit】>【Select】>【By name】，打开对话框，并选择过孔"via16"～"via30"，单击【OK】按钮，应用设置；执行菜单命令【Modeler】>【Assign Material】，设置 Rogers R04350 为默认材料，对话框如图 19.45 所示。

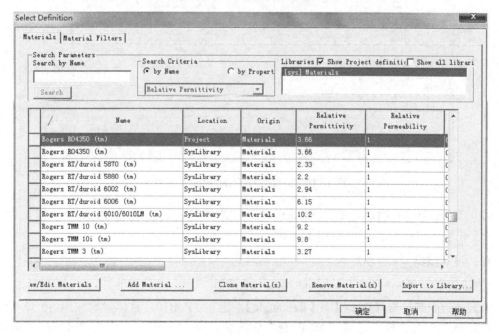

图 19.45　设置过孔的介质属性

⑪ 执行菜单命令【Edit】>【Select】>【By Name】，打开对话框，并选择 PCB 基板 sub 和过孔"via16"～"via30"，单击【OK】按钮，应用设置；执行菜单命令【Modeler】>【Boolean】>【Subtract】，单击【OK】按钮，应用设置，对话框如图 19.46 所示。

9．创建空气腔

（1）在三维模型介质工具栏中选择"vacuum"项，设置为默认介质，如图 19.47 所示。

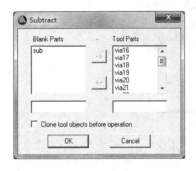

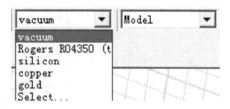

图 19.46 "Subtract"对话框　　　　　　　　图 19.47 设置默认材料

（2）执行菜单命令【Draw】>【Box】，在工作窗口中创建空气腔，具体参数尺寸如图 19.48 所示。

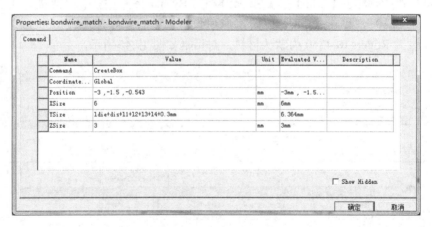

图 19.48 空气腔的"Command"属性

（3）如图 19.49 所示，在"Properties"对话框中，切换到"Attribute"标签页，在"Name"栏输入"vac"，单击【OK】按钮，应用设置。

10．设置激励

1）设置激励"Port1"

（1）执行菜单命令【Draw】>【Rectangle】，建立"Port1"，具体参数如图 19.50 所示。在"Properties"对话框中选择"Attribute"标签页。在"Name"栏中的"Value"项中输入"Port1"，单击【确定】按钮，应用设置。

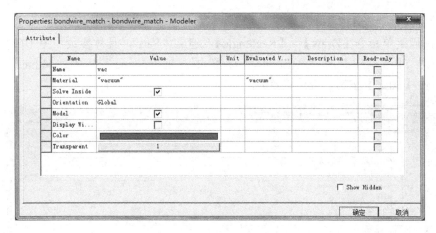

图 19.49　空气腔的基本属性

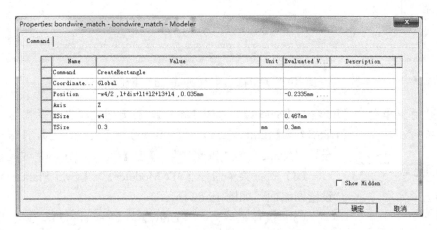

图 19.50　"Port1"的"Command"属性

（2）执行菜单命令【Edit】>【Select】>【By Name】，打开对话框并选择物体"Port1"。

（3）执行菜单命令【HFSS】>【Excitations】>【Assign】>【Lumped Port】，打开对话框，设置"Lunmped"端口激励。

（4）在"General"标签页中，设置"Name"为 1；设置"Resistance"为 50；设置"Reactance"为 0。单击【Next】按钮，切换到下一个界面。

（5）在"Terminals"标签页中，设置"Number of Terminals"为 1；单击"Undefined"栏并选择"New Line"项。

（6）使用坐标输入栏（在 HFSS 软件下方的状态栏中），输入矢量坐标，设置"X"为 0，设置"Y"为 5，设置"Z"为 0.035，按【Enter】键确认。

（7）使用坐标输入栏，输入顶点的相对坐标，设置"dX"为 0，设置"dY"为-0.3，设置"dZ"为 0，按【Enter】键确认。

（8）在"Post Processing"标签页中，设置"Full Port Impedance"为 50。

（9）单击【确定】按钮，完成设置。

2）设置激励"Port2"

（1）执行菜单命令【Draw】>【Rectangle】，建立"Pad"，具体参数如图 19.51 所示。在"Properties"对话框中选择"Attribute"标签页。在"Name"栏的"Value"项中输入"Pad"，单击【确定】按钮，应用设置。

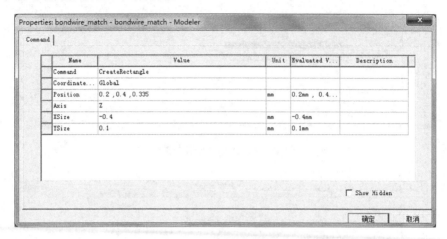

图 19.51 "Pad"的"Command"属性

（2）执行菜单命令【Edit】>【Select】>【By Name】，打开对话框并选择物体"Pad"。

（3）执行菜单命令【HFSS】>【Boundaries】>【Assign】>【Perfect E】，打开对话框，设置"Name"为"PerfE1"，单击【OK】按钮，完成设置。

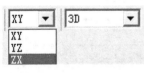

图 19.52 选择网络面

（4）执行菜单命令【3D Modeler】>【Grid Plane】>【XZ】，设置网络面，如图 19.52 所示。

（5）执行菜单命令【Draw】>【Rectangle】，建立"Port2"，具体参数如图 19.53 所示。在"Properties"对话框中选择"Attribute"标签页，在"Name"栏的"Value"项中输入"Port2"，单击【确定】按钮，应用设置。

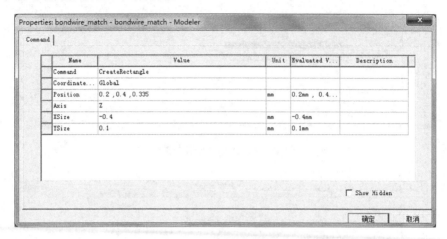

图 19.53 "Port2"的"Command"属性

（6）执行菜单命令【Edit】>【Select】>【By Name】，打开对话框并选择物体"Port2"。

（7）执行菜单命令【HFSS】>【Excitations】>【Assign】>【Lumped Port】，打开对话框，设置"Lunmped"端口激励。

（8）在"General"标签页中，设置"Name"为 2；设置"Resistance"为 50；设置"Reactance"为 0。单击【Next】按钮，切换到下一个界面。

（9）在"Terminals"标签页中，设置"Number of Terminals"为 1；单击"Undefined"栏并选择"New Line"项。

（10）使用坐标输入栏（在 HFSS 软件下方的状态栏中），输入矢量坐标，设置"X"为 0，设置"Y"为 0.4，设置"Z"为 0.035，按【Enter】键确认。

（11）使用坐标输入栏，输入顶点的相对坐标，设置"dX"为 0，设置"dY"为 0，设置"dZ"为 0.3，按【Enter】键确认。

（12）在"Post Processing"标签页中，设置"Full Port Impedance"为 50。

（13）单击【确定】按钮，完成设置。

（14）执行菜单命令【View】>【Fit All】>【Active View】（按【Ctrl+D】组合键），设置最佳观看模式，整体效果如图 19.54 所示。

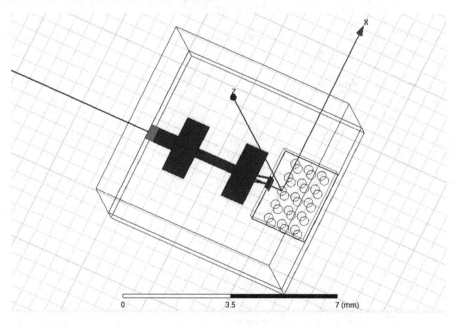

图 19.54　整体效果图

11．检查模型设置

（1）执行菜单命令【HFSS】>【Boundary Display】(Solve View)，在打开的对话框中检查边界情况，如果跟图 19.55 所示不同，请仔细检查边界条件设置、集总端口设置。边界条件或集总端口设置不正确，仿真的结果会不正确。

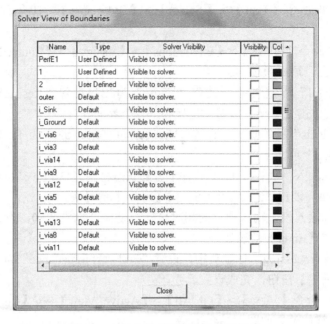

图 19.55　键合线互连电路的边界设置

（2）执行菜单命令【HFSS】>【Design Properties】。弹出本模型所用到的变量及其初值，如图 19.56 所示。仔细检查，并仔细核对。

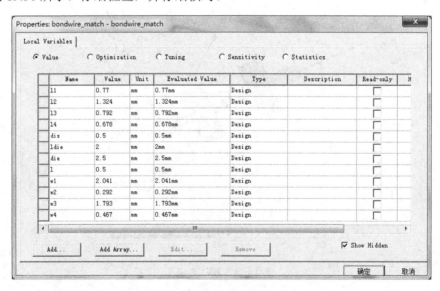

图 19.56　键合线互连电路的参数值

（3）保存工程。执行菜单命令【File】>【Save】。

12. 分析设置

建立好模型后，接下来就是使用 HFSS 软件的分析功能分析所建模型的微波特性。首先需要添加分析功能，然后设置器件所要的工作频率。完成设置后，开始分析模型。

（1）执行菜单命令【HFSS】>【Analysis Setup】>【Add Solution Setup】，打开"Solution Setup"对话框。

（2）切换到"General"标签页，设置"Solution Frequency"为 10GHz；设置"Maximum Number of Passes"为 20；设置"Maximum Delta S per Pass"为 0.02，如图 19.57 所示。最后单击【确定】按钮，应用设置。

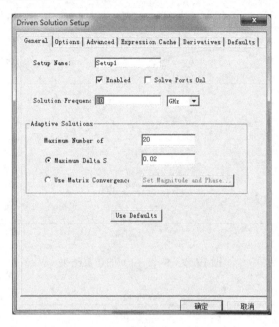

图 19.57　分析设置

（3）添加一个频率扫描，执行菜单命令【HFSS】>【Analysis Setup】>【Add Sweep】，弹出分析选项对话框。

（4）设置"Solution Setup"为 Setup1，单击【OK】按钮，自动打开"Edit Frequency Sweep"对话框。

（5）在"Edit Frequency Sweep"对话框中，设置"Sweep Type"为"Fast"；设置"Frequency Setup Type"为"LinearStep"；设置"Start"为 1.0GHz；设置"Stop"为 20GHz；设置"Step"为 0.01GHz；勾选"Save Fields"项，应用设置。

（6）检查模型的有效性，执行菜单命令【HFSS】>【Validation Check】，即可进行检查确认。

（7）执行仿真求解，执行菜单命令【HFSS】>【Analyze All】，如图 19.58 所示。

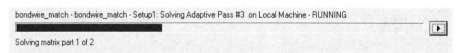

图 19.58　分析进度条

13．计算结果评价

（1）执行菜单命令【HFSS】>【Results】>【Solution Data】，单击"Convergence"表，查看收敛性。

（2）键合线互连电路是二端口互易网络，根据微波网络理论可知道：S（1，1）=S（2，2），S（2，1）=S（1，2），这里只给出了 S（1，1）、S（2，1）参数的值，如图 19.59和图 19.60 所示。

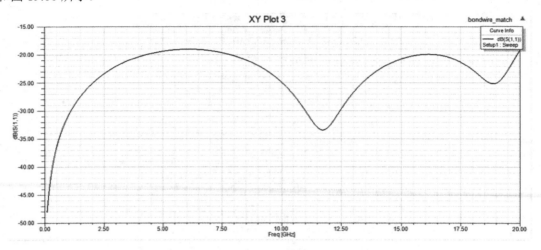

图 19.59　S（1，1）的仿真结果

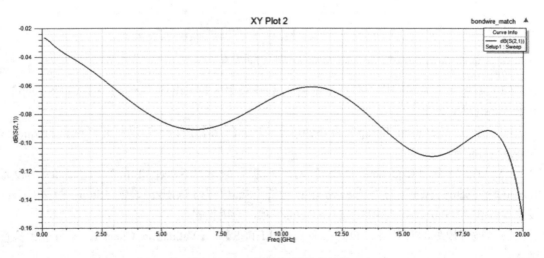

图 19.60　S（2，1）的仿真结果

19.4　本章小结

本章主要讲解 HFSS 在键合线互连电路里面的应用，并对键合线互连电路的微波特性进行建模、分析，为键合线互连电路的设计提供了一种参考。

第20章　LTCC无源器件的设计与仿真

本章的第一部分主要对 LTCC 技术的基本概念、技术特点、应用领域和工艺流程进行简要说明和介绍；第二部分以一个分布式 LTCC 滤波器的设计仿真为例，给出一般 LTCC 无源器件的建模、仿真和设计流程。

20.1　LTCC 技术概述

20.1.1　LTCC 的概念

低温共烧陶瓷（Low Temperature Co-fired Ceramics，LTCC）是 1982 年由美国休斯公司开发出来的一种新型材料技术。它采用低温烧结陶瓷粉料（800℃～900℃）的方法，根据预先设计的结构，通过流延工艺将陶瓷浆料制成厚度精确且致密的生瓷带，然后再在生瓷带上利用激光打孔、微孔注浆、精密导体浆料印刷等工艺生成金属化布线和金属化通孔，从而制成所需要的电路图形结构，最后将电极材料（Au、Ag、Ag/Pd 和 Cu）、基板、电子器件（如低容值电容、电阻、滤波器、阻抗转换器、耦合器等）等叠片后，在 1000℃ 以下一次性烧结成多层互连的三维电路基板，在其表面可以贴装 IC 和有源器件，制成无源/有源集成的功能模块。说到底，LTCC 是一种用于实现高集成度、高性能结构的电子封装技术。图 20.1 为典型的 LTCC 无源和有源集成射频模块示意图。

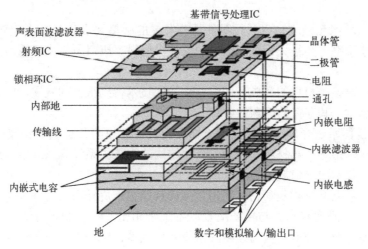

图 20.1　典型的 LTCC 无源和有源集成射频模块示意图

传统的基板材料（如 Al$_2$O$_3$、SiC）及高温烧结陶瓷（HTCC）技术，其不仅烧结温度高（大于 1500℃，只能与高熔点、高电阻的金属 Mo、W 等共烧），而且不利于降低生产成本。

而低温共烧陶瓷 LTCC 技术，其低烧结温度可使得金属良导体 Cu、Ag 等和生坯片基板共烧，提高厚膜电路的导电性能。因此，LTCC 多层基板技术能将部分无源元件集成到基板中，有利于系统的小型化，提高了电路的组装密度和系统的可靠性。

20.1.2 LTCC 的技术特点

LTCC 技术与传统的封装集成技术相比较，具有以下特点。

第一：LTCC 使用的陶瓷材料具有很好的高频、高速传输及高 Q 特性，它可根据不同的配料配比获得多种介电常数且变化范围大的基板材料，使得电路设计更加灵活多变，加之使用的导体材料为金或银等高电导率金属材料，因此元器件的 Q 值不断提高，损耗越来越小。

第二：LTCC 电路的基板金属层数可以设计得非常多，有利于电路结构的三维集成。在多层数的立体基板上实现微波器件的集成，不仅可以使集成器件的类别更多、参数范围更广，而且提高了电路的封装精度和应用性能，有利于减小器件的重量和尺寸，提高了电路的稳定性。

第三：LTCC 电路基板对强电流的承受能力大，满足在高温环境下工作的需求，具备热膨胀系数小、介电常数稳定性高等突出的温度性能特点。LTCC 基板较一般 PCB 基板而言具备更优的热传导特性，这就提高了电路可靠性，增加了其使用寿命，因此 LTCC 电路在恶劣环境中依然可以应用。

第四：LTCC 技术能够与其他布线技术相互兼容，如将低温共烧陶瓷工艺与薄膜布线工艺相结合，可实现性能参数更优越、组装密度更精确的多芯片混合组件与多层混合基板。

第五：LTCC 制作流程的不连续性使得金属基板在制成前可以对各层的印刷线和层间过孔优化微调，这不仅增加了产品的质量和成品率，同时也缩短了产品的制造周期，减少了制作成本。

第六：节能、环保已经成为电子元器件行业发展的必然要求和趋势，LTCC 技术就在不断提高原料的使用率上和最大程度降低生产过程中原料、废料所带来环境污染上努力迎合了这一发展需求。

为了满足人们对该类材料的需求，低温共烧陶瓷技术得到很大的发展，但是目前的材料体系仍不能令人满意，其存在的问题主要有：

第一：在材料体系选择和性能提高等方面，目前主要以大量的实验结果经验总结为基础，缺乏有效的理论指导，对材料的性能与晶体结构的内在关系没有系统性的研究，导致一些微观结构方面的基本问题未被很好地认识。

第二：目前，低温共烧陶瓷材料多采用常规的玻璃粉末烧结法，这种方法大多要经历传统的玻璃熔制工序，温度较高。与传统陶瓷制备工艺相比，不仅制备方法复杂、所需时间长，而且组分容易挥发，使产物偏离预期的组成并形成多相结构，从而导致性能的劣化和不稳定性。

第三：玻璃粉末烧结法是玻璃工艺与陶瓷工艺相结合的方法，因此使得材料制备工艺的整体成本提高，这是制约其广泛应用的另一关键因素。LTCC 技术成本高，产品价格过高，这是限制其应用范围的一个重要因素。

　　第四：如何保证材料与电极导体材料的各种性能相匹配，实现布线共烧，是 LTCC 技术一个亟需解决的难题。

　　在国外，如美国、日本、欧洲等发达国家，对于低温共烧陶瓷基板材料的研究已经初步进入产业化、系列化和可进行材料设计的阶段，但是国外对于此类材料的研究很保密。而我国对于低温共烧陶瓷基板材料的研究仍属于起步阶段，拥有自主知识产权的材料体系和器件几乎是空白的，因此加快此类材料的研究开发更加具有重要的意义。

20.1.3　LTCC 的应用领域

　　很多国外企业在 LTCC 技术的研发生产上已经投入大量的人力和物力，所以它们在器件的品质、技术专利及材料规格等方面均具有突出的优势。目前 LTCC 产品制造企业中以外资企业居多，主要包括日本的 Murata、京瓷（Kyocera）、TDK 和太阳诱电（Taiyo Yuden），美国的 CST Corp 及欧洲的 Bosch、西麦克微电子技术（C-MAC MicroTechnology）和 Screp-Erulec 等。在 LTCC 产品制造地域上，日本大概占据世界市场总份额的 60%，成为全球第一大生产地区，而欧美各占据约 17%。

　　相比于这些发达国家的企业，国内对于低温共烧陶瓷产品的研发生产就要落后不少，这主要归咎于我国材料、工艺水平及射频终端电子产品的发展滞后。然而，就目前我国低温共烧陶瓷技术的发展情况来看还是可以获得一定竞争地位的，国务院在 2009 发布的《电子信息产业调整振兴规划纲要》的文件中明确提出将大力支持电子元器件的国内自主研发，并将其设为重点研究领域，中国电子制造业将在未来若干年内向 LTCC 技术方向大力倾斜。国内已经有一部分厂商开始引进先进的 LTCC 生产设备，并自主研发新型材料，缩短生产周期，如深圳顺络电子、浙江正原电气等公司已经研发生产出一系列 LTCC 相关产品且已达到国际先进水准。国内很多研究所也投入了多条 LTCC 生产线并取得了一定成果。随着蓝牙、手机等无线通信市场的迅速发展，LTCC 技术必将成为通信产品的必然趋势，同时也会给中国的电子元器件产业带来巨大影响。

　　低温共烧陶瓷产品在很多微波器件或产品中都可以见到它们的身影，如各类制式手机、Bluetooth 模块、GPS、个人数码助理、Digital Cameras、无线局域网、电脑光驱、汽车电子等。在频率很高的应用领域，为满足高性能、低成本、高可靠性的要求，很多公司开始利用低温共烧陶瓷材料与生产工艺替代以前的 MCM-D 工艺来加工 MCM 组件。图 20.2 为 LTCC 产品在各领域内的所占份额。

图 20.2　LTCC 产品在各领域中占用比例

20.1.4　LTCC 的工艺流程

　　低温共烧陶瓷技术可以形象地比喻为很多层 PCB 叠压在一起，利用通孔将上下电路连接，电容是利用上下层板之间形成的 MIM 电容，电感则是利用上下层连接形成螺旋电感。

这些由电容、电感及微带连接线构成的各种金属图案形成了各种微波器件。LTCC 的主要制造工序为浆料配置、流延成型、冲片、激光打孔、通孔填充、内电极印刷、预叠片、等静压、切割、排胶、烧结、制外电极、测试等。图 20.3 给出了 LTCC 技术的主要制造程序。

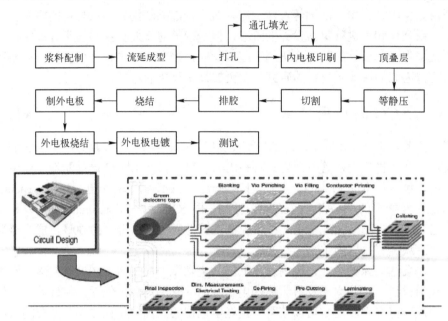

图 20.3　LTCC 工艺流程图

20.2　LTCC 滤波器基本理论

20.2.1　LTCC 滤波器

LTCC 滤波器可以利用多层优势来减小滤波器的总体尺寸。LTCC 工艺采用高电导率的金、银、铜作为导体，这些导体都具有低损耗的特点，这样可以实现滤波器的低插损特性。LTCC 滤波器相对于 HTCC 滤波器具有更高的品质因素，适用于做窄带高选择性滤波器。基于 LTCC 的滤波器可以通过层叠的形式来实现其性能。从 LTCC 滤波器诞生至今，研究人员对其进行了深入的研究，提出了很多不同结构来实现 LTCC 多层滤波器，其大致可以分为两类：LC 型和带状线型。

LC 型 LTCC 滤波器的电感实现由比较细的传输线提供，有曲折形电感和螺旋线形电感。而电容则由两层以上平板结构构成，如 VIC 电容和 MIM 电容。LC 结构的 LTCC 滤波器由这些形式的电感电容构成，其谐振也由电感和电容电路实现。这类结构的滤波器不同于带状线结构滤波器的是普遍采用通孔来对各电容电感进行层间连接。带状线型 LTCC 滤波器的谐振单元不再由集总形式的电感电容构成，而是由一段传输线作为一个谐振单元。此类结构的 LTCC 滤波器很少应用通孔去连接不同层之间的传输线，而是通过耦合线的级间耦合来实现滤波器的性能。

　　严格来说，微波频段不存在像低频电路中那样的集总参数的电感和电容，因为集总参数的电感和电容指的是在某一个区域中只含有电能，但除了直流（静态场）情况外，不可能只有单一形式能量的电磁波存在。因此在微波段必须从能量的观点予以判断网络的电抗性质。若某网络中的磁场储能大于电场储能，则称该网络为感性网络，其等效电路为一电感；反之，若电场储能大于磁场储能，则称该网络为容性网络，其等效电路为一电容。

　　集总的 LTCC 微波滤波器与分布的 LTCC 微波滤波器最大的不同是原理图中每个集总元件可以在三维结构中用确定的方式来实现，而三维模型中每个部分有确定的电感值或者电容值。在实现形式上，电路中的电感主要由那些比较细的传输线提供，而电容主要由平板电容来实现，再用 LC 构成谐振单元以实现滤波功能。同时，LC 结构的 LTCC 滤波器属于集总参数，因此在设计的过程中可以采用经典的滤波器设计方法，即由低通原型得到所需要的滤波器。LC 滤波器、分布式带状线滤波器和混合式滤波器如图 20.4 所示。

（a）LTCC 集总式滤波器

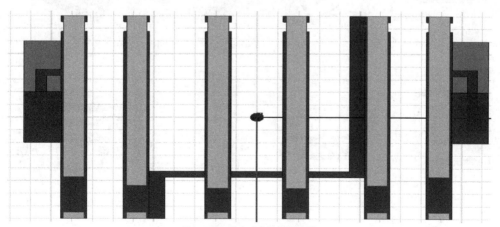

（b）LTCC 分布式带状线滤波器

图 20.4　集总式和分布式 LTCC 滤波器

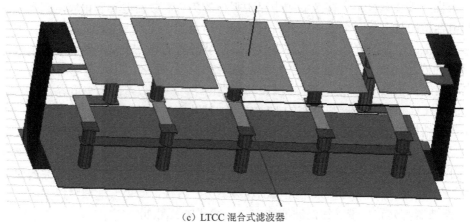

（c）LTCC 混合式滤波器

图 20.4　集总式和分布式 LTCC 滤波器（续）

20.2.2　内埋置电感

电感的实现方式有很多种，在传输线理论中也有介绍，如一段细的带状线可以实现小的电感值。在当前 LTCC 内埋置矩形电感元件设计中，主要有四种结构，分别为平面式（planar）、堆叠式（stack）、位移式（offset）、三维螺旋式（3D helical），如图 20.5 所示。

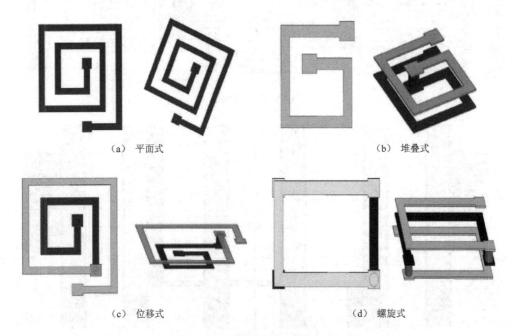

（a）平面式　　　　　　　　　　　　　　　（b）堆叠式

（c）位移式　　　　　　　　　　　　　　　（d）螺旋式

图 20.5　矩形电感的三维结构

表 20.1 对上述四种结构的电感进行了比较，在相同的有效电感值下，螺旋式结构在所占面积、自我谐振频率（SRF）、品质因数（Q）方面都是最好的，然后依次是堆叠式、位移

式、平面式结构。然而，螺旋式结构的缺点是所用的层数需最多，这就增加了元件制造上的复杂度。

表 20.1　不同结构的内埋置电感特性比较（在相同有效电感值下）

结构形式	平面式（planar）	堆叠式（stack）	位移式（offset）	螺旋式（helical）
所占面积	最大	小	中等	最小
SRF	最低	高	中等	最高
Q	最低	高	中等	最高
需要的层数	最少	少	少	最多

品质因素 Q 表示一个元件的储能和耗能之间的关系，即 Q=元件的储能/元件的耗能。

20.2.3　内埋置电容

在 LTCC 介质中，电容与传统的平行板电容相似，利用两块金属板间的耦合来实现，其电容值大小可利用经典的平行板电容计算公式 $C = \dfrac{\varepsilon_0 \times \varepsilon_r \times S}{d}$ 近似得到，其中 ε_r 为介质的相对介电常数，S 为平板面积，d 为平板间距离。

目前，LTCC 内埋置电容元件的设计主要有 MIM(Mental-Insulator-Mental) 与 VIC（Vertically-Interdigitated-Capacitor）两种结构，如图 20.6 所示。

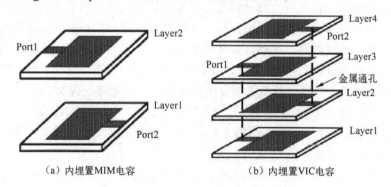

（a）内埋置MIM电容　　　　　（b）内埋置VIC电容

图 20.6　内埋置 MIM 电容和 VIC 电容

在表 20.2 中比较了上述两种结构电容的各参量，在相同的有效电容值下，VIC 结构电容在 Q 值、SRF 等方面略好于 MIM，而且所占面积小，缺点是 VIC 的层数较多。

表 20.2　不同结构的内埋置电容特性比较（在相同有效电容值下）

结构形式	MIM	VIC
所占面积	大	小
SRF	略低	高
Q	略低	高
所需层数	少	多

20.2.4　梳状线结构的带状线滤波器理论

梳妆线滤波器是分布式滤波器的一种，本节将会以一款梳妆线结构的带状线 LTCC 滤波器为例来介绍一般 LTCC 无源器件的设计流程。梳妆线滤波器的基本理论来源于腔体滤波器，由此可以拓展到其他结构形式的滤波器，如本节将要设计的带状线滤波器。

图 20.7 中线 1 到线 n 及与之相连的集总电容构成 n 个谐振器，而线 0 和 $n+1$ 不是谐振器单元，只是输入/输出两端口阻抗变换段的一部分。在此滤波器中，谐振器间的耦合是由平行耦合线间的边缘场耦合得到的。

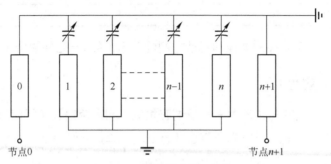

图 20.7　梳状线滤波器结构

在没有集总电容的情况下，谐振线的总长度应是四分之一波长，此时由于各线间的电耦合和磁耦合的幅度相等而相位相反，致使相邻谐振器之间磁的和电的耦合效应将彼此抵消。这时，这个结构是一个没有通带的全阻带结构。此时通过调整不同谐振器的谐振频点使其错开，即可实现相应的带通滤波器。因此，梳状线滤波器的各谐振器顶端的集总电容通常要做得很大，这样，谐振线的长度就要求远远短于四分之一波长。但在该章的具体实例中，为了简化 LTCC 滤波器的 HFSS 模型，谐振级端没接负载电容，此处做一说明。

谐振器的电长度为 θ，它与谐振器的物理长度 L 之间的关系为 $\theta = 2\pi L / \lambda_0$（$\lambda_0$ 为介质中的波长），一般谐振线选择在谐振时约为 $\lambda_0 / 8$，或更短些，如此可使滤波器更小，且第二通带的中心频率将为第一通带中心频率的 4 倍。

通常，滤波器通带的相对带宽大于 15%时，滤波器的设计可以选用交指线结构。相对带宽大于 5%时，选用梳状线结构；相对带宽小于 5%时，则需采用同轴腔体结构。一般情况下，较窄带宽的滤波器若采用梳状线结构，会比同轴腔结构的腔体体积增大很多。因为内导体之间的隔板去掉之后，就要拉长间距，以减弱耦合。这样，窄带的梳状线滤波器在体积上不占优势，但是它与同轴腔结构相比，有公式和软件协助计算，设计起来快速简单、准确性高。

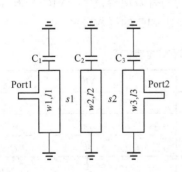

图 20.8　三级抽头式梳状线滤波器结构图

三级抽头式梳状线滤波器如图 20.8 所示，谐振器由一端短路接地、一端经过电容 C 接地的一些平行耦合线（谐振器）所组成，通过谐振器之间的距离控制各级之间的耦合系数 K，并通过抽头线耦合外部电路。在这种带通滤波器中，谐振器之间的耦合主要是磁场耦合效应，由于谐振器的末端加载了电容，其尺寸小于 $\lambda_g/4$，从而减小了器件的尺寸。本章就是以一个三级的带状线滤波器为例来进行说明的。

梳状线滤波器的集总电容常做得很大，以使谐振线在谐振时约为八分之一波长，或更短一些，这样可使滤波器很小，同时也使得滤波器的寄生通带离主通带中心频率更远，从而具有更好的阻带特性。

20.2.5　LTCC 中的带状线

LTCC 多层滤波器中，用到的带状线的长度相比于波长要小很多，因此我们可以把各层中的带状线近似地视为一个微分段来处理。同时，LTCC 使用的带状线金属一般采用的是银材料，其为良导体，加之周围介质为低损耗介质材料，我们可以忽略带状线的分布电阻效应及分布电导效应，即等效电路中的 $G_0\mathrm{d}z$ 和 $R_0\mathrm{d}z$ 为零，因此其等效电路如图 20.9 所示。

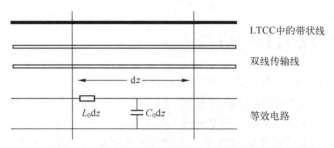

图 20.9　带状线等效电路图

同时我们可以得出 LTCC 多层滤波器中使用到的接地带状线及非接地带状线的等效电路，如图 20.10 和图 20.11 所示。

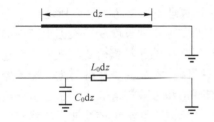

图 20.10　接地带状线等效电路图　　　图 20.11　非接地带状线等效电路图

滤波器的基础是谐振电路，只要能构成谐振的电路组合就可实现滤波器。对于梳状线，每一个谐振级可以等效成并联 LC 谐振，如图 20.12 所示。

基于 LTCC 的滤波器可以通过层叠的形式实现其性能。其设计难点在于如何确定图案层的样式和层数。众所周知，滤波器是由单个或者多个谐振腔组成的，一般使用四分之一波长或者二分之一波长的谐振腔。而在 LTCC 中，在几个毫米的长度内显然难以用单根微带线直接实现，而本文使用的带状

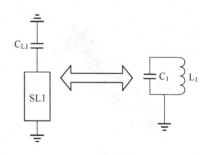

图 20.12　LTCC 中带状线谐振器及其 LC 等效电路

线结构采用相互通过宽边耦合的三层短路折叠线形式，有效地减小了滤波器的体积，如图 20.13 和图 20.14 所示。

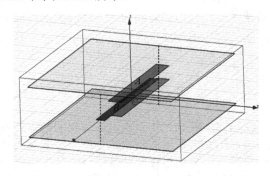

图 20.13　HFSS 中三层折叠带状线模型

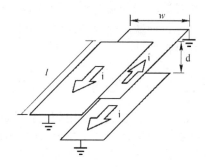

图 20.14　三层折叠线结构图

20.3　LTCC 滤波器设计与仿真

此处以一个分布式 LTCC 滤波器的仿真设计为例进行说明，该滤波器的原理为分布式谐振级耦合滤波器，其基本原理和腔体滤波器的基本原理一致。该滤波器中心频率为 1.225GHz，带宽为 250MHz，衰减小于 0.8dB，高端抑制大于 25dB。

在基于 LTCC 工艺设计微波滤波器时，带状折叠线型耦合谐振器是最常被采用的谐振单元，LTCC 结构中可以采用数个带状折叠线型谐振器来设计梳状线结构的带通滤波器。设计时一般用到的低温共烧陶瓷带状折叠线型谐振器结构如图 20.15 所示，这类谐振单元可根据中心频率的大小来选择采用几层结构，这种结构的谐振单元能够有效减少滤波器体积，便于微型化设计，这种带状折叠线谐振器的等效电路和计算理论可参考上一节所述。

在折叠线梳妆滤波器的谐振级结构中，谐振级的实际物理长度一般根据上节中的基本理论进行初步计算，然后进行 HFSS 建模，由于微波器件中的各种耦合寄生效应，在建模完成之后需要根据仿真结果再对实际物理结构尺寸进行微调。本章主要是对 LTCC 无源器件的建模和仿真进行说明介绍，所以关于该滤波器的详细理论和参数初值计算不做过多介绍，有兴趣的读者可以参照相关文献资料进行进一步的学习，所以下面给出该滤波器的建模和仿真过程，至于该模型的初值设计和计算，作者不再做过多说明。

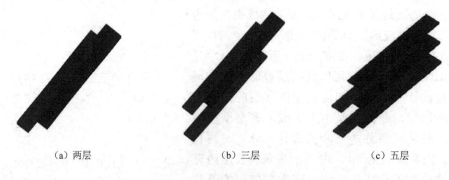

(a) 两层　　　　　　　　(b) 三层　　　　　　　　(c) 五层

图 20.15　LTCC 带状折叠线型谐振器结构

20.3.1　三维模型

（1）打开 HFSS15 软件，系统默认新建立一个名为"Project1"的工程文件，在工程文件名"Project1"处右键单击鼠标，执行菜单命令【Rename】，将工程文件名称改为"LTCC_filter"，如图 20.16 所示。

图 20.16　重命名工程文件

（2）单击菜单栏中的新建设计图标 ，在工程文件"LTCC_filter"中新建立一个设计文件，自动命名为"HFSSDesign1"。HFSS15 的工程界面如图 20.17 所示。

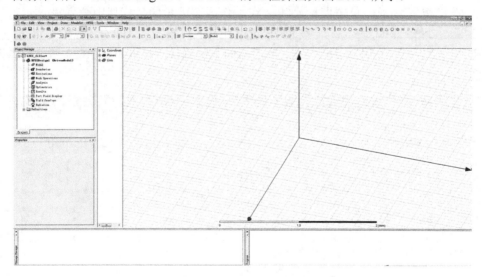

图 20.17　HFSS15 的工程界面

（3）执行菜单命令【Modeler】>【Units】，打开"Set Model Units"对话框，将软件系统默认的模型尺寸单位设置为"mm"，单击【OK】按钮，完成单位设置，如图 20.18 所示。

（4）执行菜单命令【Tools】>【Options】>【Modeler Options】，打开"Modeler Options"对话框，选择"Drawing"标签页，勾选"Edit properties of new pri"选项，如图 20.19 所示。勾选该选项以后，在模 3D 型区域每添加一个新的模型，都会自动弹出模型属性设置对话框，便于模型属性设置。

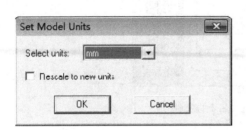

图 20.18　模型尺寸单位设置

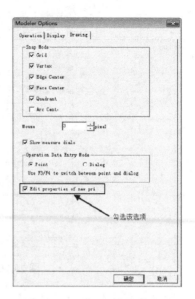

图 20.19　模型属性窗口弹出设置

（5）建立空气盒子。单击图标 ⬡ ，在工作区右下角的坐标栏中分别输入起点坐标 X: -30 Y: -30 Z: -30 ，按回车键【Enter】确认，再分别输入增量坐标 dX: 60 dY: 60 dZ: 60 ，按【Enter】键确认，弹出如图 20.20 所示的模型属性对话框。

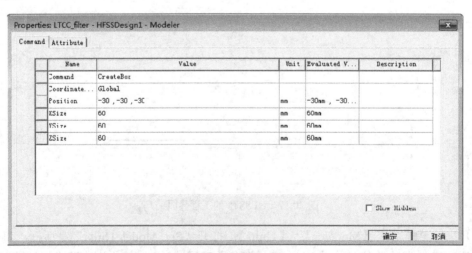

图 20.20　模型属性对话框

"Command"标签页为盒子的尺寸和坐标属性，此处可以对盒子的尺寸坐标进行赋值或者更改。"Attribute"标签页为材料属性、颜色、透明度等属性设置对话框，选择"Attribute"标签页，如图 20.21 所示，单击"Material"的"Value"值"vacuum"的下拉选项，选择"Edit"选项，弹出如图 20.22 所示的盒子材料属性设置对话框。

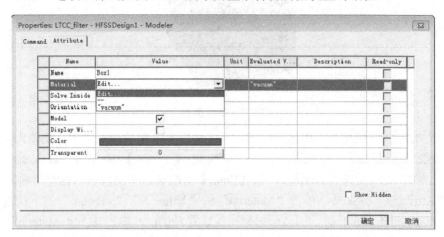

图 20.21 "Attribute"标签页

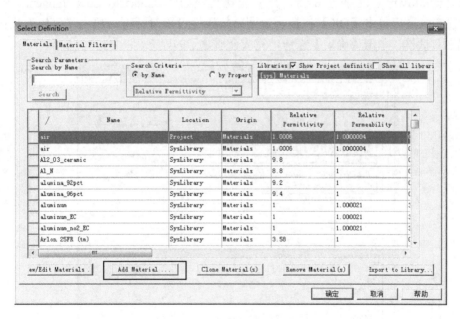

图 20.22 材料属性设置对话框

在材料属性对话框中选择盒子的属性为空气"air"，单击【确定】按钮，返回如图 20.21 所示的对话框，单击【确定】按钮，完成空气盒子的建立，如图 20.23 所示。

选中建立的空气盒子，单击图标 ，隐藏该模型。隐藏模型的目的是为了方便后面的模型建立和操作。在 HFSS 软件中，选中的模型会默认为紫色高亮显示，已和其他未选中模型相区分。

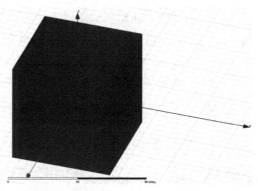

图 20.23　空气盒子

（6）建立 LTCC 介质盒子。单击图标 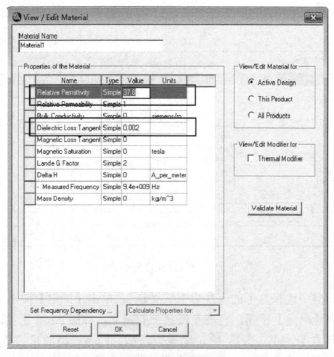，在工作区右下角的坐标栏中分别输入起点坐标

| X: | -2.1 | Y: | -2.4 | Z: | -2.023 | |，按回车键【Enter】确认，输入增量坐标

| dX: | 4.2 | dY: | 4.8 | dZ: | 4.046 | |，按【Enter】键确认，弹出盒子属性对话框。

选择"Attribute"标签页，单击"Material"的"Value"值"vacuum"的下拉选项，选择"Edit"，弹出如图 20.22 所示的盒子材料属性设置对话框，单击【Add Material】按钮，弹出如图 20.24 所示的介质材料设置对话框。该实例中，LTCC 板材的相对介电常数"Relative Permittivity"设置为 37.8，介质损耗角正切"Dielectric Loss Tangent"设置为 0.02，设置完成之后单击【OK】按钮，返回材料属性设置对话框，单击【确定】按钮，返回盒子属性对话框，单击【确定】按钮，完成介质盒子的建立。

图 20.24　介质材料设置对话框

选中建立的介质盒子，单击图标 ，隐藏该模型。

（7）建立接地点。以起点坐标"A,Y,Z（−2.115，−2.415,−2.038）"、增量坐标"dx，dy，dz（1.415,4.83,4.076）"建立盒子，在属性对话框中更改盒子的名称为"GND1"，设置材料属性为"silver"，"silver"材料属性为 HFSS 软件自带，不需要自己再次添加材料属性参数，如图 20.25 所示。设置完成的盒子属性如图 20.26 所示。

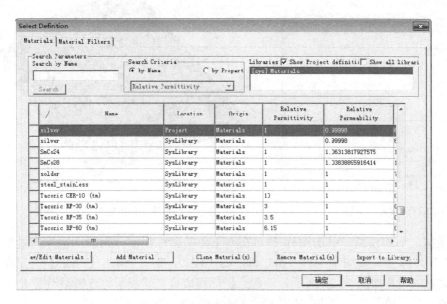

图 20.25　"silver"属性选择对话框

图 20.26　"GND1"属性对话框

以起点坐标"A,Y,Z（−2.1，−2.4，−2.023）"、增量坐标"dx，dy，dz（0.41,4.8,4.046）"建立盒子，在属性对话框中更改盒子的名称为"GND2"，同样设置材料属性为"silver"。

在工程树窗口中按住【Ctrl】键，同时选中"GND1"和"GND2"，单击图标 ，弹出裁剪对话框，如图 20.27 所示，通过对话框中的左右箭头可以移动各个选框中的模型，使得"Blank Parts"中的模型为"GND1"、"Tool Parts"中的模型为"GND2"，表示从"GND1"模型中减去"GND2"模型的布尔操作，单击【OK】按钮，完成裁剪，裁剪完成的模型如图 20.28 所示。裁剪之后的模型名称默认为"Blank Parts"中的模型名"GND1"。

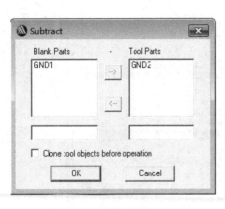

图 20.27　裁剪对话框　　　　　　　　　　图 20.28　裁剪完成的接地模型

选中裁剪之后的模型，单击图标 ，在右下角的坐标栏中分别输入镜像向量起点坐标"A，Y，Z（0，0，0）"、增量坐标"dx，dy，dz（1，0，0）"，单击【Enter】键完成镜像变换，镜像之后的模型如图 20.29 所示。该起点坐标和增量坐标表示将该模型沿着 X 方向做一个对称镜像复制，镜像之后生成的对称模型软件自动命名为"GND1_1"。

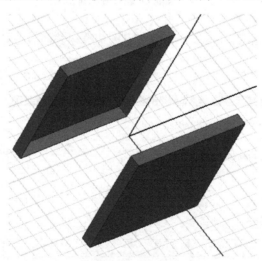

图 20.29　镜像之后的接地模型

选中建立的"GND"和"GND1_1"模型，单击图标 ，隐藏该模型。

（8）建立屏蔽层。以起点坐标"A，Y，Z（-2.1，-2.1，1.9065）"、增量坐标"dx，dy，dz（4.2，4.2，0.01）"建立盒子，在属性对话框中更改盒子的名称为"SHIELD1"，设置材

料属性为"silver"。

　　以起点坐标"A,Y,Z（-1.8，-1.35, 1.9065）"、增量坐标"dx，dy，dz（-0.3,0.8,0.01）"建立盒子，在属性对话框中更改盒子的名称为"SHIELD2"，设置材料属性为"silver"。

　　以起点坐标"A,Y,Z（-1.1，-1.8, 1.9065）"、增量坐标"dx，dy，dz（2.2,-0.3,0.01）"建立盒子，在属性对话框中更改盒子的名称为"SHIELD3"，设置材料属性为"silver"。

　　此时的屏蔽层如图 20.30 所示。

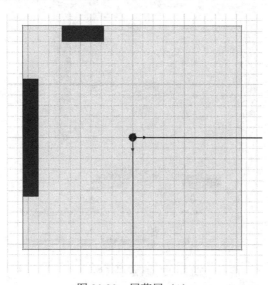

图 20.30　屏蔽层（1）

　　在工程树中选中盒子"SHIELD2"和"SHIELD3"，单击图标 ，在右下角的坐标栏中分别输入镜像向量起点坐标"A，Y，Z（0，0，0）"、增量坐标"dx，dy，dz（0，1，0）"，按【Enter】键完成镜像变换，"SHIELD2"和"SHIELD3"沿 Y 方向镜像之后的模型如图 20.31 所示。

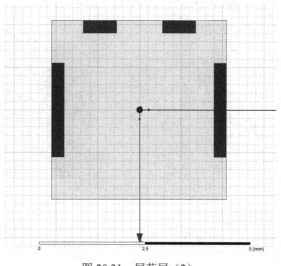

图 20.31　屏蔽层（2）

在工程树中选中盒子"SHIELD2"和"SHIELD2_1，单击图标 ，在右下角的坐标栏中分别输入镜像向量起点坐标"A，Y，Z（0，0，0）"、增量坐标"dx，dy，dz（1，0，0）"，按【Enter】键完成镜像变换，"SHIELD2"和"SHIELD2_1 沿 X 方向镜像之后的模型如图 20.32 所示。

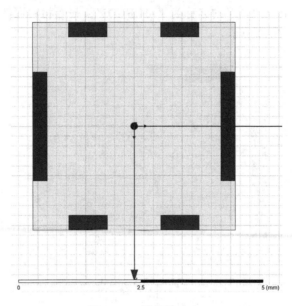

图 20.32　屏蔽层（3）

在工程树窗口中按住【Ctrl】键，同时选中"SHIELD1"、"SHIELD2"、"SHIELD2_1"、"SHIELD2_1_1"、"SHIELD2_2"、"SHIELD3"、"SHIELD3_1"盒子，如图 20.33 所示，单击图标 ，弹出裁剪对话框，"Blank Parts"中选中"SHIELD1"，"Tool Parts"中选中"SHIELD2"、"SHIELD2_1"、"SHIELD2_1_1"、"SHIELD2_2"、"SHIELD3"、"SHIELD3_1"，单击【OK】按钮，完成裁剪，裁剪完成之后的模型如图 20.34 所示。

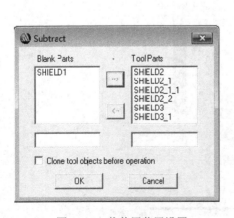

图 20.33　裁剪屏蔽层设置

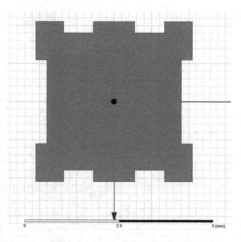

图 20.34　裁剪之后的屏蔽层

单击选中裁剪之后的模型"SHIELD1",单击图标 ，在右下角的坐标栏中分别输入镜像向量起点坐标"A，Y，Z（0，0，0）"、增量坐标"dx，dy，dz（0，0，-1）"，按【Enter】键完成镜像变换,"SHIELD1"沿-Z 方向镜像之后的屏蔽层如图 20.35 所示。

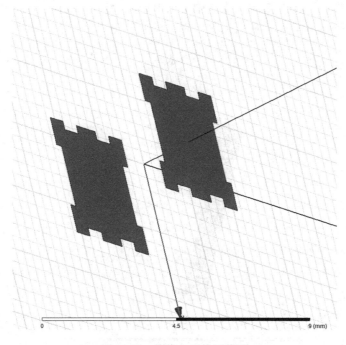

图 20.35　镜像之后的屏蔽层

选中建立的"SHIELD1"和"SHIELD1_1"模型，单击图标 ，隐藏该模型。

（9）建立馈电端口。以起点坐标"A，Y，Z（-0.35，-2.415，-2.038）"、增量坐标"dx，dy，dz（0.7，0.415，4.076）"建立盒子 PORT1，在属性对话框中更改盒子的名称为"PORT1",设置材料属性为"silver",颜色"Color"设置为棕色。设置完成的盒子属性如图 20.36 所示。

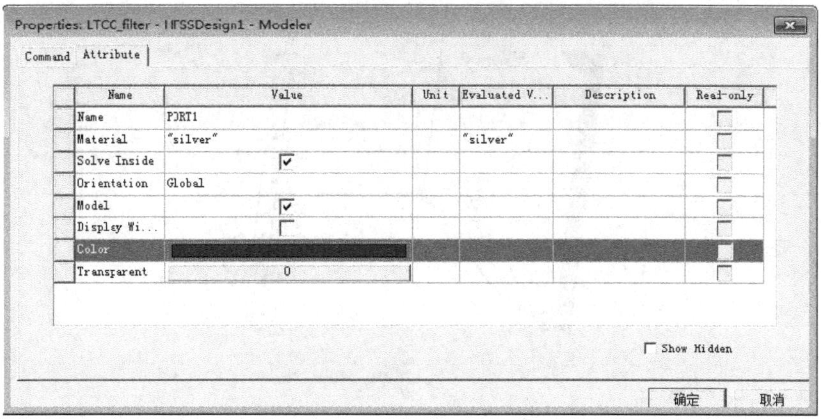

图 20.36　端口属性设置

以起点坐标"*A,Y,Z*（-0.35，-2.4，-2.023）"、增量坐标"d*x*，d*y*，d*z*（0.7，0.4，4.046）"建立盒子，在属性对话框中更改盒子的名称为"PORT2"，设置材料属性为"silver"。

在工程树窗口中按住【Ctrl】键，同时选择"PORT1"和"PORT2"盒子，单击图标 ，弹出裁剪对话框，"Blank Parts"中选中"PORT1"，"Tool Parts"中选中"PORT2"，单击【OK】按钮，完成裁剪，裁剪完成的最终端口模型如图20.37所示。

图 20.37　端口模型

选中裁剪之后的模型"PORT1"，单击图标 ，在右下角的坐标栏中分别输入镜像向量起点坐标"*A，Y，Z*（0，0，0）"、增量坐标"d*x*，d*y*，d*z*（0，1，0）"，按【Enter】键完成镜像变换，沿 *Y* 方向镜像之后的模型如图20.38所示。

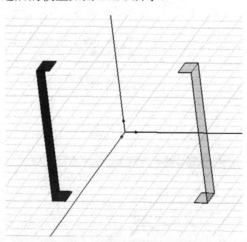

图 20.38　镜像之后的端口模型

选中建立的"PORT1"和"PORT1_1"模型，单击图标 🐾，隐藏该模型。

（10）建立中心谐振级。以起点坐标"A，Y，Z（-2.1，-0.19，-0.1115）"、增量坐标"dx，dy，dz（2.93，0.38，0.01）"建立盒子，在属性对话框中更改盒子的名称为电容"C1"，设置材料属性为"silver"，盒子的颜色为黄色。

选中模型"C1"，单击图标 📲，在右下角的坐标栏中分别输入复制向量起点坐标"A，Y，Z（0，0，0）"、增量坐标"dx，dy，dz（0，0，-0.233）"，按【Enter】键，弹出如图 20.39 所示的对话框，"Tital number"设置为 2，单击【OK】按钮，完成复制变换，这时的模型如图 20.40 所示。

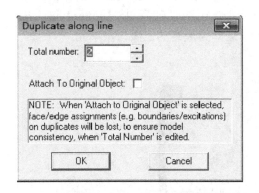

图 20.39　模型复制设置

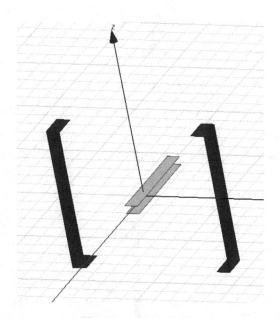

图 20.40　中间级电容

以起点坐标"A，Y，Z（-2.1，-0.19，-0.1115）"、增量坐标"dx，dy，dz（2.93，0.38，0.01）"建立盒子，在属性对话框中更改盒子的名称为电感"L1"，设置材料属性为"silver"，盒子的颜色为蓝色。中心谐振级如图 20.41 所示。

（11）建立输入/输出谐振级。以起点坐标"A，Y，Z（-2.1，-1.075，0.1115）"、增量坐标"dx，dy，dz（2.88，0.38，0.01）"建立盒子，在属性对话框中更改盒子的名称为电容"C2"，设置材料属性为"silver"，盒子的颜色为黄色。

单击模型"C2"，单击图标 📲，在右下角的坐标栏中分别输入复制向量起点坐标"A，Y，Z（0，0，0）"、增量坐标"dx，dy，dz（0，0，-0.233）"，按【Enter】键，弹出如图 20.39 所示的对话框，单击【OK】按钮，完成复制变换。

以起点坐标"A，Y，Z（2.1，-0.1655，-0.005）"、增量坐标"dx，dy，dz（-3.05，0.28，0.01）"建立盒子，在属性对话框中更改盒子的名称为电感"L2"，设置材料属性为"silver"，盒子的颜色为蓝色，这时的模型如图 20.42 所示。

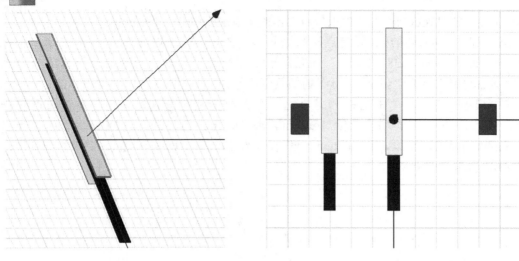

图 20.41　中心谐振级　　　　　图 20.42　中心级和第一级谐振单元

选中"C2"、"C2_1"、"L2"，单击图标 ，在右下角的坐标栏中分别输入镜像向量起点坐标"A，Y，Z（0，0，0）"、增量坐标"dx，dy，dz（0，1，0）"，按【Enter】键完成镜像变换，沿 Y 方向镜像之后的模型如图 20.43 所示，这即为最终的三级谐振单元。

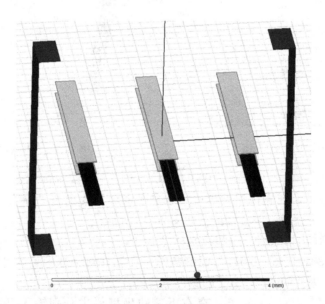

图 20.43　三级谐振单元

（12）建立谐振级输入/输出端口。以起点坐标"A，Y，Z（-0.95，-0.1655，-0.005）"、增量坐标"dx，dy，dz（0.2，-0.595，-0.01）"建立盒子，在属性对话框中更改盒子的名称为"N1"，设置材料属性为"silver"，盒子的颜色为蓝色。

以起点坐标"A，Y，Z（-0.75，-2.05，0.005）"、增量坐标"dx，dy，dz（0.95，-0.2，-0.01）"建立盒子，在属性对话框中更改盒子的名称为"N2"，设置材料属性为

"silver"，盒子的颜色为蓝色。

　　以起点坐标"A，Y，Z（-0.2，-2.25，0.005）"、增量坐标"dx，dy，dz（0.4，-0.15，-0.01）"建立盒子，在属性对话框中更改盒子的名称为"N3"，设置材料属性为"silver"，盒子的颜色为蓝色，完成输入端口的建模，选择"C2"模型，单击图标 将其隐藏，此时的模型顶视图如图 20.44 所示。

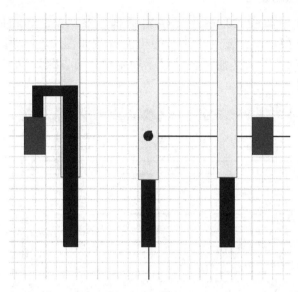

图 20.44　谐振级输入端口

　　选中"N1"、"N2"、"N3"，单击图标 𝕄，在右下角的坐标栏中分别输入镜像向量起点坐标"A，Y，Z（0，0，0）"、增量坐标"dx，dy，dz（0，1，0）"，按【Enter】键完成镜像变换，选择"C2_2"模型，单击图标 将其隐藏，此时的模型顶视图如图 20.45 所示。

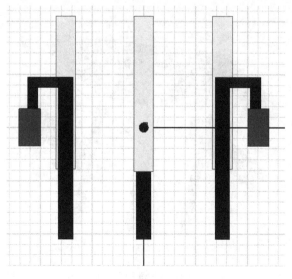

图 20.45　谐振级端口顶视图

此时，该 LTCC 滤波器的三维结构已经完全建立，下面将对该三维模型的求解设置和仿真扫描过程进行一一说明。

20.3.2 求解设置

1. 输入/输出端口激励设置

单击图标 👁，弹出如图 20.46 所示的对话框，在"3D Modeler"标签页中选中"GND1"模型，单击【Done】按钮，此时的模型区域如图 20.47 所示，将前面隐藏的"GND1"重新显示在工作区，其他模型的显示和隐藏也可以采取同样的操作方式进行设置，后文不再重复说明。

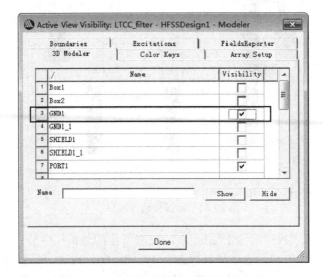

图 20.46 三维模型显示/隐藏设置对话框

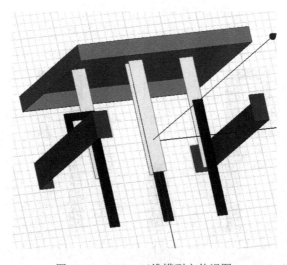

图 20.47 LTCC 三维模型立体视图

单击图标 □，以起点坐标 "A，Y，Z（-0.35，-2.4，-2.023）"、增量坐标 "dx，dy，dz（-1.35，0.4，0）"建立激励矩形平面，在属性对话框中更改平面的名称为 "EXCIT1"，平面的颜色为红色，如图 20.48 所示。

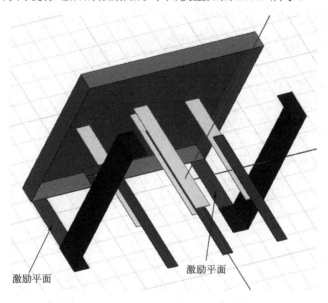

图 20.48　矩形激励平面属性设置

选中矩形平面模型 "EXCIT1"，单击图标 ᴬᴵᴸ，在右下角的坐标栏中分别输入镜像向量起点坐标 "A，Y，Z（0，0，0）"、增量坐标 "dx，dy，dz（0，1，0）"，按【Enter】键完成镜像变换，沿 Y 方向镜像之后的激励矩形平面模型如图 20.49 所示。

图 20.49　矩形激励平面模型

单击 "EXCIT1" 激励平面，在工程管理窗口中右键单击 "Excitation" 选项，执行快捷菜单命令【Assign】>【Lumped Port】，如图 20.50 所示。

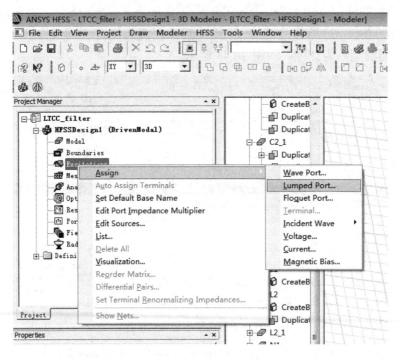

图 20.50　激励设置

　　弹出如图 20.51 所示的对话框，默认阻抗为 50Ω，单击【下一步】按钮，出现如图 20.52 所示的激励积分线设置对话框。

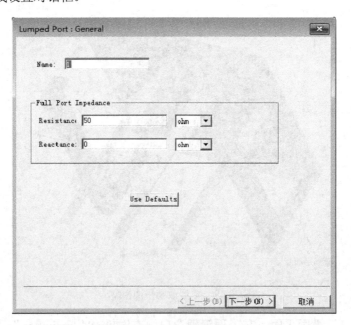

图 20.51　激励设置对话框

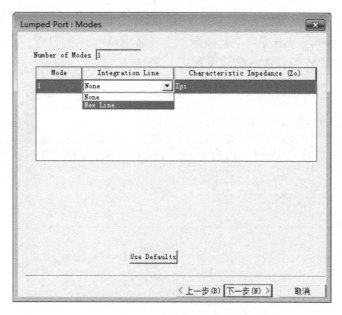

图 20.52　激励积分线设置对话框

单击"None"右侧的下拉箭头选项，选择"New Line..."，在模型区域激活积分线设置命令，此时先用鼠标选中"EXCIT1"激励平面和"PORT1"端口相连接一边的中点位置，HFSS 软件会自动识别曲线中心点，再选中"EXCIT1"激励平面和"GND1"相连接一边的中点位置，如图 20.53 所示，完成输入端口的积分线设置。

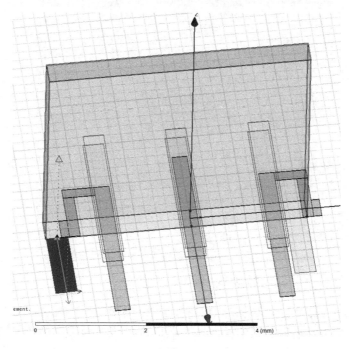

图 20.53　模型激励设置

积分线设置完成之后，弹出如图 20.54 所示的对话框，单击【下一步】按钮，弹出如图 20.55 所示的对话框，单击【完成】按钮，完成激励端口 1 的设置。选中"EXCIT2"，参照同样的步骤可以完成端口 2 的激励设置。

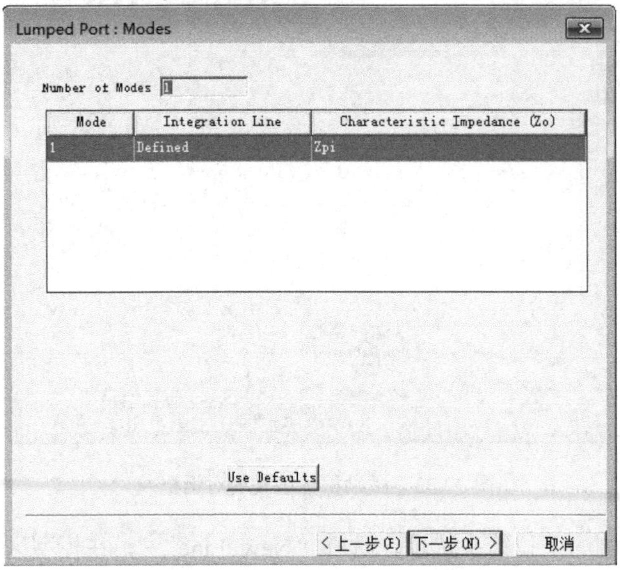

图 20.54　积分线设置完成对话框

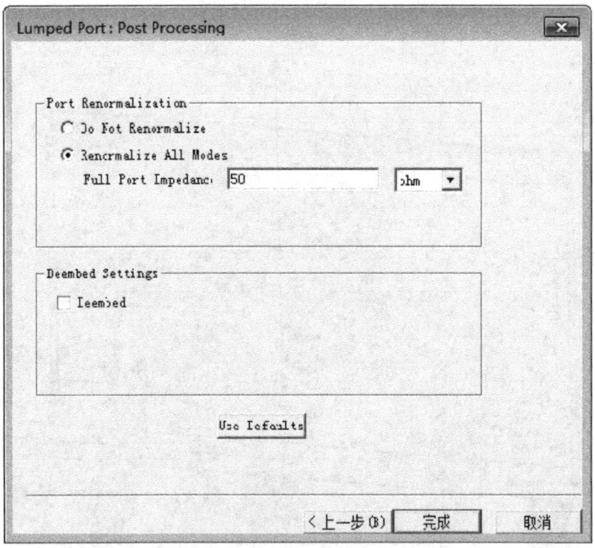

图 20.55　激励端口设置完成

　　设置完激励端口之后的工程文件管理窗口如图 20.56 所示，"Excitations"条目下面会显示刚才所添加的两个激励端口，选中任何一个端口，在 3D 模型区域该激励平面会高亮显示，如图 20.57 所示。

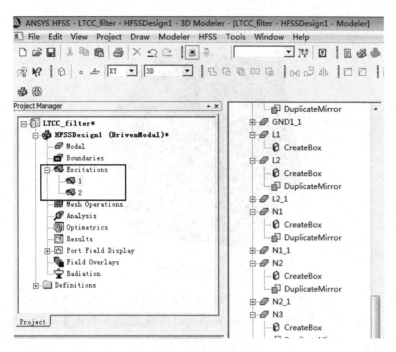

图 20.56　输入/输出激励

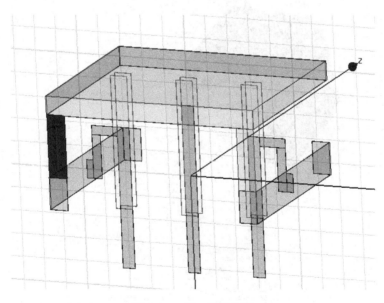

图 20.57　端口激励平面

2．辐射边界设置

单击图标 ，弹出如图 20.46 所示的对话框，在"3D Modeler"标签页中选中"Box1"
模型，单击【Done】按钮，此时的模型区域如图 20.58 所示，将前面隐藏的空气盒子重新显
示在三维模型工作区域。

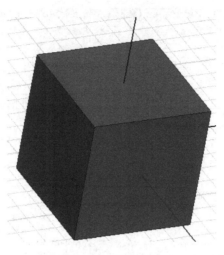

图 20.58　空气盒子

选中"Box1",如图 20.59 所示,单击鼠标右键,执行快捷菜单命令【Assign Boundary】>【Radiation】,弹出如图 20.60 所示的对话框,单击【OK】按钮,完成对空气盒子的辐射边界设置。

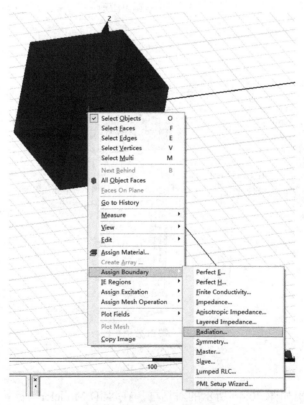

图 20.59　辐射边界设置步骤

设置完成之后，工程管理窗口中的边界设置一栏下面会出现"Rad1"一项，如图 20.61 所示。

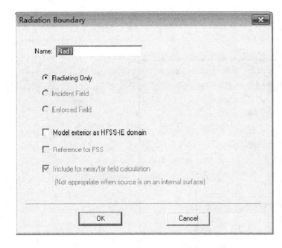

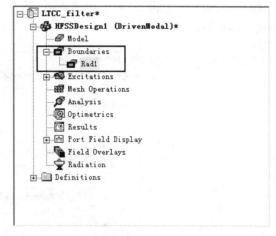

图 20.60　辐射边界设置对话框　　　　　　　　图 20.61　辐射边界

3．求解模式设置

执行菜单命令【HFSS】>【Solution Type】，如图 20.62 所示，弹出如图 20.63 所示的对话框，选择"Modal"驱动模式，单击【OK】按钮，完成求解模式的设置。

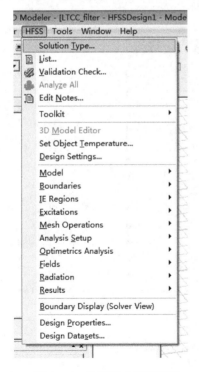

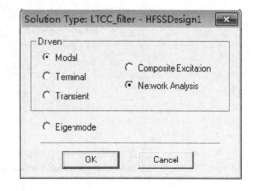

图 20.62　求解模式设置步骤　　　　　　　　　图 20.63　求解模式设置对话框

4. 求解参数设置

如图 20.64 所示，在工程管理窗口中的"Analysis"选项中单击鼠标右键，执行菜单命令【Add Solution Setup】，弹出如图 20.65 所示的对话框，按照图 20.65 所示的设置求解的中心频率和其他设置。

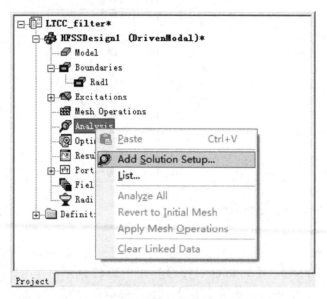

图 20.64　求解参数设置步骤

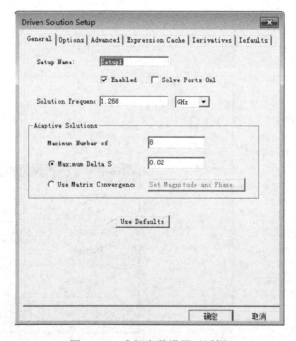

图 20.65　求解参数设置对话框

设置完成之后，工程管理窗口的"Analysis"选项下会多出一个"Setup1"选项，如图 20.66 所示，右键单击"Setup1"选项，执行菜单命令【Add Frequency Sweep】，添加求解扫描参数设置，弹出如图 20.67 所示的对话框。

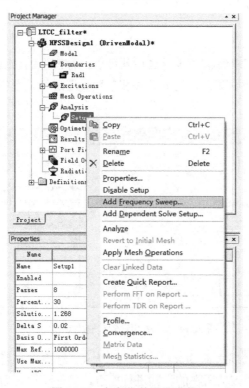

图 20.66　扫频参数设置步骤

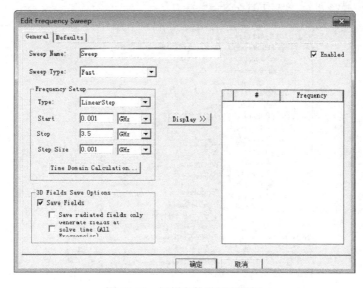

图 20.67　扫频参数设置对话框

扫描方式设为"Fast"，扫描频率格式设置为"LinearStep"，起始频率、截止频率、频率步进分别设置为 0.001GHz、3.5GHz 和 0.001GHz，单击【确定】按钮完成求解频率设置。

20.3.3　仿真分析

1. 三维仿真

完成三维模型的建立和求解参数设置之后就可以进行模型的仿真分析了。仿真之前，单击图标 ，对三维模型和激励端口、边界条件和参数设置进行系统检查，检查完成的对话框如图 20.68 所示。

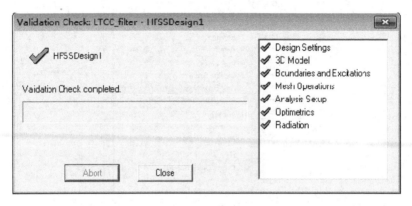

图 20.68　模型和设置检查对话框

检查对话框中所有的选项之前均为"√"，则表示三维模型和所有的求解设置均正确，如果某项设置有误，需返回该项所在的步骤进行检查，确保无误之后再进行仿真分析。

如图 20.69 所示，在工程管理窗口的"Sweep"选项中单击鼠标右键，执行快捷菜单命令【Analyze】对该模型进行三维仿真分析。

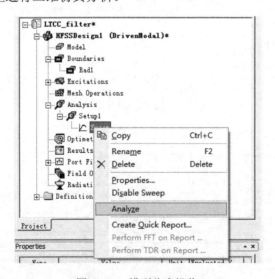

图 20.69　模型仿真操作

仿真时系统会显示如图 20.70 所示的进度条，仿真完成之后"Message Manager"窗口中显示如图 20.71 所示的完成信息，如果仿真有警告或者错误，也会在该窗口中给出相应的提示和说明。

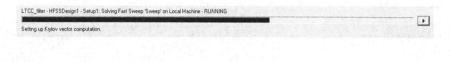

图 20.70　模型仿真进度条

图 20.71　模型仿真完成状态窗口

2．结果显示

仿真完成之后，如图 20.72 所示，在工程管理窗口中选中"Results"，单击鼠标右键，执行菜单命令【Creat Modal Solution Data Report】>【Rectangular Plot】，弹出如图 20.73 所示的数据对话框。

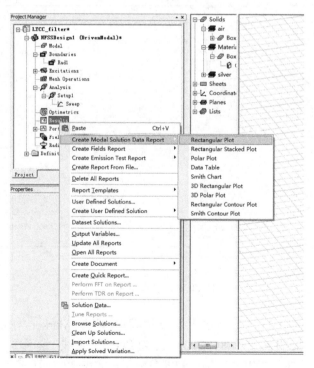

图 20.72　仿真结果操作步骤

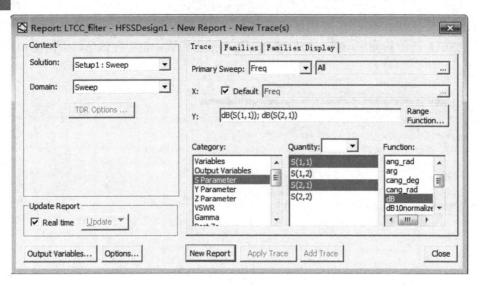

图 20.73　仿真结果设置对话框

　　"Category"中选择"S Parameter"，"Quantity"中选择"S（1，1）"和"S（2，1）"，"Funtion"中选择"dB"，设置完成之后单击【New Report】按钮，弹出如图 20.74 所示的仿真结果。

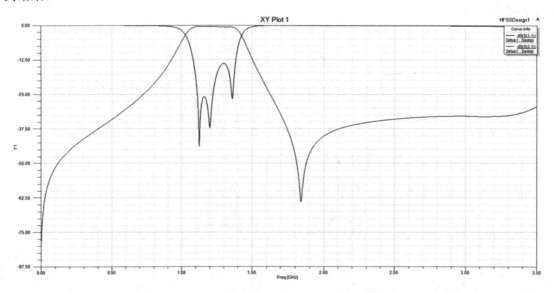

图 20.74　仿真结果

　　单击图标 ∧，在 S（2，1）曲线上面分别添加 4 个 Marker 标记点，频率分别为 1.1GHz、1.225GHz、1.35GHz 和 1.845GHz，在 S（1，1）曲线上面添加 1 个 Marker 标记点，频率为 1.225GHz，便可读出相应频点的 S 参数值，如图 20.75 所示。

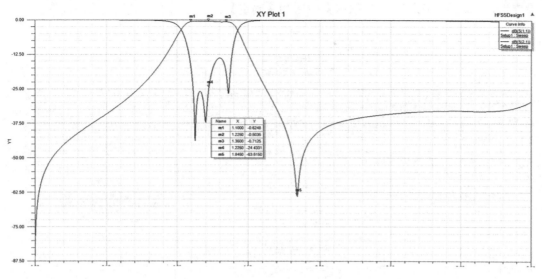

图 20.75　添加 Mark 点

双击任意一条仿真曲线，即可打开如图 20.76 所示的对话框，在其中可对该条曲线的参数进行设置。

图 20.76　曲线参数设置对话框

20.3.4　参数扫描

1. 添加变量

在模型树中选择"L1"模型下面的"CreatBox"，双击，弹出如图 20.77 所示的对话框。将"XSize"由-3.62 更改为"-3.62mm-LL"，"LL"为电感的长度变量，增加该变量之后会弹出如图 20.77 所示的"Add Variable"对话框，按照如图 20.77 所示的，默认"Value"

值设置为 0，设置完成之后单击【OK】按钮和【确定】按钮，完成"L1"变量的设置。

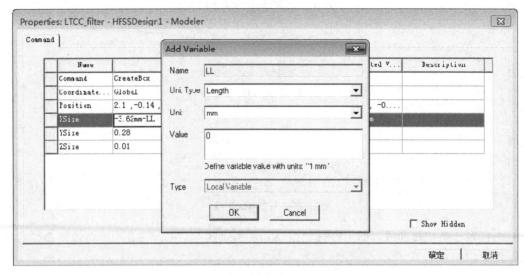

图 20.77　添加变量对话框

同理，将"L2"的"XSize"设置为"-3.05mm-LL"，由于前一步已经添加过该变量，所以此处不需要再设置该变量的默认值和相关信息，如图 20.78 所示。

Name	Value	Unit	Evaluated V...	Description
Command	CreateBox			
Coordinate...	Global			
Position	2.1 ,-1.655 ,-0.005	mm	2.1mm , -1....	
XSize	-3.05mm-LL		-3.05mm	
YSize	0.28	mm	0.28mm	
ZSize	0.01	mm	0.01mm	

图 20.78　"L2"变量设置

同理，选择将"N1"的起点坐标中的"X"起点设置为"-0.95mm-LL"，由于前一步已经添加过该变量，所以此处不用再设置该变量的默认值和相关信息，如图 20.79 所示。

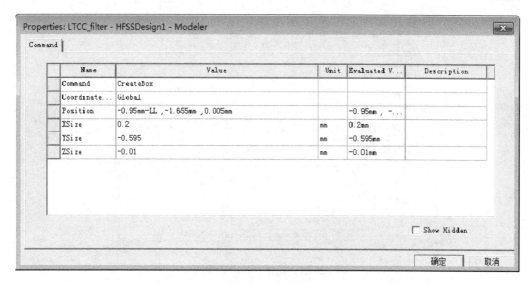

图 20.79　"N1"变量设置

同理，选择将"N2"的"XSize"设置为"0.95mm+LL"，起点坐标中的"X"坐标设置为"-0.75mm-LL"，由于前一步已经添加过该变量，所以此处不用再设置该变量的默认值和相关信息，如图 20.80 所示。

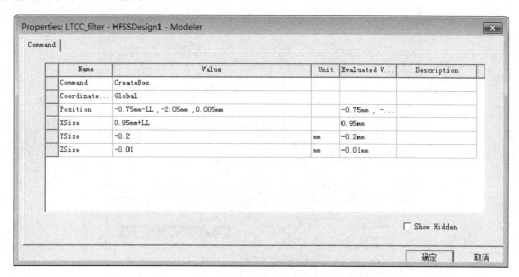

图 20.80　"N2"变量设置

2．扫描分析

变量设置完成之后，如图 20.81 所示，选择工程管理窗口中的"Optimetrics"，单击鼠标右键，执行菜单命令【Add】>【Parametric】，弹出如图 20.82 所示的对话框，单击【Add】按钮，弹出如图 20.83 所示的对话框。

图 20.81　扫描参数设置步骤

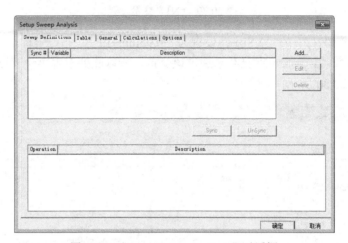

图 20.82　"Setup Sweep Analysis"对话框

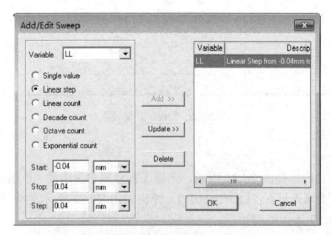

图 20.83　"Add/Edit Sweep"对话框

按照图 20.83 所示的，选择变量"LL"，以-0.04mm 为起点、0.04mm 为终点，0.04mm 的步进，设置参数扫描点，设置完成之后单击【Add】按钮，将设置的扫描参数添加到对话框右边的区域，单击【OK】按钮，完成参数设置，返回到图 20.84 所示的对话框，单击【确定】按钮，完成扫描参数的最终设置，刚才设置的扫描变量已添加到扫描参数对话框。

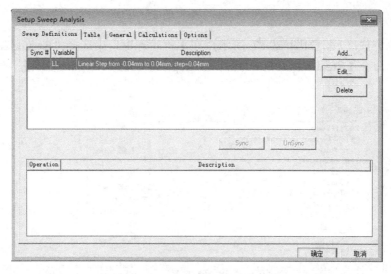

图 20.84　扫描参数设置对话框

设置扫描参数之后，如图 20.85 所示，工程管理窗口中的"Optimetrics"选项下面会增加一个"ParametricSetup1"项，单击鼠标右键，执行菜单命令【Analyze】即可开始对"LL"参数进行扫描分析，参数扫描时的进度条显示如图 20.86 所示，进度条中显示要扫描的参数点数与已分析的点和待分析的点分别有多少。

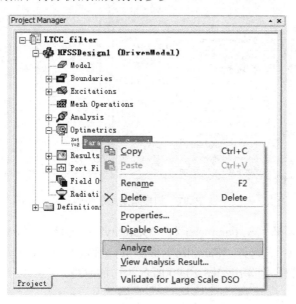

图 20.85　参数扫描分析实现步骤

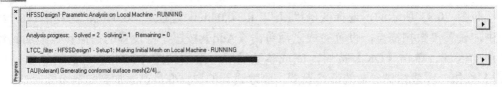

图 20.86　参数扫描进度条

参数扫描完成之后，如图 20.87 所示，在工程管理窗口中选择"Results"，单击鼠标右键，执行菜单命令【Creat Modal Solution Data Report】>【Rectangular Plot】，弹出如图 20.88 所示的对话框。

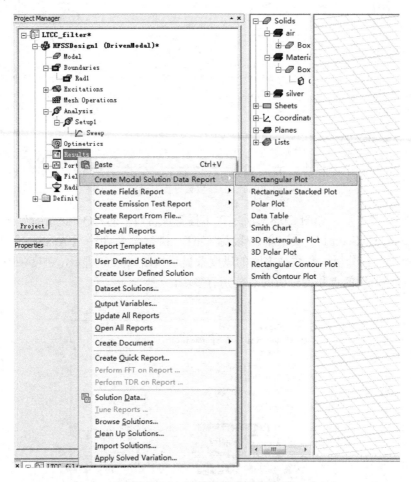

图 20.87　扫描结果添加步骤

"Category"中选择"S Parameter"，"Quantity"中选择"S（1,1）"和"S（2,1）"，"Funtion"中选择"dB"。选择"Families"标签页，确定变量"LL"，如图 20.89 所示，单击【New Report】按钮，则弹出如图 20.90 所示的扫描曲线。

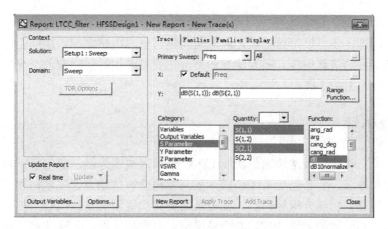

图 20.88　扫描结果对话框

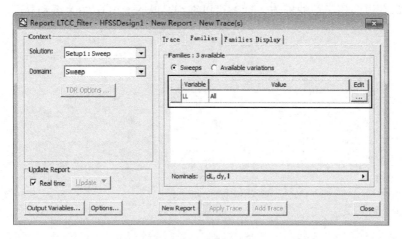

图 20.89　扫描变量选择

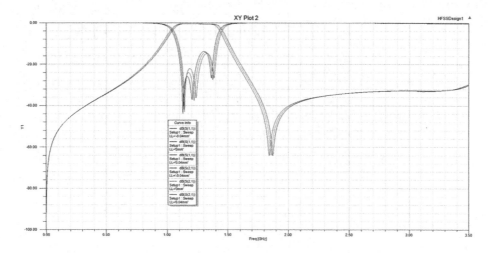

图 20.90　扫描曲线

由图 20.90 可见，随着电感 L（不是变量"LL"）的增长，滤波器的通带中心频率往低频方向移动。同理，还可以对谐振级之间的极间距、电容电感之间的层间距等参数进行扫描分析，以得到最好的仿真曲线。需要注意的是，在变量添加时要注定各个坐标之间的约束关系，以保证扫描结果的正确。

20.4　本章小结

本章以一个三阶梳妆线结构的带状线 LTCC 带通滤波器为例，给出了一般 LTCC 无源器件的设计步骤和方法，主要包括 LTCC 技术的基本概念、优缺点、工艺流程、应用范围、三维建模、仿真设置、扫描分析等内容。此处还需要再次说明的是，LTCC 技术仅仅是一种新型的封装技术，和一般的多层 PCB 电路来说没有本质的差别，区别就在于封装材料的不同而引起一些器件性能的差异，所以 LTCC 器件的设计思想和原理与 PCB 电路器件、腔体结构器件的原理有很多相类似的地方，读者可以细细品味领会其中的关系和异同。

第21章 频率选择表面仿真

早在 20 世纪五六十年代，研究隐身技术的电磁工程师们就提出了"频率选择表面（Frequency Selective Surfaces，简称 FSS）"这一概念。经过半个多世纪的发展，出现了多频段、有源、三维立体等多种多样且性能优越的新型结构。如今 FSS 仍是各国电磁研究学者们关注的热点之一。

众所周知，目前各类飞行器上都装备有雷达传感器，雷达天线功率高，雷达散射截面（RCS）大，因此很容易被对方探测到。为了达到降低雷达散射截面的目的，实现隐身飞行，工程师们都希望设计出在雷达工作频段内传输实现低损耗，而在工作频段以外像金属罩一样，与飞行器外形共形的雷达天线罩。这种特殊的天线罩就是利用"频率选择表面"理论设计与研制的。频率选择表面是一种空间滤波器，它可作为雷达天线的带通天线罩，也可以作为无线通信双频天线的双工器，又可以作为特定通带的吸波结构件等。其实物如图 21.1 所示。

图 21.1　频率选择表面实物

本章从笔者的实际设计经验出发，以当前热门的 FSS 结构为例，从建立模型、设置求解到优化参数为读者讲解详细的 FSS 设计流程和步骤。

21.1　频率选择表面基本理论

当电磁波入射到偶极子单元上时，在平行于偶极子方向的电场对电子产生作用力使其振荡，金属表面上就有感应电流形成。此时，入射电磁波的一部分能量转化为维持电子振荡状态所需的动能，而另一部分的能量就透过偶极子继续传播。根据能量守恒定律，维持电子运动的能量就被电子吸收了。在某一频率下，所有的入射电磁波能量都被转移到电子的振荡上，那么透射系数为零。这种现象就是谐振现象，该频率点称为谐振点。此时，偶极子单元就具有了反射特性。

而另一种情况，当入射波的频率不等于谐振频率时，只有很少的能量用于维持电子做加速运动，大部分的能量都透射了。在这种情况下，偶极子单元对于入射电磁波而言是"透明"的，电磁波的能量可以全部传播。此时，偶极子单元就成透射特性。

同理，电磁波入射到缝隙单元上时，在谐振频率附近，大部分能量透射，而入射波频率不等于谐振频率时，电磁波能量转换成电子运动的能量。

21.2 设计目标和整体图形

名称：基于左手单元的双频带通频率选择表面，如图21.2所示。

中心频率：$f_1=12\text{GHz}$，$f_2=35\text{GHz}$。

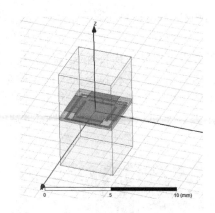

图 21.2 基于左手单元的双频 FSS 单元

21.3 HFSS 设计步骤

打开 ANSYS HFSS15 后，默认已经打开一个名为 Project1 的工程，将这个工程命名为"DualBandFSS"，并保存。

为了方便模型调整和优化，我们推荐采用变量化建模。执行菜单命令【HFSS】>【Design Properties】>【Value】，在弹出的对话框中单击【Add】按钮，为属性逐个添加表 21.1 所列的变量（单位：mm）。

表 21.1 FSS 单元参数变量

D	s	W1	W2	W3	W4	L1	L2	h
4.3	0.2	3.8	0.2	0.1	2.3	2.1	0.35	0.254

例如，添加 FSS 单元的边长，变量名称为"D"，变量类型是"Variable"，单位类型为"Length"，单位为"mm"，变量值为4.3，如图21.3所示。单击【OK】按钮完成变量添加工作。

图 21.3　为属性添加变量对话框

类似地添加剩下的变量。结果如图 21.4 所示。

图 21.4　本地变量列表

接下来我们用添加的变量建模。首先画第一层的左手结构单元，我们将这个较为复杂的单元分解成各个基本形状的叠加，比如这个结构可以由 3 个矩形旋转而成。如图 21.5 所示用变量建立第一个矩形，其他类推。

图 21.5　参数化建模

按住【Shift】键，在树状模型列表里选中"Rectangle1"、"Rectangle2"、"Rectangle3"，然后单击工具栏里的 ⬛（Unite）图标合并 3 个模型得到新的"Rectangle1"，接着单击

（Mirror Duplicate）图标，在右下角坐标中输入镜像原点（：0，0，0）、镜像向量（1，0，0），得到"Rectangle1_1"。将"Rectangle1"和"Rectangle1_1"同时选中，单击 🔧（Duplicate AroundAxis）图标，在弹出的对话框中设置绕着 Z 轴旋转被选体，"Total Number"设置为 2，取消勾选"Attach to Original Object"选项，之后单击工具栏中的 🔲 图标进行合并。合并后如图 21.6 所示。

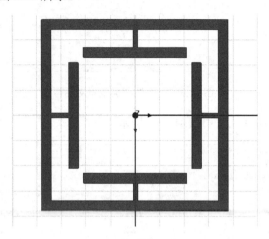

图 21.6　左手结构单元

图形建好后还没有结束，双击树状模型窗口的"Rectangle1"，在"Name"一栏修改名字为"LH_Unit"（Left-handed Unit 的缩写，读者可以用字母、数字、下划线的组合自定义模型的名字）。

然后用鼠标右键单击"LH_Unit"，从弹出的快捷菜单中执行菜单命令【Assign Boundary】>【Perfect E】，如图 21.7 所示，把模型定义成理想导体。在弹出的对话框中，在"Name"文本框输入"LH_Unit"，取消勾选"Infinite Ground Plane"，这个选项一般只有在无限大接地反射面时才会用到。

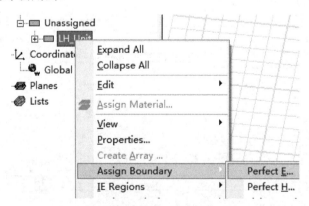

图 21.7　设置理想导体边界右键快捷菜单

这样，第一层的左手结构单元就算完成了。接下来我们新建介电常数 ε_r 为 2.2 的介质层。执行菜单命令【Draw】>【Draw Box】或者直接单击工具栏中的 🔲 图标，建立一个长方体，长方体的坐标属性如图 21.8 所示。

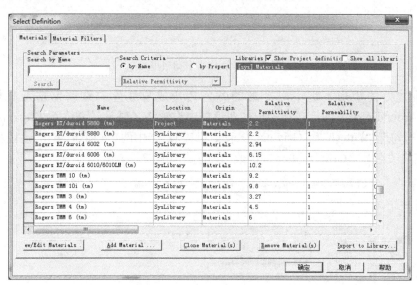

图 21.8　新建介质层

接下来要设置这个 Box 的属性。双击树状栏上的 Box1，在弹出的属性设置对话框中将名字改成 "Substrate"，单击 "Material" 一栏中的 "vacuum"，选择 Edit，在弹出的对话框中我们按要求选取一个介电常数（Relative Permittivity）为 2.2 的材料。本例中我们选取 Rogers RT/duroid 5880(tm)，如图 21.9 所示，单击【确定】按钮即可返回。如果必须使用某种材料，可以在 "Search by Name" 文本框中直接输入材料的名字快速检索；如果材料库中没有符合要求的材料，可以单击【Add Material】添加新的材料。

图 21.9　设置介质层材料属性

为了区分不同材料和方便观察，我们将介质层的颜色改成浅绿色，透明度设置成 0.6，如图 21.10 所示，单击【确定】按钮完成所有设置。

接下来我们建第三层，第三层结构比较简单，是一个十字栅格。执行菜单命令【Draw】>

【Rectangle】，画一个矩形：矩形宽度为"W4"，长度为"D"，如图 21.11 所示。

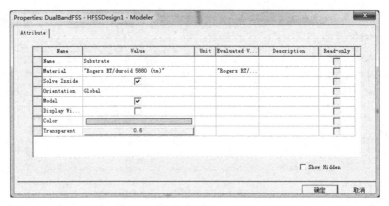

图 21.10   设置介质层名称、颜色与透明度

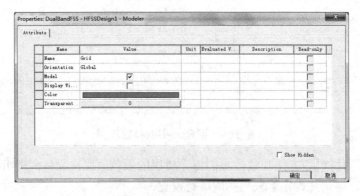

图 21.11   新建十字栅格单元

选中刚建好的矩形，选中时矩形的颜色会变成粉红色，然后单击工具栏中的□（Duplicate Around Axis）图标，在弹出的对话框中设置绕 Z 轴旋转 90°，"Total number"设置为 2，取消勾选"Attach To Original Object"选项。选中两个矩形后单击 □ 图标合并，将合并后的栅格改名为"Grid"，并将颜色改为橙色，如图 21.12 所示。

图 21.12   设置栅格单元名称、颜色

Grid 的材料属性还没设置。由于 Grid 是平面，可以将它设置成理想导电体。用鼠标右键单击 Grid，在弹出的快捷菜单中执行菜单命令【Assign Boundary】>【Perfect E】，如图 21.13 所示。在弹出的对话框中将边界条件名字设置为 "Grid"，取消勾选 "Infinite Ground Plane" 选项。单击【确认】按钮设置完毕。

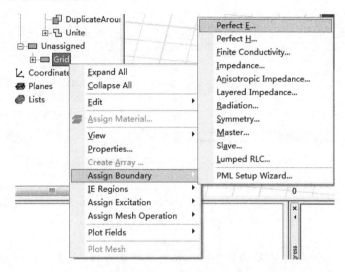

图 21.13　设置栅格为理想导体右键快捷菜单

接着我们为这个 FSS 新建一个空气盒子。如果没有空气盒子，HFSS 会默认这个结构的四周都是金属，因此这个空气盒子上下高度要大于本身结构的高度，否则仿真时会出现错误提示。

执行菜单命令【Draw】>【Draw Box】，新建一个长宽均为 "D"、高为 8mm 的盒子。此处高度可以自定义，只要大于单元整体厚度即可。如图 21.14 所示。

Name	Value	Unit	Evaluated Value	Description
Command	CreateBox			
Coordinate...	Global			
Position	-D/2 ,-D/2 ,-4mm		-2.15mm , -2.15mm , -4mm	
XSize	D		4.3mm	
YSize	D		4.3mm	
ZSize	8	mm	8mm	

图 21.14　新建空气盒子

这个盒子命名为 "AirBox"，材料是真空，颜色这里选白色（可以任选），最后一项透明度设成 0.9。如图 21.15 所示。

HFSS 中仿真无限延拓的周期结构通常用主从边界条件（Master/Slave Boundary），在仿真 FSS、EBG 及其他 Metamaterial 时都有可能用到主从边界条件。主从边界条件不仅要成对出现，还要求主边界表面和从边界表面有相同的形状、大小和方向。从边界表面电场与主边界表面电场有一个相位差来模拟周期结构，在设置上，还可以在从边界表面设置不同的入射角来模拟周期结构的斜入射情形。

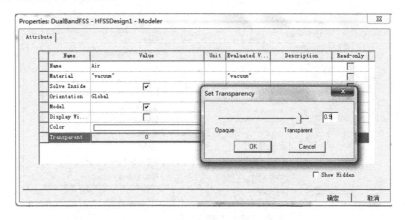

图 21.15　设置空气盒子的透明库

　　下面具体介绍如何设置主/从边界条件。执行菜单命令【Edit】>【Selective】>【Faces】或者直接按快捷键【F】来选择"面"。然后选中空气盒子"Air"的任一个侧面，选中后执行菜单命令【HFSS】>【Boundaries】>【Assign】>【Master】来设置主边界，这时弹出如图 21.16 所示对话框。

图 21.16　设置主边界条件

　　这时候需要分配相对坐标系，以便软件能知道周期结构的延拓方向。本例中 U 矢量和 V 矢量分别设置成主边界表面所在长方形的长和宽即可。在"U Vector"里选择"New Vector"，然后对话框会自动消失，接下来只要画出 U 矢量即可。有时模型会比较复杂，我们只需要在右下方的坐标框里输入矢量的起点和方向即可。例如，本例中 U 矢量的起点定为（2.15，-2.15，4）（单位：mm，下同），方向为（0，4.3，0）。设置好 U 矢量后软件会自动设置 V 矢量，当 V 矢量的方向与想要设置的相反时，只需要勾选"Reverse Direction"选项即会翻转 V 的方向。

　　当主边界设置完成后，按住【Alt】键并拖动鼠标将模型转到主边界的对面，接着设置从边界。同样地，按下快捷键【F】后选择从边界表面，设置从边界条件，与设置主边界条件类似，用鼠标右键单击选中的面（Face），从弹出的快捷菜单中执行菜单命令【Assign Boundary】>【Slave】，弹出如图 21.17 所示的对话框。

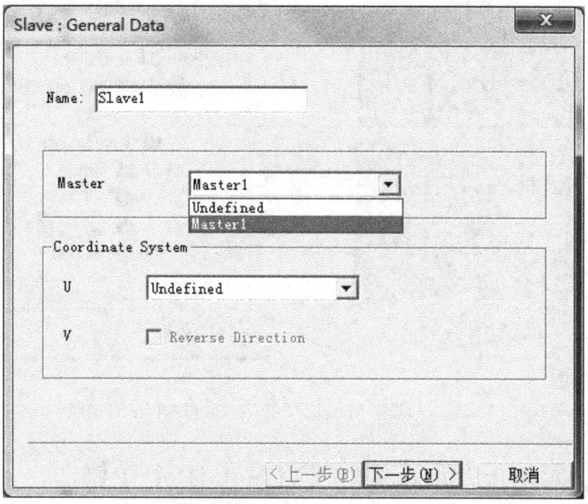

图 21.17　设置从边界条件

　　在"Master"中选择与前面对应的主边界的名称，本例中选择"Master1"，坐标系中的 U、V 矢量同主边界设置一致，注意它们的方向和大小要相同，具体不再重复介绍。与主边界条件不同的是，从边界设置完相对坐标系之后会弹出"Slave：Phase Delay"对话框，要求设置主/从边界表面电场之间的相位差，如图 21.18 所示。

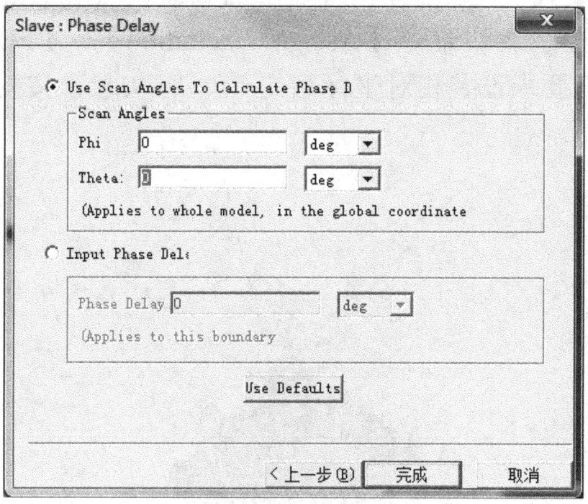

图 21.18　在从边界条件中设置电磁波入射角

　　如果要仿真不同角度的入射波，可以在 Phi（ϕ）和 Theta（θ）中设置一个变量，如 Theta_var（注意变量名称不能与系统保留字符相同），然后在"Optimetrics"中添加一个变量扫描，具体的设置在后续内容中详细介绍。本例只介绍最基本的平面波入射，Phi 和 Theta

均设为 0。

在设置时，为了方便观察已经设置好的边界，可以在工程管理（Project Manager）的树状列表中展开 Boundaries，在子项目中找到"Master1"、"Slave1"，在模型中设置好的边界条件会突出显示出来，包括设置的表面、坐标系、入射波角度及对应边界的名称。如图 21.19 所示。

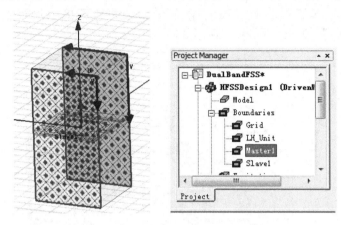

图 21.19　在工程管理窗查看边界条件

本例中 FSS 的单元是正方形，因此空气盒子有 4 个侧面，另外两个对称的表面用同样的方法设置主/从边界条件。

所有的主/从边界都设置好以后，建模就只剩下最后一步：设置激励条件。像仿真 FSS 这种平面无限大的周期结构用 Floquet 边界条件是最为方便的。正是因为主/从边界条件及 Floquet 激励的存在，FSS 的仿真才能够如此快速而准确。Floquet 激励的设置类似于波端口（Wave Port）激励。

我们还是按下快捷键【F】来选择空气盒子的底面，然后用鼠标右键单击选中的面，在弹出的快捷菜单中执行菜单命令【Assign Excitation】>【Floquet Port】，在弹出的"General"对话框中仍然要求设置相对坐标系的 U、V 矢量，按要求沿着底面正方形的边设置即可，如图 21.20 所示。

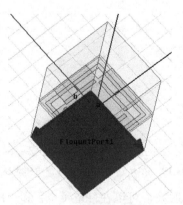

图 21.20　设置 Floquet 激励

在设置好 U、V 矢量后，对话框会显示"Defined"，单击【下一步】按钮，接着设置入射波的模式。本例中只观察水平和垂直两个极化方向的电磁波，因此按默认设置即可。如果想对模型的极化稳定性有进一步的研究，在"Number of Modes"文本框中输入模式的个数，如 4。为了方便用户的使用，可以单击【Modes Calculator】按钮，打开模式计算工具，如图 21.21 所示，根据实际的研究需要来辅助设置模式。

按照默认的设置，两个模式的入射波模式 1 为 TE_{00}，模式 2 为 TM_{00}，衰减（Attenuation）为 0，也就是不考虑电磁波在空气中的衰减。接着单击【下一步】按钮，在"Post Processing"标签页中，默认不勾选"Deembed"，如果要对入射波的位置进行偏移，不必重新建空气盒子，只要勾选"Deembed"选项，在后面的距离里填上想要偏移的距离或者设置一个变量即可，如图 21.22 所示。本例无须设置，不勾选即可继续单击【确定】按钮。

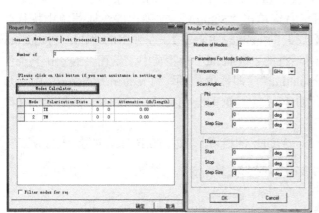 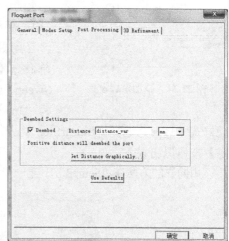

图 21.21 模式计算工具   图 21.22 端口移动 Deembed 设置

在"3D Refinement"对话框中，建议勾选"Affects Refinement"选项，选中之后 HFSS 在自适应剖分时会针对 Floquet 激励端口进行剖分加密，从而使得结果更加精准。如图 21.23 所示。

图 21.23 端口 3D Refinement 设置

单击【完成】按钮，继续用同样的方法设置顶部的 Floquet 端口。模型建好了就可以设置仿真参数了，首先设置的是求解频率。

用鼠标右键单击工程树状列表中的"Analysis"，在弹出的快捷菜单中选择【Add Solution Setup】命令（如图 21.24 所示），弹出"Driven Solution Setup"对话框。对于一般的 FSS 仿真，通常将它的谐振频率设置成为求解频率；对于宽带结构，建议将其最高频率设置成求解频率，以便获得更精确的仿真结果；对于工作在多频带的 FSS，需要添加两个独立的求解频率，本例中的模型即是一个工作在 10GHz 和 30GHz 的双频 FSS，因此在"Analysis"中分别添加一个求解频率为 10GHz 和 30GHz 的设置，默认命名为 Setup1 和 Setup2。

图 21.24　添加求解设置

只添加求解频率时仿真的结果只是一个点频，要想让软件仿真一个频段就要添加扫频。由于该模式下 HFSS 求解域是频率，因此扫频范围不能太广。假设求解频率是中心频率 f_0，建议将扫频范围控制在[$-f_0$, $+f_0$]之间。本例在 Setup1（中心频率 10GHz）下添加一个 7～14GHz 的扫频，在 Setup2（中心频率 30GHz）下添加 25～37GHz 的扫频。

用鼠标右键单击"Setup1"，在弹出的快捷菜单中执行菜单命令【Add Frequency Sweep】，在弹出的"Edit Frequency Sweep"对话框的"General"标签页中，设置"Sweep Type"为"Interpolating"，即插值扫频，"Frequency Setup"中，步进方式"Type"选择"LinearStep"，从 7GHz 扫到 14GHz，步进为 0.1GHz。然后单击【确定】按钮退出设置。

用同样的方法在"Setup2"下建一个 25～37GHz 的扫频，步进为 0.1GHz，如图 21.25 所示。

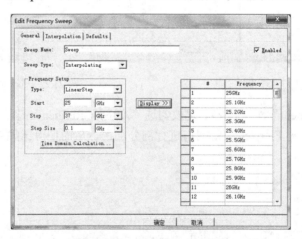

图 21.25　为 Setup2 添加扫频范围

在软件开始仿真之前，检查一下模型是否还有问题。单击工具栏中的图标，或者执行菜单命令【HFSS】>【Validation Check】。当弹出对话框中的所有选项都打上绿色勾时，表示模型建立和设置基本正确，如图 21.26 所示。有时会出现黄色的感叹号，可能是模型建立与规则冲突，但是未必会影响仿真结果，具体原因可以看左下方的消息框"Message Manage"中的反馈。确认后单击【Close】按钮关闭有效性检查。

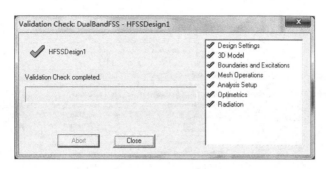

图 21.26　有效性检查

接下来就让软件开始仿真。如果只需要观察第一频段的 S 参数，只需要在工程管理窗口中用鼠标右键单击"Analysis"下的"Setup1"，从弹出的快捷菜单中执行菜单命令【Analyze】即可。本例中我们想要观察两个频段的结果，直接用鼠标右键单击"Analysis"，从弹出的快捷菜单中执行菜单命令【Analyze All】，即开始仿真。

在仿真时，软件右下角的"Progress"中会显现仿真的进程，如果希望暂停或者取消，单击进度条右边的三角形即可，如图 21.27 所示。软件的左下角显示的是仿真各阶段反馈的信息，有助于用户排查可能出现的问题，如图 21.28 所示。

图 21.27　仿真进度窗口

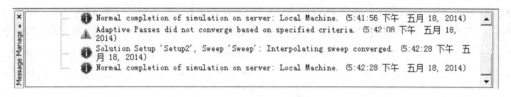

图 21.28　仿真信息窗口

仿真结束后我们希望看到仿真的结果，在工程管理窗口树状列表中用鼠标右键单击"Results"，从弹出的快捷菜单中执行菜单命令【Create Modal Solution Data Report】>【Rectangular Plot】（如图 21.19 所示），在弹出的"Report"对话框中可以选择想要观察的结果。

对于本例的双频 FSS，我们比较关心它的 S 曲线。首先在"Solution"下拉框中选择"Setup1:Sweep"，这表示要显示"Setup1"中的扫频结果，本例中为 9～15GHz。要观察 32～38GHz 就选择"Setup2:Sweep"。在"Category"中选择"S Parameter"，然后在右边选择dB(S(FloquetPort1:1,FloquetPort1:1)) 和 dB(S(FloquetPort1:1,FloquetPort2:1))，即"S(1,1)"和"S(2,1)"。如图 21.30 所示。如果需要观察的值不在选项中，可以在"Y:"中输入数学表达式。如

果表达式较复杂，可以单击【Range Function】按钮，HFSS 提供了更便利的编辑公式的方式。

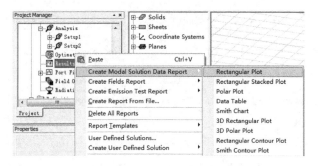

图 21.29　查看仿真结果右键快捷菜单

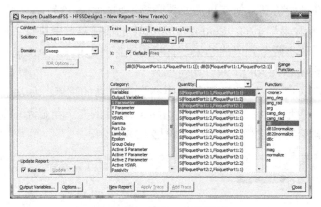

图 21.30　查看 S 参数设置

选择好观察值后，单击【New Report】按钮生成新的结果报告。软件自动生成的结果可能不方便观察，下面依据实例介绍一下如何修饰结果来使得结果更加美观。用鼠标右键单击"Results"，从弹出的快捷菜单中执行菜单命令【Rename】，将名称"XY Plot 1"改成"First Band"，双击结果图中的横轴和纵轴可以修改名称、坐标范围等显示属性。如本例中将 Y 轴坐标范围改成-30dB～0dB，X 轴范围改成 7～13GHz。分别双击各个曲线可以修改颜色、线宽、线形（如图 21.31 所示）等属性，这样即使是黑白打印也能很好地区分不同的曲线。如图 21.32 所示。

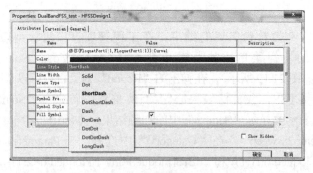

图 21.31　修改结果曲线线形

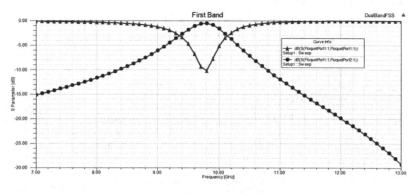

图 21.32　仿真结果

HFSS 仿真结果的数据可以导出成"*.csv"的格式文件，这种格式文件可以用 Microsoft Excel 或者 Origin 等软件打开。在结果图中的空白处单击鼠标右键，在弹出的快捷菜单中执行菜单命令【Export】，然后选择要保存的位置与输出的频率范围和步长，单击【OK】按钮即可保存，如图 21.33 所示。

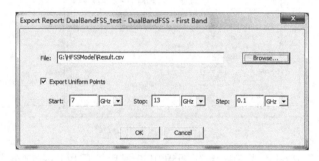

图 21.33　输出仿真结果

有句谚语"罗马不是一天建成的"，FSS 的设计也不是一蹴而就的，HFSS 还有一些很强大的功能能够帮助我们快速高效地设计，FSS 设计用到的 HFSS 优化工具有 Parametric、Optimization 和 Tuning。

Parametric 的作用是用来扫变量参数，最常用也最容易上手。扫变量参数的前提是有参数——已经设置好了变量参数。回顾一下设置了什么参数，执行菜单命令【HFSS】>【Design Properties】，打开对话框后可以看见已经设置好的变量。如想观察一下参数"D"对 FSS 的性能有什么影响，在工程管理窗口（Project Manager）中用鼠标右键单击"Optimetrics"，在弹出的快捷菜单中执行菜单命令【Add】>【Parametric】（如图 21.34 所示），弹出"Setup Sweep Analysis"对话框，单击【Add】按钮添加参数，在"Variable"下拉框中选择"D"（FSS 单元尺寸），"D"的初始值设置为 4.3mm。我们想要对"D"从 4mm 到 5mm 中取 4 个值，比较它们的变化，就选择"Linear count"选项的方式扫描，单击【Add>>】按钮添加到右边的列表中。如图 21.35 所示。选择"Linear step"选项就以步进的方式扫描，这两种是最常用的方式。

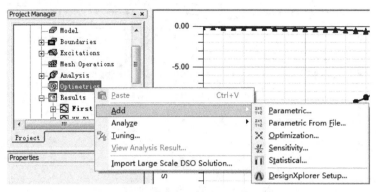

图 21.34　优化与调谐快捷菜单

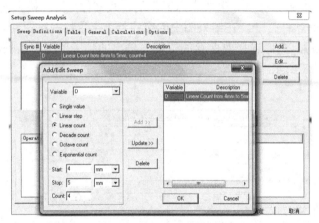

图 21.35　扫描参数设置

　　分别单击【OK】按钮和【确定】按钮退出设置后，用鼠标右键单击"Optimetrics"下的"ParametricSetup1"，从弹出的快捷菜单中执行菜单命令【Analyze】（如图 21.36 所示），开始扫参数仿真。扫参一般需要比较长的时间，因此在选择参数范围的时候要合理，不要贪心，参数范围太广和过于密集都是不好的仿真习惯。

图 21.36　运行扫参仿真快捷菜单

扫参完成后，在工程管理窗口中用鼠标右键单击"Results"，从弹出的快捷菜单中执行菜单命令【Create Modal Solution Data Report】>【Rectangular Plot】，在弹出对话框的"Trace"标签页中选择 dB(S(FloquetPort1:1,FloquetPort1:1)) 和 dB(S(FloquetPort1:1,FloquetPort1:1))，在"Families"标签页中选择所有的扫参值，即"Value"一栏中"D"对应的是"All"，单击"Edit"下方的"…"，可以看到所有扫描的值，除了扫描的 4 个值以外还有初始值 4.3mm，如图 21.37 所示。然后单击【New Report】按钮即可生成结果。

图 21.37　选择参数扫描结果

　　Optimization、Tuning 的使用在前面的章节中已经详细介绍过了，这里不再赘述。建议读者在设计 FSS 时多从理论角度去思考，HFSS 虽然已经很强大了，但是它仍然不能是万能的，请不要过分依赖计算机的优化和调谐功能。

21.4　本章小结

　　本章主要讲解频率选择表面的仿真，分别介绍了频率选择表面的发展和基本理论，以双频带通频率选择表面为例，从建立模型、设置主/从边界边界、设置 Floquet 端口、设置求解频率、优化仿真结果等各方面详细讲解了频率选择表面的设计过程。

反侵权盗版声明

电子工业出版社依法对本作品享有专有出版权。任何未经权利人书面许可，复制、销售或通过信息网络传播本作品的行为以及歪曲、篡改、剽窃本作品的行为，均违反《中华人民共和国著作权法》，其行为人应承担相应的民事责任和行政责任，构成犯罪的，将被依法追究刑事责任。

为了维护市场秩序，保护权利人的合法权益，本社将依法查处和打击侵权盗版的单位和个人。欢迎社会各界人士积极举报侵权盗版行为，本社将奖励举报有功人员，并保证举报人的信息不被泄露。

举报电话：（010）88254396；（010）88258888
传　　真：（010）88254397
E-mail：dbqq@phei.com.cn
通信地址：北京市海淀区万寿路 173 信箱
　　　　　电子工业出版社总编办公室
邮　　编：100036